STRÖME DER ERDE

Eberhard Czaya

STRÖME DER ERDE

Aulis Verlag Deubner & Co KG Köln

Erste, für den AULIS VERLAG DEUBNER & CO KG KÖLN
veranstaltete Auflage
Liz.-Nr. 600/37/80
Zeichnungen und Gestaltung: Karlheinz Birkner, Leipzig
Gesamtherstellung: Graphische Werke Zwickau
Printed in the German Democratic Republic
Best.-Nr. 4700
ISBN 3-7614-0522-7

Inhaltsverzeichnis

Einleitung

Aus dem Raumfahrzeug betrachtet, reduziert sich das Antlitz der Kontinente auf wenige charakteristische Erscheinungen. Deutlich heben sich Gebirge, Tiefebenen, Seen und Vegetationszonen als flächige Gebilde heraus. Das Relief der Gebirge und die weiten Ebenen werden von silbrigen Leitlinien durchzogen: den Flüssen, die sich, je näher der Raumfahrer die Erde anfliegt, zu einem grazil verzweigten Filigran erweitern.

Obwohl die Bäche, Flüsse und Ströme nur als schmale Bänder in die Festlandsmassen eingestreut sind, leitet und reguliert ihr Geäst einen der allerwichtigsten Bereiche in der Natur. Als Abflußrinnen des Oberflächenwassers bilden sie eines der entscheidenden Glieder des Wasserkreislaufes, sind sie Spiegel grundlegender anderer Naturerscheinungen wie auch aktive Mitgestalter der Oberfläche der Erde. Flüsse sind die typische Form des oberflächlich abfließenden Wassers, denn in der Natur geschieht es nur selten, daß oberflächlich abfließendes Wasser größere Gebiete in annähernd gleichmäßiger Höhe überspült. Eine solche als Schichtflut bezeichnete Erscheinung ist zumeist an Platzregen gebunden. Merkwürdigerweise ist sie am ehesten in Wüstenregionen anzutreffen. Wenn es dort nach gewöhnlich mehrjähriger Regenlosigkeit wirklich einmal zu sintflutartigen Niederschlägen kommt, findet das Wasser weder natürliche Abflußrinnen, da sie fehlen oder verschüttet sind, noch vermag es im Boden zu versickern, da er verkrustet ist.

Schichtfluten existieren jedoch nur kurzzeitig. In den Wüsten verdunstet das Wasser wegen der außerordentlichen Lufttrockenheit sehr schnell. Zudem gibt es auf dem Festland kaum wirklich horizontale Flächen.

Auch das Wasser unterliegt dem Schwerefeld der Erde, der Gravitation. Wo es einen Höhenunterschied findet, gerät es in Bewegung, es fließt. Auf der Erdoberfläche nimmt es seinen Weg in Richtung des größten Gefälles. Im Normalfall vereinigt sich dieses oberflächlich abfließende Wasser, sofern es nicht durch Verdunstung oder zeitweilige Versickerung aufgebraucht wird, sehr schnell in geneigten Geländefurchen, in denen sich entgegengesetzte Böschungen traufenartig treffen. Analysiert man das Wesen eines Flusses streng wissenschaftlich, so beruht seine Existenz auf drei Voraussetzungen: auf dem Vorhandensein von Oberflächenwasser, einer Geländefurche sowie einer Neigung der Erdoberfläche. Exakt definiert sind Flüsse „in langgestreckten, einseitig geöffneten Hohlformen der Landoberfläche fließende natürliche Wasserläufe, die umgrenzbare Flächen des Festlandes mit natürlichem Gefälle entwässern". (J. Marcinek) Unter dem Begriff „Flüsse" werden also alle Arten von natürlichen Wasserläufen verstanden, vom Rinnsal und schmalen Bächlein bis zum Riesenstrom.

Die Reduzierung auf drei Hauptmerkmale schließt jedoch nicht aus, daß kein Fluß dem anderen gleicht und außerdem in Abhängigkeit von dem Gelände, durch das er fließt, ein ständig wechselndes Schauspiel bietet. Bald schießt er wild zu Tal, stürzt über Schnellen und Fälle, bald murmelt er gemächlich dahin, bis er sich schließlich in ungeheurer Masse träge ins Meer ergießt. Flüsse durchfurchen majestätische Gebirge, bilden Schluchten und Klammen, liebliche Täler mit saftigen Auen und gewaltige Aufschüttungsebenen. Flüsse und Flußtäler sind die Heimstatt charakteristischer Biotope, die Wasser- und Sumpfpflanzen, Auen- und Galeriewälder ebenso umfassen wie eine Fauna, die dem Leben im und am Wasser angepaßt ist. Die Eigenart nicht weniger Großlandschaften findet in der Spezifik ihrer Ströme konzentrierten Ausdruck. Das Stichwort Sibirien weckt Erinnerungen an die von den Riesenströmen Ob, Jenissej und Lena durchzogenen subpolaren Wälder der Taiga. Und ebenso rufen geographische Begriffe wie Große Chinesische Ebene oder Mittlerer Westen der USA gedankliche Assoziationen mit Jangtsekiang, Hwangho (Huang He) und Mississippi hervor, den Schöpfern und Lebensspendern, den ständig verändernden Kräften dieser gewaltigen Tiefländer.

Gewiß, Flüsse sind vor allem ein Naturphänomen. Doch welch wichtige Rolle spielten und spielen sie für die Existenz des Menschen! Flüsse sind auch noch in unserer Zeit allzu häufig Urheber von furchtbaren Katastrophen, Zeugen der Unterlegenheit ihrer Anwohner gegenüber entfesselten Naturgewalten. Flüsse sind zugleich aber auch Naturobjekte, an denen der Mensch seine technischen und organisatorischen Fähigkeiten entwickelt.

Die Vielfalt dieser Erscheinungen gaben Autor und Verlag Anlaß, ein Buch über die Flüsse und Ströme unserer Erde vorzulegen. Wenn es ebenso Sachkenntnis wie Freude an der Schönheit großartig erhabener Landschaften vermittelt, so hat es die ihm zugedachte Aufgabe erfüllt.

I. Adern der Kontinente

Flüsse im Wasserkreislauf der Natur

Flüsse und Ströme zählen zu den erdgeschichtlich sehr alten Erscheinungen auf unserem Planeten.

Wasser in flüssiger Form entstand zum ersten Male, als sich vor einigen Milliarden Jahren, am Übergang von der Erdurzeit (Archäozoikum) zur Erdfrühzeit (Proterozoikum), der glühende Erdball bis unter die kritische Temperatur abgekühlt hatte. Die in der Atmosphäre befindlichen Gase schlugen sich nieder, wobei auch der Wasserdampf kondensierte und als wahrscheinlich stark salzhaltiger, an Kohlenwasserstoffen reicher Regen auf die Erde niederfiel. Soweit wir uns diesen Vorgang überhaupt vorstellen können, muß es sich um einen infernalischen, langandauernden Regen gehandelt haben, der sich über die noch nackten, wilden Felsen ergoß, aus denen damals die Erdoberfläche bestand. Das abfließende Wasser benutzte die Rinnen, die sich bei der Abkühlung gebildet hatten, und sammelte sich in Senken und Becken. So bildeten sich die ersten Flüsse und die ersten Meere, und gleichzeitig begann jener ruhelose Kreislauf des Wassers, in dem die Flüsse ein so wichtiges Glied bilden.

Stark vereinfacht beinhaltet dieser Kreislauf ein stetes Sich-Ablösen von Verdunstung des stehenden und fließenden Oberflächenwassers, von Niederschlag und Abfluß. Die Bäche, Flüsse und Ströme sind die Rinnen des an der Erdoberfläche abfließenden Wassers.

Das Gesamtwasservolumen unseres Planeten wird auf 1 337 Mill. km^3 geschätzt. Der weitaus überwiegende Teil hiervon entfällt auf die Meere, auf Inlandeis und Gletscher, auf Grundwasser und Seen – auf Wasser also, das in seinem Sammlungsbereich relativ lokalisiert bleibt.

Der Stau in den Hohlformen der Erdoberfläche, die Verfestigung zu Eis und die Durchtränkung der Erdkruste bedeuten jedoch keine absolute Erstarrung. Auch das Meeres- und Seenwasser, das Eis und das Grundwasser sind mehr oder weniger langsamen Bewegungsvorgängen (Meeresströmungen, Eisfließen, Grundwasserbewegung) ausgesetzt; und auch diese Formen des Wassers nehmen, wenngleich im Verhältnis zu ihrer Gesamtmasse in nur kleinen Mengen, am Wasserkreislauf der Natur teil. Auf dem Umweg über Verdunstung und Niederschlag, über das Abschmelzen von Schnee und Eis und das Austreten von Grundwasser bilden sie sogar die ständige erneuernde Nahrung der Wasserläufe.

Versiegt wären alle Quellen, verbraucht alles Eis, verödet alle Wasserläufe, wenn es neben dem Abfluß nicht die beiden anderen Hauptglieder des Wasserkreislaufs – Verdunstung und Niederschlag – als immer aktive Zubringer gäbe. Erst durch Verdunstung des in den Meeren und Seen gestauten und des als Bodenfeuchtigkeit und Eis gebundenen Wassers, schließlich auch durch Transpiration der Organismen erhält die Atmosphäre jene Feuchte, ohne die wiederum jedweder Niederschlag undenkbar wäre. Das in der Atmosphäre enthaltene Wasser wird zwar nur mit 12 300 km^3 oder 0,001 Prozent des Gesamtwasservolumens unseres Planeten angegeben; ungeachtet dieser relativ geringen Menge kommt diesem Wasser jedoch eine außerordentliche Bedeutung für den Wasserkreislauf und den Wasserhaushalt zu. Durch Abregnung des atmosphärischen Wassers werden nicht nur die Wasserläufe mit oberflächlichem Zufluß unmittelbar gespeist – ein anderer Teil des Niederschlagswassers dringt in die Erde ein und bildet dort die Bodenfeuchte oder wird weiter an das Grundwasser abgegeben; oder es gefriert zu Schnee und Eis. Boden- und Grundwasser sowie Schnee und Eis bilden natürliche Wasserreservoire des Festlandes. Sie gehen zum Teil bald wieder in den Wasserkreislauf ein. Die riesigen Wassermassen, die über Jahrmillionen in Becken mit fossilem Grundwasser und über viele Tausende Jahre in Inlandeismassen und Gletschern gespeichert worden sind, zeugen jedoch davon, daß diese Wassermengen ganze geologische Perioden lang aus dem Wasserkreislauf isoliert wurden.

Sicher ist die Verdunstung das allerwichtigste Kettenglied des Wasserkreislaufs. Ein Kreislauf kommt allein schon im Wechselspiel von Verdunstung und Niederschlag zustande. Ja, die Herausbildung von fließenden Gewässern wird geradezu verhindert, wo die Verdunstung jeden Niederschlag sofort wieder aufzehrt. Die über der heißen Wüste gelegentlich niedergehenden Platzregen, deren Niederschlagsmenge alsbald wieder völlig verdampft, bestätigen, daß ein Wasserkreislauf nicht unbedingt des in Wasserläufen oberflächlich abfließenden Wassers bedarf. Umgekehrt wäre aber jedweder Wasserkreislauf ohne die beiden anderen Kettenglieder undenkbar.

Erstaunlicherweise beinhalten unter allen Arten des Vorkommens von Wasser in der unbelebten Natur die Wasserläufe die geringsten Mengen an Wasser, so eindrucksvoll sie auch im Landschaftsbild in Erscheinung treten mögen. Das ständig in Wasserläufen enthaltene Wasser wird mit 1 230 km³

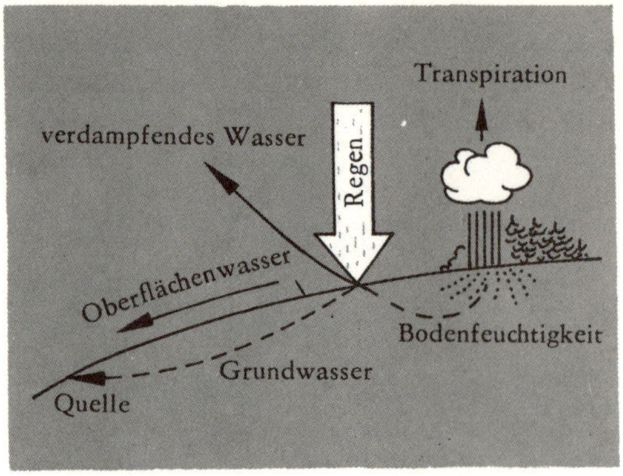

Niederschlag, Abfluß, Verdunstung

oder nur 0,0001 Prozent des Gesamtwasservolumens unseres Planeten beziffert. Würde man diese Mengen gleichmäßig über unseren (eingeebnet gedachten) Erdball ausbreiten, so betrüge die Wasserbedeckung gerade 2 mm. Und beinahe noch mehr erstaunt, daß die Wassermenge, die in den Lebewesen enthalten ist, mit 1 130 km³ kaum den in den Wasserläufen fließenden Wassermengen nachsteht. Das in der Atmosphäre enthaltene Wasser, die Luftfeuchte, ist sogar zehnmal so umfangreich wie das ständig in den Wasserläufen enthaltene.

Bei aller nötigen Relativierung bilden aber die Bäche, Flüsse und Ströme ein Glied im Wasserkreislauf der Natur, das wichtig genug ist, um gebührend gewürdigt zu werden. Im jährlichen Durchschnitt führen die fließenden Gewässer dem Weltmeer immerhin etwa 35 000 km³ Wasser zu, was eine Wasserbedeckung unseres Planeten von 57 mm ergeben würde. Das in den zum Meer hinführenden Rinnen enthaltene Wasser wird also im Laufe eines Jahres rund 28,5mal oder ungefähr alle 12,8 Tage erneuert. Allerdings würden 34 700 Jahre vergehen, bis alles von den Landflächen in das Meer gelangte Wasser die Becken des Weltmeeres bis zum heutigen Meeresspiegelniveau auffüllen könnte.

Nach Verdunstung und Niederschlag bilden

die Flüsse das wichtigste Regulativ zur Wiederherstellung des Gleichgewichtes im Wasserhaushalt der Natur. Zusammen mit den auf das Meer niedergehenden Niederschlägen und dem Abfluß des antarktischen und grönländischen Inlandeises ersetzen sie etwa jene Mengen, die dem Weltmeer durch Verdunstung entzogen werden. Zugleich leiten sie jenes in den Erdboden eingedrungene Wasser ab, das in den feuchten, gemäßigten Klimazonen als neuentstandenes Grundwasser höher und höher steigen und zur Vernässung und Versumpfung von niedrig gelegenen Bereichen der Erdoberfläche führen würde, fände es in den Flüssen keinen Abfluß.

Quellen und Quellgebiete

Jeder Fluß nimmt irgendwo einen Anfang. Da der Fluß stets einem Gefälle folgt, markiert dieser Ursprung zugleich den höchsten Punkt des Wasserlaufs.
Nicht alle Flüsse entspringen in Quellen. Viele bedeutende Flüsse erhalten ihre erste Wassernahrung in Hochgebirgsbereichen durch Abschmelzen von Gletschern. Bei sehr großen Gletscherregionen haben die Flüsse oft schon am Austritt aus den Gletschertoren beachtliche Dimensionen. In Europa quillt aus dem hohen prächtigen Eisportal des Rhônegletschers ein Bach hervor, der (zusammen mit dem Wasser dreier benachbarter, durch Versickerung von Schmelzwasser gespeister Quellen) die Rhône bildet. Und die Quelle des Rheins zu suchen heißt, unter den Abflüssen der Graubündener Gletscher den wichtigsten zu finden. Neben dem Vorderrhein und dem Hinterrhein haben wenigstens zehn weitere Bäche das Attribut Rhein in ihrem Namen. Der führende Platz wird im allgemeinen dem Hinterrhein zuerkannt, der dem Zapport-Gletscher am Marscholhorn, nahe dem Bernhardinpaß, entfließt. Das Gletschertor ist 5 m hoch, 15 m breit, und aus ihm quillt in 10 m Breite das Schmelzwasser hervor.
Andere Flüsse haben in Seen und Sumpfgebieten ihren Ursprung. Dabei gilt es zu

Die Flüsse im Wasserkreislauf der Erde. (Nach J. Marcinek)

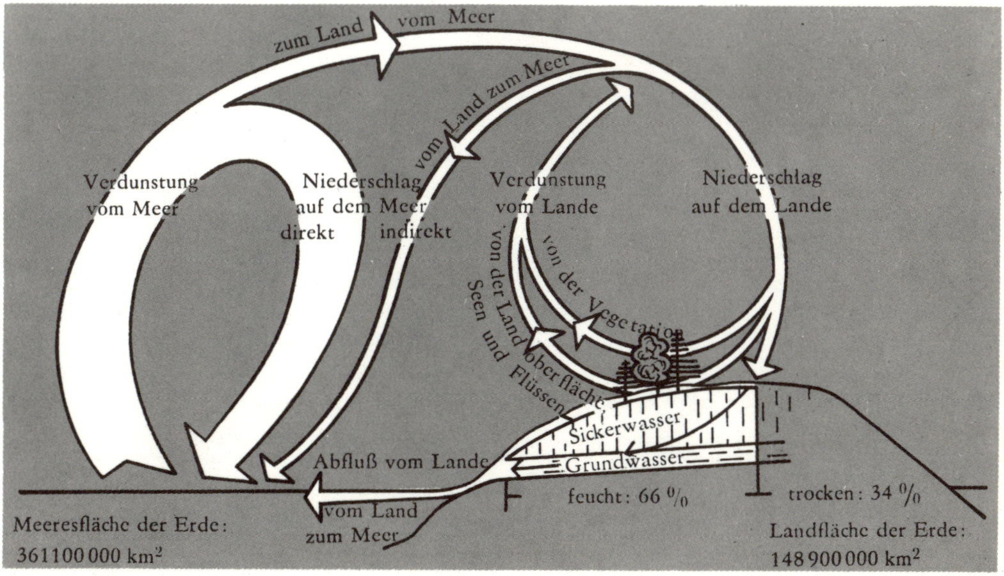

unterscheiden, ob die Seen im echten Sinne den Ursprung bilden, ob sie einen kleinen Zufluß stauen oder ob sie gar nur eine Quelle verdecken.

Die Großen Seen im Grenzbereich der USA und Kanadas sind gewiß Ursprungsseen im echten Sinne. Sie verfügen zwar über kleinere Zuflüsse; da aber die Masse des Abflusses von den unmittelbar auf die Seenfläche fallenden Niederschlägen herrührt, sind die Seen selbst als das eigentliche Quellgebiet anzusehen.

Solches kann aber für die meisten Seen und Sumpfgebiete, zumal die kleineren und kleinsten, die als Ursprung so manch eines Flusses angegeben werden, ganz und gar nicht zutreffen. So gelten folgende Seen als Ursprungsgewässer: der einsame Thomasee (2 433 m) für den Vorderrhein, das Seen- und Sumpfgebiet der Waldaihöhen für die Wolga, der Tanasee in Äthiopien für den Blauen Nil und der Victoriasee für den Victorianil, die Gletscher am Ostabfall der Cordillera Patagonica als Ursprung der wichtigsten Flüsse Patagoniens usw. In Wirklichkeit aber sind diese Seen bereits zwischengeschaltete Sammelgebiete des oberflächlich abfließenden Wassers – von vielen einzelnen Rinnsalen und Bächen und im Hochgebirge von Schmelzwasser der Gletscher. Besonders offenkundig tritt diese Sammelfunktion am Victoriasee zutage, der Dutzende Flüsse empfängt, unter denen wiederum der in Rwanda entspringende Kagera als der eigentliche Ursprung des Victorianils angesehen werden muß.

Wie sehr Seen den eigentlichen Ursprung eines Wasserlaufs kaschieren können, zeigt der Lake Itasca im nordwestlichen Minnesota, von dem allgemein angenommen wird, daß aus ihm der Mississippi entsteht. Da der See kaum über einen Zufluß verfügt, gab sein hoher Abfluß zunächst Rätsel auf, bis 1832 Henry Rowe Shoolcraft nachwies, daß der See durch Quellen gespeist wird, die 6 bis 11 m tief unter dem Wasserspiegel liegen. Deutlicher wahrnehmbar ist die in einem Sumpf gelegene Wolgaquelle. Damit der Besucher nicht im Morast versinkt, ist ein langer Holzsteg mit Geländer errichtet worden, der zu einem bunten Blockhäuschen führt, in dessen Fußboden ein Loch ausgespart blieb. Wer dort zu dem nur 20 bis 30 cm tiefen Grund hinabschaut, kann ständig Luftbläschen aufsteigen sehen. Natürlich ist diese als Ursprung der Wolga angenommene Quelle nur ein Wasserspender im Bereich der vielen, durch Kanäle, Flüßchen und schmale Durchfahrten labyrinthgleich miteinander verbundenen großen und kleinen Seen der Waldaihöhen, wo selbst eingestreute Inseln Wasseradern enthalten.

Im feuchten (humiden) Klima sind Quellen die typischsten Nährer von Flüssen. In ihnen tritt das Grundwasser in natürlicher Weise an die Erdoberfläche aus. Zuvor aber muß Wasser, in der Regel Niederschlagswasser, von der Oberfläche her, durch die Schwerkraft getrieben, in eine durchlässige (permeable) Gesteinsschicht eindringen. Die Voraussetzungen hierfür sind bei einzelnen Gesteinsarten sehr unterschiedlich. In den viel kompakteren Urgesteinsarten sind sie weniger günstig als beispielsweise in Sandstein, der aus vielen kleinen Einzelkörnchen zementiert ist, zwischen denen sich wie in einem Filter unzählige Poren erhalten haben, die ein Durchsickern des Wassers gestatten. Kalkstein wiederum ist zwar nicht porös und sein Hauptbestandteil Kalziumkarbonat an sich auch im Wasser fast unlöslich. Mit kohlensaurem Wasser, allein schon mit Wasser, das Kohlendioxid der normalen Luft enthält, tritt es jedoch nach der Formel

$$CaCO_3 + H_2O + CO_2 \rightleftarrows Ca(HCO_3)_2$$

in chemische Reaktion. Es entsteht das verhältnismäßig gut lösbare Kalziumhydrogenkarbonat (Kalziumbikarbonat). Die Auswaschung läßt unzählige Klüfte entstehen, durch die das Regenwasser gleichfalls unterirdisch abfließen kann.

Die Versickerung schreitet im allgemeinen fort, bis das in den Boden eingedrungene Wasser auf eine impermeable Schicht trifft.

Über ihr sammelt sich das Sickerwasser zu einem mehr oder minder zusammenhängenden Grundwasserkörper an. Die Speicherkapazität eines Gesteins mit kapillarer Durchlässigkeit beruht auf dessen Porosität. Das Porenvolumen ist bei Massengesteinen mit 0,25 bis 0,85 Prozent des Gesamtvolumens am geringsten; bei Kalksteinen steigt es auf 0,65 bis 2,55 Prozent, bei Sanden auf 30 bis 42 Prozent. Über die größte Kapazität verfügen Tone mit bis zu 50 Prozent des Gesamtvolumens. Bei Kalkstein wie auch bei Dolomit, Gips und gelegentlich Salz ist allerdings zu berücksichtigen, daß die Auswaschung überkapillare Hohlräume bis hin zu erstaunlichen Dimensionen schafft. Unter Mithilfe von unterirdischem Wasser bilden sich ganze Systeme von Röhren und Höhlungen. In Anlehnung an das slowenische Karstgebirge, in dem diese Erscheinungen besonders typisch ausgebildet sind und auch erstmals grundlegend wissenschaftlich untersucht wurden, wird eine Landschaft, in der sich ein charakteristischer Formenschatz und eine unterirdische Hydrographie entwickelt haben, als Karst bezeichnet.

Im Normalfall, vom Karst abgesehen, füllt das Grundwasser die Hohlräume des Gesteins bis zu einer gewissen Höhe, der Grundwasseroberfläche. Dessen Höhe entspricht einem Gleichgewicht von Grundwassereinnahme und -ausgabe. Sie hebt sich mit vermehrten Niederschlägen und senkt sich mit stärkerer Verdunstung. Bei einfachen Grundwasserkörpern, wie sie in Sandsteinen, Tonen und Schottermassen entstehen, bildet sich eine nahezu ausgeglichene Grundwasseroberfläche heraus, deren geometrisch bestimmbare Bahnkurve sich zu den Austrittsstellen senkt.

Einen Sonderfall bildet der *Karst* mit seinen ausgeprägten Klüften und überkapillaren, weitmaschigen Hohlraumverflechtungen. In ihnen gibt es keine ebene, einheitlich zusammenhängende Grundwasseroberfläche. In den unter Druck durchflossenen Systemen von Röhren und weiten Gefäßen bilden sich mehrgliedrige Grundwasserkörper mit verschieden hohen „Grundwasserspiegeln" aus. In Röhren über Hohlraumweitungen kann der Grundwasserspiegel verhältnismäßig hoch reichen.

Das Vorkommen von Grundwasser und damit von Quellen ist in starkem Maße klimaabhängig. In dem dauernd gefrorenen Boden der subpolaren Gebiete fehlen Grundwasserquellen. Da das Niederschlagswasser nicht in den Frostboden eindringen kann, gibt es lediglich einen oberflächlichen Abfluß. In den halbtrockenen (semiariden) Gebieten wiederum liegt die Grundwasseroberfläche zu tief, als daß sich absteigende Quellen, vor allem mit ganzjähriger Wasserführung, herausbilden könnten. Die Quellen versiegen in diesen Gebieten in Trockenperioden häufig. Grundwasser geht dort überdies verloren, indem es durch Kapillarwirkung zur Oberfläche emporgezogen wird und hier verdunstet. Im volltrockenen (vollariden) Klima wird schließlich der Boden von den sporadischen Niederschlägen überhaupt nicht durchfeuchtet, so daß der Grundwasserspiegel sehr tief liegt; höchstens in Senken kann hier noch ein Ab- und Aufsteigen von Bodenwasser erfolgen. Die Voraussetzungen für die Bildung von Quellen fehlen aber im allgemeinen völlig. Grundwasserquellen sind daher im wesentlichen auf jene Klimaregionen beschränkt, in denen das Nebeneinander von teilweisem Einsickern und oberflächlichem Abfluß der Niederschläge bestehen kann (vollhumider, semihumider und subnivaler Klimatyp).

Die Hydrographie unterscheidet entsprechend den unterschiedlichen geologischen Verhältnissen Quellen in Lockerböden und Quellen in festem Gestein, ferner absteigende und aufsteigende Quellen.

Quellen in Lockerböden sind die im Flachlande am meisten verbreiteten Quellen. Sie sind vor allem in den Aufschüttungsböden vieler breiter Täler anzutreffen. Wo der Grundwasserstrom durch eine Verengung oder eine Schwelle gestaut wird oder wo

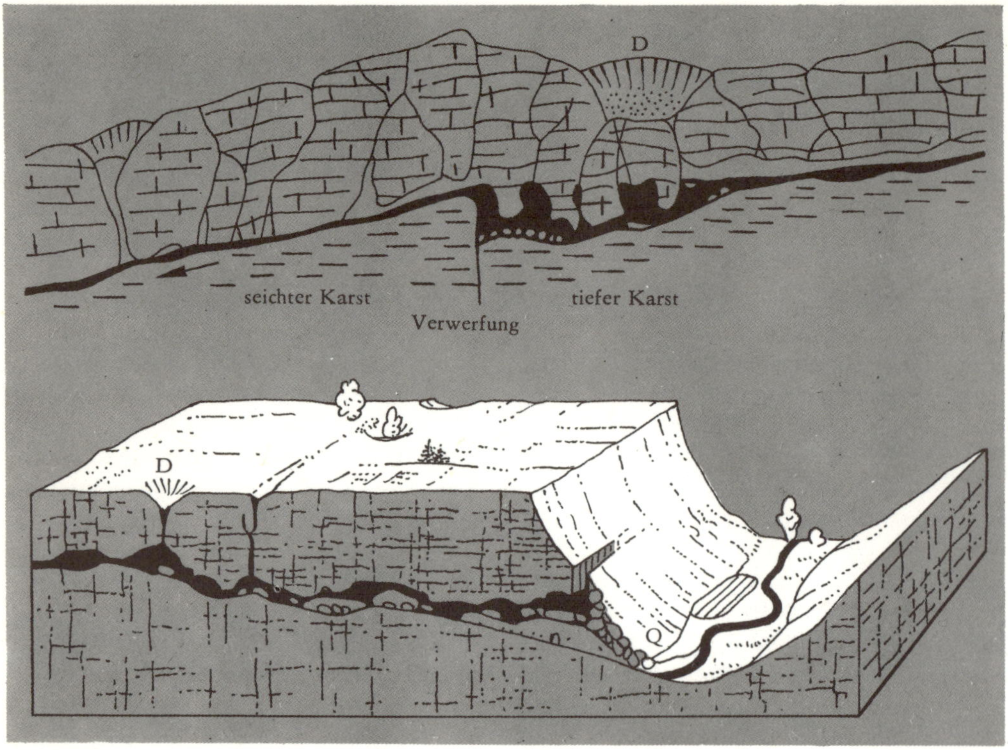

Karstentwässerung durch Höhlenfluß. Während ein Teil der Höhle noch Wasser führt, fällt ein anderer durch Tieferlegung des Karstwasserspiegels bereits trocken. Q = Karstquelle D = Doline

eine undurchlässige Bodenschicht zur Oberfläche hin ansteigt, tritt Grundwasser zutage. Eine besondere Form dieses Quellentyps, der vor allem in den Gebirgen vorkommt, bilden die Schuttquellen, die am Fuße von Schutthalden, Bergsturzmassen und Verwitterungsböden zu finden sind.

Da das wasserspeichernde Material unmittelbar an der Erdoberfläche lagert, tritt aus ihm das Quellwasser allein schon von der Schwerkraft getrieben am Fuße entsprechender Anhäufungen aus.

Anders hat das aus festem Gestein entspringende Wasser die unverwitterte Gesteinskruste, d. h. tiefer liegende Bereiche, durchflossen. Die Entstehung solcher Quellen setzt eine vorherige Erosion (Auswaschung) oder eine durch erdinnenbürtige (endogene) Vorgänge ausgelöste Verformung der Erdkruste voraus. Quellen in Lockermassen erfordern hingegen keine solchen Einwirkungen.

Eine Quelle, die einer an einem Felshang angelehnten Schutthalde entströmt, ist eine absteigende Quelle. In festem Gestein sind hingegen eindeutig absteigende Quellen selten. Den Prototyp bildet hier die Schichtquelle. Voraussetzung ist, daß die undurchlässige Schicht, über der sich der Grundwasserkörper bewegt, in Richtung des Talhanges geneigt ist.

Auch die aufsteigenden Quellen sind nicht allzu häufig. Zu ihnen zählen vor allem die meisten Karstquellen, die einige Besonderheiten – verhältnismäßig großes Einzugsgebiet, starke Ergiebigkeit und ziemlich gleichmäßige Wasserführung – aufweisen.

Die Karstquellen entspringen entweder in Quelltöpfen, in denen das aus Röhren unter Druck aufsteigende Wasser austritt, oder in höhlenartigen Felsentoren, die bereits regelrechte Flüsse freigeben. Zum erstgenannten Typ zählt der „Blautopf" bei Blaubeuren, der zum Teil versickertes Donauwasser liefert, zum zweitgenannten die Bunar-Quelle in Jugoslawien und die Vaucluse-Quelle am Fuß des Mt. Ventaux in Südfrankreich. Während bei den meisten Quellen die Schüttung unter 10 l/s bleibt, geben der „Blautopf" und die Vaucluse-Quelle jeweils 8 000 l/s, das sind 8 m^3. Manche Höhlenflüsse lassen sich im unterirdischen Labyrinth des Karstes kilometerweit verfolgen. In ihnen findet bereits vor der eigentlichen Quelle eine Zusammenfassung verschiedener unterirdischer Wasserbahnen statt.

Am häufigsten anzutreffen sind die verschiedenen Arten von Überfließquellen, die sowohl von absteigenden als auch aufsteigenden Grundwasserschichten gespeist werden. Bei der Talquelle ist die Grundwasseroberfläche durch Taleintiefung (Erosion) angeschnitten. Stärker zur aufsteigenden Quelle tendieren die Überlauf- und die Verwerfungsquelle. Bei der Überlaufquelle ist die das Grundwasser tragende undurchlässige Schicht muldenförmig gebogen; das Wasser tritt aus, wo diese Schicht am niedrigsten Niveau angeschnitten ist. In Trockengebieten kann eine solche Quelle durch natürliches Austreten von Grundwasser kostbares Naß

Flußversickerung im Karst. Der aus dem wenig durchlässigen Sandstein (oben, punktiert) kommende Fluß versinkt im klüftigen Kalk (F_1) und tritt an dessen Untergrenze in einem Höhlentor (F_2) wieder aus. Nachbruch von Naturschächten über seinem unterirdischen Lauf. Trockental mit Doline (D), Karst- und Grundwasserspiegel. (Nach Cvijic u. Wagner)

Schuttquelle mit Versickerung im Schotter — Karstwasserspiegel — Grundwasserspiegel

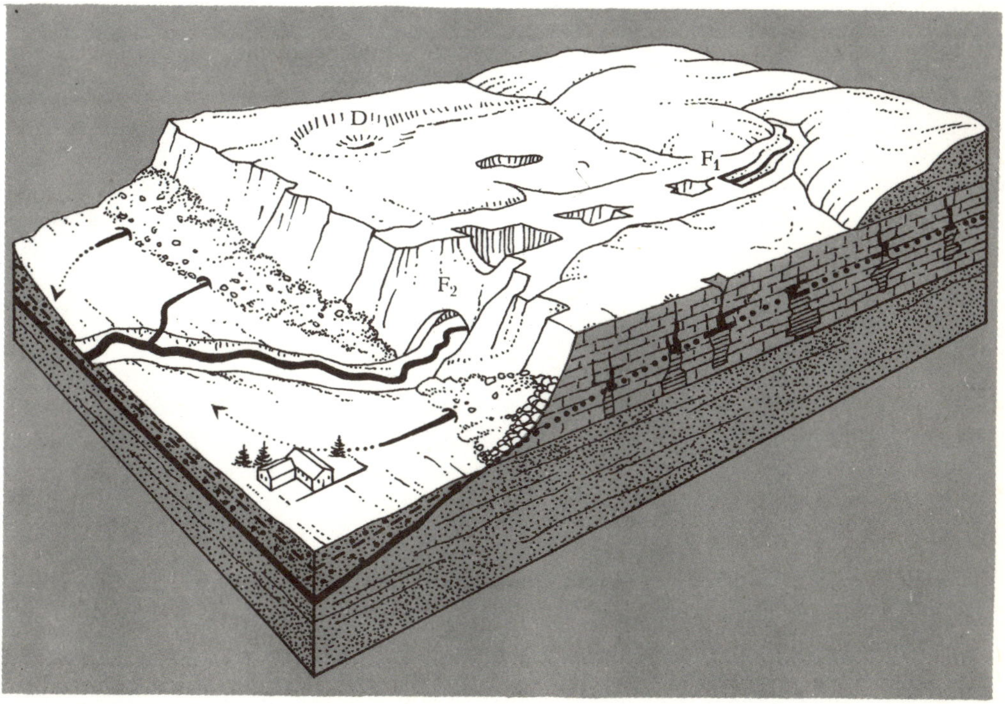

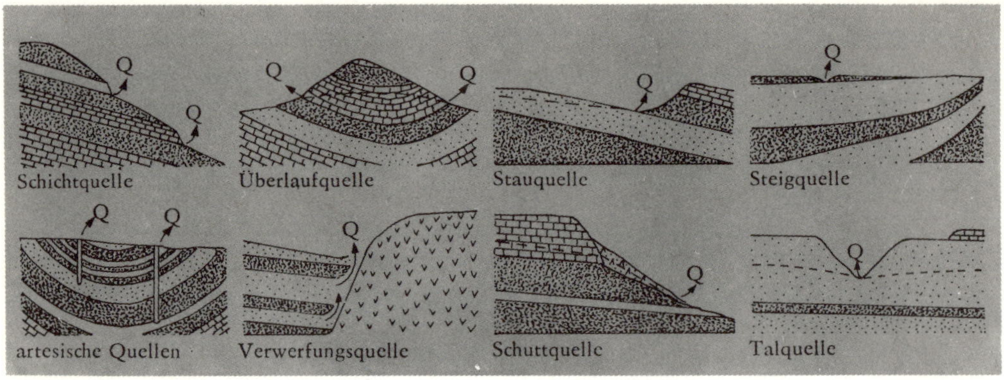

Verschiedene Typen von Quellen (Q). (Nach Westermann, „Lexikon der Geographie")

liefern, wo an Ort und Stelle die klimatischen Voraussetzungen für Quellenbildung fehlen. In diesen Fällen bilden gewöhnlich stärker durchfeuchtete Gebirgsregionen das Einzugsgebiet des Grundwassers, in Nordafrika z. B. das Atlasgebirge. Artesische Quellen oder Brunnen, die wichtige Quellen der Wasserversorgung für London und Paris darstellen und auch für manches Trockengebiet Bewässerungswasser herbeiführen, sind praktisch künstlich geschaffene Überlaufquellen. Undurchlässige Schichten wurden von der Oberfläche aus bis hinab zur wasserführenden Schicht durchbohrt. Ist eine Schichtfolge von einer Verwerfung gestört, können wasserführende und stauende Gesteine nebeneinander gelagert worden sein; in diesem Fall kann sich das Grundwasser entlang der Verwerfungslinie einen Ausweg suchen. Schicht- und Überlaufquellen finden sich vorwiegend in Faltengebirgen, Verwerfungsquellen hingegen vornehmlich in Bruchschollengebirgen.

Nicht immer treten Quellen punktförmig auf. Häufig ist eine Aneinanderreihung am Ausstreichen bestimmter impermeabler Schichten und entlang von Bruchlinien festzustellen. Die Linie, an der sich die Quellen an Berghängen reihen, wird *Quellhorizont* genannt.

Auch die Temperatur des Quellwassers läßt gewisse Rückschlüsse auf die geologischen Verhältnisse zu. Da bei den Quellen in Lockerböden das Sickerwasser und das strömende Grundwasser nur eine dünne Bodendecke durchflossen haben, zeigt die Temperatur des Quellwassers ausgeprägte Schwankungen im jahreszeitlichen Rhythmus. Hingegen verändert sich die Temperatur des aus festem Gestein austretenden Quellwassers kaum; im allgemeinen weicht sie nur wenig von der mittleren Jahrestemperatur der Luft in der Umgebung ab.

Gewöhnlich steigt die Temperatur des Quellwassers um so höher an, aus je größerer Tiefe es stammt. Deutlich macht sich die Wirkung der Erdwärme (geothermische Tiefenstufe) bemerkbar. Übertrifft die Temperatur des Quellwassers die mittlere Temperatur der Umgebung (im allgemeinen mehr als + 20 °C), so spricht man von warmen Quellen oder Thermen.

Da warme Quellen überwiegend großen Erdtiefen entstammen, können sie nur in Hochgebirgen absteigende Quellen sein. Aber auch diese Quellen haben zumeist aufsteigende Komponenten, da die wasserführenden Schichten als Faltentäler tief eingesenkt sind. Die Randzonen der Alpen sind reich an derartigen Quellen. So entspringen die Thermen von Baden und Schinznach in der Schweiz aufsteigenden Schichtquellen im aufgefalteten Muschelkalk. Ihr Einzugsgebiet befindet sich in den Triasschichten der Alpen. Während von dort aus das Schichtwasser in großer Tiefe unter dem Molasseland nordwärts strömt, erwärmt es sich stark. Quellen ähnlicher Art machten Bad Gastein und Bormio berühmt. Verwerfungsquellen mit hoher Temperatur, die sich bestimmten tiefreichenden Bruchlinien anlehnen, gibt es in Mitteleuropa namentlich an den Rändern der Oberrheinischen Tiefebene (Baden-Baden, Kandern), am Südfuß des Erzgebirges (Karlovy Vary, Teplice) und an der Wiener Thermenlinie. Diese bekannten Thermen haben im allgemeinen Temperaturen von 40 bis 80 °C (z. B. Ems 47,5 °C, Teplice 49 °C, Aachen 55 °C, Budapest 61 °C, Baden-Baden 67 °C, Wiesbaden 69 °C, Gastein 71,5 °C, Karlovy Vary 74 °C).

In zahlreichen Fällen werden aufsteigende Quellen zusätzlich durch die Hitze benachbarter vulkanischer Schlote und Herde erwärmt. Die Vulkane sind zwar zumeist erloschen; aber es finden noch immer postvulkanische Exhalationen (Aushauchungen) statt. Thermen mit Wassertemperaturen von 80 bis 100 °C entspringen zumeist solchem vulkanischen Gestein. Dies trifft z. B. in Europa für die Thermalquellen von Chaudes-Aigues im französischen Cantalgebirge (88 °C), Albano in den norditalienischen

Quellhorizont am Ausstreichen einer impermeablen Schicht. (Nach A. N. Strahler)

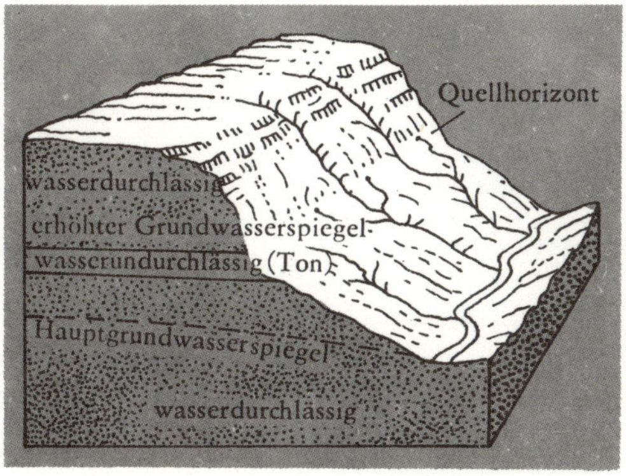

Colli Euganii und Pisciarelli bei Pozzuoli (beide 84 °C), Gurgitello auf Ischia (90 °C) und Bäder auf den Liparen (97 bis 100 °C) zu.

Neben den gewöhnlichen Heißwasserquellen gibt es periodisch springende, die sogenannten Geysire. Sie kommen nur in vulkanischen Gebieten vor, am ausgeprägtesten auf Island, im Yellowstone National Park, auf der Nordinsel Neuseelands und der Halbinsel Kamtschatka. Die Periodizität der einzelnen, auch benachbarter Geysire ist sehr verschieden. Im Yellowstone National Park gibt es einige, die nur alle drei bis vier Tage springen, andere bleiben sogar zwei bis drei Wochen in Ruhe. Das Schauspiel, das sie beim Ausbruch des kochend heißen, überaus hohen und anhaltenden Wasserstrahls bieten, ist deshalb nicht weniger imposant. Die Hauptattraktion bildet der Geysir „Old Faithful“, der in erstaunlich regelmäßigem Abstand von 65 Minuten eine etwa 50 bis 80 m hohe Heißwasserfontäne in die Luft schleudert. Der schöne Anblick dauert jeweils fünf bis sechs Minuten.

Nach der Theorie Bunsens fällt das größtenteils von der Erdoberfläche stammende Wasser in ein tief hinabreichendes Steigrohr, dem aus großer Tiefe, von einem vulkanischen Herd her, starke Wärme zugeführt wird. Dadurch wird das unterste Wasser auf weit über 100 °C erhitzt. Da es unter dem Druck des darüber befindlichen Wassers steht, kann es nicht eher zum Sieden kommen, bis auch die oberen Schichten der Wassersäule den Siedepunkt erreicht haben. Sobald dies der Fall ist, verwandelt sich das Wasser der untersten Schicht zu Wasserdampf, der nun das übrige Wasser hoch in die Luft schleudert. Das dort abgekühlte Wasser fällt erneut in den Schlund, und es wiederholt sich der Vorgang. Andere Autoren haben später darauf hingewiesen, daß für das Springen des Wassers die Form des Quellrohrs maßgebend sein muß. Besäße es zylindrische Gestalt, würde das Wasser zwar zum Sieden gelangen, nicht aber eruptiv ausbrechen.

Je länger Grundwasser in permeablen Schichten fließt, und je höhere Temperaturen es dabei annimmt, desto mehr Feststoffe geraten in Lösung und werden fortgeschwemmt. Der Mineralgehalt einer Quelle hängt deshalb vor allem vom Gestein der wasserführenden Schichten ab. In Kalkgebieten herrschen Karbonate, Chloride, Sulfate und Sulfide vor; andere Quellen enthalten Eisen und Arsen, Alkalien, Kieselsäure, Lithium usw. Verbreitet sind hohe Kohlendioxidgehalte. Quellen mit außergewöhnlich viel gelösten Bestandteilen werden als Mineralquellen bezeichnet. Man unterscheidet Solquellen (mit Kochsalz NaCl), einfache Säuerlinge (mit Kohlendioxid CO_2), alkalische Säuerlinge (mit CO_2, Natriumkarbonat Na_2CO_3), Stahlquellen (mit CO_2 und Eisenhydrogen-

Thermalwässer in den Alpen und im außeralpinen Mitteleuropa. Gepunktete Flächen = Gebiete des jungen Vulkanismus. (Nach W. Carlé)

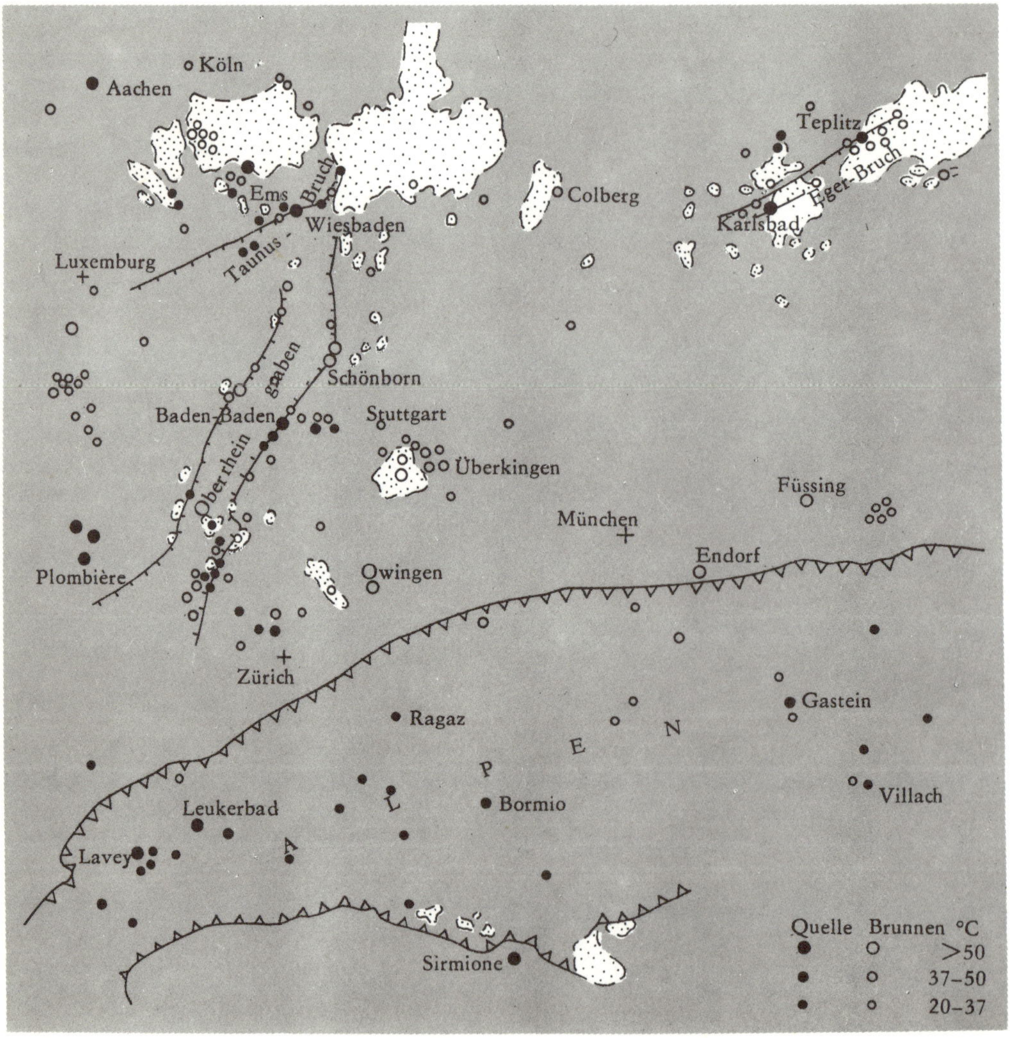

Die salinaren Mineralwässer in Mitteleuropa.
(Nach W. Carlé)

Deckgebirge mit Salzlagern

Deckgebirge ohne Salzlager

Alpen z. T. mit Salzlagern

Grundgebirge

wandernde Salzwässer

mg Cl'/kg

- 100–200
- 200–1 000
- 1 000–5 000
- 5 000–8 520 (–240 mval)
- 8 520–100 000
- >100 000

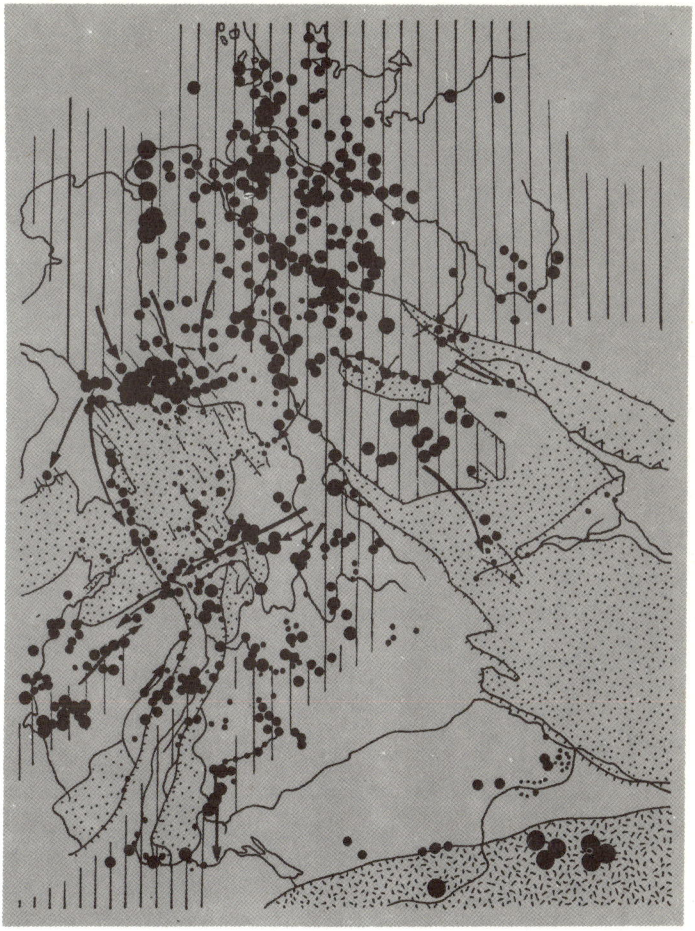

karbonat $Fe(HCO_3)_2$), Schwefelquellen (mit Schwefelwasserstoff H_2S oder alkalischen Sulfiden), Bittersalzquellen (mit Magnesiumsulfat $MgSO_4$ und Natriumsulfat Na_2SO_4). Sehr viele Quellbäche mit hohem Kalkgehalt bilden mächtige Absätze von Sinter. An der Ausfällung sind sowohl die Abkühlung des Wassers, die Verdunstung als auch Kalkalgen beteiligt. An der Krka in Jugoslawien lassen Sinterterrassen den Fluß über mehrere Kaskaden hinabfallen. Auch zahlreiche heiße Quellen haben sich an den Abhängen mit terrassenartigen Warmwasserbecken, Kaskaden und Orgeln umgeben, wie die Mammout Hot Springs im Yellowstone National Park, die Quellen des antiken Hierapolis (heute Pamukkale) in Kleinasien, von Hamman-Meskoutine in Algerien usw. Sie rufen nicht nur ihrer Formen, sondern auch ihrer phantastischen Färbung wegen allgemeine Bewunderung hervor. Das Farbenspektrum reicht von blendendem Weiß bis zum schillernden Gelbrot, das von den Algen – teils meterlangen Kolonien – herrührt, die erstaunlicherweise in diesen Thermen bei Temperaturen von 75 °C existieren können. Äußerlich ähnlich, aber noch ausgedehnter sind die aus Kieselsäure bestehenden Absätze der Geysire im Yellowstone National Park und auf der Nordinsel von Neuseeland.

Alle bedeutenden Flüsse nehmen auf ihrem Weg vom Ursprung zur Mündung andere Flüsse in sich auf. Auf diese Weise entsteht das Geäst von Hauptfluß und Nebenflüssen verschiedener Ordnung. Die Gesamtheit aller Wasserläufe, die sich zu einem Fluß vereinen, bildet ein Flußsystem.

Sofern Versickerung und Verdunstung nicht die Oberhand gewinnen, nimmt das Wasservolumen mit jeder Vereinigung von Wasserläufen zu. Dergestalt werden aus Rinnsalen Bäche, aus Bächen Flüsse, aus Flüssen Ströme.

Markante Punkte der Wasserläufe sind die Vereinigungsstellen von bedeutenden Flüssen. An der Donau führen z. B. vier Nebenflüsse die Herrschaft. Nach der Größe ihres mittleren Abflusses sind es der Reihe nach Theiß (Tisza), Save, Inn und Drau. Der Inn rangiert jedoch insofern an erster Stelle, als er der Donau mehr Wasser zuführt, als sie an der Vereinigungsstelle besitzt. Aber auch der schon voll entfaltete Hauptstrom kann durch Nebenflüsse wesentlich verstärkt werden. Save, Theiß und Drau erhöhen den mittleren Abfluß der Donau um jeweils 46, 34 bzw. 29 Prozent.

Der Zusammenfluß verschiedener Wasserläufe ist zwar durch die verschmelzenden Uferlinien klar markiert; die Mischung des Wassers erfolgt jedoch nicht unvermittelt. Oft strömen die Wasser der vereinigten Läufe noch weithin separat nebeneinander im gemeinsamen Bett. Am deutlichsten für das menschliche Auge wahrnehmbar wird diese Erscheinung, wenn sich Gewässer mit unterschiedlichem Schwemmstofftransport vereinigen. Haben der Mississippi Hoch- und der Ohio Niedrigwasser, so besteht der Mississippi unterhalb von Cairo auf seiner Ostseite über hundert Meilen flußabwärts aus einem viertelmeilenbreiten Streifen Klarwasser; aber sobald man diesen Streifen überquert hat, erscheint der Fluß vom Schwemmstofftransport in trübem Gelb.

Die Dichte der verschiedenen Nebenflüsse beeinflußt in starkem Maße die Flußdichte an sich, d. h. die Länge aller Wasserläufe in km/km^2. Sie hängt vor allem von der Niederschlagshöhe und den hydrologischen Eigenschaften der Gesteine, aber auch vom Gefälle und der Bodenbedeckung ab. Zum Beispiel ist bei gleichen Niederschlags- und Verdunstungsverhältnissen die Flußdichte in Kalkstein geringer als in Urgestein. Die Neigung des Kalksteins zur Klüftigkeit bietet schlechtere Bedingungen für die Bildung eines engen Gezweigs von oberflächlichen Abflußrinnen. Das ursächlich verbundene Nebeneinander der zahlreichen Versinkungsstellen und Schlucklöcher – im Salzkammergut zählt man 450 je Quadratkilometer – und der wenigen, aber wasserreichen Karstquellen vermindert auch die Zahl der Quellflüsse.

Unser Kartenbild veranschaulicht die Unterschiede im Süden der BRD, im Annäherungsgebiet von Rhein und Donau. Im Nordwesten, im Vorland der Schwäbischen Alb, hat sich auf undurchlässigem Boden ein dichtes Gewässernetz entwickelt, hingegen sind die aus Kalkstein bestehenden Hochflächen des Schwäbischen Jura gewässerarm. In der Mitte der Karte schließen sich das tertiäre Alpenvorland und die Jungmoränenlandschaft und schließlich die Hochalpen an.

Der Grundriß eines gut ausgebildeten Flußsystems zeigt etwa folgendes Idealbild: Der Hauptfluß schmiegt sich in ein Strombecken von länglicher Gestalt, dessen Haupttiefenlinie und Längsachse vom Bett des Hauptflusses gebildet wird. Der Hauptfluß verfügt über die Hauptquelle und verkörpert zugleich die längste Stromader. Zusammen mit den Nebenflüssen bildet er einen Grundriß, der einem Baum ähnelt. Die Hauptwasserader gleicht dem Stamm, ihre Mündung dessen Fuß und Wurzelwerk. Die größeren Nebenflüsse stellen die Äste dar, die sich wiederum wie Zweige zu Nebenflüssen minderer Ordnung aufspalten. Die Spitzen der Zweige sind schließlich die Ursprünge

Mittlerer jährlicher Abfluß der Donau und ihrer Nebenflüsse in m^3/s. (Nach W. Lászlóffy)

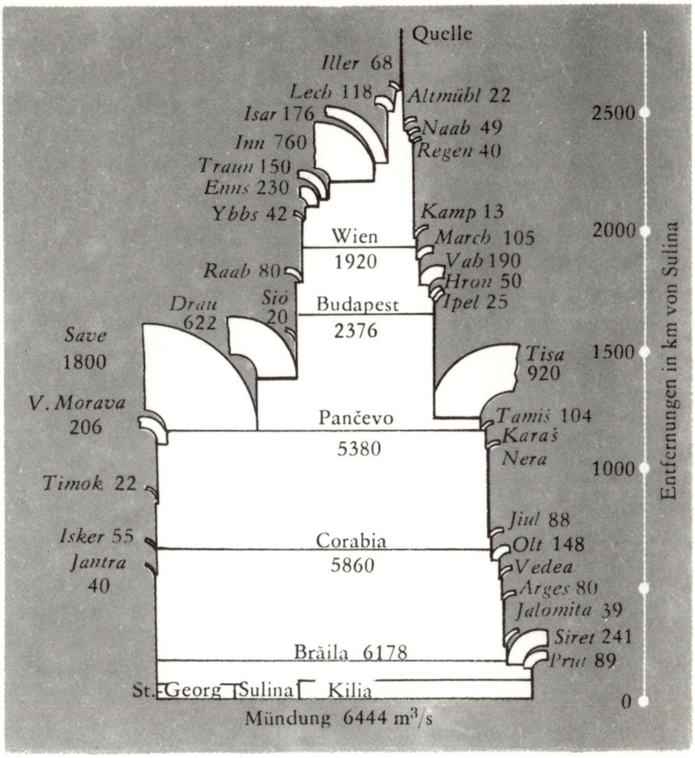

oder Quellen der einzelnen Wasserläufe, die in ihren oberen Bereichen zumeist als Bäche oder kleine Rinnsale dahinziehen.
Idealbilder sind jedoch in der Natur nicht die Regel. Bei unzähligen Flüssen stößt man auf Schwierigkeiten, den wichtigsten Quellfluß zu bestimmen, weil ein solcher entweder völlig fehlt oder man unter mehreren Quellarmen, die sich den Rang streitig machen, auszuwählen hat. Diese Schwierigkeiten gaben Anlaß, auch in der Namensgebung Vorsicht walten zu lassen. Wo ein Hauptfluß aus etwa gleich großen Quellflüssen hervorgeht, wird häufig der Name des Hauptflusses erst nach Vereinigung der Quellflüsse gebraucht. So trägt der Amazonas seinen Namen erst unterhalb des Zusammenflusses von Marañon und Ucayali, die beide für sich als Quellflüsse bereits beachtliche Ströme bilden. Der Paraná hat seinen Ursprung in den Flüssen Paranaíba und Rio Grande. Ähnlich beginnen in Europa die Donau erst nach der Vereinigung von Brigach und Breg, die Weser nach dem Zusammenfluß von Werra und Fulda. In anderen Fällen werden rivalisierende Quellflüsse durch besondere Adjektiva unterschieden. Man denke an den Roten und Weißen Main, an den Vorder- und Hinterrhein. Und es gibt Fälle, in denen ein klar definierbarer flußartiger Ursprung überhaupt fehlt. Als Paradebeispiel sei der St.-Lorenz-Strom genannt, der über keinen eigentlichen Quellarm verfügt, sondern sein Wasser den Großen Seen entnimmt. Obwohl diese Seen untereinander durch ein Flußsystem verbunden sind, führt daher der St.-Lorenz-Strom seinen Namen erst unterhalb des Ontariosees. Oft ist der in der Mittellinie des Beckens strömende Fluß weder der längste noch der wasserreichste, sondern wird in wichtigen hydrographischen Kennziffern von

seinen Nebenflüssen übertroffen. So führen der Inn der Donau und der Ohio River dem Mississippi mehr Wasser zu, als die Quellarme des jeweiligen Hauptflusses an der Vereinigungsstelle selbst besitzen. Der Missouri River ist als Nebenfluß des Mississippi wesentlich länger als der Mississippi oberhalb der Missouri-Mündung, und er verfügt zugleich über ein größeres Einzugsgebiet. Diesem Umstand Rechnung tragend, spricht man daher auch vom Stromsystem des Mississippi-Missouri. In vergleichbaren an-

Ober- und unterirdische Entwässerung im slowenischen Karst. (Nach G. Wagner)
Unten: Schnitt durch den Lauf der Reka mit der Versickerung bei Škocjan (San Canzian)

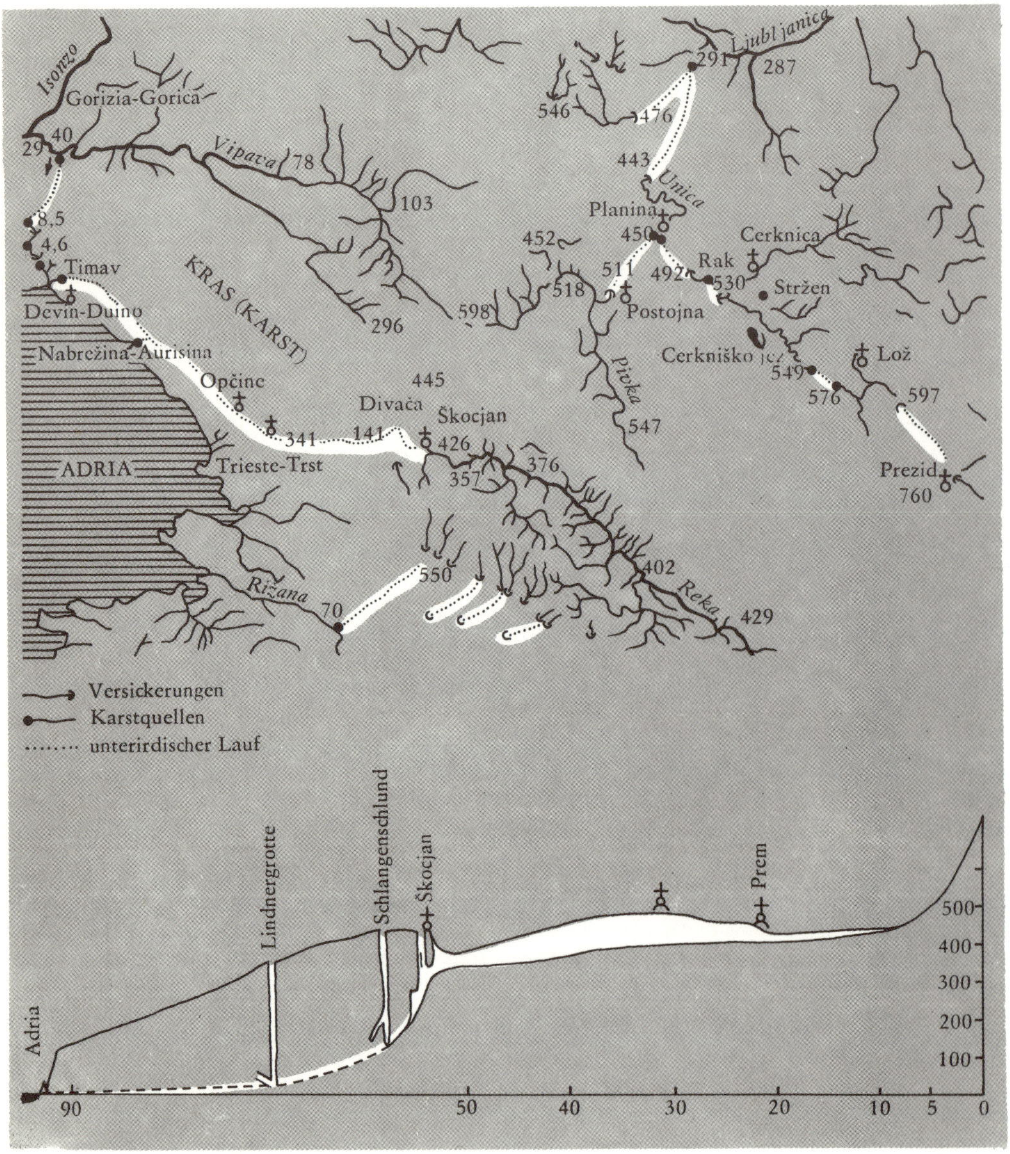

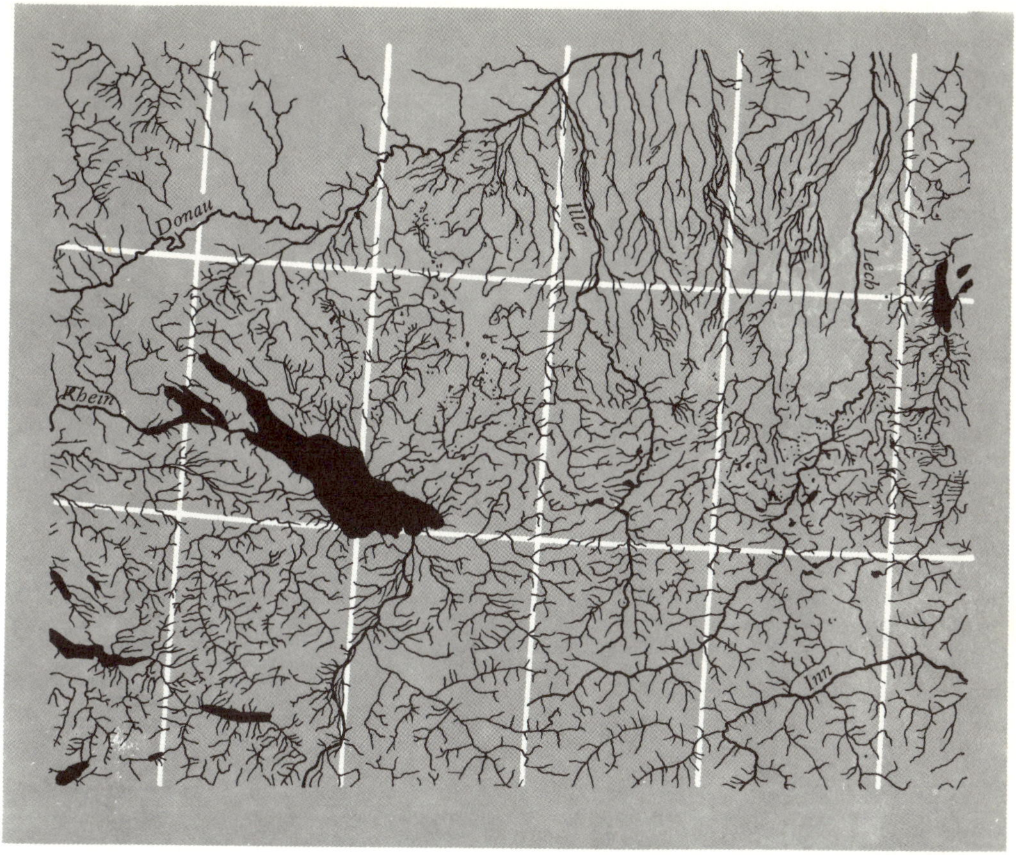

Die unterschiedliche Flußdichte im süddeutschen Raum ist durch unterschiedliche geologische Verhältnisse bedingt. (Nach R. Keller)

deren Fällen geht der Name des Mittellinienflusses an den längeren und wasserreicheren Nebenfluß verloren, wie es das Verhältnis Saône-Rhône und Paraguay-Paraná dokumentiert.

Das Gegenstück dazu bildet eine völlige Vernachlässigung der hydrographischen Gegebenheiten bei der Unterscheidung und Benennung von Haupt- und Nebenflüssen. So übertrifft die Moldau (Vltava) sowohl an Wasserführung als auch an Länge und Einzugsgebiet die Elbe (Labe) oberhalb des Vereinigungspunktes bei Mělník. Auch der Linienführung nach ist die Moldau als der eigentliche Oberlauf der Elbe anzusehen. Wenn trotzdem ein zweitrangiger Zufluß den Namen des Hauptflusses trägt, so liegt dies in der Besiedlung begründet, die zunächst die offenen, fruchtbaren Landschaften Nordböhmens erfaßte, ehe sie sich dem schluchtigen, waldreichen Moldauland zuwandte. Zu ähnlich hydrographisch widersinnigen Bezeichnungen kam es im Zeitalter der Entdeckungen infolge ungenügender Kenntnisse von Flußsystemen im Oberlauf.

Da der beschriebene baumartige Grundriß eines Flußsystems im feuchten Klima die Regel ist, kann er als Normaltyp aufgefaßt werden. Oft aber sind Stromsysteme einseitig entwickelt, wie etwa die Donau in Bayern;

und je mehr ein Fluß des Normaltyps in Trockengebiete hineinfließt, desto mehr neigt sein „Stamm“ zum „Verkahlen“ (siehe S. 31, Fremdlingsflüsse).

Schließlich gibt es nur wenige Flüsse, die auf geradem Wege den jeweiligen Abdachungen von der Quelle zur Mündung folgen. Auch unter den Bäumen trifft man verkrüppelte und gewundene. Um wieviel verwickelter ist die Linienführung eines Wasserlaufs! Jeder Fluß beschreibt mehr oder minder ausgedehnte Umwege, welche die Lauflänge bedeutend vergrößern. In der Hydrographie wird das Verhältnis der wirklichen zur kleinstmöglichen Länge, also das Verhältnis der Lauflänge des Flusses zur Tallänge oder zur Entfernung Quelle-Mündung, als Fluß- oder Stromentwicklung bezeichnet.

Manche dieser Umwege sind als Großform derart ausgeprägt, daß sie in Karten aller Art klar hervortreten. Man denke an die S-förmigen Schleifen des Nil oder den weit nach Süden ausladenden Bogen des Ohio River. Mißt im zuletzt genannten Falle die Luftlinie zwischen Pittsburgh und Cairo (Illinois, USA; am Einfluß des Ohio in den Mississippi gelegen) nur 982 km, so hat das Schiff zwischen beiden Städten 1 541 km Lauflänge zurückzulegen. Die Flußentwicklung beträgt also 1,6.

Natürlich beschreiben nicht alle Flüsse solche Umwege. Manche zeigen sogar eine auffallende Geradlinigkeit. In derartigen Fällen gilt es jedoch, zwischen der Großanlage und dem Detail zu unterscheiden. In kleinmaßstäbigen kartographischen Darstellungen sind die Details zumeist der Generalisierung zum

Das Stromsystem des Mississippi zeigt eine baumförmige Verzweigung. Der Missouri ist länger als der Mississippi. (Nach H. Weber)

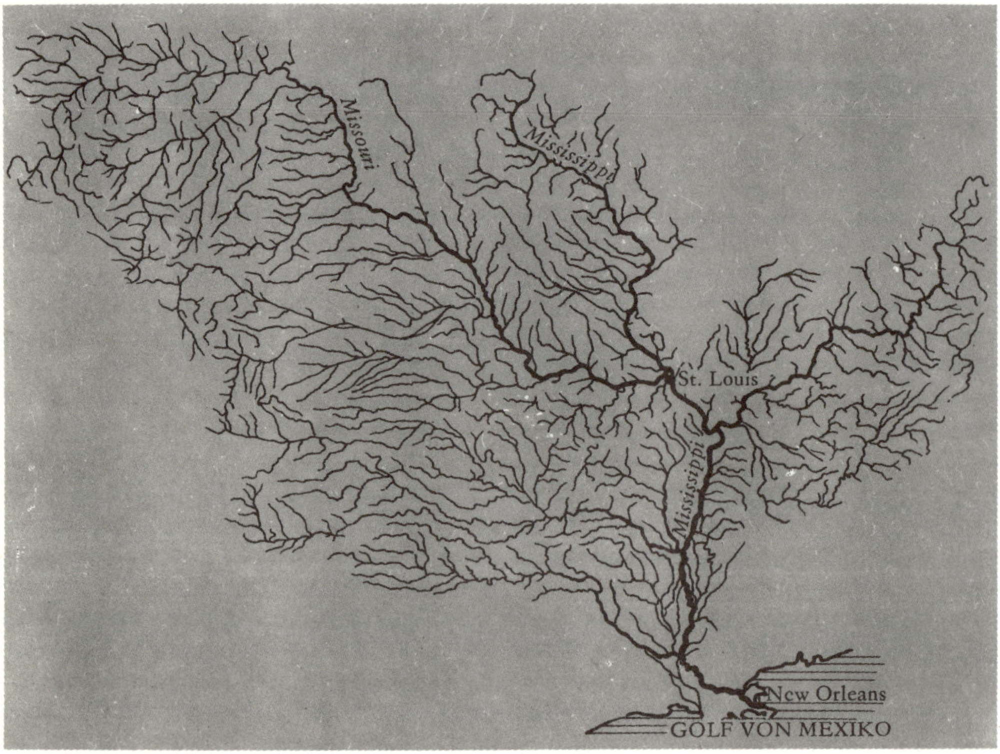

Die Flußentwicklung des Ohio River zwischen Pittsburgh und Cincinnati

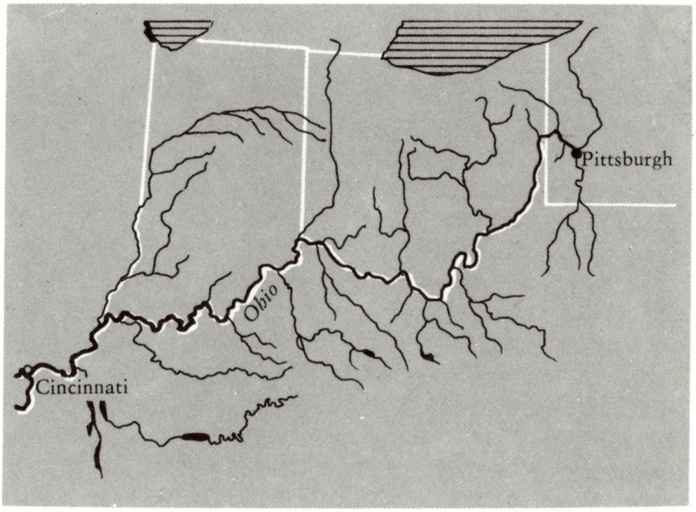

Opfer gefallen, so daß Idealbilder vorgetäuscht werden, die gar nicht existieren. Besonders die vielen kleinen Biegungen und Schleifen sind nicht erfaßt, obwohl auch sie unter Umständen sehr ungünstige Verhältnisse zwischen wirklicher und kleinstmöglicher Länge herbeiführen. Als Beispiel sei die Theiß, der wichtigste Nebenfluß der Donau, erwähnt, deren durchschnittliche Flußentwicklung im Tiefland 2,15 beträgt.

Sucht man nach den Ursachen dieser Abweichungen von der Geraden, trifft man teils auf gesteinsbedingte Abschweifungen und tektonische Schwächezonen als Leitlinien, teils auf Auswirkungen einer eigenartigen Flußgeschichte, zu denen sich in der Feingliederung die strömungsbedingten Abirrungen (z. B. Mäander, wie an der Theiß) gesellen.

Entwässerungsgebiete und Wasserscheiden

Jeder Wasserlauf verfügt über ein Einzugsgebiet. Darunter ist jenes Gebiet zu verstehen, aus dem das in einem bestimmten Flußabschnitt abfließende Wasser entstammt. Die Einzugsgebiete grenzen sich durch Wasserscheiden ab. Im allgemeinen ist die Wasserscheide die Verbindungslinie aller höchsten Punkte der Umrahmung eines Flußgebietes. Somit besteht an jedem Punkt dieser Linie nach dem Inneren des Einzugsgebietes ein Gefälle. Ein solches Gebiet hat die Form eines nach der Hauptrichtung geneigten Beckens, in das sich das von der Wasserscheide her abfließende Wasser sammelt.

Am klarsten wird die von uns definierte Linie höchster Punkte als Wasserscheide bei der Scheidung der oberflächlich abfließenden Niederschläge wirksam. In diesem Falle sind der Einzugsbereich und das Niederschlagsgebiet tatsächlich identisch. Dringt jedoch Niederschlagswasser zunächst in das Erdreich ein, ehe es wieder an die fließenden Gewässer abgegeben wird, müssen Niederschlags- und Einzugsgebiet nicht mehr übereinstimmen. Nun kann das Einzugsgebiet auch Gegenden umfassen, aus denen den einzelnen Flüssen Wasser unterirdisch zufließt. Häufig kommt es vor, daß Flüsse in den Randzonen ihrer Einzugsgebiete entweder Wasser unterirdisch aus benachbarten Niederschlagsgebieten entziehen oder aus dem eigenen Niederschlagsgebiet abgeben. Die Grenzen der Einzugsgebiete sind nur durch Berücksichtigung der geologischen Ver-

Die Entwässerungsgebiete der USA. Die asymmetrisch verlaufende Hauptwasserscheide (continental divide) trennt die atlantische und die pazifische Abdachung. (Nach B. Hofmeister)

hältnisse feststellbar. Am genauesten aber wird man sie durch Bestimmung der Fließrichtung des Grundwassers ermitteln.

Die stärksten Abweichungen gibt es im Karst mit seinen verbreiteten Versickerungen und weiten unterirdischen Entwässerungssystemen. Durch Karsterscheinungen werden Wasserscheiden eindrucksvoll unterlaufen. Zum Beispiel benutzt das im Maladetta-Massiv der Zentralpyrenäen anfallende Talwasser nicht den vorhandenen Talzug gegen Westen und Süden, sondern versinkt in einer Öffnung im Kalkboden, dem Trou d'Oro, und fließt von dort unterirdisch der Garonne zu. Und die Donau verliert im klüftigen Jurakalk der Schwäbischen Alb einen Großteil ihres Wassers, das in der Aachquelle wieder zutage tritt. Dieses Flüßchen wendet sich jedoch von der Donau ab – über den Bodensee entwässert es zum Rhein und damit zur Nordsee hin.

Ein derartiges Auseinandergehen zwischen dem oberflächlich abfließenden Wasser und der Fließrichtung des Grundwassers fällt in der großräumigen Landschaftsgliederung, in der Bilanz der großen Stromsysteme, wenig ins Gewicht. Bei der kleinräumigen Gliederung des Reliefs können aber die Unterschiede erheblich sein.

Wie es Flüsse unterschiedlicher Ordnung, von den stark verästelten Nebenflüssen bis hin zum Hauptstrom, gibt, so lassen sich auch Wasserscheiden verschiedener Ordnung unterscheiden, von solchen lokaler Bedeutung bis hin zu den kontinentalen Wasserscheiden. Der Grundriß der Stromsysteme weist in vier Hauptabdachungsrichtungen der Landoberfläche. Diese sind zu den vier Hauptozeanen – dem Atlantischen Ozean, dem Arktischen Ozean, dem Indischen Ozean und dem Pazifischen Ozean – gerichtet (periphere oder zentrifugale Entwässerung); eine fünfte strebt den Binnenbecken zu (Binnen- oder zentripetale Entwässerung).

78 Prozent der Kontinentalflächen entwässern in einen der Ozeane. Der atlantischen Abdachung gehören mehr als ein Drittel aller Einzugsbereiche an; der Atlantische Ozean ist somit das Hauptmeer, und die Umrahmung der atlantischen Abdachung bildet die Hauptwasserscheide. Nur 22 Prozent der Kontinentalflächen sind zum Weltmeer hin abflußlos, verfügen jedoch über Hauptabdachungen.

Generell abflußlose Gebiete können sowohl in die zum Weltmeer als auch zu Binnenbecken hin entwässernden Festlandsbereiche eingestreut sein. Es handelt sich vor allem um Gebiete, die auf Grund weitgehend fehlender Niederschläge flußlos sind, wie etwa große Teile der Sahara. Kleinere oberirdisch abflußlose Gebiete sind auch im Jungmoränenland, d. h. im Ausdehnungsgebiet des jüngstkaltzeitlichen Inlandeises, anzutreffen.

Für das oberflächlich abfließende Wasser muß allerdings die Scheidelinie nicht immer klar ausgebildet sein. Am ehesten wird sie ihrer Aufgabe im Gebirge gerecht, wo die Flußgebiete durch Bergkämme und Sättel voneinander getrennt sind. Im Flachland kann dagegen eine solche deutliche Trennung fehlen, ja, in Einzelfällen kann sich ein Wasserlauf zu verschiedenen Stromsystemen hinwenden. Eine derartige Erscheinung nennt man eine *Bifurkation.* Das bekannteste Beispiel ist der aufgespaltene Abfluß des Casiquiare, der infolge einer Anzapfung durch den Rio Negro eine Verbindung zwischen den Stromsystemen Orinoco und Rio Negro-Amazonas herstellt. Über ihr Bestehen gab es seit dem 17. Jahrhundert mancherlei Vermutungen und Hypothesen. Es ist das Verdienst Alexander von Humboldts, im Jahre 1800 den Casiquiare endgültig nachgewiesen und topographisch vermessen zu haben.

Anders als am Casiquiare verbreitert sich in manchen Flachländern die Wasserscheide zu einem undeutlich abgegrenzten Streifen. In solchen Fällen verläuft sie zumeist mitten durch Sümpfe, die nach beiden Seiten hin entwässern. In Osteuropa wendet sich das Wasser der Rokitno-Sümpfe teilweise zum Dnepr, teilweise zu Bug und Wisła (Weichsel) hin. Im zentralen Afrika (Republik Tschad) gehen die Tuburi-Sümpfe während der Regenzeit teils zum Benue-Niger, teils zum Logone-Chari über. Wasserscheiden verschwimmen vollends, wenn derartige Regionen während der sommerlichen Regenzeit weithin überflutet werden, wie dies in Hunderten von Kilometern Breite in dem flachen Land zwischen dem Gran Chaco und dem

Donauversickerung bei Immendingen-Möhringen. Schnitt NW-SO. Oben 5fach überhöht. Das Wasser der Donau sinkt zum Karstwasserspiegel im Weißjura hinab und dringt weiter im SO durch die Schwammstotzen und Klüfte des sonst mergeligen Weißjura empor. Die Trockentäler Biertal, Kriegertal, Wasserburger Tal verlieren ihr Wasser in den Massenkalken, in denen die Aachquelle austritt. (Nach G. Wagner)

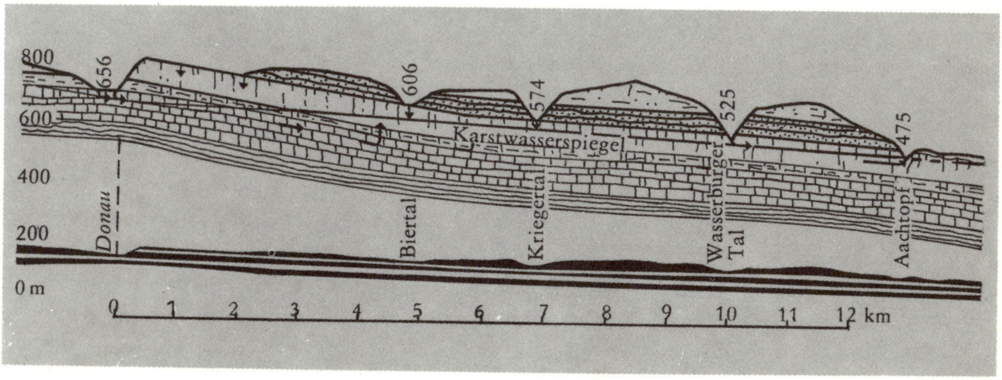

Beni-Mamoré-Land in Südamerika geschieht. Bifurkationen können das Wasser nicht nur getrennten Flußsystemen zufließen lassen, sondern auch verschiedenen Hauptentwässerungsregionen. Diese Eigenart gab dem Two Oceans Creek in den USA seinen Namen. Über seinen Schuttfächer ergießt er sich manchmal zum Missouri und Atlantik, manchmal zum Columbia River und Pazifik. Die Tuburi-Sümpfe sind ein Beispiel für das Verschwimmen einer Wasserscheide zwischen Gebieten, die zum Meer bzw. zu Binnenbecken hin entwässern.

Bifurkationen sind jedoch die Ausnahme. Wo sie bestehen, haben sie geringen Einfluß auf die Wasserführung der Hauptentwässerungsadern. In der Regel bilden sich voneinander unabhängige Flußgebiete heraus. Auch in den flachen Aufschüttungsebenen, in denen sich Flüsse häufig in mehrere Arme aufspalten, wachsen durch Verstopfung und Laufverlegung und durch allgemeine Erhöhung der Ebene besonders zwischen den Hauptentwässerungsadern und einzelnen abgespalteten Armen neue Wasserscheiden empor.

Vom Klima geprägte Flußtypen

Kaum eine Erscheinung des Festlandes ist stärker von den Besonderheiten des Klimas abhängig als die Flüsse. Das Klima entscheidet über die Höhe der Niederschläge und ihre jahreszeitliche Verteilung, ihre sofortige Abgabe in flüssiger Form, die allein ein Abfließen erlaubt, sowie ihre Verfestigung zu Eis und Schnee, die den Abfluß bis zur Verflüssigung durch Abschmelzen verzögert, über die Intensität der Verdunstung usw.

Bei den Flüssen unterscheiden wir drei Haupttypen, die in deutlicher Beziehung zu den Niederschlagsverhältnissen im jeweiligen Einzugsgebiet stehen:

1. *Perennierende oder permanente* (ständig oder ausdauernd wasserführend). Es sind die Flüsse der humiden (feuchten) Klimaregionen, in denen das Niederschlagswasser, das grundsätzlich die Verdunstung übertrifft, ganzjährig mit fließendem Wasser erfüllte Betten bewahrt, auch wenn starke jahreszeitliche Schwankungen des Abflusses bestehen. Die wirklich bedeutenden Flüsse und natür-

Hauptwasserscheiden unterschiedlicher Höhe, dargestellt an transkontinentalen Höhenquerschnitten (Überhöhung 1:100).
Von oben nach unten: Afrika von Nord nach Süd, Innerasien, Südamerika (Nach H. Lautensach)

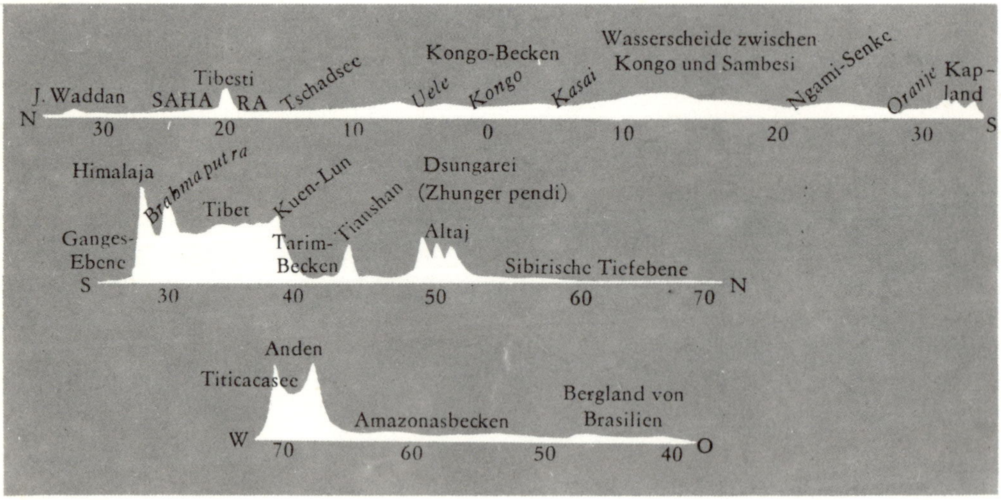

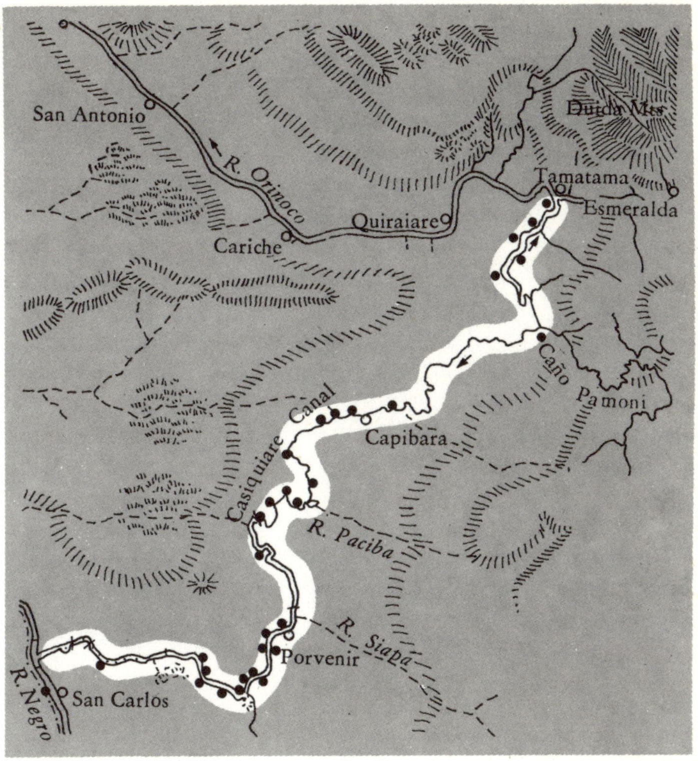

Die durch Alexander v. Humboldt wissenschaftlich untersuchte Bifurkation des Casiquiare verbindet die Stromsysteme des Rio Negro – Amazonas und des Orinoco. (Nach Geographical Magazine, London, Oktober 1968)

Stromschnellen
Sümpfe
• Ortschaften, die nicht mehr existieren

Die Einzugsbereiche der Ozeane und Binnenentwässerungsgebiete auf den Kontinenten ohne die Anteile des antarktischen Kontinents

Kontinent	Atlantischer Ozean Mill. km^2	%	Arktischer Ozean Mill. km^2	%	Indischer Ozean Mill. km^2	%	Pazifischer Ozean Mill. km^2	%	Binnenentwässerung Mill. km^2	%	Gesamt Mill. km^2
Asien	0,5	1,1	11,2	25,5	11,7	26,6	8,2	18,6	12,4	28,2	44,0
Afrika	14,9	49,9	—	—	6,1	20,4	—	—	8,9	29,7	29,9
Nordamerika	8,3	34,6	10,2	42,5	—	—	4,5	18,7	1,0	4,2	24,0
Südamerika	16,3	90,0	—	—	—	—	1,0	5,6	0,8	4,4	18,1
Europa	6,5	65,0	1,6	16,0	—	—	—	—	1,9	19,0	10,0
Australien	—	—	—	—	2,9	33,0	1,8	20,5	4,1	46,5	8,8
Festland ohne Antarktika	46,5	34,5	23,0	17,1	20,7	15,3	15,5	11,5	29,1	21,6	134,8
Festland mit Antarktika									29,1	19,5	148,9

(nach J. Marcinek: Das Wasser des Festlandes. Gotha/Leipzig 1975)

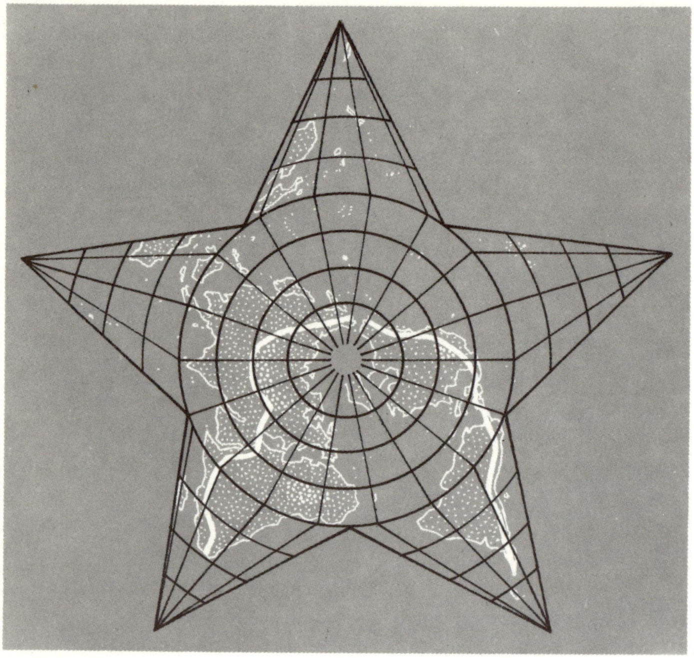

Die Hauptwasserscheiden der Erde.
(Nach v. Tillo u. Fairbridge).
Punktiert:
bedeutende Gebiete mit Binnenentwässerung

lich alle Riesenströme gehören diesem Haupttyp an.
2. *Periodische* (sich regelmäßig wiederholend oder regelmäßig zeitweilig wasserführend). Flüsse dieses Typs entsprechen jenen Gebieten der ariden (trockenen) Klimaregionen, in denen zwar bereits im Jahresdurchschnitt die Verdunstung die Niederschläge übertrifft, in denen es jedoch im jahreszeitlichen Wechsel oder gelegentlich Zeiten mit reichlicheren oberflächlich abfließenden Niederschlägen gibt (semiarider Typ). Die zeitweilig trockenfallenden Flußbetten sind immer wieder oder ab und zu mit fließendem Wasser gefüllt.
3. *Episodische* (unregelmäßig zeitweilig wasserführend). Es sind die Abflußrinnen der vollariden Gebiete, in denen der größte Teil der ganz geringen Niederschläge sofort wieder von den heißen oder kahlen Gesteinsoberflächen verdunstet. Flüsse bilden sich hier nur selten und für kürzeste Zeit.
Sehr viele Flüsse durchziehen auf ihrem mehr oder minder langen Weg verhältnismäßig einheitliche Klimaregionen. Es sind die *autochthonen* (eigenbürtigen, bodenständigen) Flüsse, die sich im Einklang mit den klimatischen Verhältnissen befinden. Autochthone Flüsse sind im humiden Klima perennierend. Durch- und Abfluß nehmen, von Ausnahmen abgesehen, flußabwärts zu. Autochthone Flüsse im ariden Klima sind hingegen nur periodisch oder episodisch von Wasser durchströmt. Sie beginnen und enden in Trockengebieten. Demzufolge nimmt die Wasserführung flußabwärts ab, und Flüsse dieses Typs werden alsbald durch die Verdunstung aufgezehrt. Sie versiegen, ehe sie das Meer erreichen, im eigenen Bett oder enden in Binnenentwässerungsbecken. Flußbetten und Täler, die sich völlig in ariden Gebieten befinden und entweder überhaupt kein oder nur zeitweilig fließendes Wasser aufweisen, werden *areisch* (nicht fließend oder nicht ausdauernd fließend) genannt. Vertreter dieses Typs sind die Wadis in Nordafrika und der Humboldt River im Großen Becken der USA.
Zwischen diesen beiden Formen des auto-

chthonen Flusses – im humiden bzw. ariden Gebiet – stehen die *allochthonen* (fremdbürtigen, nicht bodenständigen) Flüsse, die sogenannten Fremdlingsflüsse. Sie entspringen in humiden bis nivalen (schnee- und eisbedeckten) Räumen und fließen in Trokkengebiete hinein, wo sie, wenn überhaupt, nur geringe und häufig sporadische Zuflüsse erhalten. Die Flußdichte nimmt also ab. Häufig münden überhaupt keine Nebenflüsse mehr ein. Gleichzeitig steigen infolge zunehmender Trockenheit der Luft und des Bodens Verdunstung und Versickerung. Dieser Vorgang wird überall beschleunigt, wo die Flüsse große Umwege beschreiten, wo erhebliche Wassermengen zur Bewässerung und für andere Zwecke als Brauchwasser entnommen werden und heutigentags die Ströme zu künstlichen Seen aufgestaut werden. Es entsteht ein Defizit in der Wasserbilanz, das eine stetige Abnahme der Wasserführung zur Folge hat.

Die mächtigsten Fremdlingsflüsse sind aus ihren Oberläufen derart reichlich mit Wasser versorgt, daß sie das Meer erreichen können. Sie werden *diareisch* (durchfließend) genannt. Vertreter dieses Typs sind Niger, Nil, Colorado, die vorderasiatischen Flüsse usw. Der Niger, der bereits in einem Binnendelta durch Verdunstung und unterirdischen Abfluß sehr viel Wasser verliert, entgeht dem Schicksal der Binnenendung nur, weil er sich erneut nach Süden, in feuchte Savannenregionen, hinwendet. Und der Nil übersteht die unerbittliche Durststrecke der Nubischen und Arabischen Wüste vor allem dank seiner reichlichen Wasserzuführung durch den Blauen Nil bei Khartoum.

Andere Fremdlingsflüsse haben diese Kraft nicht mehr. Im günstigsten Falle erreichen sie als perennierende Flüsse Binnenbecken, in denen sie verdunsten, wie Wolga, Amudarja, Syrdarja, Chari u. a. In ungünstigeren Fällen sind sie nur in ihren Oberläufen ständig wasserführend; im weiteren führen sie aber allein nach außergewöhnlichen Regenfällen und während der Schneeschmelze in den Gebirgen ihres Einzugsbereiches oberflächlich abfließendes Wasser. Als Beispiel sei der im südlichen Atlasgebirge (Hoher Atlas) entspringende Draa (Oued Dra) erwähnt, der sein Mittelstück nur episodisch benutzt.

Wasserführung und Wasserstandsschwankungen

Kein Fluß führt zu allen Zeiten am selben Abschnitt seines Laufs die gleiche Wassermenge zu Tal. Die Wasserführung ist vielmehr durch mehr oder minder stark ausgeprägte Ungleichmäßigkeiten gekennzeichnet,

Der Nil, ein typischer Fremdlingsfluß. Von der Einmündung des Atbara an durchströmt er die letzten 2 700 km seines Laufes die regenlose Vollwüste ohne eigentlichen weiteren Zufluß.

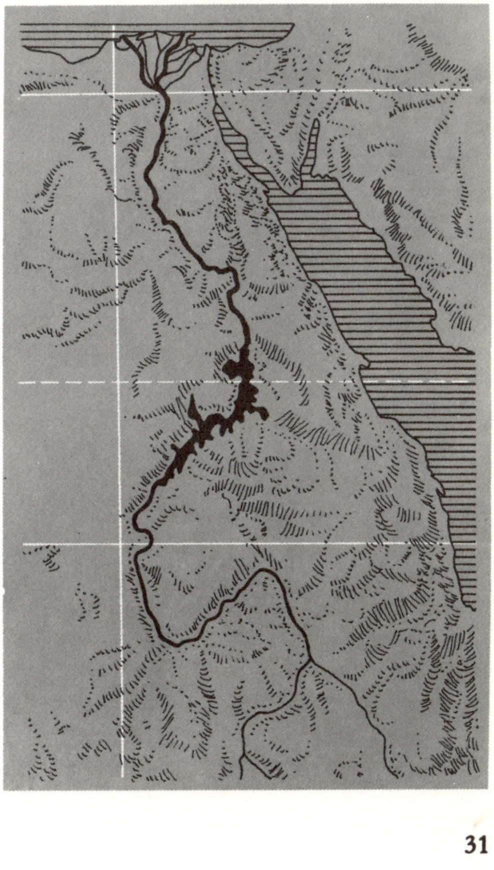

was wesentlich zur Vielseitigkeit und Dynamik der Flüsse beiträgt.
Es gibt regelmäßige Schwankungen, die als normale Erscheinung im jahreszeitlichen Rhythmus wiederkehren, unregelmäßige Schwankungen, die – witterungsbedingt – meist als Katastrophen zutage treten, und schließlich Auswirkungen von länger andauernden Perioden abweichender Klimawerte, die sogenannten säkularen Wasserstandsschwankungen.
Sichtbarster Ausdruck der schwankenden Wasserführung sind die wechselnden Höhen des Wasserstandes, die als wechselnde Pegelstände ablesbar sind. Daraus resultiert wiederum die wechselnde Breite des ausgefüllten Flußbettes, d. h. dessen teilweises oder völliges Trockenfallen bei Niedrigwasser bzw. bei Versiegen des Flusses oder dessen Überflutung bei Hochwasser.
Pegelschwankungen reflektieren jedoch nur den wechselnden Durchfluß. In der Hydrographie wird das Wasservolumen, das in der Zeiteinheit den Querschnitt an bestimmten Abschnitten des Flusses passiert, als Abfluß oder Wasserführung (ausgedrückt in m^3/s oder km^3/Jahr) bezeichnet. Auf sie kommt es bei den Schwankungen primär an.
Kennzeichnende Werte für die im Bereich des Normalen liegenden Schwankungen sind das Mittlere Niedrig- und das Mittlere Hochwasser, die sich aus dem Durchschnitt der minimalen bzw. maximalen Wasserführung einer Reihe von Jahren errechnen.
Daneben gibt es die absoluten Extreme, die tatsächlich beobachtet werden: das Höchste Hochwasser und das Niedrigste Niedrigwasser. Die Wasserbautechnik berücksichtigt ferner als Sicherheitsgrenze das theoretisch mögliche Höchstwasser, bei dessen Berechnung von einem Zusammentreffen aller möglichen Hochwasserquellen auf extremer Höhe ausgegangen wird. Es handelt sich in diesem Fall um einen hypothetischen Wert, der über dem jeweils beobachteten Höchsten Hochwasser liegt.
Niedrigwasser ist generell das Ergebnis von trockeneren Perioden (geringere Niederschläge, Nachlassen der Quellschüttung) oder von kühleren Temperaturen (verringertes Abschmelzen der Gletscher, Liegenbleiben der Schneedecke, Eisbildung in Flüssen). Hochwasser resultiert umgekehrt aus feuchteren Perioden.
Wichtig für das Verständnis der Ausbreitung von Hoch- und Niedrigwasser sind einige Wesenszüge, die es zu beachten gilt: Veränderungen der Witterungslage im Einzugsbereich eines Flusses und davon abgeleitete Veränderungen der Wasserführung machen sich in unteren Flußabschnitten mit Verzögerung bemerkbar. Hoch- und Niedrigwasser breiten sich wie physikalische Wellen im Flußbett stromabwärts aus. Jedes Hochwasser hat einen deutlichen Anfang, einen Gipfelpunkt und ein Ende. Treffen mehrere Hochwasserwellen aufeinander, so können sie aufeinander gleiten und sich verstärken.
Es gibt vor allem zwei Arten von Hochwasser: Schwellhochwasser und Stauhochwasser. Schwellhochwasser sind die normale Form der Hochwasserausbreitung infolge von anhaltendem Regen sowie von Schnee- und Eisschmelze. Stauhochwasser entstehen hingegen, wenn Flußbetten durch Eis, durch Zusammentrift von Baumstämmen oder Grasbarren verstopft sind oder der Abfluß durch Gezeitenstau und anlandige Meeresstürme in Mündungsbuchten erschwert ist. Ein Schwellhochwasser des Hauptflusses kann den Zufluß eines Nebenflusses bremsen und damit oberhalb seiner Einmündung ein Stauhochwasser erzeugen.
Ein Abschwellen bzw. Ansteigen der Wasserführung um einen angenommenen bestimmten gleichen Wert führt an verschiedenen Flußabschnitten nicht zu gleichhohen Veränderungen des Pegelstandes, sondern zu sehr erheblich abweichenden Wasserstandsschwankungen. Ausschlaggebend hierfür ist, auch unabhängig von den bereits genannten Ursachen für Stauhochwässer, die unterschiedliche Beschaffenheit der Flußlandschaft, d. h. des Flußtal-Querschnitts. In Flußengen, fer-

ner unterhalb der Einmündung größerer Nebenflüsse, übertreffen die Pegelschwankungen die Durchschnittswerte; hingegen sinken sie in sich ausbreitenden, stark verästelnden Abschnitten darunter. Für die Donau liegt z. B. die obere Grenze der Spiegelschwankungen im allgemeinen bei 7 bis 9 m. In der Donauenge bei Grein sind jedoch Schwankungen von fast 15 m und bei Passau, wo sich die Fluten von Donau und Inn vereinen, um 13 m registriert. Umgekehrt betragen sie im stark verästelten Abschnitt unterhalb von Bratislava nur 5 m. Noch stärker macht sich die Breitenausdehnung in der walachischen Ebene bemerkbar, wo sich das Hochwasser besonders im linksseitigen Vorland in 5 bis 10 km Breite über das Tal ergießt. In der weiten Inselwelt des Deltas sinken die Spiegelschwankungen rapide bis 148 cm bei Sulina (Mündung ins Schwarze Meer) ab. Im flachen Land ist also die Höhe des Hochwassers geringer, dafür erfaßt es aber viel weitere Landstriche als in den Talengen. Dabei ist die Wasserführung im Unterlauf infolge neuer Zuflüsse viel bedeutender als in den erwähnten Donauengen, was die Aussagekraft unseres Beispiels sogar erhöht.

Die hier beschriebenen unterschiedlichen Spiegelhöhen treten wohlgemerkt schon bei gleichbleibender Wasserführung auf. Hochwasser kann in und oberhalb von Talengen zu ausgeprägten Stauhochwassern führen. Nicht zufällig sind die größten Schwankungen zwischen dem höchsten und niedrigsten Wasserstand in Schluchten beobachtet worden. In den Schluchten des Jangtsekiang (Changjiang) oberhalb Itschang (Yitschang) erreichen diese Differenzen 60 m, in der „Blasebalgschlucht" über 80 m.

Umgekehrt wirken in die Flußläufe eingestreute Wasserreservoire auf das Abfluß-

Der Bereich der größten beobachteten Spiegelschwankungen der Donau. Höhe des höchsten Hochwassers über dem Niedrigwasser an der Donaustrecke Ulm–Sulina. (Nach W. Lászlóffy)

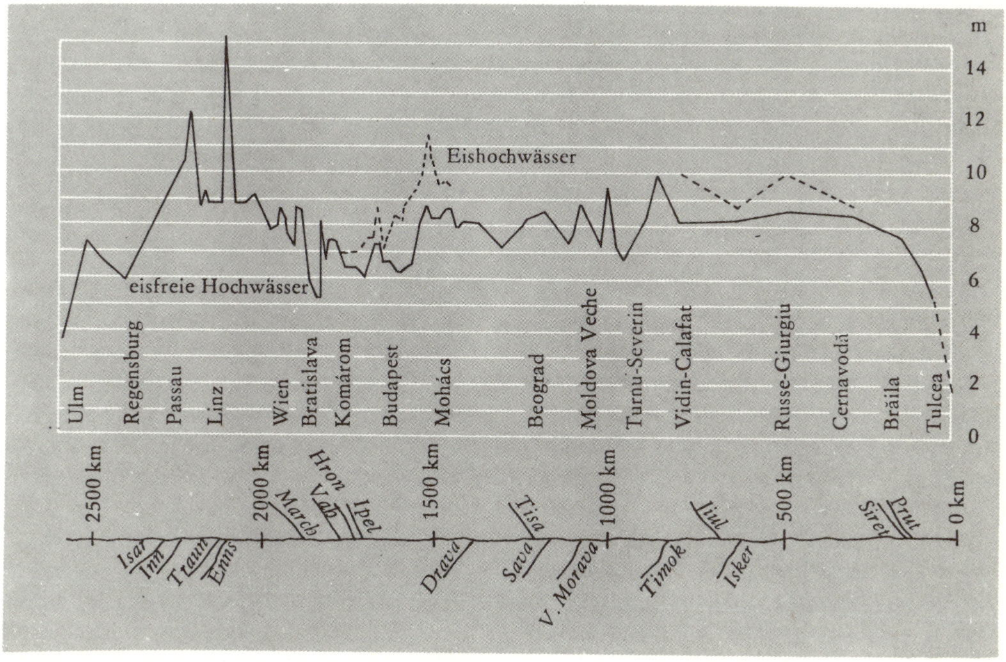

regime ausgleichend. Der Abflußgang des St.-Lorenz-Stromes zeigt dank der Wassermassen der Großen Seen keine nennenswerten Ausschläge. Der Bodensee sammelt einen erheblichen Teil der Sommerhochwasser, um sie allmählich wieder abzugeben.

Spiegelbreiten der Donau bei Niedrigwasser und bei höchstem Hochwasser. (Nach W. Lászlóffy)
E = Einschnürungen des Flußbettes am Donauknie (E_1) und am Eisernen Tor (E_2)

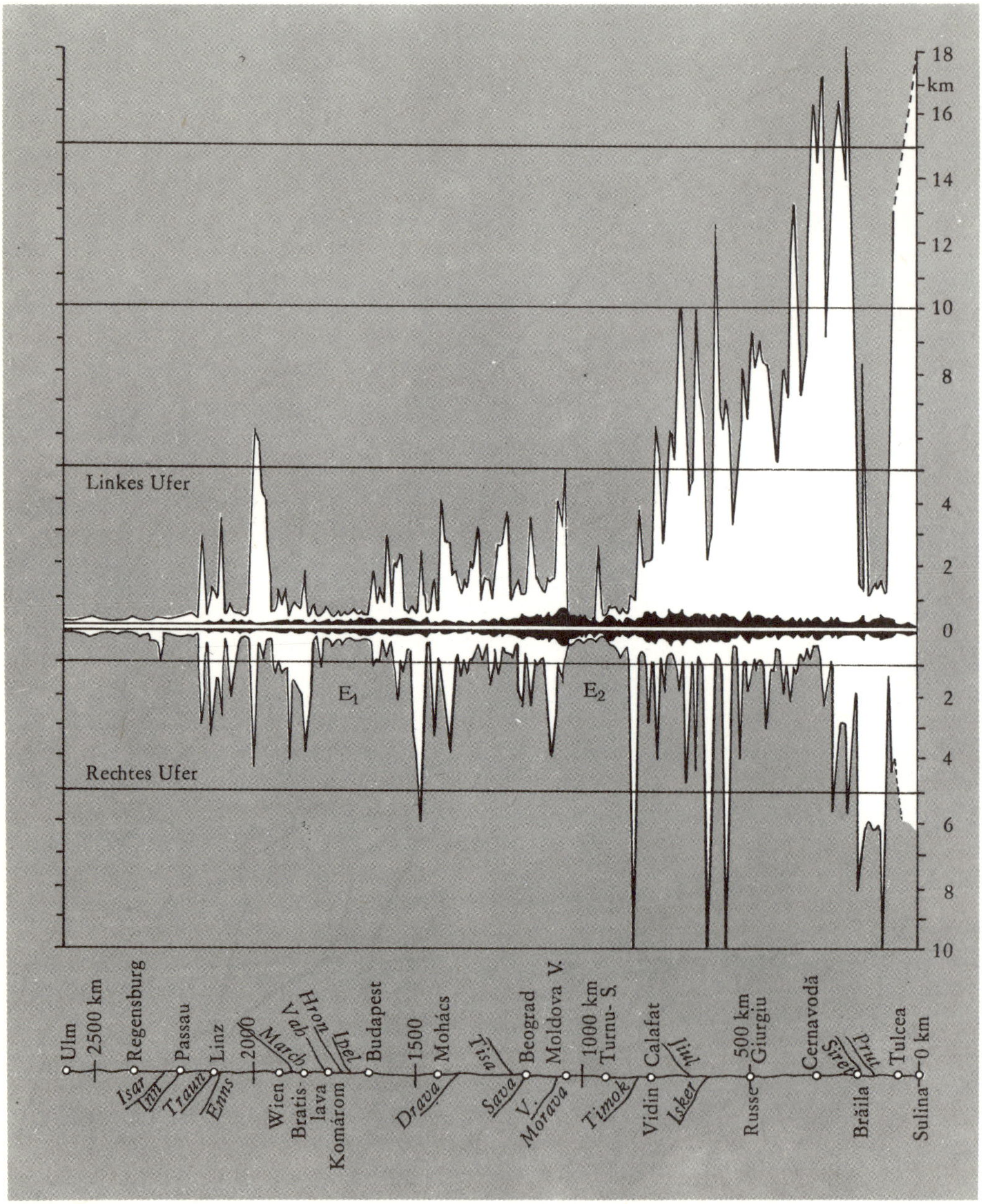

Die Extreme der Wasserführung verhalten sich demzufolge am Eingang in den See wie 80 : 1, am Ausfluß aber nur wie 10 : 1. Viel großartigere natürliche Rückhaltebecken, die Hochwasserspitzen speichern, finden sich am Jangtsekiang in den Seen Tungtinghu (Dongtinghu) und Poyanghu, die im Winter, bei Niedrigwasser, weitgehend trockenliegen und dann, nur von kleinen Wasserrinnen durchzogen, teilweise sogar landwirtschaftlich genutzt werden; im Sommer aber, wenn der Jangtsekiang mit seinem mächtigen Hochwasser bis zu 15–20 m über den winterlichen Stand schwillt, behindert er wie eine Sperrmauer seine rechten Nebenflüsse am Abfluß, wodurch sich der Tungtinghu zur zehnfachen Größe des Bodensees anfüllt.
Eine ähnliche Funktion erfüllen für den Weißen Nil die großen Sümpfe von Bahr el Ghazal und Bahr el Djebel: das Sumpfgebiet des Sudd (el-Sudd). Die Wassermasse des Weißen Nils breitet sich dort über ein von Nymphazeen, Papyrusstauden und anderen wasserliebenden Pflanzen bedecktes Areal von 60 000 km² aus. Obwohl der Weiße Nil hier sehr viel Wasser durch Verdunstung verliert und er im weiteren (im Jahresdurchschnitt) nur halb soviel Wasser zum Unterlauf des Nils beisteuert wie der auf dem Hochplateau Äthiopiens entspringende Blaue Nil, ist es doch gerade der schwächere Weiße Nil, der dank der ausgleichenden Wirkung seiner Sümpfe dem Unterlauf des Nils eine perennierende Wasserführung auch dann garantiert, wenn das Äthiopische Hochwasser des Blauen Nils geschwunden ist.
Entsprechend dem unterschiedlichen Ablauf der Jahreszeiten in den einzelnen Regionen der Erde variieren die verschiedenen Abflußregime. Verfügt ein Fluß über ein klimatisch einheitliches Einzugsgebiet, so spiegelt der Rhythmus seines Abflusses getreu die diesem Gebiet eigenen Perioden minimalen und maximalen Wasserangebots wider. Es lassen sich folgende Abflußtypen unterscheiden:

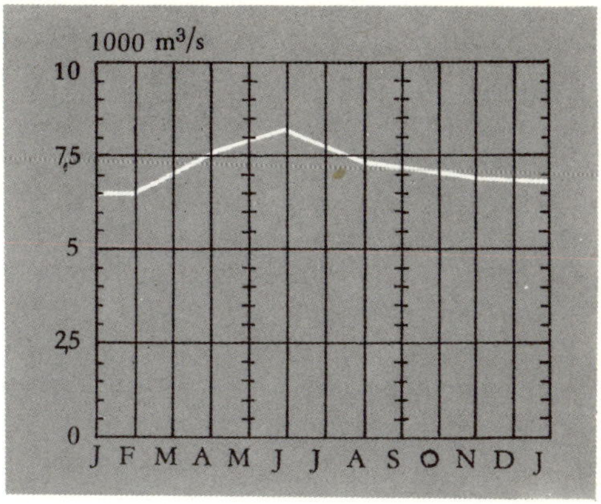

Abflußgang des St.-Lorenz-Stromes 1951–1960 bei Ogdensburg (770 000 km² Einzugsgebiet). Die Großen Seen wirken ausgleichend.

Flüsse der subarktischen Zone

Die besonders in Sibirien und Kanada anzutreffenden Flüsse sind die längste Zeit des Jahres unter einer mächtigen Eisdecke gefangen. Kleinere Flüsse frieren bis auf den Grund zu. Die durchschnittliche Eisdauer beträgt auf der Lena bei Kirensk 203, auf dem Ob bei Tomsk 179 Tage. Im Frühjahr, wenn die seit Oktober angesammelten Schneemassen schlagartig abschmelzen, sprengen die anschwellenden Flüsse mit gewaltiger Kraft ihre Eisdecke. Im Sommer und Herbst nimmt die Wasserführung der Flüsse ab und ist im Winter am geringsten. Der Unterschied in der Wasserführung ist also erheblich.

Flachlandflüsse der kühl-gemäßigten Zone mit Kontinentalklima

Diese für Osteuropa typischen Flüsse erhalten ihr Wasser zu einem großen Teil durch Regen. Das oft verheerend auftretende Frühjahrshochwasser entsteht infolge raschen Abschmelzens der in langen, strengen Wintermonaten angesammelten Schneedecke.

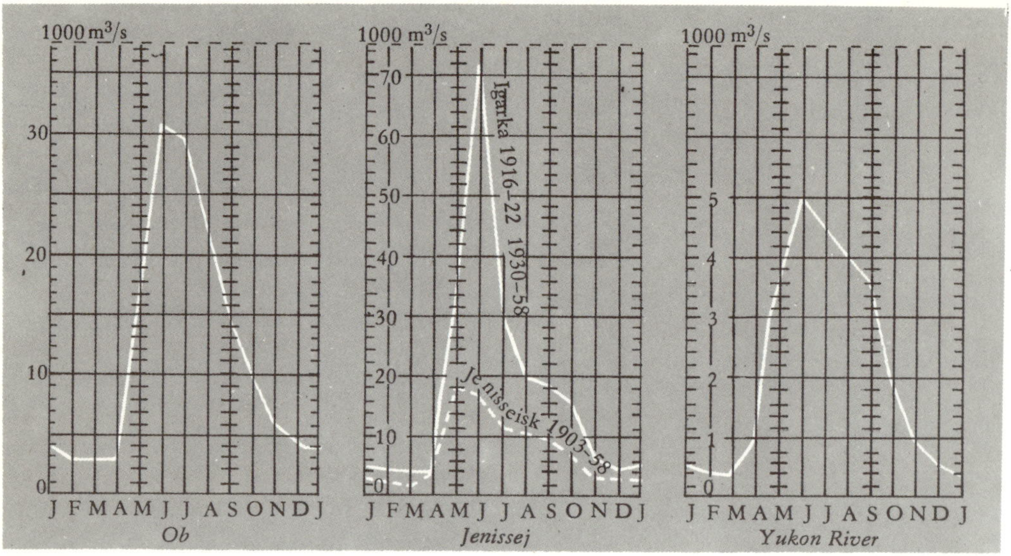

Flüsse der subarktischen Zone. Wasserführung des Ob bei Salechard 1930–1955, des Jenissej bei Jenisseisk und Igarka und des Yukon River bei Dawson 1945 bis 1952. Der Abfluß erfolgt im wesentlichen nach dem Abschmelzen des Eises im Frühjahr und im Frühsommer.

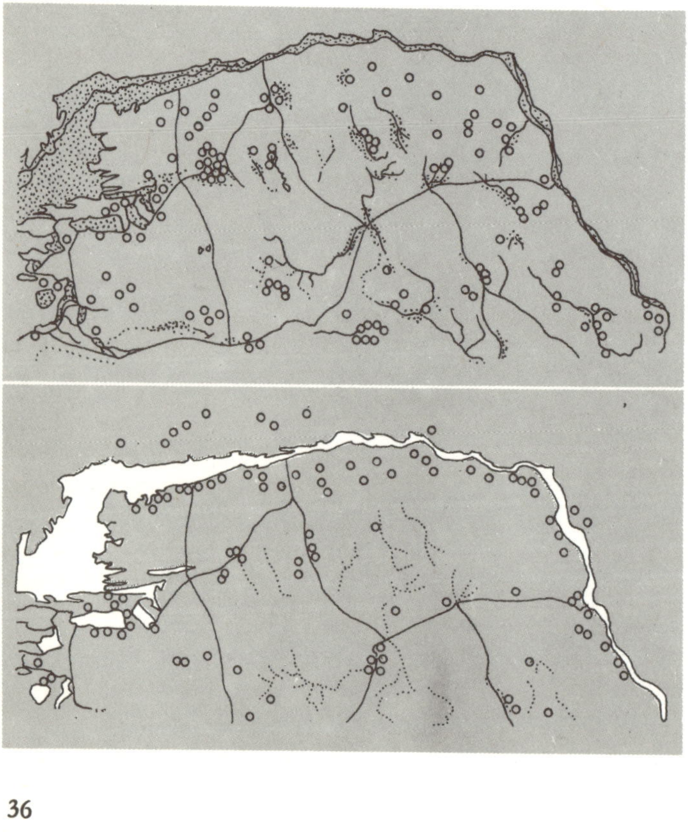

Der Niger-Bogen während der Regen- und der Trockenzeit. Die Wasserführung beeinflußt in starkem Maße die Wanderbewegung der Nomaden. (Nach H. Schiffers)

Flachlandfluß der kühlgemäßigten Zone. Abflußgang der Wolga. Oberlauf vor und nach der Schaffung des Rybinsker Stausees (links) und bei Wolgograd 1881–1955, vor dem Bau der entscheidenden großen Stauseen (rechts). Typisch ist das Frühjahrshochwasser.

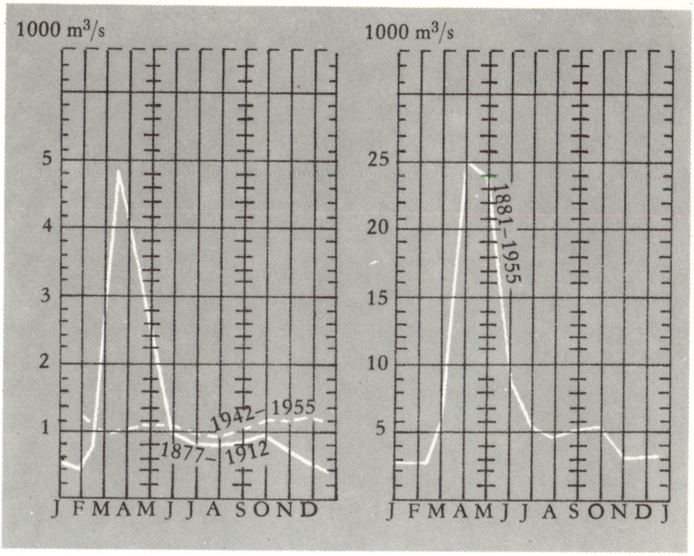

Abflußgang von Flüssen der Trockengebiete. 1. Der Murray River bei Euston in einem regenreichen und einem Dürrejahr. 2. Der Blaue Nil bei Khartoum mit 324 500 km² Einzugsgebiet (nach Hurst) und der Nil bei Assuan. 3. Der Niger (nach F. W. Lockermann); er führt im Sommer im Mittellauf weniger Wasser als im Oberlauf.

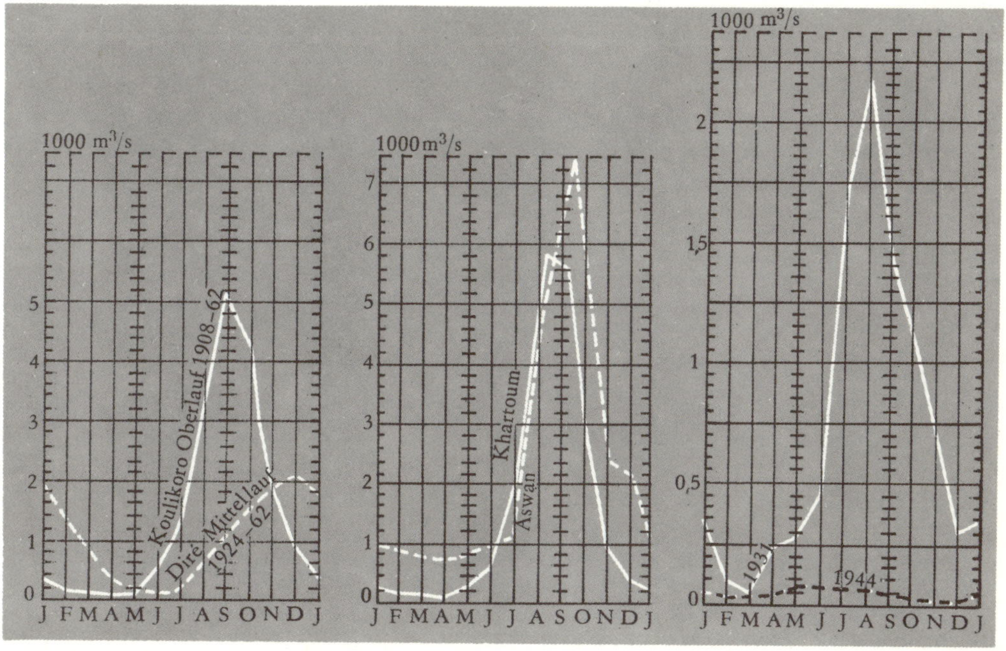

Flachlandflüsse der kühl-gemäßigten Zone mit ozeanischem Klima

Diese für West- und Mitteleuropa typischen Flüsse werden hauptsächlich durch Regen gespeist. Da dieser zu allen Jahreszeiten reichlich niedergeht, ist der Wasserstand der Flüsse das ganze Jahr über relativ ausgeglichen. Im Winterhalbjahr ist regelmäßig ein schwacher Anstieg zu verzeichnen, während Schlechtwetterlagen mit starken Regengüssen auch zu anderen Jahreszeiten gelegentlich verheerende Hochwasser verursachen können.

Hochgebirgsflüsse der kühl-gemäßigten Zone

Die Schneeschmelze und damit das Anschwellen der Flüsse tritt infolge der mit zunehmender Gebirgshöhe abnehmenden Temperatur später als im Flachland ein, in den Alpen oft aber plötzlich bei einsetzendem Föhn. Für die Flüsse der Alpen sind Sommerhochwasser typisch, die durch starke Überregnung des Gebirges bedingt sind und zusätzlich durch das Abschmelzen der Gletscher genährt werden.

Flüsse der Trockengebiete

Die Wasserführung dieser Flüsse ist von der ausgeprägten Periodizität der Niederschläge abhängig. Typische Vertreter sind die Flüsse des Sahelgebietes Senegal, Niger und Chari. Die Niederschläge fallen hier während eines recht kurzen Zeitabschnitts und führen zu einem einzigen jährlichen Hochwasser. Das Wasser läuft während mehrerer aufeinanderfolgender Monate ab.
Unter ungünstigen Bedingungen liegen die Flüsse der hier betrachteten Gebiete in der trockenen Jahreszeit völlig wasserlos da, oder ihre Betten werden nur von dürftigen Wasseradern durchzogen, während sich in vielen von ihnen nach heftigen Regengüssen ein wilder, trüber Strom daherwälzt. Typisch sind also perennierende Flüsse mit einer Tendenz zur periodischen Wasserführung sowie echte periodische und episodische Flüsse. Ein typisches Beispiel für extreme Schwankungen gibt der 3 500 km lange Rio Grande, der über 2 100 km die Grenze zwischen den USA und Mexiko bildet. Vor seiner Regulierung hatte er im September den mittleren maximalen Abfluß von 320 m³/s, im März den mittleren minimalen

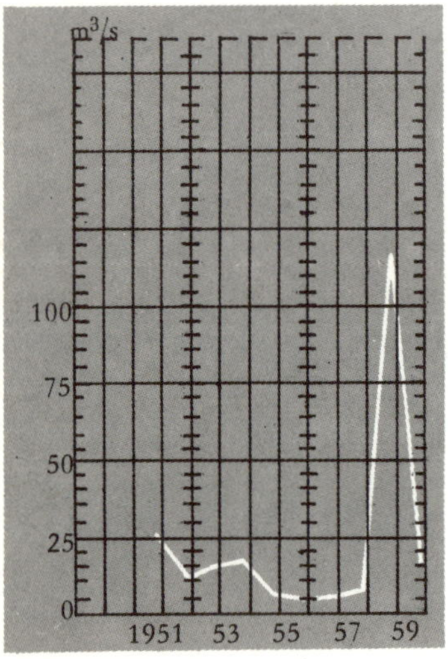

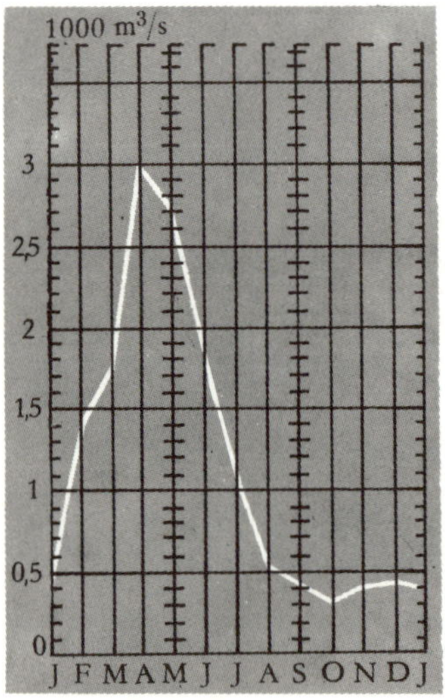

Abfluß-Jahresmittel des Rio Grande del Norte bei Lower Brownsville, 1951–1960

Gebirgsfluß der Trockengebiete. Mittlerer Abflußgang des Tigris bei Bagdad

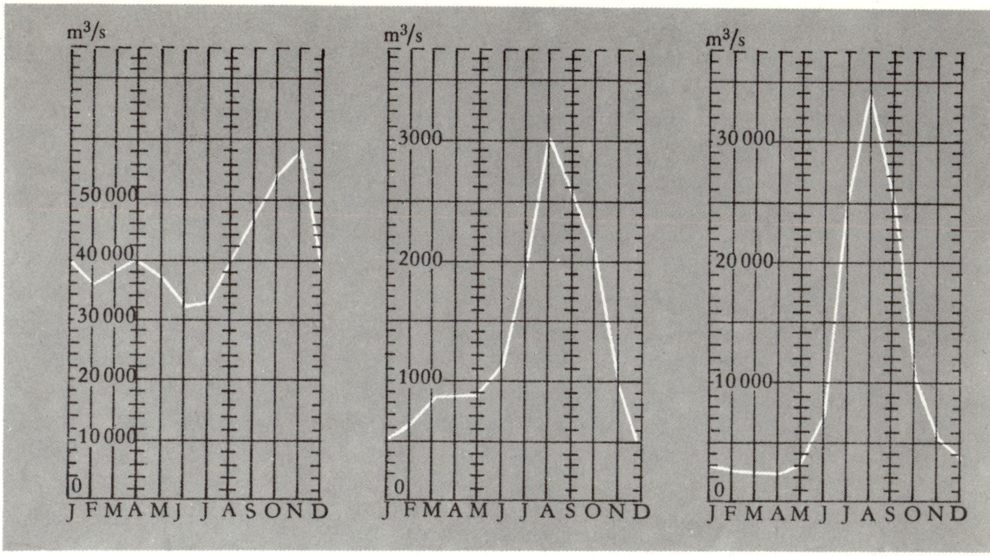

1. Fluß der feuchten Tropen mit zwei Maxima des Abflusses. Jahresgang der Wasserführung des Kongo bei Kinshasa, 1902–1954. (Nach F. W. Lockermann)

Daneben: Flüsse der Monsungebiete. 2. Wasserführung des Hwangho bei Chenghsien (Mittelwerte über 25 Jahre) und 3. des Ganges bei Harding Bridge, 1935–1946, bei einem Einzugsgebiet von 935 000 km^2. (Nach R. Keller)

Abfluß von 80 m^3/s, aber im September 1932 wurden 17 000 m^3/s beobachtet! Die häufig auftretenden „torrential rains" führen in manchen Abschnitten zu Hochfluten, welche die Mexikaner veranlaßt haben, den Fluß Río Bravo del Norte, d. h. Wilden Fluß des Nordens zu nennen. Zu diesem Typ zählen ferner die Fiumare des Mittelmeerraumes (periodisch) und die Creeks Australiens (episodisch), während die Wadis der Sahara stärker Trockentalcharakter haben.

Verantwortlich für die verheerenden Hochfluten ist neben der klimabedingten Verteilung der Niederschläge das schüttere Pflanzenkleid. Die Gefahr des unvermittelten oberflächlichen Abfließens von Regenwasser besteht überall dort, wo die schützende Vegetationsdecke fehlt. Wald verzögert am meisten den Abfluß, wirkt am intensivsten auf einen ausgeglicheneren Wasserhaushalt der Natur hin. Die Lockerstruktur des Waldbodens saugt die Niederschläge wie ein Schwamm auf. Sogar an Steilhängen vermag

Ein Fluß mit klimatisch verschiedenartigen Einzugsgebieten.

Der Jahresgang des Abflusses des Rheins in verschiedenen Laufabschnitten (1936–1960). (Nach J. Marcinek)

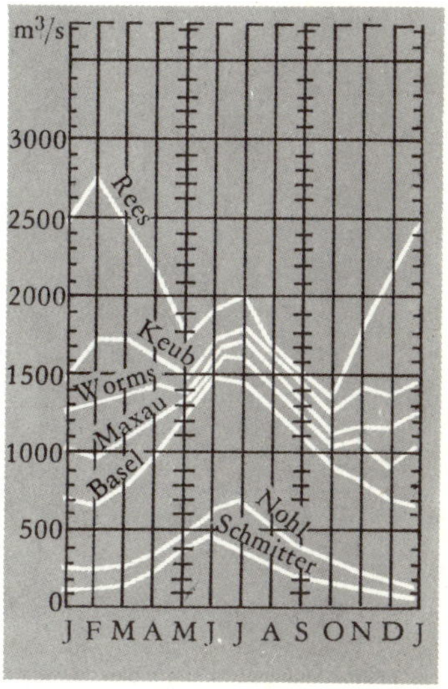

Wald die Abflußintensität wesentlich zu mildern. Aber schon Wiesenboden hat eine geringere Speicherfähigkeit, und noch geringer ist sie bei Acker oder Ödland sowie in den offenen Landschaften.

Hochgebirgsflüsse der Trockengebiete

Sie erhalten ihr Wasser vorwiegend im Frühjahr von abschmelzendem Winterschnee, während die Unterläufe als Fremdlingsflüsse im regenarmen Flachland liegen (Amudarja und Syrdarja, Euphrat und Tigris, Tarim).

Flüsse der feuchten Tropen und der Monsungebiete

Diese Flüsse werden fast nur durch Regen gespeist. Ihr Abfluß ist von den Gegensätzen zwischen Regen- und Trockenzeit geprägt. Unerhörte Wasserfülle wechselt bei ausgeprägter Trockenzeit mit kleinem Niedrigwasser, ja teilweisem Trockenfallen der Flußbetten. Die Schwankungen betragen am Amazonas 15 m. Während es in den äußeren Tropen nur ein jährliches Regenmaximum mit einem Hochwasser gibt, erzeugt der jährliche zweimalige Sonnenhöchststand unter und nahe dem Äquator zwei Maxima der Zenitalregen und des Abflusses.

Schon bei sehr langen Flüssen des gleichen Typs treten im Abfluß Modifikationen ein. Ein Beispiel sind die subpolaren Riesenströme Sibiriens, die nach Norden ziehen. Da im Unterlauf die Schneeschmelze später einsetzt, kommt es in den Ober- und Mittelläufen zu bedeutenden Eisstauungen.
Viel komplexer sind die Auswirkungen auf Flüsse, deren Einzugsgebiete sich in verschiedenen Klimazonen befinden. Es kann sich eine Abfolge mehrerer Abflußmaxima einstellen. So ist der Rhein bei Basel ein typischer Hochgebirgsfluß mit Sommerhochwasser. Nachdem ihm Neckar, Main und Mosel zugeflossen sind, bleibt zwar das sommerliche Anschwellen erhalten; wichtiger wird jedoch das kräftigere Frühjahrshochwasser, das durch die Schneeschmelze in den Mittelgebirgen genährt wird.
Folgt man dem längsten Nilzufluß, so entsteht der Eindruck, als sei der Nil ein Fluß der feuchten Tropen. Die aus dem Victoriasee, dem Kiogasee und dem Mobuto-Sese-Seko-See (früher Albertsee) stammenden äquatorialen Zubringer steuern jedoch nur 20 Prozent zur gesamten Wassermasse des Nils bei. Die anderen beiden, kürzeren, aber zusammen um das Mehrfache an Wasser führenden Zubringer Blauer Nil und Atbara stammen jedoch aus dem Hochland von Äthiopien. Der Nil ist also in erster Linie ein Sahel-Fluß. Das dafür typische Abflußregime wird jedoch durch die erwähnte ausgleichende Wirkung des Weißen Nils und seiner Sümpfe erheblich modifiziert.
Sammeln sich Flüsse aus verschiedenen Klimazonen, so können sich verschiedene Abflußmaxima zu besonders bedeutenden Schwellhochwassern vereinen, wie umgekehrt Niedrigwasser in einem Teil des Einzugsgebiets durch Hochwasser in einem anderen kompensiert oder gar überkompensiert werden kann. In solchen asiatischen Strömen wie Ganges, Brahmaputra und Jangtsekiang vereinigen sich die Schmelzwasser des Himalaja und der tibetischen Randgebirge mit dem Monsunregen, so daß sich zum Beispiel der Stromspiegel des Jangtsekiang bei Wuhan (Hankou) bis 15 m über Niedrigstand erhebt. Ähnliches gilt für viele andere Flüsse mit Oberläufen in Hochgebirgen und Sommerregen. Umgekehrt sind die Wasserstandsschwankungen des Kongo (am Stanley Pool 4 m) vor allem deshalb so gering, weil der Strom große Zuflüsse von beiden Seiten des Äquators, d. h. aus Gebieten mit Zenitalregen zu verschiedenen Zeiten erhält. Beim Amazonas gibt es hingegen Elemente, die sowohl die Spiegelschwankungen verstärken (Schneeschmelze plus Zenitalregen) als auch abschwächen (Wandern des Sonnenhöchst-

standes über das riesige Einzugsgebiet). Die Wasserstandsschwankungen sind daher insgesamt viel höher als die des Kongo: Sie betragen im Abschnitt von Manaus 7 bis 13 m und im Unterlauf 6 bis 8 m.

Hochwasserextreme

Der Wechsel von Hoch- und Niedrigwasser ist also eine normale Erscheinung. Es gehört zum Wesen der Niederungen bedeutender Flüsse, daß sie im Naturzustand regelmäßig überflutet werden. In den Kulturländern hat es der Mensch am ehesten gelernt, sich den Schwankungen anzupassen, ihren normalen Rhythmus sogar auszunutzen und sich vor ihren Gefahren zu schützen. Wann immer jedoch gelegentliche Extreme an den von besonders heftigen unregelmäßigen Schwankungen der Wasserführung heimgesuchten Flüssen die Regelfälle durchbrechen, erweist es sich, daß der Katastrophenschutz bislang nur graduell gelungen ist. Zwar können auch extreme Trockenheiten zu schweren wirtschaftlichen Schäden und Existenzbedrohung führen. Zur eigentlichen Geißel aber wird der Fluß, wenn er in Kulturländern außerordentliche Hochfluten herausbildet, für die der Mensch nicht oder nur unzureichend gerüstet ist. Bei Katastrophen besteht die Gefahr, daß der unzureichend regulierte Fluß sein natürliches Überschwemmungsgebiet zurückerobert. Hochfluten äußern sich in Gebirgstälern zumeist anders als in Flüssen der Ebene. Im Gebirge genügen schon räumlich sehr begrenzte Unwetter, um sogar Bäche zerstörerisch anschwellen zu lassen. Der geringe Querschnitt des Flußbettes, besonders in eng und tief eingeschnittenen Tälern, verleiht der Flutwelle eine ungeheure Kraft; auf Grund des starken Gefälles wälzt sich das Wasser besonders schnell zu Tal. Wo es über die Ufer tritt, vermag es, unterstützt durch die Gewalt des mitgeführten Gerölls, Häuser und Brücken rasant hinwegzumähen. Das Unglück vollzieht sich oft blitzschnell. Das stärkere Gefälle und die insgesamt geringere Wassermenge lassen aber die Hochwasserwelle der Gebirgsflüsse zumeist auch sehr schnell vorbeiziehen.

Besondere Gefahren drohen, wenn der Boden nach einem Dauerregen bereits mit Wasser gesättigt ist. Das Wasser eines nun folgenden Platzregens fließt völlig oberflächlich ab. Während einer solchen Wetterlage stieg zum Beispiel am 8. Juli 1927 im sächsischen Kurort Berggießhübel das gewöhnlich zahme Flüßchen Gottleuba binnen zwei Minuten um vier Meter, so daß die Flutwelle schneller an Höhe gewann, als mancher Anwohner in seiner Not die Treppenstufen zu ersteigen vermochte. Von den 1 927 Einwohnern des Ortes fanden 88 den Tod. Die Flut war mit solcher Eile über das Tal hinweggefegt, daß die Überlebenden ihre Lage erst recht begriffen, nachdem die Katastrophe geschehen war.

Wo man von diesen Gefahren weiß, wird man es vermeiden, auf dem Talgrund zu siedeln.

Besonders gefährlich sind Flußbetten der Trockenzonen. Die längste Zeit liegen sie fast trocken da, bis sich eines Tages nach einem Wolkenbruch eine wilde Wasserflut hinabwälzt. Ein solcher Vorgang kostete im August 1976 Dutzenden Touristen das Leben, die ahnungslos ihre Zelte und Caravans auf dem Campingplatz im Canyon des Big Thompson River (USA-Bundesstaat Colorado) aufgebaut hatten.

Völlig anders entwickelt sich eine Hochflut in den Riesenströmen des Tieflandes. Eine vereinzelte Hochwasserwelle im Oberlauf eines Nebenflusses, so verheerend sie sich – wie die beschriebene – lokal auswirken kann, wird im Unterlauf des Hauptflusses kaum spürbar, da die schon normalerweise dort vorhandenen großen Wassermassen, von denen eine solche Welle aufgenommen wird, und die Verbreiterung des Tales ausgleichend wirken. Um eine Hochflut in den Unterläufen zu erzeugen, bedarf es einer viel umfangreicheren Wasserzufuhr. Außerge-

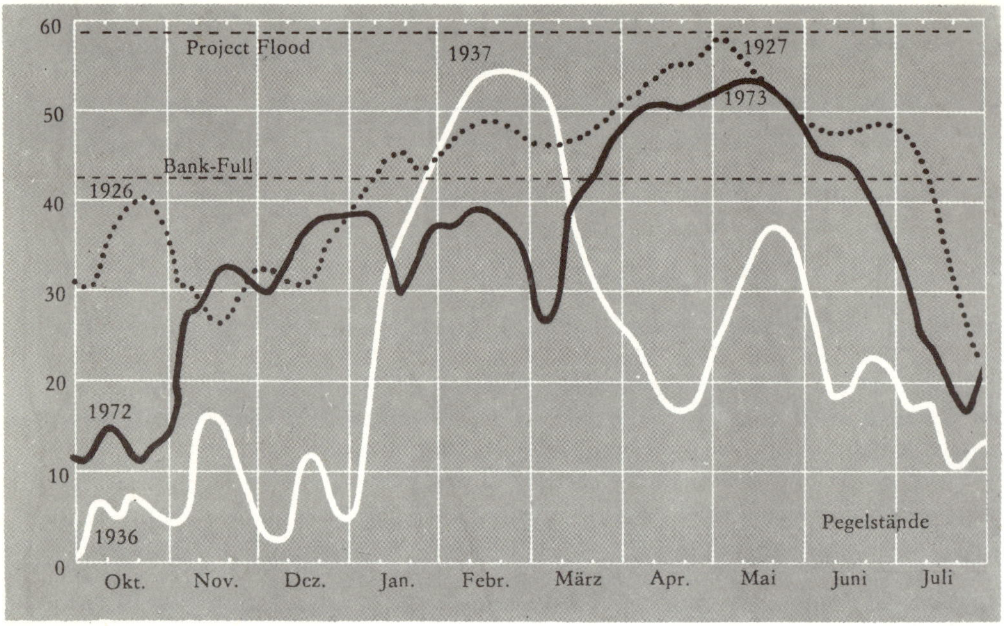

Die Entwicklung der Hochwasserkatastrophen des Mississippi 1927, 1937 und 1973 in Vicksburg, Miss. Wasserstandshöhen in Fuß über der mittleren Wasserstandshöhe von 46,23 Fuß (1 Fuß = 0,305 m). Bank-ful = bis zum Rand gefülltes Flußbett; project flood = Hochflutmaximum, das nach bisherigen Erfahrungen möglicherweise eintreten kann, aber kaum überschritten werden dürfte. Nach einem 1928 beschlossenen Projekt soll der überwiegende Teil des genutzten Mississippitales bis zu dieser Marke vor Überschwemmungen geschützt werden. (Nach Department of the Army, Corps of Engineers, Lower Mississippi Valley Division Vicksburg, Miss.)

wöhnlich starke Niederschläge müssen über einen längeren Zeitraum über einem weiten Teil des Einzugsgebietes niedergehen; Hochfluten der Nebenflüsse müssen sich im Hauptfluß summieren. Die Hochflut baut sich allmählicher und in einem größeren Einzugsgebiet auf. Die Gefahren für ihr Zustandekommen sind besonders dann gegeben, wenn der Fluß bereits zu einer Zeit, in der er normalerweise Niedrigwasser führt, mehr Wasser als gewöhnlich enthält und ihm in der nun folgenden üblichen Zeit des Hochwassers durch hohe Niederschläge abermals überdurchschnittlich große Abflußmengen zugeleitet werden. Durch diese schrittweise Steigerung kündigt sich das Entstehen eines außergewöhnlichen Hochwassers Wochen vorher warnend an. Kommt es dann zur Herausbildung einer Flutwelle, überrollt sie das Tiefland nicht schlagartig. Man kann sogar auf Grund der hydrographischen Verhältnisse in den Ober- und Mittelläufen ihr Eintreffen recht exakt prognostizieren, wobei der Vorteil eines nach dem Unterlauf hin abnehmenden Tempos besteht. (Für die Donau wird die durchschnittliche Fortpflanzungsgeschwindigkeit der Hochflutwelle wie folgt angegeben: Oberlauf 4 bis 6 km/h, Mittellauf 2 bis 4 km/h, Unterlauf 1 bis 3 km/h.)

Die Entstehung des furchtbaren Mississippi-Hochwassers von 1973 gibt ein anschauliches Beispiel. Die Ereignisse, die dazu führten, waren zunächst schleichend und verursachten

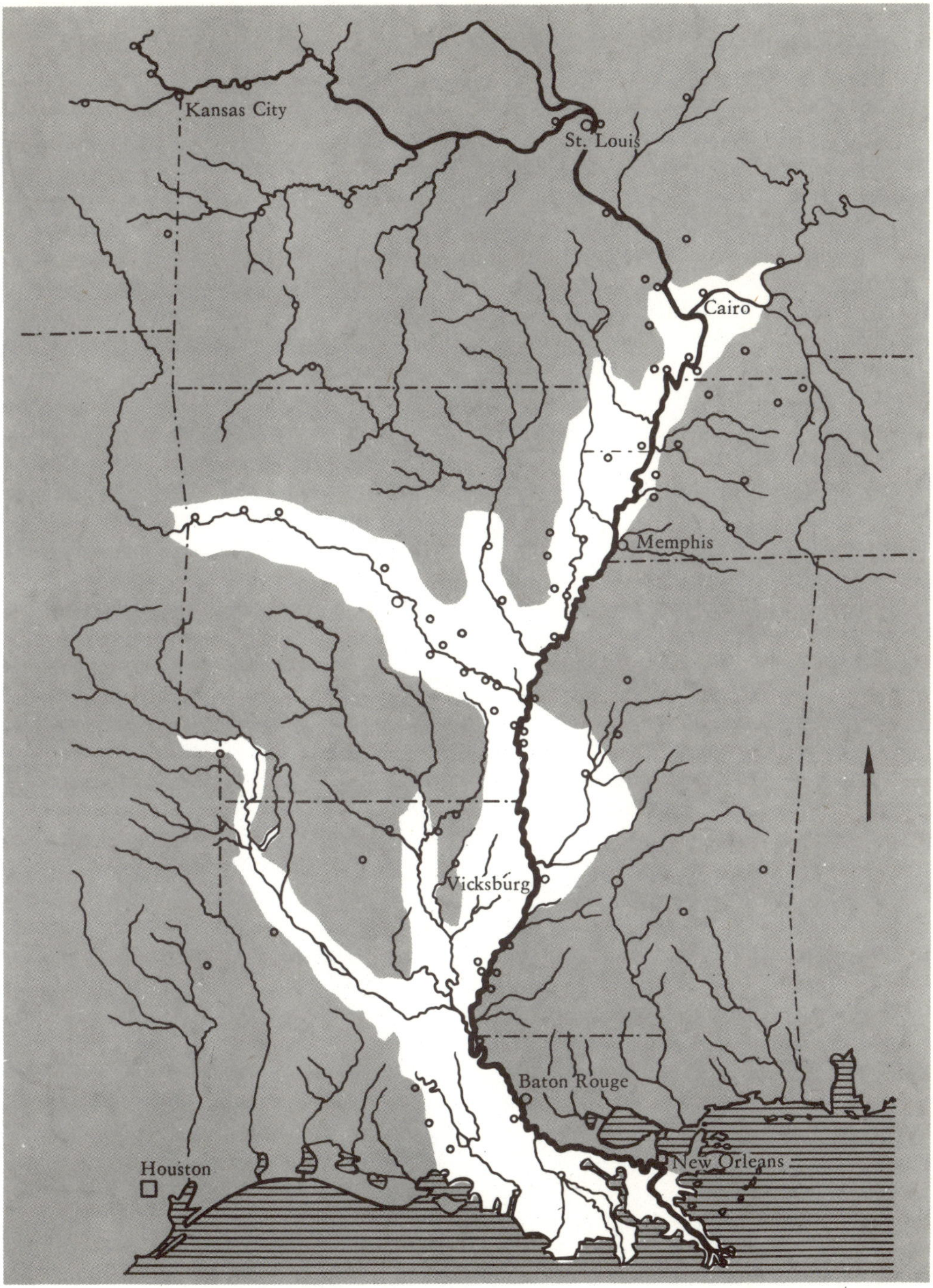

Die Überschwemmungsgebiete am Mississippi vor dessen Regulierung. (Nach Mat. Etud. Cal. u. Klute)

anfänglich mehr Beunruhigung als Alarm. Starke Regenfälle hatten das Flußbecken von Oktober 1972 bis Januar 1973 heimgesucht. Der Fluß überschritt fast überall die zu dieser Zeit üblichen Niedrigwasserstände. Da sich der Boden inzwischen mit Wasser saturiert hatte, flossen die Niederschläge schnell ab. Anfang Februar hielten es die Wasserbauingenieure der Armee für möglich, daß die bevorstehenden Frühjahrsregen eine größere Hochflut verursachen könnten.

Gewöhnlich trägt das Ohio-River-Becken am stärksten zu einem größeren Hochwasser im unteren Mississippi bei. Das Personal des Ingenieur-Corps hatte darum ein wachsames Auge auf den Pegelstand von Cairo, Illinois; aber es war diesmal der obere Mississippi, der den ersten Hochwassernotstand erzeugte. Schwere Gewitterfronten fegten über den Mittleren Westen. Die größeren Nebenflüsse des oberen Mississippi schwollen schnell an – in ihnen baute sich das Hochwasser des unteren Mississippi auf. Als in den ersten 15 Tagen des März der Pegelstand von Cairo um 6,4 m stieg, war klar, daß ein größeres Hochwasser im Anzug war. Im April war der Strom überall weit über dem üblichen Hochwasser-Pegel. In New Orleans näherte sich der Wasserspiegel einem Stand, welcher der Stadt bedrohlich wurde. Da das Schwellhochwasser des Hauptstromes den Abfluß der Nebenflüsse beeinträchtigte, bildeten sich in deren Unterläufen Stauhochwasser heraus. Ende April brachte der obere Mississippi seine dritte Hochwasserwelle mit Rekordanstiegen in St. Louis und anderen Pegelstationen hervor. Diese Welle erreichte am 8. Mai Memphis mit einem Pegelstand von 12,3 m und am 12. Mai Vicksburg mit 16,2 m. Während ab 18. Mai der Wasserstand allmählich von Cairo nach Vicksburg fiel, traf die Hochwasserwelle erst in der letzten Maiwoche in New Orleans ein. Ab Mitte Juni begannen die überschwemmten Flächen allmählich wieder trockenzufallen. Das außergewöhnliche Hochwasser hatte schließlich in St. Louis 77 Tage und in Vicksburg 89 Tage angedauert. Trotz umfangreicher Schutzvorkehrungen waren nahezu 70 000 km^2 überflutet worden. Der entstandene Gesamtschaden wurde amtlich mit 1 046 Millionen Dollar angegeben. Entscheidend für das Ausmaß der Katastrophe war der Umstand, daß im Zeitraum September 1972 bis Mai 1973 der Niederschlag im gesamten Einzugsbereich weit über dem Durchschnitt gelegen hatte, im Gebiet des oberen Mississippi um 59 Prozent, des Missouri um 52 Prozent, des Arkansas um 50 Prozent, des Ohio um 44 Prozent . . .

Am Ausmaß der Katastrophe sind die vorangegangenen Generationen weißer Einwanderer nicht schuldlos. Gerade die USA geben ein anschauliches Beispiel der Waldvernichtung. Als die Pioniere über die Appallachen in die Great Plains vordrangen, galten Wald und Boden noch als unerschöpflich. Man verdiente an den gefällten Bäumen, die über den Mississippi und seine Nebenflüsse hinabgeflößt wurden, und an dem abgeholzten Land. Wo die Bäume nicht schnell genug fielen, wurde mit Brandrodung nachgeholfen. Aber bald brausten über die Great Plains Stürme, die den einst fruchtbaren Boden der Farmen wegtrugen. An den Hängen grub der Regen metertiefe Erosionsrinnen ein, über die gewaltige Schlammassen zu Tal gespült wurden. Weithin verödete Landstriche, katastrophale Überschwemmungen im unteren Mississippital als Folge der Entwaldungen im Gebiet des Ohio, des Missouri und des Tennessee, zerstörte Existenzmittel der Siedler – das war die Folge eines Raubbaus bei der Nutzung von Naturschätzen, bei der man, töricht genug, auf nichts anderes als unmittelbaren Gewinn berechnet war. Ursachen und Auswirkungen eines solcherart verfehlten Pioniertums sind längst nicht überwunden.

Bei anderen extremen Hochwassern wird der Schwellvorgang in stärkerem Maße durch Stauwirkungen verschärft. Die bereits erwähnten Eisversetzungen führen zu den gefürchteten Eishochwassern. An der Donau, an der Einmündung von Vah und Drau, liegen diese um 1,5 bis 2 m über den eisfreien Hochfluten. Das außergewöhnliche Schwellhochwasser der Donau von 1879 wiederum konnte in der Verengung des Donaudurchbruches durch die Karpaten nicht rasch genug abfließen, wodurch die Große Ungarische Tiefebene (Alföld) durch Stau der Theiß weithin überschwemmt wurde. Allein in Szeged fielen 5 585 Häuser in Ruinen, und 151 Menschen fanden den Tod. Die Namen der einzelnen Züge der Szegeder Ringstraße (Brüsseler, Pariser, Londoner, Moskauer, Wiener Ring) bewahren noch heute die Erinnerung an die internationale Hilfe, die für den Wiederaufbau der zum großen Teil zerstörten Stadt bedeutsam war.

Viel verheerender wirken sich Hochfluten in den sehr dicht besiedelten Niederungen der asiatischen Tieflandströme aus, wo entweder die bisherigen Regulierungsarbeiten die Wassermassen noch in keiner Weise bändigen können oder wenn bestehende Schutzbauten versagen. Ein Beispiel für noch völlig ungelösten Hochwasserschutz bieten die Unterlaufebenen von Ganges und Brahmaputra, die etwa alle 10 bis 15 Jahre von einem außergewöhnlichen Hochwasser heimgesucht werden.

Nach offiziellen Angaben wurden von der Hochwasserkatastrophe im August 1974, die im übrigen auch große Teile Nordostindiens erfaßte, allein in Bangladesh 30 Millionen Menschen und 80 Prozent der Reiskulturen betroffen. Über 2 000 Menschen fanden den Tod.

In China kommt dem Hochwasserschutz schon seit vielen Generationen eine große Bedeutung zu. Dennoch berichtet die chinesische Geschichte von mehr als anderthalbtausend Überschwemmungen, die durch den Hwangho (Huang He), den „Kummer Chinas", verursacht worden sind und vielen Millionen Menschen den Tod brachten.

Solche Katastrophen sind nicht nur nach den direkten Wirkungen der Hochflut zu beurteilen. Die Folgen sind oft längerfristig und mittelbar. Die Überlebenden werden oft Opfer von sich ausbreitenden Seuchen. Wertvolles Ackerland bleibt mitunter monatelang unbestellbar. Fällt es trocken, ist es häufig entwertet, weil sich über dem Mutterboden Schwemmsand abgelagert hat. Vom Hochwasser vernichtete Vorräte, überflutete und verschüttete Felder führen zu einem Mangel an Nahrungsmitteln, der früher ebenfalls hohe Opfer forderte.

Säkulare Klimaschwankungen und Abflußrhythmus

Von großem wissenschaftlichem Interesse sind die sogenannten säkularen Wasserstandsschwankungen – die sich über Jahrzehnte und Jahrhunderte erstreckenden Veränderungen, die auf Schwankungen des Klimas zurückgehen. E. Brückner hatte bereits 1890 einen etwa 35jährigen Zyklus festgestellt. Seine Untersuchungen für die Gewässer im 19. Jahrhundert ergaben für die feuchten Perioden von 1815 bis 1830, 1850 bis 1860 und 1880 bis 1890 Maximalwasserstände, in den dazwischen liegenden trockenen Perioden dagegen häufige Minimalstände.

Dieses Problem wurde in den letzten Jahren besonders eingehend für die Sahelzone untersucht, da die hier – am Südrand der Sahara – auftretenden klimatischen Schwankungen besonders ausgeprägt sind und über Halt oder Vormarsch der Wüste, d. h. die Existenzgrundlagen allen Lebens, entscheiden. Der französische Professor Theodor Monod nennt diesen Raum „eine Zone, deren Gleichgewicht durch einige Regengüsse mehr oder weniger in Frage gestellt wird und die daher ständig von Mangel, wenn nicht von Hungersnot bedroht ist". Eine Untersuchung der Wasserführung von Senegal, Niger, Chari und Nil ergibt eine auffallende Gleichartigkeit der hydrometeorologischen Erscheinungen. Insbesondere die Abflußkurven von Niger und Senegal lassen deutlich eine wellenförmige Schwankung der mittleren Wasser-

führung erkennen, wobei der Tendenzumschlag etwa alle 14 Jahre eingetreten ist.
Diese kurzfristigen Schwankungen sind von mittelfristigen überlagert. In der Sahelzone waren die Jahre 1870 bis 1898 eine sehr feuchte Periode, wohingegen sich in den Jahren 1902 bis 1950 trockenere Jahre stärker häuften. Die mittlere jährliche Abflußmenge des Nilwassers betrug in der Periode 1870 bis 1898 etwa 100 km^3, in der darauf folgenden aber nur 83 km^3.
Mittelfristig gibt es auch bestimmte Extremjahre. Die Minima bzw. Maxima betrugen in den Jahren 1878 bis 1879 am Nil 146 km^3 und 1913 bis 1914 etwa 42 km^3.
In der erwähnten Periode besonders starker Feuchtigkeit, im Jahre 1890, geschah es, daß der Senegal einen Stand erreichte, den die Anwohner seit Menschengedenken nicht erlebt hatten. Nachweislich breitete sich das Wasser bis zur Sebhka (Salzpfanne) von Ndrhamcha (Nouaremach) aus, die etwa 100 km nordöstlich der heutigen mauretanischen Landeshauptstadt Nouakchott gelegen ist. Als französische Militärs 1813/14 an den Nigerbogen gelangten, stellten sie große Überschwemmungen fest, die durch das Anschwellen des Niger im Raum Timbuktu-Gundam hervorgerufen worden waren. Die im Südwesten von Timbuktu gelegenen Seen (Tele, Faguibine, Fati und Oro) hatten sich seit mehreren Jahren erweitert. Umgekehrt muß es bereits früher im Sahelgebiet furchtbare Dürrekatastrophen gegeben haben. Aus mündlichen Überlieferungen der Anwohner des Niger ist zu entnehmen, daß dessen Flußbett vor einigen Jahrhunderten oberhalb des Binnendeltas (Gebiet der Flußaufspaltung, Versickerung und Verdunstung im Bereich der malinesischen Bezirkshauptstadt Mopti) trockenlag, was im 19. und 20. Jahrhundert nicht der Fall war.
Die dessenungeachtet besonders verheerende Dürre der Jahre 1973 und 1974 entstand, weil es sechs Jahre lang keine ausreichenden Niederschläge gegeben hatte. Die Wasserführung der Flüsse fiel auf einen besonders niedrigen Stand, der in diesem Jahrhundert nur im Jahre 1913 erreicht worden war. Die im August 1974 erstmals wieder und sint-

Einige bekannte höchste Anstiege bei Hochwasser

Fluß	Ort	Anstieg in m
Seine	Paris	5
Rhein	Basel	6
Rhein	Köln	9,5
Garonne	Agen	11,7
Nil	Assuan (Aswan)	15
Mississippi	Vicksburg	17,9
Ohio	Cincinnati (Januar 1937)	24,4
Colorado	ohne Ortsangabe	um 30
Iguaçu	ohne Ortsangabe	um 43
Jangtsekiang	in Schluchten oberhalb Itschang	um 60
Jangtsekiang	„Blasebalgschlucht" oberhalb Itschang	82 (?)

(nach M. Pardé, 1964, und W. Wundt, 1953, aus J. Marcinek, 1975)

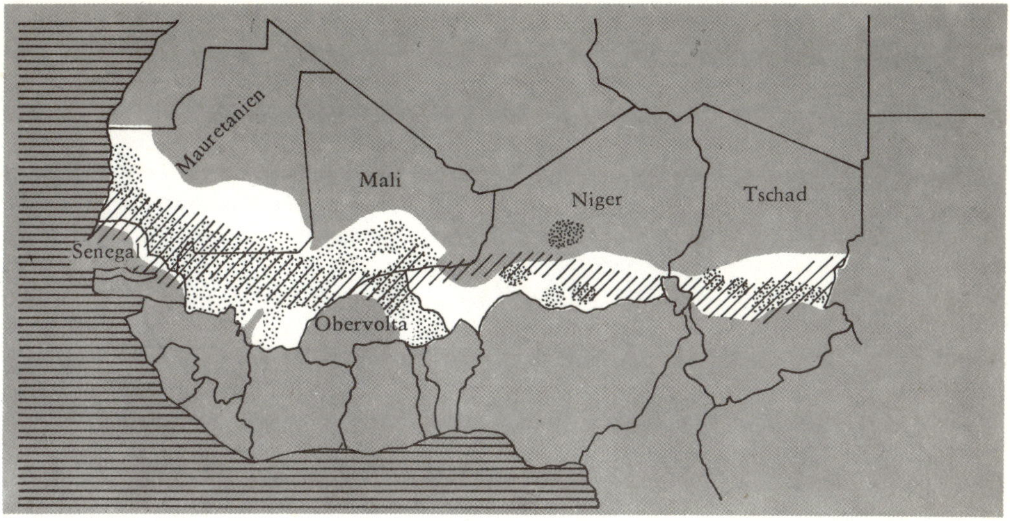

Die Sahelzone in Westafrika mit den während der Dürrekatastrophe in den Jahren 1973–74 besonders hart betroffenen Gebieten. Die Dürre wirkte sich bis Äthiopien aus.

betroffene Weidegebiete Ackerbauzone

flutartig über der Sahelzone niedergegangenen Regen schienen einen Tendenzumschlag anzukündigen; aber schon 1977 war es erneut extrem trocken.

Für die Bewohner am Rande der Wüste sind Dürrejahre Katastrophenjahre. Im Sahelgebiet verdursteten und verhungerten 1973/74 Hunderttausende Menschen, vor allem Kinder, wurden Millionen Menschen zu Flüchtlingen, millionenweise verdurstete das Vieh, oder es wurde vorsorglich abgeschlachtet; Bäume, Sträucher und die Grasnarbe starben in einem weiten Gürtel südlich der Sahara ab, wodurch das Vorrücken der Wüste begünstigt wurde.

Wer nach den Ursachen dieser Tragödie sucht, kann und darf freilich nicht bei den erwähnten Klimaschwankungen verharren. Sie hat vor allem soziale Wurzeln. Das Kernproblem ist die einseitige Abhängigkeit der Bevölkerung von der nomadisierenden Viehzucht. Die ehemalige Kolonialverwaltung und autochthone feudale Strukturen hatten diese Einseitigkeit noch in jüngster Zeit gefördert. Sogar solche Fortschritte, wie die vermehrte Anlage von Brunnen und bessere veterinärmedizinische Behandlung der Herden, waren trügerisch, weil es die Verantwortlichen unterließen, gleichzeitig moderne, dem Erkenntnisstand der Wissenschaft entsprechende Methoden der Viehhaltung einzuführen. Die Nomaden zogen tiefer in die Halbwüste hinein, die Weiden wurden überstockt, die Überkonzentration von Vieh führte insbesondere im Bereich der Brunnen zum Eingehen der Grasnarbe, und Gehölz wurde sinnlos vernichtet. Das ist die Hauptursache für das Vordringen der Wüste und die besondere Heftigkeit der Dürreschäden. Die soziale Katastrophe wiederum hätte gemildert werden können, wenn man aus dem bereits 1965 erkennbar gewesenen Knick der Niederschlagskurve rechtzeitig Konsequenzen gezogen hätte. Die internationale Hilfsaktion hätte früher einsetzen müssen.

Klimaschwankungen werden auch künftig unvermeidlich bleiben. Man kann jedoch dem weiteren Vordringen der Wüste und sozialen Katastrophen vorbeugen – durch

Anpflanzen von Gehölzschutzstreifen, Anlage von weiteren Brunnen und Rückhaltebecken, Modernisierung der Viehzucht, Schaffung von Futter- und Nahrungsmittelvorräten usw. Vor allem aber ist eine Verbreiterung der Lebensgrundlagen der Bevölkerung durch verstärkte Seßhaftmachung der Nomaden und Überwindung der vom Kolonialismus übernommenen einseitigen, rückständigen Wirtschaftsstrukturen erforderlich. Nur auf diesem Wege läßt sich die absolute Abhängigkeit von der „Klima-Tyrannis" durchbrechen.

Noch stärkere, längerfristig wirkende Klimaschwankungen begegnen uns im Ablauf von geologischen Zeiträumen. Als Beispiele sind an anderer Stelle der Wechsel von Kalt- und Warmzeiten sowie von regenreichen Pluvial- und trockeneren Interpluvialzeiten im Pleistozän behandelt (s. III. Kapitel).

Die größten und die wasserreichsten Ströme

Der Sprachschatz der Völker unterscheidet die Wasserläufe nach ihrer Größe. Begriffe wie Bach, Fluß und Strom drücken eine Steigerung aus.

Nicht überall können sich Flüsse zu Riesenströmen entfalten. Inseln, Halbinseln und Landengen, wie England und Irland, Skandinavien und Italien, die mittelamerikanischen Republiken und Japan, besitzen nur verhältnismäßig kleine Flüsse, weil ihnen zwischen der zentral gelegenen Wasserscheide und der Einmündung ins Meer nur geringer Entfaltungsraum gegeben ist.

Kein Fluß übersteigt in den genannten Ländern 500 km Länge (ausgenommen der Po in Italien und einige Flüsse in Mexiko). In Südamerika befindet sich die Kordillere als Hauptwasserscheide derart dicht an der pazifischen Küste, daß gar nur Platz für sehr kurze Parallelflüsse besteht, die oft überhaupt keine Nebenflüsse empfangen. Solche Flüsse besitzen natürlich nur ein sehr kleines Einzugsgebiet und demzufolge auch eine geringe mittlere Wasserführung.

Die Entfaltung zu großen Stromsystemen setzt breite Landmassen mit Einzugsbereichen von zumindest subkontinentalen Ausmaßen voraus. Die größten Ströme Europas sind daher in Ost-, Südost- und Mitteleuropa anzutreffen, die aber von den Riesenströmen der noch größeren Kontinentalmassen übertroffen werden.

Die Wissenschaft versucht, die Größenverhältnisse exakt zu erfassen. Als Kriterien für die Aufstellung einer Rangordnung der Flüsse bieten sich Lauflänge, Fläche der Einzugs- bzw. Niederschlagsgebiete und mittlerer jährlicher Abfluß an. Entsprechend wurde eine Klassifikation nach vier Gruppen vorgeschlagen:

	Lauflänge	Einzugsgebiet
Kleinflüsse	100– 200 km	1 000– 10 000 km²
Großflüsse	200– 500 km	10 000–100 000 km²
Ströme	500–2500 km	100 000– 1 Mill. km²
Riesenströme	> 2500 km	> 1 Mill. km²

In der Praxis ist jedoch jede Klassifizierung und Gruppenbildung mit vielfältigen Schwierigkeiten verbunden. Ein Fluß kann bei einer Kennziffer an erster Stelle stehen, bei einer anderen aber auf einen bescheideneren Platz verwiesen sein. Ein anschauliches Beispiel liefert der Nil, der zu den drei längsten Strömen zählt, aber nach seinem Einzugsgebiet gemessen an fünfter Stelle rangiert. Hinsichtlich seiner Wasserführung ist er nur ein kleiner Strom. Eine Typisierung muß also von einzelnen Kennziffern ausgehen.

Auf der Landenge von Panama gibt es nur kurze, parallel angeordnete Flüsse, die bald das Meer erreichen und sich deshalb nicht zu Strömen entfalten können.

Noch bedenklicher ist ein weit verbreitetes Fehlen exakter Meßwerte. Die Lauflänge und die Fläche des Einzugsgebietes vieler Flüsse sind häufig nicht genau bekannt, weil die topographischen Karten entweder ungenügend sind oder fehlen. Für die Wasserführung vieler Flüsse liegen nur Schätzungen vor, bei anderen ist sie sogar unbekannt.

Die Ordnung nach der Lauflänge bereitet schon bei der Festlegung von Ursprung und Mündung Probleme. Bei zahlreichen Flüssen gelangt man zur größten Länge, wenn man den Lauf nicht bis zur Quelle des Hauptflusses, sondern bis zur Quelle des eventuell vorhandenen längeren Nebenflusses verfolgt. Beim Mississippi gelangt man zur größten Länge, wenn man ihn über den Missouri bis zur Quelle des Red Rock River mißt. Der Missouri – Red Rock River bis zur Mündung des Mississippi in den Golf von Mexiko ist 1 894 km länger als der eigentliche Mississippi, beginnend an seiner Quelle in Minnesota (berechnet nach den Angaben des U.S. Corps of Engineers in „Statistical Abstract of the United States, 1975"). Ähnlich muß man den Amazonas über den Ucayali und dessen längsten Quellfluß, den Upurimac, aufwärts verfolgen; den Nil über den Hauptzufluß des Victoriasees, den Kagera; den Ob über den Irtysch.

Der Endpunkt eines Flusses ist an den Deltamündungen leicht zu erkennen. Doch wo soll er in den Mündungstrichtern, in denen Flußbett und Meer eine Zone des allmählichen Überganges bilden, festgelegt werden? Die Mündungsverhältnisse von Amazonas, Río de la Plata, St.-Lorenz-Strom und anderen Flüssen lassen diese Frage stellen.

Da Flußlängen nach Kartenunterlagen berechnet werden, ist von der Qualität der Karte auch der Grad der Zuverlässigkeit des Endergebnisses abhängig. Je größer der Maßstab ist, desto genauer lassen sich die Windungen darstellen. Je nachdem, ob man die Länge des Nils nach Karten im Maßstab 1 : 1 000 000 bzw. vorwiegend 1 : 250 000 oder 1 : 100 000 berechnet, erhält man eine Länge von 6 484 km oder 6 671 km (F. W. Lockermann). Obwohl ständig an der Verbesserung der Kartenwerke gearbeitet wird, fehlen noch immer für ganze Ströme oder wichtige Stromabschnitte einigermaßen zuverlässige topographische Aufnahmen, für andere sind sie gerade im Entstehen. So konnte es nicht ausbleiben, daß in der Literatur selbst der letzten Jahrzehnte widersprüchliche Angaben über die längsten Flüsse zu finden sind und immer wieder Korrekturen der Meßwerte erforderlich werden. Darüber hinaus müssen auch die Veränderungen, die der Fluß selbst durchmacht, berücksichtigt werden.

Welcher Fluß ist wirklich der längste? Benutzt man die in den letzten Jahren angefertigten genaueren Karten, so wäre es der Nil. Dennoch wird im allgemeinen dem Amazonas weiter die Führung unter den längsten Strömen zuerkannt. Nach Karten im Maßstab 1 : 1 000 000 errechnen sich für ihn zwar „nur" 6 516 km Länge (F. W. Lockermann), weniger also als für den Nil mit den genaueren Karten. Wie wir sahen, „schrumpft" jedoch die Länge des Nils unter die des Amazonas, legt man auch für ihn denselben Maßstab von 1 : 1 000 000 zugrunde. Den Geographen bleibt derzeit nichts anderes übrig, als unzufrieden festzustellen: „Die Entscheidung über den längsten Strom der Erde ist bis zur Vorlage vergleichbaren, großmaßstäblichen Kartenmaterials für den Amazonas vertagt." (J. Marcinek)

Nach anderen Quellen wäre der Mississippi-Missouri der längste Strom der Erde. Das „Lexikon der Geographie" des Westermann Verlages, Bielefeld, gibt seine Länge mit 6 754 km an. Hält man sich jedoch an die amtlichen Angaben des U.S. Corps of Engineers, so mißt er „nur" 6 019 km (berechnet nach der längsten Lauflänge bis zur Quelle des Red Rock River).

Auch die *Klassifizierung nach der Größe des Einzugsgebietes* hat ihre Probleme. Zwar ist das Einzugsgebiet durch die Wasserscheide fest umrissen. Wo aber in ertrunkenen Mündungstälern Flüsse in die gemeinsamen Trichtermündungen (Ästuare) hineinführen, wie Tocantins und Uruguay in die Mündungen der größeren Schwesterströme Amazonas und Paraná (im Río de la Plata), muß entschieden werden, welche von ihnen eventuell als selbständig mündende einzuordnen sind. Von der Antwort hängt auch der Umfang des Einzugsgebietes im Mündungsraum ab.

Problematisch ist gleichfalls die Zuordnung von flußlosen Bereichen innerhalb der oberirdischen Wasserscheiden. Das Einzugsgebiet des Nils ist zwar nach dem des Kongo das zweitgrößte in Afrika und das fünftgrößte auf der Erde insgesamt. Aber 1 270 000 km^2 oder etwa 44 Prozent sind für die Wasserführung des Stroms ohne praktische Bedeutung; sie sind eher Zehr- als Nährgebiet. Ähnliches gilt für viele Flüsse, deren in Trockengebieten gelegene Einzugsbereiche mehr oder minder große flußlose Flächen besitzen, wie Niger, Oranje, Colorado, Rio São Francisco, Syrdarja und Amudarja u. a. Beim Syrdarja fallen sogar 245 000 km^2 oder 53 Prozent innerhalb der Wasserscheiden als abflußlose Flächen für die effektive Wasserzufuhr aus.

Ferner gibt es mehr oder minder große Gebiete mit Binnenentwässerung, die nicht als gesonderte Einzugsbereiche erfaßt sind, sondern deren Fläche kurzerhand zu den Einzugsbereichen benachbarter Stromsysteme hinzugerechnet wird. Ein Beispiel für dieses großzügige Verfahren bieten die oberirdisch abflußlosen Gebiete im Jungmoränenland. Im Tiefland Mitteleuropas werden diese Gebiete den Einzugsbereichen von Elbe, Warnow, Oder und anderen Flüssen zugeschlagen.

Ist in der Rangliste der längsten Flüsse eine dichte Folge festzustellen, die bei eventuell notwendig werdenden Längenkorrekturen die Placierung durchaus noch ändern könnte, rangiert hinsichtlich des Einzugsgebietes der Amazonas unbestreitbar mit riesigem Vorsprung an der Spitze. Auf Platz zwei folgt mit weitem Abstand der Kongo, der hinsichtlich der Länge erst an achter Stelle steht. Im weiteren schließen sich Mississippi-Missouri, Ob, Nil, Río de la Plata, Jenissej, Lena, Niger und Jangtsekiang an.

Besonders große Schwierigkeiten ergaben Versuche, die Flüsse nach ihrem *mittleren jährlichen Abfluß* einzuordnen. Erst die in den letzten Jahren vorgenommenen gründlichen Messungen und Materialsammlungen haben einigermaßen verläßliche Abflußwerte geliefert. Wie J. Marcinek feststellt, haben sich für eine Reihe von Strömen „nahezu sensationelle Abweichungen" gegenüber den bisher publizierten Werten ergeben: Der mittlere jährliche Abfluß des Amazonas wurde offensichtlich unterschätzt. 1883 gab ihn E. Reclus mit rund 80 000 m^3/s an, 1887 J. Murray mit etwa 70 000 m^3/s, 1906 R. Fritzsche mit etwa 100 000 m^3/s. Danach hat man in der Fachliteratur Werte von 100 000 bis maximal 125 000 m^3/s genannt. Seit 1962 wird aber der mittlere jährliche Abfluß des Amazonas mit rund 180 000 m^3/s veranschlagt.

Umgekehrt wurde der Abfluß einiger afrikanischer Flüsse erheblich überschätzt. 1883 wurde der mittlere jährliche Abfluß des Kongo mit 60 000 m^3/s beziffert; heute gelten 42 000 m^3/s als gesichert. Relativ stärker noch schrumpften die Angaben über Niger, Sambesi und Oranje.

Über die Ströme Nordasiens liegen sichere Werte erst aus der sowjetischen Zeit vor. 1906 wurde der mittlere jährliche Abfluß des Ob mit 6 250 m^3/s angegeben (R. Fritzsche); nach neuesten Unterlagen erreicht er das Doppelte: 12 600 m^3/s.

Auch europäische Ströme wurden von Fehleinschätzungen über die Abflußmengen nicht verschont, wenn auch die Abweichungen hier geringer sind. Dagegen erwies sich die schon 1883 für den Mississippi mit 17 420 m^3/s ermittelte Abflußmenge als realistisch. Die Messungen 1921 bis 1945 ergaben für die Mündung einen Wert von 17 545 m^3/s.

Der Rangfolge nach steht der Amazonas wie schon bei der Lauflänge und dem Einzugsgebiet an der Spitze. Mit Abstand folgt wie beim Einzugsgebiet der Kongo. Auf Platz drei liegt der Jangtsekiang. Die eigentliche Überraschung bilden die an vierter und fünfter Stelle placierten Ströme Orinoco und Brahmaputra, die sowohl nach ihrer Lauflänge als auch ihrem Einzugsgebiet unter den großen Strömen relativ weit hinten rangieren. Es bestätigt sich, daß die außergewöhnlich hohen Niederschläge der feuchten Tropen und des Monsunklimas im Verhältnis zu Lauflänge und Einzugsgebiet zu hohen Abflußmengen führen. Dagegen ist der nach Lauflänge und Einzugsbereich imponierende Nil auf Grund seines weithin ausgeprägten Charakters als Fremdlingsfluß mit 1 584 m³/s nicht in der Liste der abflußreichsten Ströme zu finden.

Unsere Vergleiche beziehen wohlgemerkt nur die Hauptströme (Lauflänge) bzw. die vollständigen Stromsysteme (Einzugsbereich, Wasserführung) ein. Dabei sollte nicht vergessen werden, daß viele Riesenströme allein deshalb in unserer Liste nicht in Erscheinung treten, weil sie als Nebenflüsse einem Hauptfluß tributär sind. Aber allein der Amazonas hat zahlreiche solcher „Nebenflüsse", die schon für sich genommen riesige Stromsysteme bilden. Das zum Amazonas tributäre Stromsystem des Madeira erstreckt sich zum Beispiel über 15 Breitengrade und zählt damit zu den größten der Welt. Seine Länge beträgt von der Mamoré-Quelle bis zur Mündung in den Amazonas 3 250 bis 3 300 km, sein Einzugsgebiet 1 160 000 km², womit er der Wolga kaum nachsteht, die er im übrigen hinsichtlich der Wasserführung sicher weit übertrifft.

Die Riesenströme der Erde

(Erfaßt sind Ströme von mindestens 500 000 km² Einzugsgebiet, 2 000 km Lauflänge oder 2 500 m³/s mittlerem jährlichem Abfluß an der Mündung. Die eingeklammerten Ziffern geben die Rangfolge an.)

Fluß	Land an der Mündung	Einzugsgebiet 1 000 km²	maximale Lauflänge km	mittlerer jährl. Abfluß an der Mündung m³/s
Amazonas (m. Tocantins)	Brasilien	7 180 (1)	6 516 (1)[ab]	180 000 (1)
Kongo	Zaïre/Angola	3 822 (2)	4 700 (8)	42 000 (2)
Mississippi-Missouri	USA	3 221 (3)	6 019 (3)	17 545 (8)
Ob-Irtysch	UdSSR	2 975 (4)	5 570 (5)	12 600 (13)
Nil	Ägypten	2 881 (5)	6 484 (2)[ac]	1 584
Río de la Plata	Argentinien/ Uruguay	2 650 (6)	4 700 (9)	19 500 (7)
Jenissej	UdSSR	2 605 (7)	5 550 (6)[d]	19 600 (6)
Lena	UdSSR	2 490 (8)	4 270 (12)	16 400 (9)
Niger	Nigeria	2 092 (9)	4 030 (14)	5 700 (23)
Jangtsekiang	VR China	1 970 (10)	5 800 (4)	35 000 (3)
Amur	UdSSR	1 855 (11)	4 510 (10)[c]	12 500 (14)
Mackenzie-Peace River	Kanada	1 805 (12)	4 250 (13)	7 500 (19)
Wolga	UdSSR	1 380 (13)	3 688 (15)	8 000 (17)

Sambesi	Moçambique	1 330 (14)	2 660 (28)	2 500 (37)
Orinoco	Venezuela	1 086 (15)	2 500 (34)	28 000 (4)
Ganges	Bangladesh	1 073 (16)	2 700 (27)	15 000 (11)
Nelson	Kanada	1 072 (17)	2 575 (31)	2 300
Murray-Darling	Australien	1 072 (18)	2 570 (32)	391
St.-Lorenz-Strom	Kanada	1 030 (19)	3 100 (20)	10 400 (16)
Tarim-Chotan	VR China	1 000 (20)	2 000 (40)	
Indus	Pakistan	960 (21)	3 180 (19)	3 850 (27)
Brahmaputra	Bangladesh	938 (22)	2 900 (22)	20 000 (5)
Yukon	USA (Alaska)	855 (23)	3 185 (18)	7 000 (20)
Oranje	Südafrika/Namibia	850 (24)	1 860	
Schatt el Arab	Irak	808 (25)	2 900 (24)[f]	856
Donau	Rumänien	805 (26)	2 850 (26)	6 450 (22)
Okavango	Botswana	800 (27)	1 600	
Mekong	Vietnam	795 (28)	4 500 (11)	15 900 (10)
Hwangho	VR China	745 (29)	4 845 (7)	1 365
Chari	Kamerun/Tschad	700 (30)	1 400	
Columbia	USA	669 (31)	2 250 (37)	6 650 (21)
Kolyma	UdSSR	644(32)	2 600 (30)	3 800 (28)
Colorado	Mexiko	629 (33)[g]	3 200 (17)	168[g]
São Francisco	Brasilien	610 (34)	2 900 (23)	3 300 (31)
Rio Grande (R. Bravo del Norte)	USA/Mexiko	570 (35)	2 870 (25)	82
Dnepr	UdSSR	503 (36)	2 285 (36)	1 160
Helmand	Iran/Afghanistan	500 (37)	800	
Syrdarja	UdSSR	462 (38)	3 078 (21)	430
Sikiang (Xi Jiang)	VR China	435 (39)	2 129 (39)	11 000 (15)
Irrawaddy	Burma	431 (40)	2 150 (38)	14 000 (12)
Chatanga	UdSSR	422 (41)	1 600[h]	3 280 (32)
Nördl. Dwina	UdSSR	360 (42)	1 302	3 560 (30)
Petschora	UdSSR	327 (43)	1 809	4 060 (24)
Godavari	Indien	313 (44)	1 448	3 980 (25)
Newa	UdSSR	281 (45)	74[i]	2 530 (36)
Salween (Saluen)	Burma	280 (46)	3 200 (16)	1 500
Río Magdalena	Kolumbien	240 (47)	1 550	8 000 (18)
Amudarja	UdSSR	227 (48)	2 620 (29)	1 300
Fraser	Kanada	225 (49)	1 360	3 750 (29)
Ural	UdSSR	220 (50)	2 534 (33)	347[j]
Olenjok	UdSSR	220 (51)	2 292 (35)	1 210
Pjassina	UdSSR	182 (52)	818	2 600 (35)
Mahanadi	Indien	133 (53)	630	2 940 (34)
Song-koi	Vietnam	(54)	800	3 900 (26)

[a] Nach Karten 1 : 1 000 000; [b] Amazonas-Ucayali; [c] Nil-Kagera; [d] Jenissej-Selenga; [e] Amur-Schilka; [f] Euphrat; [g] Grenze Arizona-Sonora; [h] Chatanga-Kotnui; [i] Ab Ladogasee; [j] Bei Kuschum
(nach verschiedenen Quellen zusammengestellt)

Die größten Flüsse Europas

Fluß	Land an der Mündung	Einzugsgebiet km^2	Lauflänge km	mittl. jährl. Abfluß m^3/s
Wolga	UdSSR	1 380 000	3 688	8 000
Donau	Rumänien/UdSSR	805 300	2 850	6 450
Dnepr	UdSSR	503 360	2 285	1 660
Don	UdSSR	442 500	1 970	930
Nördl. Dwina	UdSSR	360 300	1 302	3 560
Petschora	UdSSR	326 930	1 809	4 060
Newa	UdSSR	281 000	74[a]	2 530
Rhein	Niederlande	224 400	1 360	2 200
Wisła	Polen	194 112	1 095	1 100
Elbe	BRD	144 055	1 165	750
Loire	Frankreich	120 500	1 020	900
Oder	Polen	118 611	912	580
Duero (Douro)	Portugal	98 375	776	650
Neman	UdSSR	98 100	990	690
Rhône	Frankreich	98 000	812	1 900
Ebro	Spanien	85 997	927	600
Seine	Frankreich	78 650	776	500
Mesen	UdSSR	76 480	857	840
Po	Italien	70 091	676	1 460[b]
Onega	UdSSR	57 570	405	575
Garonne	Frankreich	56 000	650	680
Kemi	Finnland	51 400	494	525
Göta älv (m. Klarälven)	Schweden	50 180	720	585
Glomma	Norwegen	41 823	587	685[c]
Lule älv	Schweden	25 250	450	510

[a] Ab Ladogasee; [b] Pontelagoscuro; [c] Langnes

(nach J. Marcinek: Das Wasser des Festlandes. Gotha/Leipzig 1975, und anderen Quellen)

II. Flüsse modellieren ihr Tal

Keine Oberflächenform unserer Kontinente ist allein durch das fließende Wasser modelliert. In seinem landschaftsgestalterischen Wirken verbindet es sich mit den Bewegungsvorgängen der Erdkruste, mit der verwitternden und abtragenden Tätigkeit von Sonne und Wind, von Meerwasser und Eis. In den Trockengebieten, in den Polarzonen und an den Küsten kann sogar diese oder jene der zuletzt genannten Verwitterungsformen vorherrschen.

Weit über die eigentlichen humiden, d. h. feuchten Klimazonen hinaus zählt jedoch das fließende Wasser zu jenen Kräften der Natur, die das Antlitz unseres Planeten besonders eindringlich formen. Gleichwohl sich seine gestalterische Tätigkeit nicht auf die Täler im engeren Sinne beschränkt, wird sie in ihnen besonders offenkundig. Bäche, Flüsse und Ströme wirken hier am unmittelbarsten auf die Erdkruste ein.

Die modellierende Tätigkeit der fließenden Gewässer beginnt mit der Austiefung und Abtragung (Erosion). Das zerstörerische Wirken findet schließlich in der Aufschüttung (Akkumulation) seine Erfüllung. Abtragung und Aufschüttung, Erosion und Akkumulation bilden stets ein unzertrennliches Paar.

Formen der fluvialen Abtragung

Die Abtragung beginnt bereits am Kopf eines Gewässers. Schon die Quelle trägt dazu bei, das über ihr ruhende Gestein zu untergraben und zu lockern. Das an den Hängen oberhalb der Quelle gelegene Material gerät ins Rutschen, gleitet oder stürzt in das bereits bestehende Tal hinab, bis es schließlich vom fließenden Wasser selbst erfaßt wird. Auf diese Weise greift das Tal tiefer und höher in die Berge hinein: Der Fluß verlängert sein eigenes Bett talaufwärts (rückschreitende Erosion).

Die Hauptarbeit leistet jedoch das fließende Wasser selbst. Es vergrößert sein Bett und in der Folge davon das Tal insgesamt sowohl nach der Tiefe (Tiefenerosion) als auch nach der Breite (Seitenerosion). Dieser Vorgang vollzieht sich jedoch ungleichmäßig, in starker Abhängigkeit von Gesteinsbeschaffenheit und Fließgeschwindigkeit. Das Sohlengefälle ist stark wechselnd – im Gegensatz zum Wasserspiegelgefälle, das die Gefällskurve eines Flusses in einer ausgeglicheneren Form zeigt.

Die Vertiefung eines Bettes kann auf vier Arten erfolgen:
durch chemische Zerstörung (Korrosion), durch Abspülung (hydraulische Kraft), durch Abreibung (Korrasion) sowie durch Zermürbung und Abnutzung.

Die *Korrosion* tritt ein, sobald das Wasser bzw. im Wasser gelöste Stoffe in der Lage sind, das von ihnen überflossene Gestein chemisch anzugreifen und zu lösen. Die bekannteste Form der chemischen Verwitterung besteht in der bereits beschriebenen Auflösung von Kalkstein durch kohlensäurehaltiges Wasser.

Die *hydraulische Kraft* kann überall einsetzen, wo das fließende Wasser auf bereits gelockertes Material trifft. Alles, was der

Auskolkung durch Strudel mit liegender Achse (Vertikalstrudel). (Nach R. K. Gresswell)

Fluß zu tun hat, besteht darin, es aufzuschwemmen und mit sich fortzutragen. Solches Lockermaterial kann einfacher Boden, Sand, Kies oder Geröll sein.

Die wichtigste Form der Vertiefung eines Flußbettes bildet die *Korrasion.* Indem die vom fließenden Wasser mitgeführten Feststoffe fortwährend über das anstehende Gestein reiben und scheuern, bearbeiten sie es wie Schleifwerkzeuge. Die abgelösten Teile werden sofort von der Strömung mitgeführt, so daß bei Niedrigwasser häufig geglättete Felsbänke sichtbar werden. Die Korrasion greift die Flußbettsohle breitflächig, d. h. überall an, wo es zu einem Schliff durch Feststoffe kommt. Ihre Eindringlichkeit ist jedoch wechselhaft. Adern weicheren Gesteins werden besonders leicht angegriffen und herausprofiliert. Ebenso heben sich Stromfäden höherer Geschwindigkeit als langgestreckte Vertiefungen heraus.

Besonders intensiv ist die Korrasion in turbulentem Wasser (ab etwa 0,1 m/s Fließgeschwindigkeit), das sehr häufig kreisähnliche, walzenförmige Bewegungsformen (Evorsion) annimmt. Es entstehen die bekannten Wasserwalzen, Wirbel oder Strudel mit liegender, stehender oder beliebig orientierter Achse. Auch grobe Festkörper werden in kreisförmige Drehung versetzt und als Schleifmaterial gegen den Untergrund gepreßt. Dieser Evorsionsvorgang führt zur Auskolkung. Parallel zu einer liegenden Wasserwalze bilden sich stufenähnliche Auswaschungen. Weist dagegen die Turbulenzachse auf den Grund (Saugwirbel), kommt es zu einem konzentrischen Ansatz des Schleifmaterials. Die Abreibung kann dann die Wirkung eines Bohrers annehmen. Es entstehen kreisrunde, senkrechte, oft mehrere Meter tiefe kesselförmige Aushöhlungen, die man Strudellöcher, Strudeltöpfe oder Strudelkessel nennt. Indem das Schleifmaterial wäh-

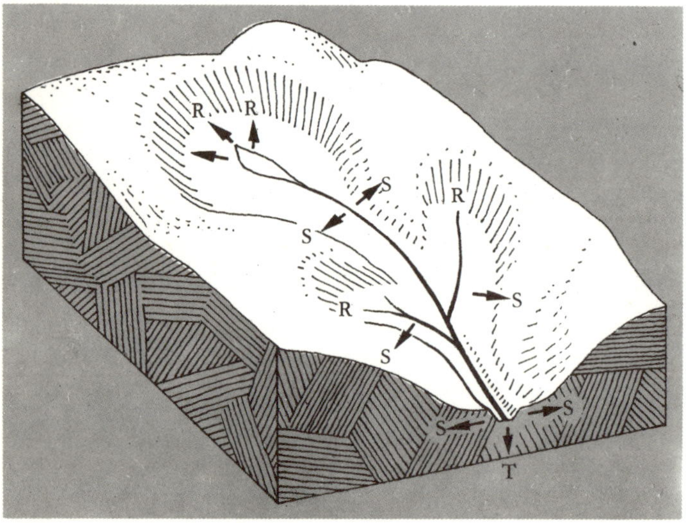

Erosionsformen und -richtungen des fließenden Wassers.
R = Rückschreitende Erosion,
T = Tiefenerosion,
S = Seitenerosion

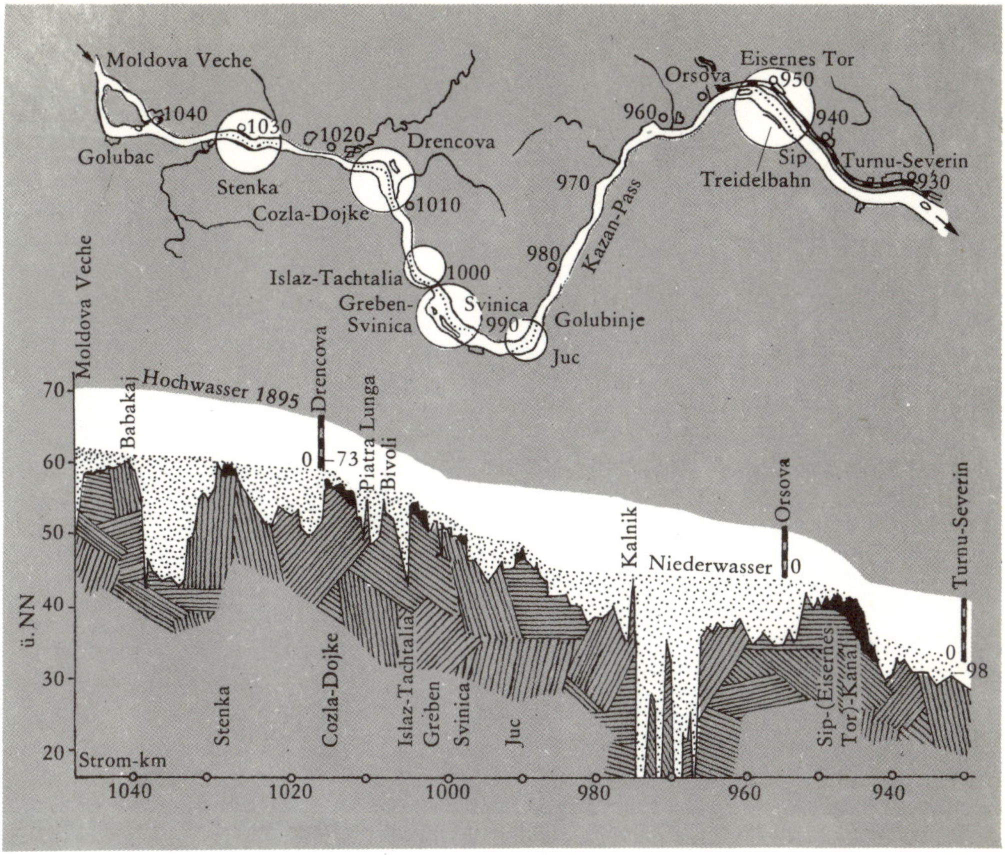

Wechsel von Auskolkung und Klippen am Durchbruch der Donau durch den Karpatenbogen. Situation vor dem Bau des Großkraftwerkes am Eisernen Tor. Um die Schiffbarkeit zu verbessern, hatte man schon im vorigen Jahrhundert an den eingekreisten und im Längenprofil u n t e r der Sohlenlinie bezeichneten Stellen 2 m tiefe Kanäle in den Fels gesprengt, von denen der längste – der sogenannte Eiserne-Tor-Kanal – 2,2 km maß. Die unreguliert gebliebenen Stellen sind im Längsprofil ü b e r dem Niedrigwasserspiegel angeführt. Durch den Bau der Staumauer wurde vor wenigen Jahren der Wasserspiegel im ganzen Bereich künstlich angehoben, so daß nunmehr alle Klippen weit überflutet sind. (Nach W. Lászlóffy)

rend des Kreisens wie in einem Mörser aufgerieben wird, wächst die Höhlung nach der Tiefe und der Breite. Dabei können mehrere Strudeltöpfe zu einer Einheit verschmelzen; das neue Gebilde wird nun zur Basis für die Ausarbeitung neuer Vertiefungen.

An einigen Flüssen gibt es *Kolke* riesigen Ausmaßes. Ihr Vorkommen ist an zwei Voraussetzungen geknüpft: 1. an Engstellen von Flüssen, die eine Steigerung der Fließgeschwindigkeit verursachen; 2. an weiches Gestein. Die Kolke an der Lorelei im Rhein reichen bis zu 26 m, die im Donaudurchbruch durch den Karpatenbogen bei Orşova (Eisernes Tor) sind sogar bis zu 75 m tief. Letztere reichen teilweise unter den Meeresspiegel.

Hindernisse besonderer Art stellen felsige Aufragungen im Flußbett dar. Besonders wo Flüsse in Durchbruchstälern auf widerständiges Gestein treffen, das vom Wasser noch nicht voll ausgearbeitet worden ist, finden sich häufig anstehende, d. h. fest mit dem Untergrund verbundene Felsvorsprünge und Untiefen. Im Rhein treten beim Durchschneiden der unterdevonischen Gesteine des Hunsrück und Taunus die harten Quarzitschichten als Riffe und Felseninseln hervor, z. B. die Felseninsel des Mäuseturmes und die Felsbarren am „Wilden Gefährt". Ähnliche Untiefen und Klippen waren vor der Regulierung für das Eiserne Tor kennzeichnend. Wie unsere Beispiele veranschaulichen, finden sich in Durchbruchstälern mit Gesteinsuntergrund von wechselnder Härte nicht selten extrem tiefe Kolke und Untiefen in unmittelbarer Nachbarschaft.

Oft ist das Flußbett auch mit unzähligen einzelnen, d. h. lose aufliegenden Felsblöcken übersät. Sie können sich vom höhergelegenen Hang infolge von Auswaschung, natürlicher Abspaltung oder künstlicher Sprengung gelöst haben und nach ihrem Absturz in den Fluß an Ort und Stelle liegengeblieben sein. Möglicherweise sind sie aber auch zunächst von der Strömung ein Stück fortgetragen worden, bis die nachlassende Fließgeschwindigkeit den Fluß zwang, seine Last abzusetzen.

Hier setzt nun eine andere Form der fluvialen Tätigkeit, die Zermürbung, ein. Sie läßt sich mit dem Bemühen eines Steinmetzen vergleichen, ein zu groß geratenes Werkstück zu zerkleinern. Wiederholt läßt der Handwerker Hammer und Meißel auf den Stein niedergehen, ohne daß seine Anstrengung zunächst sichtbaren Erfolg zeitigt. Doch plötzlich geschieht es, daß der Werkstein bricht, obwohl der letzte Schlag nicht kräftiger war als die vorangegangenen. Dieser Schlag allein hätte die Spaltung nie vollbracht. Aber schon die vorherigen hatten im Inneren des Steins feinste Risse erzeugt, die sich mit jedem weiteren Schlag ausdehnten und schließlich den Stein nach ausreichender Zermürbung auseinanderfallen ließen.

Ganz ähnlich muß man sich die Attacken des fließenden Wassers vorstellen. Als Hammer und Meißel fungieren die feinen und groben Gerölle, die in rollender und springender Bewegung die felsigen Aufragungen einem ständigen Bombardement aussetzen und dabei Stücke herausbrechen, die klein genug sind, um von der Strömung mitgerissen zu werden. Dieser Vorgang wiederholt sich, bis auch der Rest eines Blockes in Bewegung gerät.

Indem die verschiedenen Formen der Erosion Hand in Hand gehen, wird im Laufe der Zeit sogar das massivste Gestein vom fließenden Wasser und seinem Geröll angegriffen und abgetragen.

Flüsse schneiden dabei nicht nur nach der Tiefe ein; das fließende Wasser nagt gleichfalls an den Seitenwänden seines Bettes. Dieselben Erosionsformen, die das Bett vertiefen, tragen auch zu seiner Verbreiterung bei.

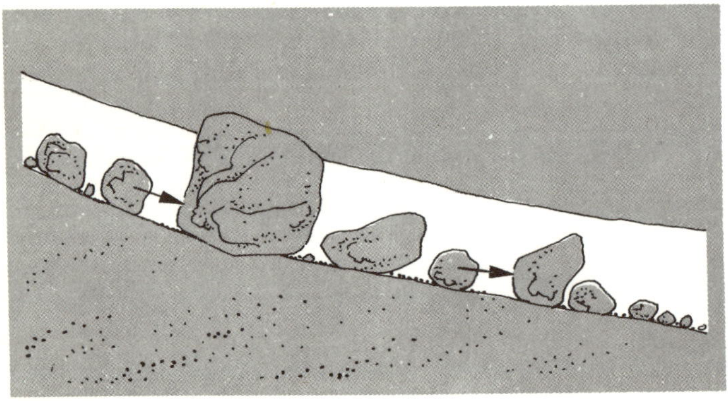

Ablagerung, Zermürbung und Zertrümmerung von Felsblöcken im Flußbett

Die Transportfähigkeit eines Flusses ist von seiner Fließgeschwindigkeit abhängig.

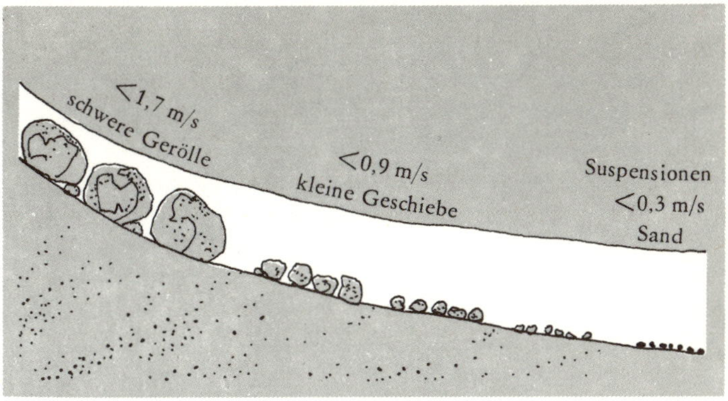

Transportfähigkeit des fließenden Wassers

Was dem Fluß zu tun übrig bleibt, ist der Abtransport des gelockerten Materials. Seine Fähigkeit hierzu hängt vor allem von der Fließgeschwindigkeit ab.

Jede Flüssigkeit unterliegt beim Fließen einer bestimmten inneren Reibung (Viskosität), die wiederum die Fließgeschwindigkeit bedingt. Wasser nimmt in dieser Hinsicht eine Zwischenstellung ein. Während schwere Öle und Paraffin wesentlich steifer fließen, erweisen sich Benzin, Äther und andere Stoffe als beträchtlich leichtflüssiger.

Neben der dem Wasser eigenen Viskosität wirken äußere Faktoren auf die Fließgeschwindigkeit ein: das Gefälle, die Wassermenge und das Querprofil eines Flusses.

In den steilen Oberläufen kann das Wasser wild „dahinschießen“. Es beruhigt sich jedoch mit der Verflachung des Längsprofils. So beträgt die Fließgeschwindigkeit des Rheins bei Strasbourg nur noch etwa 1,5 m/s, der Flußläufe des Flachlandes im Norden von DDR und BRD gar nur noch 0,3 m/s bis 0,5 m/s.

Hochwasser führt stets zu einer beträchtlichen Beschleunigung. Die Fließgeschwindigkeit kann sich dann verdoppeln und verdreifachen. Bei Hochwasser wird also der Fluß viel aktiver erodieren und transportieren als bei Niedrigwasser. Gerade die verstärkte Unterspülung von Uferwänden und Deichen durch hochwasserführende Flüsse sind besondere Gefahrenquellen für die ohnehin durch hohen Wasserstand und Wasserfülle bedrohten Anwohner. Umgekehrt hat eine erhebliche Verminderung des Wasseranfalls eine erhebliche Verminderung der Erosivkraft und der Transportfähigkeit zur Folge. Flüsse mit jahreszeitlichen Extremen in der Wasserführung, wie sie für die subpolaren und semiariden Gebiete typisch sind, weisen folglich auch Extreme in ihrem Feststofftransport auf.

Langsames Fließen, bei dem die Stromfäden nahezu parallel zueinander verlaufen, gestattet nur den Transport gelöster und schwebender Substanzen sowie von Feinsand, der am Boden gerollt wird. Versuche ergaben, daß bei einer Fließgeschwindigkeit unter 0,3 m/s nur noch Sand bewegt wird. Je schneller jedoch das Wasser zu Tal fließt, desto größeres Geschiebe vermag es über die Sohle des Flußbettes zu rollen, um so mehr Sand, Schlamm und Ton kann es in schwebendem Zustand (Suspension) mit sich fortschleppen. Bei 0,9 m/s Fließgeschwindigkeit werden bereits kleinere Geschiebe transportiert, und bei 1,7 m/s nimmt der Fluß sogar 1,5 kg schwere Gerölle mit sich fort.

Je steiler das Gefälle ist, desto eher gelingt es einem Fluß, sein Bett von Felsbrocken und grobem Geröll zu reinigen, desto leichter kann er seine erosive Kraft auf dem festen Untergrund entfalten.

Die einzelnen Bestandteile seiner Last werden vom Fluß nicht gleichmäßig verfrachtet. Den schnellsten Weg nehmen die chemisch gelösten Stoffe und die Schwebeteilchen (Suspensionen), die mit voller Fließgeschwindigkeit befördert werden. Es gibt gasförmige, flüssige und feste Suspensionen.
Gasförmige Suspensionen entstehen vor allem in Gestalt von Luftblasen durch Turbulenz schnellfließenden Wassers und durch Fäulnis von Schlick organischen Ursprungs in langsam fließendem Wasser. Sie sind recht kurzlebig und damit als Lasten unbedeutend, so wichtig sie auch für das biologische Gleichgewicht sein können.
Flüssige Suspensionen spielen erst in jüngerer Zeit infolge zunehmender Verschmutzung unserer Gewässer eine Rolle.
Die größte Bedeutung als Fracht der Flüsse haben noch immer die festen Suspensionen, auch Schweb oder Schwebstoffe genannt (0,1 bis 0,2 mm Durchmesser). Es überwiegen die unbelebten Stoffe (Tripton, griech. das Zerriebene), bei denen es sich um anorganische Ton- und Lehmteilchen handelt. Sind Ton und Schlick erst einmal aufgeschwemmt, werden sie weit fortgeführt. Gewöhnlich erreichen sie die Flußmündung ebenso schnell wie das Wasser selbst.
Im Gegensatz zu den Schwebstoffen werden die Geschiebe, die stets schwerer als Wasser sind, auf dem Gewässerbett, also am Grunde des Flusses, bewegt.
Ein schnell fließender Fluß kann zwar auch Sand in aufgeschwemmter Form verfrachten. Gewöhnlich bewegt sich jedoch Sand in Ketten einzelner flacher Sprünge vorwärts (Sprungbewegung). Ein aufgewirbeltes Sandkörnchen trifft, wenn es zum Grunde zurückkehrt, ein anderes dort liegendes. Während das landende Körnchen seine Sprungenergie zunächst verbraucht hat, wird nun das getroffene zu einem Sprung angeregt. Dieser Vorgang setzt sich fort, als handele es sich um einen allgemeinen Stafettenlauf. Sand gelangt auf diese Weise zwar viel langsamer als Schlick und Schlamm talabwärts, vermag aber unter Umständen ebenfalls die Mündung zu erreichen.
Flußgeröll, von größerem Durchmesser als Sand, wird noch langsamer zu Tal bewegt. In sehr schnell fließendem Wasser kann es vorkommen, daß kleinere, gut gerundete Steine ähnlich wie Sand angehoben und in flache Sprungbewegung versetzt werden. Im allgemeinen aber wird das kleinere Geröll von der Bewegungsenergie, d. h. dem Druck des fließenden Wassers, über die Flußbettsohle gerollt. Größere Steine werden hingegen verschleppt, d. h., sie bewegen sich weniger gleichförmig vorwärts. Sie werden durch Wasserwalzen und Wirbel angehoben, ein Stück mitgenommen und wieder abgesetzt. Oder die Strömung spült ihre Sandunterlage aus, bis sie in Fließrichtung überkippen und sich der Vorgang von neuem wiederholt.
Gleichzeitig unterliegt dieses Geröll der Zermürbung und Zertrümmerung. So kann es geschehen, daß größere Steine in mehrere kleinere zerfallen. Nachdem ihnen durch Abrasion auch Ecken und Kanten abgeschliffen worden sind, können sie leicht durch Rollen auf dem Boden weit transportiert werden.
Mit der talabwärts gerichteten Verfrachtung seiner Last vollbringt der Fluß eine Arbeit, die Energie verbraucht. Es ist jedoch zu berücksichtigen, daß seine Transportleistung durch die spezifischen Auftriebsverhältnisse im Medium Wasser begünstigt wird. Infolge der im Vergleich zur Atmosphäre höheren Dichte des Wassers vermindert sich das Gewicht von Gegenständen unter Wasser scheinbar um zwei Fünftel. Unter Wasser werden also nur drei Fünftel der Energie (vermindert um die Strömungsenergie) benötigt, um einen Gegenstand von gleichem Gewicht in Bewegung zu versetzen.
Die einzige Energieform, die dem Fluß für seine Arbeit zur Verfügung steht, ist seine Fließbewegung. Dies bedeutet: Jedesmal, wenn der Fluß zusätzliche Lasten aufnimmt, verliert er an Bewegungsenergie, d. h. an Geschwindigkeit. Daraus kann man folgern,

daß jeder Fluß über eine maximale Transportkapazität verfügt, die nicht überschritten werden kann. Sie ist theoretisch erreicht, wenn die gesamte Bewegungsenergie für die Transportleistung beansprucht wird und demzufolge keine Energiereserven mehr vorhanden sind, die zur Aufnahme weiterer Feststoffe beansprucht werden könnten.
In der Praxis genügt es jedoch nicht, allein die Bewegungsenergie und die Gesamtlast in eine Gleichung zu setzen. Die Frachtleistung eines Flusses hängt nämlich auch noch von anderen Faktoren, z. B. von der Korngröße seiner Last, ab.
Dieser Effekt kann die Zusammensetzung der Fracht eines Flusses erheblich beeinflussen. Vermindert sich nämlich die Fließgeschwindigkeit, wird der Fluß zuerst jene Festkörper liegen lassen, die mit der neuen Geschwindigkeit nicht mehr transportiert werden können. Dafür aber wird er möglicherweise Feststoffe geringerer Größe aufnehmen. Es tritt also ein Austausch von Frachtgut ein. Das feinere Material hat immer die Chance, zuerst durch die Strömung erfaßt und von ihr mitgenommen zu werden. Die Bettsohle eines Gebirgsflusses läßt diese sortierende Wirkung zumeist klar erkennen. Während der Grund mit schönem glattgeschliffenem Geröll übersät ist oder gar das anstehende Felsgestein zum Vorschein kommt, wird man vergeblich nach Ton, Schlick und Sandbänken suchen.
Ein Fluß, der sein Bett mit einer unbewegten Schicht von Geschieben überdeckt hat, ist jedoch der Erosion unfähig. Insofern bestätigt sich, daß ein Fluß ohne Energiereserven keine weiteren Feststoffe mehr aufnehmen kann.

Was Ströme tatsächlich transportieren

Die großen Ströme der Erde können gewaltige Lasten mit sich forttragen. Vergleicht man jedoch den Massentransport der einzelnen Ströme, so zeigt es sich, daß die wasserreichsten oder auch die mit dem größten Einzugsgebiet nicht unbedingt die höchste Transportleistung vollbringen. Die asiatischen Ströme Indus, Ganges und Irrawaddy werden zwar von rund einem Dutzend anderer Ströme an Größe übertroffen; hinsichtlich ihres Schlammtransportes rangieren sie jedoch – gemeinsam mit dem Mississippi – ganz vorn.
Entscheidend für die tatsächliche Transportleistung eines Flusses sind nicht allein die Erosionskraft und Fließgeschwindigkeit eines fließenden Gewässers, sondern ebenso die geologische Beschaffenheit der Erdkruste und die Möglichkeit ihrer Verwitterung und Abtragung. Durchfließt das Wasser Gebiete mit hartem, kristallinem Gestein, so wird es nur relativ geringe Lasten aufnehmen. Umgekehrt hat das Wasser leichtes Spiel, wo es auf Lockermassen trifft. Solche Lockermassen treten in einigen Regionen der Erde reichlich auf. So neigt z. B. das tropische Klima zu einer schnelleren Verwitterung des anstehenden Gesteins, so daß hier besonders große Mengen abspülbaren Bodens in Form roterdigen Laterits zur Verfügung stehen. Und noch mehr gilt dies für Gebiete mit Lößlehm.
Löß ist ein vom Winde abgelagertes (äolisches) Sediment, eine Mischung aus Quarz- und Kalkstaub. Die bis zu mehreren hundert Meter mächtigen Lößablagerungen Ostchinas wurden von den aus Innerasien wehenden Winden angehäuft. Der Löß der Prärien Nordamerikas, der Pampas Südamerikas und Mitteleuropas hat hingegen seinen Ursprung in feinstem Staub, der während der pleistozänen Kaltzeiten (Eiszeitalter) aus den Moränen und Flußablagerungen ausgeblasen und außerhalb der Vergletscherungsgebiete abgesetzt wurde.
Mehlfein, porös, mit vorherrschenden Korngrößen zwischen 0,06 und 0,02 mm, wird Löß mit Leichtigkeit vom Wasser aufgenommen und mitgeführt. Der Mississippi und der Hwangho sind die typischen Transporteure von Lößlehm.

Verschwindend nimmt sich die Transportleistung zahlreicher europäischer Ströme im Vergleich zu den Stromriesen anderer Kontinente aus. Nach Penck beträgt der in Gramm gemessene Schlammgehalt je 1 m^3 Wasser:

	Winter	Frühjahr	Sommer	Herbst
Elbe	26	34	41	22
Amudarja	424	1 013	2 244	955
Ganges-Hugli	672	2 307	1 828	835
Nil	194	55	579	422
Mississippi	529	557	965	379

Diese ungleich höhere Transportkapazität je Raumeinheit Wasser wird durch die ungeheuren Wassermengen multipliziert. So führt die Elbe jährlich nur 0,63 Millionen Tonnen Schlamm dem Meere zu, der Nil dagegen 51,4, der Ganges 360 und der Mississippi 980 Millionen Tonnen.

Freilich gibt es auch unter den europäischen Flüssen und Strömen sehr beachtliche Transporteure. So wird geschätzt, daß die Theiß im Jahresdurchschnitt 400 bis 500 g/m^3 schwebende Sinkstoffe sowie 30 bis 50 g/m^3 durch Wasser chemisch gelöste Stoffe der Donau zuführt. Angesichts dieser Leistung kann sich die Theiß durchaus mit dem Nil messen, und sie steht dem Mississippi nicht viel nach. Allerdings gilt es, die viel geringere Wasserführung (rund 25 Mrd. m^3) im Auge zu behalten, welche die absolut transportierten Mengen – 10 bis 11 Millionen Tonnen schwebende und etwa eine weitere Million Tonnen chemisch gelöste Stoffe jährlich – im Vergleich zu denen der eigentlichen Stromriesen gering erscheinen läßt.

Eine Spitzenstellung unter den Schlammtransporteuren nimmt der Hwangho ein. Augenzeugen berichten, daß sich sein Wasser nach heftigen Regengüssen wie dickflüssige Erbsensuppe ausnimmt. Im August 1933, während des höchsten Abflusses, wurde in Shanshien ein Schlammgehalt von 36 Prozent ermittelt. Der gesamte Schwebstofftransport des Hwangho wird auf 920 Millionen m^3 geschätzt, wovon 40 Prozent im Fluß-

Die Abtragung der Kontinente

	Fläche Mill. km^2	Flußwasser km^3/Jahr	Schwebendes Mill. t./Jahr	Schwebendes g/m^3	Gelöstes Mill. t./Jahr	Gelöstes g/m^3	Abtragung t/km^2/Jahr	Abtragung mm/Jahr	Abtragung Zu 1 m Jahre
Europa	9,67	2 577	420	163	305	118	75	0,030	33 000
Asien	44,89	11 464	7 445	649	1 916	167	209	0,083	12 000
Afrika	29,81	6 052	1 395	291	757	126	72	0,029	34 000
Nord- und Mittelamerika	20,44	6 440	1 503	233	809	122	113	0,045	22 000
Südamerika	17,98	8 080	1 676	208	993	124	147	0,030	16 700
Australien	7,96	610	257	421	88	144	44	0,018	55 000
Insgesamt	130,75	35 224	12 695	360	4 869	138	134	0,054	18 500

(nach G. W. Lopatin u. G. Wagner)

bett des Unterlaufes abgelagert werden und 60 Prozent das Meer erreichen.
Die Lasten würden niemals derart gewaltig ausfallen, wenn die Abtragung allein auf die erodierende Wirkung der Bäche, Flüsse und Ströme beschränkt wäre. Eine erhebliche abtragende Leistung vollführt auch das bei stärkerem Regen zunächst flächig abfließende Wasser. Wo es über leicht mitnehmbare Böden fließt, fungiert es gewissermaßen als Lastenzubringer für die unzähligen Rinnsale, die sich schließlich zu immer größeren Wasserläufen vereinigen.
Die flächige Abschwemmung wird dort behindert, wo der Boden von einer Pflanzendecke geschützt ist und durch ein dichtes Wurzelwerk zusammengehalten wird. Wald bietet nicht nur den besten Schutz vor Hochwasser, sondern auch vor Bodenerosion. Die unvermittelte Erosivkraft der Regentropfen wird durch das Laubdach und den Bodenbelag, die Streudecke, wesentlich gemildert. Die Speicherfähigkeit des lockeren Waldbodens verhindert, daß das Regenwasser unvermittelt oberflächlich abfließt. Hingegen bietet ein zum Acker gewordener Abhang ohne geeignete Vorkehrungen weder dem Abfluß noch der Abspülung der Erdkrume ein ernstliches Hindernis. Im allgemeinen erfolgt die Erosion in gepflügtem Boden rascher als in Wiesengrund, und die schützende Wirkung einer Grasnarbe ist wiederum bedeutend geringer als die eines Waldes. Aus diesen Feststellungen darf nicht gefolgert werden, daß Flüsse der Waldregionen schlechte Transporteure seien. Die vom Amazonas mitgeführten Schwebstoffmengen werden auf etwa 1 000 Millionen Tonnen jährlich geschätzt. Im Gegensatz zum Mississippi und den Tieflandströmen Asiens wirken sich in diesen Zahlen Abholzungen bisher kaum aus. Umweltexperten warnen jedoch bereits vor rigorosen Kahlschlägen und Rodungen. Historische Erfahrungen lehren, daß überall,

Die Transport- und Abtragungsleistung wichtiger Flüsse

	Gelöstes Mill. t./ Jahr	Schwebendes Mill. t./ Jahr	Abtragung $^1/_{1000}$ mm/Jahr Gelöstes	Schwebendes	Zusammen	Zu 1 m Jahre
Neckar (Gundelsheim)	1,5	0,3	48	10	57	17 500
Rhein (Emmerich)	15	4	38	11	49	20 400
Elbe (Mündung)	5	0,63	15	2	17	58 800
Donau (Mündung)	38	82	19	42	61	16 400
Yukon	22	88	10	40	50	20 000
Mississippi	100	980	13	122	135	7 400
Nil	20,8	51,4	2,4	6	8,4	119 000
Amazonas	140	1 000	8	56	64	15 600
Ganges	?	360	—	295	—	unter 3 000
Jangtsekiang	100	400	20	80	100	10 000

(nach G. Wagner)

wo die natürliche Pflanzendecke zerstört wird, die Gefahren für den Boden wachsen. Unbedachte Eingriffe in die Natur könnten gerade in den feuchten Tropen mit ihrem Überfluß an Wasser besonders verheerende Folgen nach sich ziehen.

Aufschlußreiche Flußfarbe

Die mitgeführte Last beeinflußt in starkem Maße die Lichtdurchlässigkeit und das Aussehen eines Flusses. Unter den fließenden Gewässern sind einzig Quellseen und Gebirgsbäche weitgehend klar. Die großen Ströme zeigen sich hingegen gewöhnlich wenig transparent, da das einfallende Licht durch die Schlammpartikelchen reflektiert wird. Schlammreiche Flüsse erscheinen stets trübe. Je nach der Art ihrer Schwebeteilchen nehmen sie eine charakteristische milchigweiße, grünliche, bräunliche oder gelbe Farbe an.

Schon bei der Namensgebung zahlreicher Flüsse und Ströme standen ihre Transparenz und Färbung Pate. Es gibt zahlreiche mit dem Namen „Weißer Fluß", so in Argentinien und Peru (Río Blanco) sowie in Brasilien (Rio Branco). Mit einem „Roten Fluß" können die USA und Kanada (Red River, Red River of the North), Argentinien (Río Bermejo), Vietnam (Song Chay) und China (Son He) aufwarten.

Einen „Schwarzen Fluß" (Rio Negro) haben Brasilien, Argentinien und Chile. Der bedeutendste von allen „Farbflüssen" ist der Gelbe Fluß (chin. Hwangho).

Oft sind sogar Flüsse ein- und desselben Flußsystems durch Farbbezeichnungen unterschieden, wie Schwarze und Weiße Elster, Rote und Weiße Saar, Schwarzer und Weißer Volta, Weißer und Blauer Nil. Der Rio Branco fließt in den Rio Negro, den bedeutendsten linken Nebenfluß des Amazonas.

Nicht in allen Fällen gibt der Name die Wirklichkeit zuverlässig wieder. Der sogenannte Blaue Nil weist vielmehr eine braunrote Färbung auf, und der Weiße Nil schimmert eher graugrünlich. Obwohl also mit den Farbbezeichnungen in einigen Fällen nur mehr oder minder zutreffende äußerliche Merkmale angesprochen sind und in anderen sogar eine Irreführung vorliegt, lassen dennoch Transparenz und Flußfarbe deutliche Rückschlüsse auf die Art der aufgenommenen Last zu:

Die milchig-weiße Trübung der Gletscherabflüsse entstammt den starken Beimengungen von Gletscherschlamm und gab Anlaß zu der Bezeichnung „Gletschermilch". Derartige Flüsse tragen also bereits von ihrem Ursprung an eine reiche, feinkörnige Schwemmlast mit sich. Es wurden bis zu 1 kg Gletscherschlamm je 1 m^3 Wasser (also 1/1000 der Wassermenge) gemessen.

Gelbe, ja schokoladenbraune Farbe tragen alle chinesischen Ströme, welche die Lößtafelländer durchschnitten haben. Noch auf große Entfernung jenseits ihrer Mündungen verleihen sie dem Meer seine lehmige Farbe, das darum auch als Gelbes Meer auf den Atlanten verzeichnet steht. So führt der Ho, d. h. „Fluß", wie er in den ältesten chinesischen Dynastien schlicht hieß, seinen seit ungefähr 100 u. Z. gebräuchlichen Zusatz Hwang, d. h. „gelb", durchaus zu Recht, obwohl er auch auf andere chinesische Ströme zutreffen würde.

Das rotgefärbte Wasser des Río Tinto rührt von den Kupfererzlösungen her, die den Erzgruben in seinem Quellgebiet entstammen und sogar den Überschwemmungsbereich seiner Küstenmarsch farblich bestimmen.

Man hat versucht, die Flüsse nach ihrer Färbung zu gruppieren. Am häufigsten werden sie mit den Begriffen Weißwasserflüsse, Klarwasserflüsse und Schwarzwasserflüsse typisiert. Die Beziehung dieser Begriffe zu den fluvialen Abtragungsvorgängen wird am Beispiel der großen äquatorialen Strombecken besonders deutlich.

Weißwasserflüsse haben lehmgelb-trübes Wasser. In Amazonien, dort „água branca" genannt, sind vor allem der Amazonas-Soli-

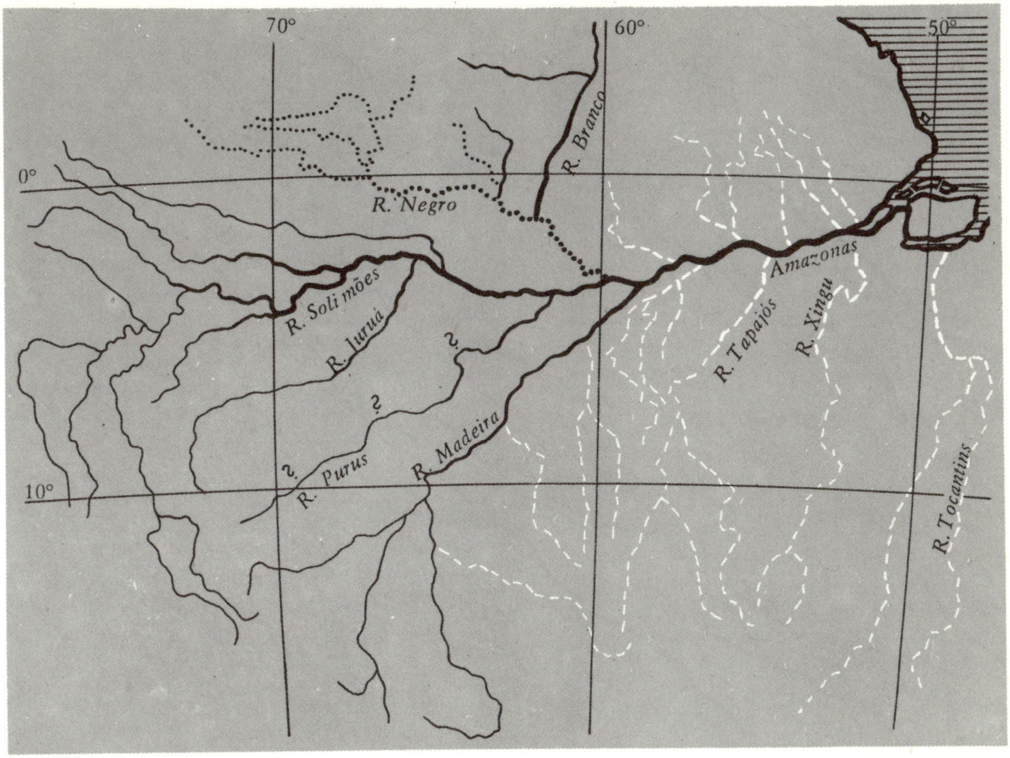

Durch ihre Flußfarbe bestimmte Flußtypen Amazoniens. (Nach Sioli u. Westermann, „Lexikon der Geographie") Zwischen Weiß- und Klarwasserflüssen bestehen Übergänge.
—— Weißwasserfluß - - - - Klarwasserfluß ? fragl. Zugehörigkeit ······ Schwarzwasserfluß

mões und einige seiner Nebenflüsse wie Juruá, Purus und Madeira, ferner der Rio-Negro-Zufluß Rio Branco diesem Flußtyp zuzurechnen. Ihre Schwemmstoffe bestehen aus dem frischen Verwitterungsmaterial der Anden bzw. des Berglandes von Guayana.

Klarwasserflüsse durchfließen in Amazonien altabgetragene Gebiete und enthalten daher wenig Schwemmstoffe. Die hierzu zählenden Flüsse Tapajós und Xingú unterscheiden sich weniger durch ihre gelb- bis olivgrüne Farbe von den Weißwasserflüssen als vor allem durch ihre bessere Transparenz. Den Weiß- und Klarwasserflüssen Amazoniens entsprechen die Flüsse des randlichen Kongobekkens, die, wie der Kongo selbst, Wasser von rötlicher oder brauner Färbung führen.

Der bedeutendste Schwarzwasserfluß des Amazonasbeckens, dort „água preta" genannt, ist der Rio Negro, dessen Schwemmstoffe vor allem aus den kieselsauren, humusreichen Waldböden des nördlichen Amazonasbeckens stammen. Die im Wasser gelösten Humusverbindungen verleihen dem Strom, ähnlich wie im gemäßigten Klima den kleinen Abflüssen von Mooren, seine dunkle, schwarzbraune bis schwarzblaue Färbung. Nach ihrem Zusammentreffen bei Manaus wälzen sich die schlammigen, gelbtrüben Fluten des Amazonas noch etwa 80 km neben dem schwärzlichen, wolkigen Wasser des Rio Negro. Erst dann verwischt sich die Trennungslinie zwischen den Wassern unterschiedlicher Herkunft.

Schwarzwasserflüsse sind auch die aus dem Kongobecken stammenden Zuflüsse.
Einen völlig anderen Flußtyp bilden die Salzwasserflüsse, die einen relativ hohen Salzgehalt aufweisen. Sie kommen zumeist in Gebieten mit salzhaltigen Ablagerungen und starker Verdunstung, also in Trockengebieten, vor. Ihr typischer Vertreter ist, wie schon der Name sagt, der Río Salado in Argentinien.

Stromstrich und Fliehkraft

Die Fließgeschwindigkeit zählt zu den wechselhaftesten Größen eines Flusses. Sie verändert sich nicht nur auf dem Weg des Wassers zwischen Quelle und Mündung in den verschiedenen Abschnitten des Tales; auch in verschiedenen Punkten jedes beliebigen Flußquerschnittes ist sie uneinheitlich. Wenn man das fließende Wasser als ein Bündel einzelner Wasserfäden auffaßt, haben also verschiedene Fäden verschiedene Fließgeschwindigkeit. Diese Differenzen beruhen auf dem unterschiedlichen Grad der äußeren Reibung des Wassers, wenn es das Flußbett überfließt, wenn es Lasten mitnimmt oder an der Wasseroberfläche mit der Luft in Berührung kommt.
Das Wasser fließt dort am schnellsten, wo die geringsten Reibungsverluste auftreten. Das ist in der Mitte des Flusses, dicht unter der Wasseroberfläche. Der größte Reibungsverlust entsteht hingegen in der Nähe der Sohle und der Wandungen des Bettes, wo das Wasser am langsamsten fließt.
Diese Erscheinung wirkt sich bei wechselnder Wasserführung in einer Verformung der Oberfläche aus. Beim Eintritt von Hochwasser wird der Mitte des Flusses, genauer gesagt, dem Bereich größter Fließgeschwindigkeit, das meiste Wasser zugeführt. Der Spiegel wölbt sich dann konvex heraus. Geht aber die Wasserzufuhr zurück, so fließt in der Mitte des Flusses mehr Wasser ab als an den Rändern. Der Wasserspiegel neigt sich nun konkav wie eine flache Traufe von den Uferrändern zur Mitte hin. Bei großen Strömen mit erheblichen Schwankungen der Wasserführung können diese Höhenunterschiede beträchtliche Ausmaße annehmen, am Mississippi bis zu 2 m.

Geschwindigkeitsverteilung in einem Donauquerschnitt bei Nagymaros (Strom-km 1695, nach einer Messung am 26.8.1954). Oben: Linien gleicher Geschwindigkeit (cm/s). Unten: Geschwindigkeitsverteilung in den einzelnen Lotrechten mit Angabe der Meßergebnisse. (Nach W. Lászlóffy)

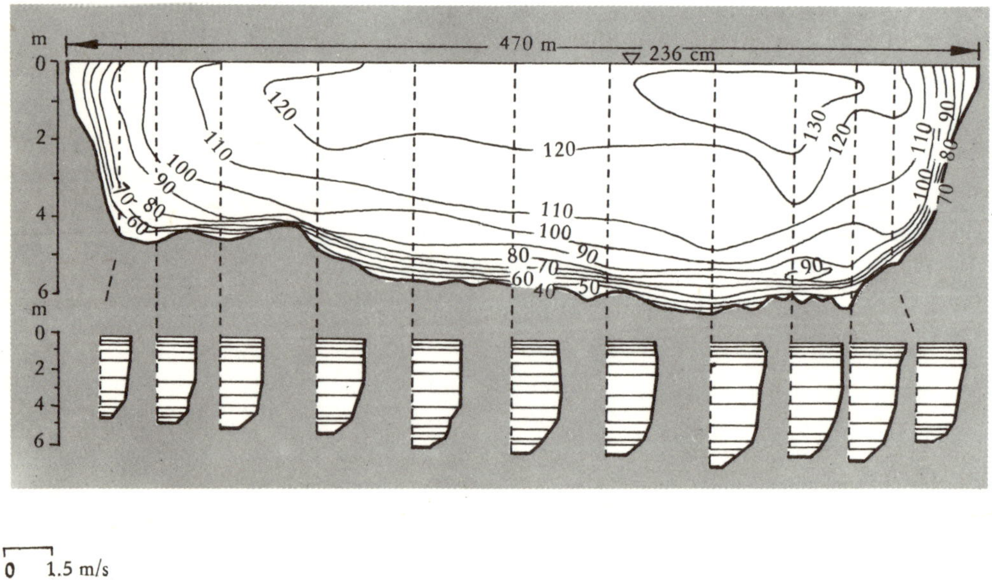

Verbindet man die Punkte höchster Geschwindigkeit, so entsteht eine Isolinie, die Stromstrich genannt wird. Schwebstoffe, die in ihren Bereich gelangt sind, haben die besten Aussichten, weit talabwärts und über die Mündung ins Meer hinaus getragen zu werden. Die Feststoffe, die auf dem Boden rollen, bewegen sich hingegen bereits außerhalb des Stromstrichs, was ihre ohnehin verminderten Bewegungschancen weiter einengt. Da sich nach den Seitenwänden des Flußbettes die Fließgeschwindigkeit noch mehr vermindert, kann es geschehen, daß der Fluß entlang dem Stromstrich noch in die Tiefe erodiert, außerhalb des Stromstriches aber ablagert (partielle Ablagerung).

In einem Flußbett, das glattwandig, symmetrisch und strikt geradeaus verlaufend geformt ist, wird der Stromstrich der Symmetrieachse folgen, und die gesamte Wassermasse wird laminar, d. h. wirbelfrei in parallelen Schichten fließen. Zu einer solchen ungestörten Bewegungsform kommt es jedoch höchstens in kanalisierten Betten. Im natürlichen Flußbett stößt das fließende Wasser auf vielfältige Hindernisse, welche die laminare Strömung immer wieder abreißen lassen. In schnell fließenden Flüssen erzeugen auf dem Grund liegende Felsblöcke Wirbelströmungen, die in Fließrichtung zur Oberfläche aufsteigen und dort große, rundliche scheibenartige Flächen mit scharf abgesetzten Rändern erzeugen. In ihrer Mitte lassen sich häufig trichterförmige Einstrudelungen erkennen, die von Schwimmern besonders gefürchtet sind. Vor und hinter Brückenpfeilern bilden sich horizontale Strudel.

Schließlich gibt es in der Natur kein einziges Flußbett, das dem Lineal folgen würde. Jedes fließende Gewässer, ob Bach, Fluß oder Strom, beschreibt Biegungen, Windungen und Schleifen. Sehr häufig schlängelt sich der Flußlauf von Bogen zu Bogen. Das einmal abgelenkte Wasser unterliegt auf Grund seiner Trägheit nun auch der Fliehkraft (Zentrifugalkraft), in deren Richtung sich der Stromstrich verschiebt.

Die Folgen für die erodierende Tätigkeit des Flusses sind augenfällig. Bei einem schnell fließenden, linear verlaufenden Gewässer, das allein durch die Gravitation bewegt wird, rollt das meiste Festmaterial auf der Mitte der Talsohle, senkrecht unterhalb des Stromstrichs. Hier erfolgt die stärkste Tiefenerosion. Die Seitenerosion greift beide Seitenwände gleichmäßig an.

Wird die Fließrichtung durch die Fliehkraft beeinflußt, so kommt es zu einer „Umschichtung“ unter den Fäden verschiedener Fließgeschwindigkeit. Der Stromstrich verlagert sich in Richtung der Fliehkraft. Die auf der betreffenden Stromseite fließenden Stromfäden werden beschleunigt. Als Folge davon verlagert sich das Maximum der Tiefen- und der Seitenerosion an die Außenseite der Windung. Das an der Flußbettwand entlang kreisende Wasser trägt das Ufer ab und bearbeitet das anstehende Gestein wie ein rotierender Spiralbohrer (Spiralströmung). Saugwirbel ziehen Baumstämme in die Tiefe. Im Untergrund entstehen lange, tiefe Kolke. Bei sehr starker Strömung bilden sich am Ufer Überhänge heraus, die abbrechen. Die einseitig verstärkte Strömung ist in der Lage, das Lockermaterial aufzunehmen und abzutransportieren. Das konvexe Ufer nimmt die Gestalt eines steilen Prallhangs an.

Umgekehrt äußert sich die Verlagerung des Stromstrichs auf der Innenseite der Biegung in abnehmender Erosivkraft; die Akkumulation überwiegt.

Unter dem Einfluß der Fliehkraft wird das Festmaterial auf sehr eigentümliche Weise versetzt. Aufgenommen wird es, wenn das Wasser am konvexen Ufer, der Außenseite der Windung, entlangkreist. Es rotiert nun zur Innenseite hinüber und über das hier flachere konkave Ufer talaufwärts. Dabei entstehen Quellwirbel, die das zur Herstellung eines waagerechten Wasserspiegels nötige Wasser von unten her zuführen. Da sich dabei die Fließgeschwindigkeit vermindert, ist der Fluß nicht mehr imstande, seine gesamte Last weiterzutragen. Die Ufersporne

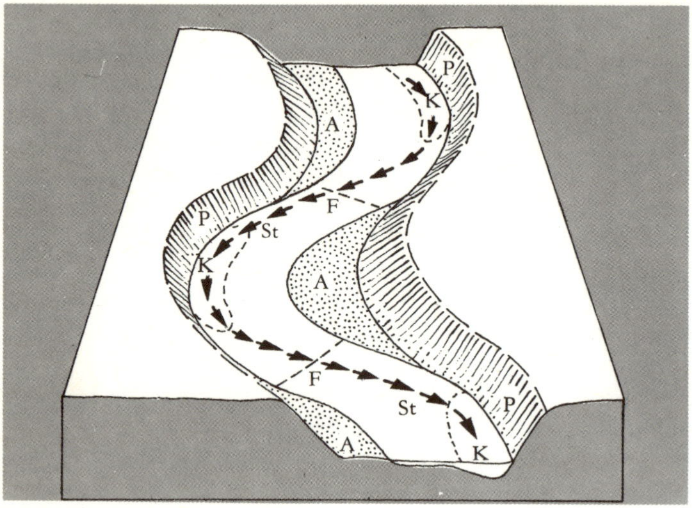

Eine Flußbiegung wird durch Verlagerung des Stromstrichs schärfer. Auf der Außenseite der Schleife, am Steilufer, Erosion; auf der Innenseite, am Flachufer, Akkumulation. (Nach Klute) K = Kolke; F = Furten; A = Aue; P = Prallhang. Die Pfeillinie gibt den Stromstrich an.

werden durch Bänke von Geröll, Kies und Sand verlängert. Am konkaven Ufer entstehen auf diese Weise flache Gleithänge.

Führt die in Biegungen und Mäandern entstehende Fliehkraft nur in begrenzten Abschnitten des Flußbettes zu einer Versetzung des Stromstrichs, so kann sich die von der Erdrotation ausgehende Fliehkraft über Hunderte Kilometer auswirken, sofern die Fließrichtung quer zur Erdrotation verläuft. Nicht wenige nord-südlich verlaufende Tieflandströme verfügen über auffallend steile Westufer. Die klare Trennung von weitläufigem Wiesenufer im Osten und Bergufer im Westen an der langen Strecke der Wolga zwischen Kuibyschew und Wolgograd kann nur so gedeutet werden, daß der mächtige Strom durch die Erdrotation immer stärker von seiner Aufschüttungsebene im Osten ab und westwärts an die härteren Kreide- und Tertiärschichten herangerückt wurde.

Gefällskurve

Wasser, das aus einem Gebirge zu Tal strömt, sucht sein Bett zu vertiefen. Könnte es grenzenlos zu Tal strömen, würde diese Tätigkeit zu einer unentwegten Tieferlegung der Flußbettsohle führen. Aber allein schon die Mündung eines Flusses in einer bestimmten Höhenlage – normalerweise in Meeresspiegelniveau – setzt der Tiefenerosion Grenzen.

Zugleich sucht das fließende Wasser sein Bett auszugleichen. Es beseitigt die gröbsten Unebenheiten, indem es Vorsprünge abzuhobeln trachtet und Mulden auffüllt. Das bedeutet freilich nicht, daß am Ende ein Flußbett entsteht, das wie mit dem Lineal gezogen wäre.

Der Gefällswinkel bleibt also nicht stets derselbe zwischen Quelle und Mündung. Die ausgleichende Tätigkeit des fließenden Wassers mag sich noch so vollkommen durchgesetzt haben – am Ende nimmt das Längsprofil eines Flusses die Gestalt einer elegant geschwungenen, konkav eingebuchteten Kurve an, die einer Parabel ähnelt. Ein solches Längsprofil bezeichnet man als die *normale Gefällskurve.*

Um die Herausbildung eines solchen Flußbettes plastisch werden zu lassen, ist es zweckmäßig, als Ausgangslage hypothetisch einen Hang als Flußbett anzunehmen, der sich mit einheitlichem Neigungswinkel von der Quelle bis zur Mündung ebenmäßig erstreckt und dessen Gestein – was für unsere Betrachtungen in diesem Falle sehr wichtig ist! – gleiche Beschaffenheit aufweist. Das Wasser unterliegt in einem solchen Bett den Gesetzen der schiefen Ebene: Unter dem Einfluß der Schwerkraft fließt es um so schneller zu Tal, je steiler geneigt der Hang ist.

Unser Hinweis auf die Gesetze der schiefen Ebene darf jedoch nicht zu der Annahme verleiten, daß sich das Wasser auf Strecken gleichbleibenden Gefälles in seiner Bewegung wie etwa eine leicht rollende Kugel beschleunigt, daß also die Geschwindigkeit am tiefsten Punkt des Flusses, an seiner Mündung, am größten sei. Man muß die bereits erwähnte Reibung des Wassers in sich selbst (Viskosität) und an den Wandungen seines Bettes wie auch den Energieverlust durch den Transport von Flußgeschiebe in Betracht ziehen. Die Reibungsverluste sind um so größer, je schneller das Wasser fließt. Folglich wird die Beschleunigung, welche durch die Schwerkraft erzeugt wird, alsbald völlig kompensiert. Auf Strekken gleichen Gefälles bleibt auch die Fließgeschwindigkeit gleicher Wassermengen ungefähr gleich. In Abwandlung bedeutet dies: Bei gleichem Gefälle wird die Fließgeschwindigkeit durch die jeweils abfließenden Wassermengen bestimmt.

Diese Grundaussage führt zu einer erheblichen Umformung unseres als Ausgangsanlage angenommenen Flußbettes:

Im obersten Abschnitt des Gewässers ist die Wasserführung noch gering und die örtliche Erosion folglich noch schwach. Mit dem Zulauf weiterer Bäche und Flüsse wächst jedoch die Wasserführung beträchtlich an. Das nun auch von der Strömung reichlich mitgeführte Festmaterial kann die Abreibung des Untergrundes viel aktiver betreiben. Am unteren Ende des Oberlaufs eines Flusses, der etwa ein Drittel der gesamten Flußlänge umfaßt, ist darum die Erosion am heftigsten. Das Flußbett wird hier am stärksten vertieft. Bei besonders steilem Talverlauf und reichlicher Wasserführung nimmt der Fluß sogar Gerölle von Faust- und Kopfgröße mit sich.

Diese besonders aktive Erosionstätigkeit wirkt sich auch stromaufwärts aus. Obwohl die Wasserführung und damit die unmittelbar an Ort und Stelle verursachte Erosion zur Quelle hin abnimmt, führt die rückschreitende Erosion zu einer Versteilung des Flußbettes im gesamten Oberlauf.

Etwa ein weiteres Drittel des normal ausgeglichenen Flußtals entfällt auf den Mittellauf. In diesem Abschnitt beginnen sich die beiden bereits genannten Bremsen für eine ungehemmte Vertiefung des Flußbettes auszuwirken: die Höhenlage der Mündung und die Kompensation des Beschleunigungseffekts, der an sich auf einer schiefen Ebene zustande kommt. Schon der zuerst genannte Faktor drängt auf eine Verflachung des Längsprofils; und der zuletzt genannte verstärkt diese Tendenz.

Im Mittellauf ist das fließende Wasser nicht mehr in der Lage, sein Bett wesentlich zu vertiefen. Es hat die gröbsten Flußgerölle bereits liegengelassen; die beschriebene Umverteilung der mitgeführten Last, die bereits im Oberlauf einsetzte, wird fortgeführt. Weiteres Flußgeröll, vor allem das restliche gröbere, wird abgesetzt, anderes, vor allem feines, aufgenommen. Der Fluß befördert also seine Last alles andere als gleichförmig; aber noch immer transportiert er reichlich, auch grobes Material.

Aber schon halten sich Erosion und Sedimentation etwa die Waage. Die Tiefenerosion und der Transport des Flußgeschiebes erfolgen vor allem entlang des Stromstriches, also der Linie größter Geschwindigkeit, die Sedimentation außerhalb dieser Linie. Der Fluß befindet sich in einem Zustand der Balance.

Allmählich erreicht unser „Idealfluß“ seinen Unterlauf. Er verläßt das Gebirge oder Hügelland und wird nun zu einem Tieflandfluß. Die vom Niveau der Mündung erzwungene Verflachung des Längsprofils führt in Verbindung mit der inneren und äußeren

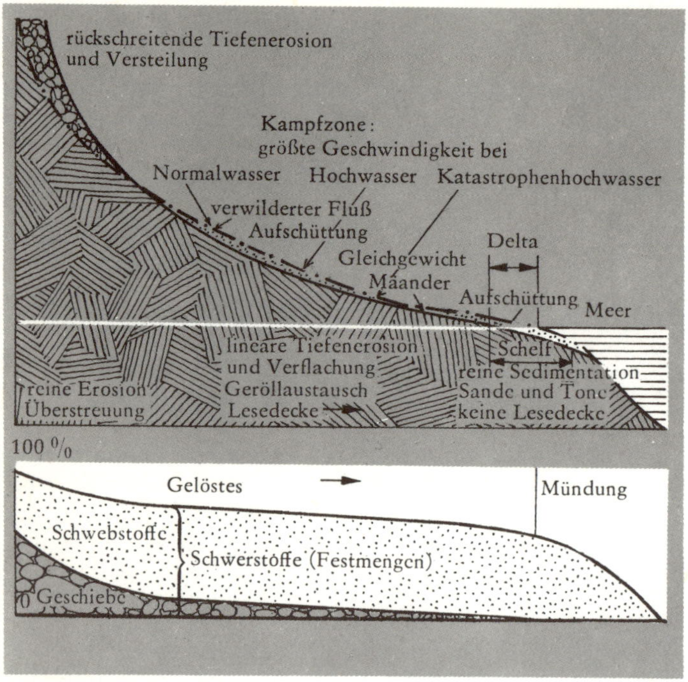

Ideallängsprofil eines Flußlaufs mit seinen verschiedenen Abschnitten.
Oben: Gefällskurve, Abtragung und Aufschüttung; darunter die Zusammensetzung der Beimengungen. (Nach W. Wundt und anderen)
Unten: Grundriß eines Flusses. (Nach Westermann, „Lexikon der Geographie")

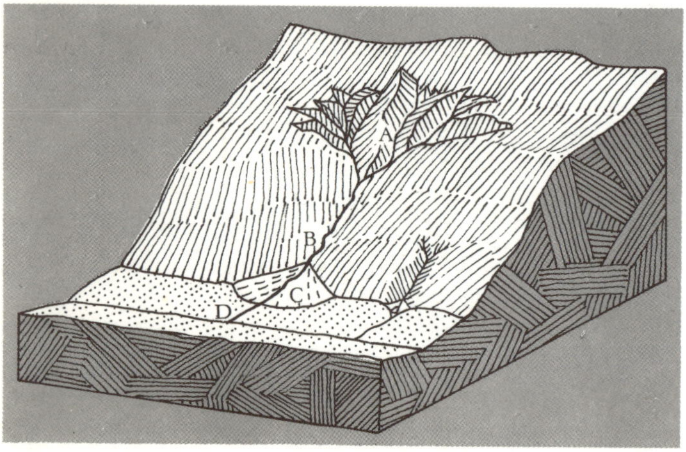

Ein Wildbach.
(Nach B. G. Esche und H. Lautensach)
A = Einzugsgebiet mit Erosionsrissen; B = Abzugskanal; C = Schuttkegel; D = Haupttal mit waagerechten Ablagerungen des Hauptflusses

Reibung des Wassers zu einer Überkompensation des Beschleunigungseffektes der schiefen Ebene. Immer träger nähert sich das Gewässer seiner Mündung. Damit wenigstens die gleiche Wassermenge bei verminderter Geschwindigkeit abfließen kann, wird ein Flußbett mit wesentlich größerem Querschnitt benötigt.

Der Fluß tritt in einen Abschnitt, in dem die Sedimentation überwiegt. Nachdem er schon im Ober- und Mittellauf die gröbsten Geschiebe liegengelassen hat, erfolgt nun eine Ablagerung in der Reihenfolge weiter abnehmender Korngröße. Es kommt zur Ausbildung von Geröll-, Kies- und schließlich Sandbänken. An den Stellen, an denen der

Fluß sein Bett mit einer unbewegten Schicht von Geschieben überdeckt hat, ist er der Erosion unfähig geworden. Er vermag dort nur noch die gelösten Stoffe weiter zu Tal zu befördern, die sich später an dem weiter verlangsamten oder im Meer zur Ruhe gekommenen Flußwasser als Ton und Schlamm absetzen.

Dieser Vorgang darf nicht schematisch verstanden werden. Tatsächlich ändert sich die Situation eines Flusses häufig schon von Tag zu Tag und von Abschnitt zu Abschnitt durch wechselndes Wetter. Das Gefälle eines Flusses kann sich zeitlichen Schwankungen der Wasserführung niemals auf die Dauer anpassen. Obwohl man gemeinhin bestimmte Flüsse als „ausgeglichen“ bezeichnet, sind sie es durchaus nicht das ganze Jahr über. Wenn der Fluß während und nach einer Trockenperiode wenig Wasser führt, hört die Abtragung auf; das Wasser setzt den größeren Teil seiner Schwemmlast ab und verliert seine Erosionsfähigkeit. Und dennoch zeugen tief eingeschnittene Täler von der Dynamik, die derartige Flüsse zur Zeit des Hochwassers entfalten können. Schon nach einer Periode stärkeren Regens oder der Schneeschmelze erhöht sich mit dem zunehmenden Abfluß auch die Fließgeschwindigkeit. Erneut setzt die Abtragung ein; die abgesetzten Schwemmmassen werden von der Strömung wieder aufgenommen und weiter transportiert.

Eine besonders ausgeprägte Ungleichmäßigkeit von Erosion und Akkumulation ist bei Flüssen der Trockengebiete zu finden. Nach einem heftigen Regenguß erlahmt ihre Kraft alsbald. Die Hochwasserwelle erreicht oft nicht mehr das Meer, ja verebbt sehr schnell, so daß der Fluß das von ihm mitgeführte Geröll vorzeitig ablädt. Nachfolgende Hochwasserwellen, denen dadurch der Weg verlegt ist, suchen sich, sofern sie seitwärts ausweichen können, allzuhäufig neue Betten, wodurch weite Flächen, oft bestes Kulturland, mit ödem Geröll bedeckt werden.

Dessenungeachtet besteht natürlich die Tendenz zur Herausbildung des von uns idealisiert beschriebenen normalen Längsprofils. Die ersten Stadien seiner Herausbildung sind in der Natur vielleicht am ehesten an frisch entstandenen Wildbächen zu beobachten. Das auf unserer Zeichnung dargestellte Ge-

Unausgeglichene Gefällskurve der Donau, 1000fach überhöht. Senkungen in der Bayrischen Hochebene, in der Ungarischen und in der Walachischen Tiefebene, Hebungen im Schwarzwald, im Bayrisch-Böhmischen Grundgebirge und im Karpaten-Balkan-Bogen bedingen drei Teilkurven, die sich jeweils an ihre Erosionsbasis anschmiegen. Man beachte den Wechsel des Gefälles. (Nach G. Wagner)

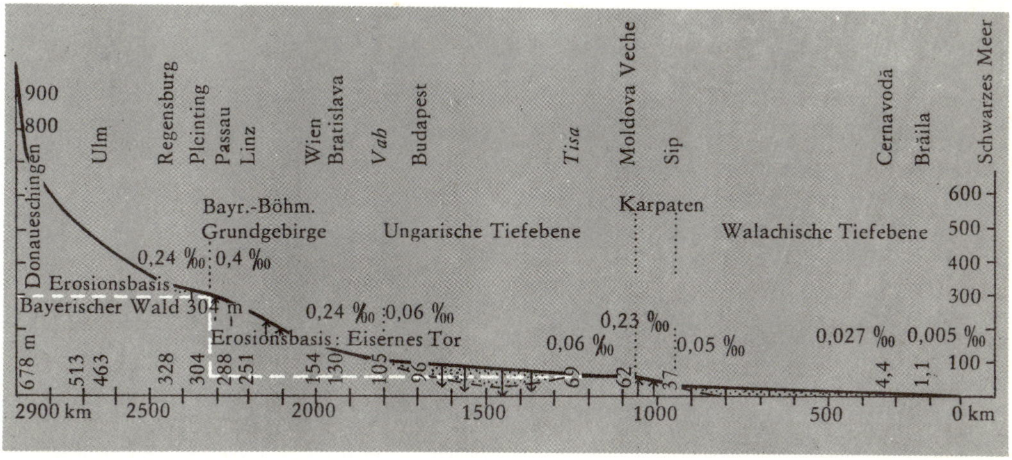

wässer hat im Oberlauf gerade erst Erosionsrisse und im Unterlauf einen Schuttkegel zuwege gebracht. Seine Gefällskurve ist noch unreif. Sein Reifestadium erreicht ein fließendes Gewässer erst, wenn es sich seine normale Gefällskurve geschaffen hat.

In der Wirklichkeit gibt es nicht wenige Flüsse, die bereits eine annähernd normale Gefällskurve von der Quelle bis zur Mündung aufweisen. Als Beispiele aus West- und Mitteleuropa seien Loire, Seine, Garonne, Elbe und Oder genannt. Dies gilt ebenso für Amazonas, Mississippi, Wolga und viele andere. Zur Entstehung ihrer Kurven bedurfte es erdgeschichtlich langer Zeit, und die Flußbettentwicklung durfte nicht nachhaltig durch Klimaveränderungen oder tektonische Verformungen der Erdkruste gestört werden.

Insgesamt aber bilden normale Gefällskurven unter den Strömen der Erde meist nicht den Normalfall. Gerade am Rande von geologisch jungen Gebirgen, bei ihrem abrupten Übergang in das flache Vorland, begegnen uns auch an bedeutenden, ebenfalls jugendlichen Flüssen Erscheinungen, wie wir sie an Wildbächen beobachten können. Infolge der plötzlichen Verflachung des Gefälles der Talsohle nimmt die Fließgeschwindigkeit derart unvermittelt ab, daß der Fluß seine Last – und dabei besonders die kompakten, schweren Materialien – wie einen lästigen Rucksack an Ort und Stelle abwerfen muß; am Gebirgsrand entstehen riesige Schwemmfächer, vor allem aus grobem Flußgeröll. Besonders ausgeprägt finden wir derartige Ablagerungen am Südrand der Alpen, zum Beispiel oberhalb von Verona am Austritt der Adige (Etsch) in die Poebene. Diese Erscheinung gilt aber auch für den Po selbst, der auf einer Strecke von nur 22 km Länge von der Quelle in 2 022 m ü. NN bis Paesana über 1 400 m Höhenunterschied überwindet und südlich von Revello alsbald in nur 385 m ü. NN das Westende der Poebene erreicht.

Bei derartigen Unausgeglichenheiten des Gefälles durch Versteilung im Oberlauf ist die normalhin konkave Gefällskurve noch erhalten. Unregelmäßigkeiten treten aber häufig auch in Form eingestreuter konvexer Abschnitte auf. Als Ursachen kommen solche Erscheinungen in Frage wie das Austreten von Riegeln härteren Gesteins (siehe „Wasserfälle und Stromschnellen“), mangelnde Ausräumung von Durchbruchstälern, eiszeitliche Aushobelungen des Flußbettes, Talverschüttungen durch Lawinengeröll u. ä. m. Als Beispiel sei die Donau angeführt. Die obere Donau weist von der Lechmündung bis zur Rückmündung des Mosoner Armes (km 2 497 bis 1 794) ein Gefälle von etwa 40 cm/km auf. Im Bereich der mittleren Donau (km 1 749 bis 1 048) nimmt das Gefälle plötzlich auf nur 6 cm/km ab. In Gestalt der Großen Ungarischen Tiefebene (ung. Alföld) blieb eine Landschaft erhalten, welche die Eigenarten einer Unterlaufebene in geradezu klassischer Ausprägung bewahrt hat. Die hier vorhandene geologische Mulde wird von Flußsedimenten aufgefüllt, da sich der erst in relativ junger geologischer Zeit weiter flußabwärts erfolgte Durchbruch der Donau (am Eisernen Tor) noch nicht voll flußaufwärts ausgewirkt hat.

Auf der folgenden hundert Kilometer langen Kataraktenstrecke (km 1 040 bis 941) beträgt der Höhenunterschied 28 m, wobei jedoch dieser Mittelwert die tatsächlichen Gefällsverhältnisse nur annähernd wiedergibt. Katarakte mit starkem Gefälle und durch Felsschwellen und Schluchten hervorgerufene Staustrecken lösen einander ab. Die untere Donau schließlich wälzt sich in der walachischen Tiefebene (ab km 941) bis zum Delta (km 80) bei 3,9 cm/km Gefälle dahin. Im Delta selbst (ab km 80) beträgt das Gefälle nur noch wenige mm/km.

Ähnliches gilt für den Rhein. Die Unregelmäßigkeiten seines Längsprofils entstammen teils den kaltzeitlichen Vergletscherungen, als von den Alpen austretende Gletscher in seinem Oberlauf „zeitweilig“ völlig veränderte Verhältnisse für Abfluß, Abtragung und Aufschüttung schufen; teils beruhen sie auf tektonischen Veränderungen: dem Einbruch des Rheingrabens und der Hebung des Rheinischen Schiefergebirges. Diese Erscheinungen haben zur Folge, daß der Rhein mehrere lokale Erosionsbasen aufweist: am oberen Ende die Kölner Tieflandsbucht (bei Bonn), am Eintritt in den Rheingraben (Basel), am Rheinfall von Schaffhausen sowie am oberen Ende der vom Bodensee ins Rheintal aufwärts ziehenden Aufschüttungsebene (oberhalb von Chur). Entsprechend beträgt das Gefälle im Binger Loch 0,82 Prozent auf 17 m, oberhalb von Bingen aber auf weite Strecken 1,3 Prozent und weiter unterhalb an der Lorelei sogar nur 0,1 Prozent (jeweils vor dem Ausbau der Schiffahrtswege).

Eine völlige Umkehrung in der Reihenfolge von Steil- und Flachkurve zeigt der Kongo. Er liefert das grandioseste Beispiel einer weiten Ebene im Mittellauf eines Stromes. Diese Unregelmäßigkeit des Längsprofils erklärt sich damit, daß der Kongo einst in einem Binnenbecken endete, damals also die in diesem Becken aufgeschüttete Ebene tatsächlich dem Unterlauf des Stromes zuzuordnen war. Erst der jüngere Durchbruch durch die Niederguineaschwelle verlegte die normale Endabflachung des Längsprofils als Anomalie in den Mittellauf. Der Durchbruch erfolgte durch sehr hartes Gestein, so daß die Anpassung des Längsprofils an das neue Mündungsniveau nur sehr langsam vonstatten geht. Noch ist daher die Erosionskraft des Stromes in seinem Mittellauf relativ gering, weshalb auch der Strom dem Meer viel weniger Sinkstoffe (37 Millionen m^3 jährlich)

Unausgeglichene Gefällskurve des Rheins, 1000fach überhöht. Senkungen im Bodenseegebiet, im Rheintalgraben und in der Niederrheinischen Bucht, Hebungen in den Alpen und im Schiefergebirge bedingen drei Teilkurven, die sich an ihre Erosionsbasis anschmiegen. (Nach G. Wagner)

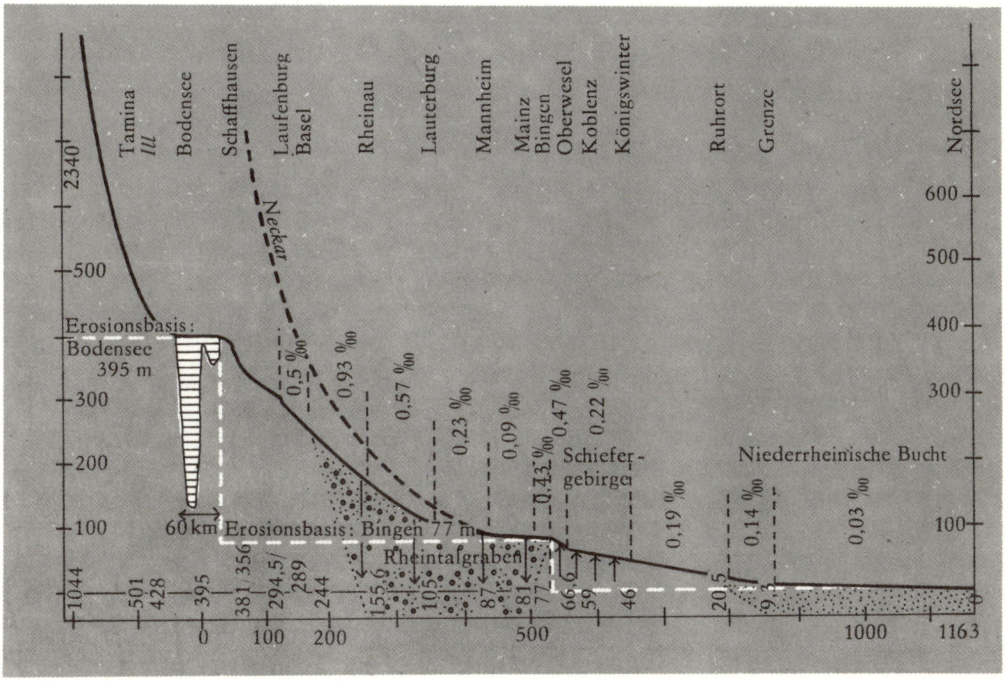

zuführt, als die Größe des Einzugsgebietes erwarten läßt. Ein sehr erheblicher Teil der Schlammlast wird bereits im Mittellauf, in der zentralen Mulde des Kongobeckens oder in den seenförmigen Ausweitungen des Stromes (Stanley Pool) abgelagert. Der heutige Mittellauf hat damit noch immer nicht die Funktionsweise eines Unterlaufs völlig aufgegeben. Donau, Rhein, Kongo und die vielen anderen Flüsse und Ströme mit Unausgeglichenheiten des Längsprofils hatten also nicht die erforderliche Zeit, um die eingestreuten Versteilungen abflachen zu können. An den Gefällsbrüchen wandert jedoch die Erosion verstärkt flußaufwärts, so daß auch bei diesen Strömen die Tendenz zur Herstellung einer normalen Gefällskurve klar erkenntlich ist.

Ist einmal eine solche Normalkurve erreicht, hat der Fluß seinen ersten Gleichgewichtszustand erreicht.

Die Ausbildung der Kurve ist vor allem von der Abdachung der Landoberfläche abhängig. Liegen die Quellgebiete in den tektonisch angehobenen Gebirgen, wie im Falle des Amazonas, so ist sie stärker geneigt; flacher verläuft sie, wenn der Wasserlauf, wie im Falle des Mississippi und der Wolga, in einem tieferliegenden Hügelland oder einer Tiefebene entspringt.

Der erste Gleichgewichtszustand bedeutet jedoch nicht das Ende einer Flußtalentwicklung. Die weitere Abtragung im Oberlauf und die weitere Aufschüttung im Unterlauf führen zu einer Verflachung des gesamten Längsprofils und – Hand in Hand damit – zu einer fortschreitenden Einebnung des gesamten Einzugsbereiches eines Stromsystems. Ein Fluß, der sein Bett über seinen ersten Gleichgewichtszustand hinaus abgeflacht hat, wird als überreif bezeichnet. Theoretisch ist eine Endkurve (Erosionsterminante) denkbar, über die der Fluß gerade noch unter Überwindung seiner inneren Reibung und des Bodenwiderstandes zu fließen vermag, bei der er aber keinen Massentransport mehr leisten kann. Ein solcher Zustand wird

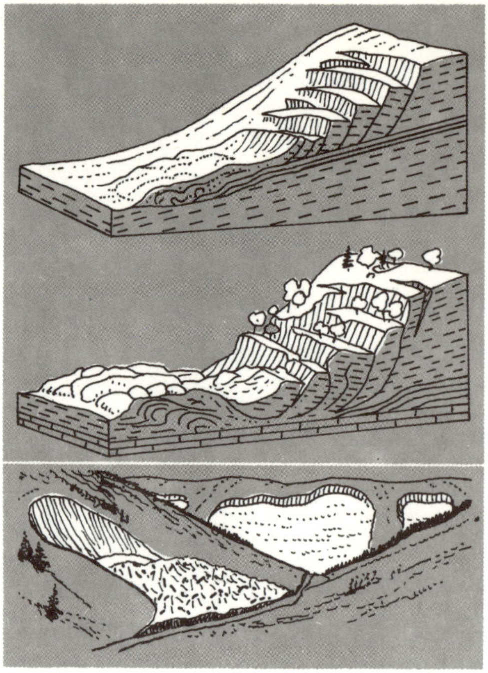

Bergrutschformen des feuchten Klimas. (Nach A. N. Strahler u. W. M. Davis)

jedoch nicht erreicht, da in diesem Fall das abfließende Wasser sein eigenes Bett verschütten und damit aufhören würde, Fluß zu sein.

Talhänge

Würde es bei der Erosion allein auf die Wirkung des Baches, des Flusses oder des Stromes ankommen, würden die Täler überall auf der Welt die Gestalt enger Schluchten annehmen. Das bekannteste Beispiel für ein solches Engtal ist der Grand Canyon des Colorado River in Arizona, der sich bis zu 2 000 m tief in das Felsengebirge eingeschnitten hat. Den außergewöhnlich tiefen, stellenweise fast senkrechten Abfall seiner Wände verdankt er dem Zusammentreffen dreier Umstände: der reichlichen Wasserführung – der Fluß erhält sein Wasser von den feuchten Gebieten, die weiter östlich liegen, dem zur Wüstenbildung neigenden Trockenklima Arizonas – es fehlen die Niederschläge, welche die Hänge nennenswert abspülen könnten, und der mächtigen Abfolge horizontal gelagerter Kalk- und Sandsteine, die eine Versteilung der Hänge begünstigen.

Häufig wird der Begriff *Cañon* (span. „Röhre“; engl. Canyon) für alle engen Talformen angewendet. Korrekterweise sollte man jedoch nur solche schluchtartigen Täler als Cañon bezeichnen, deren Seitenwände durch horizontal gelagerte, unterschiedlich widerstandsfähige Gesteine gebildet werden. Am typischsten ausgeprägt findet man sie in Trockengebieten, wo die Erosion des fließenden Wassers vor allem in die Tiefe wirksam ist. Der Grand Canyon des Colorado River trägt also seinen Namen voll zu Recht.

In den feuchten Klimazonen überwiegt hingegen das V-förmig ausgebildete Kerbtal. Wenn man sich vorstellt, daß das Querprofil dieser Talform aus einem Rechteck und zwei ihm seitlich angelehnten Dreiecken besteht, so wird seine Entstehung leicht verständlich: Der Fluß selbst schneidet einen Graben ein, gleichsam das zentrale „Rechteck“ des Tales, dessen Unterkante der Flußbreite entspricht. Die beiden „Dreiecke“ sind hingegen das Ergebnis der lokalen Abtragung, vor allem der örtlichen Niederschläge: Nach einem plötzlichen Guß fließt ein Teil des Regenwassers in ganzer Breite der Oberfläche hinab in das Flußtal. Es nimmt dabei Boden und anderes Lockermaterial mit sich fort und beginnt auch bereits an den festen Kanten zu nagen. Schichtfluten und Flächenspülung sind besonders in den wechselfeuchten Tropen verbreitet, wo die Niederschläge vor allem während der Regenzeit als plötzliche Starkregen niedergehen und keine geschlossene Vegetationsdecke besteht.

Ein weiterer Teil des Regenwassers versickert im Erdreich und erreicht auf diesem Wege unterirdisch den Fluß. Der durchnäßte Boden wird dadurch schwerer als gewöhnlich. Da das Sickerwasser überdies den Boden wie eine Emulsion durchtränkt, erhält er die Fähigkeit, wie ein Brei über den festen Untergrund hinabzugleiten. Der Boden wird zur Fließerde. Die Geographen sprechen von Bodenkriechen oder Bodenfließen.

In den feuchten Tropen fällt durch die intensive chemische Verwitterung sehr viel feinkörniges Lockermaterial an. Die geschlossene Vegetationsdecke der äquatorialen Regenwälder verhindert, wo sie noch intakt ist,

Herausbildung eines V-förmigen Kerbtals. Im mittleren Rechteck Talvertiefung durch reine Flußerosion. An den dreieckförmigen Seiten Talverbreiterung durch Bildung und Abtragung von Gehängeschutt. Die gestrichelten Pfeile zeigen, welchen Weg etwa die einzelnen Blöcke genommen haben. (Nach G. Wagner)

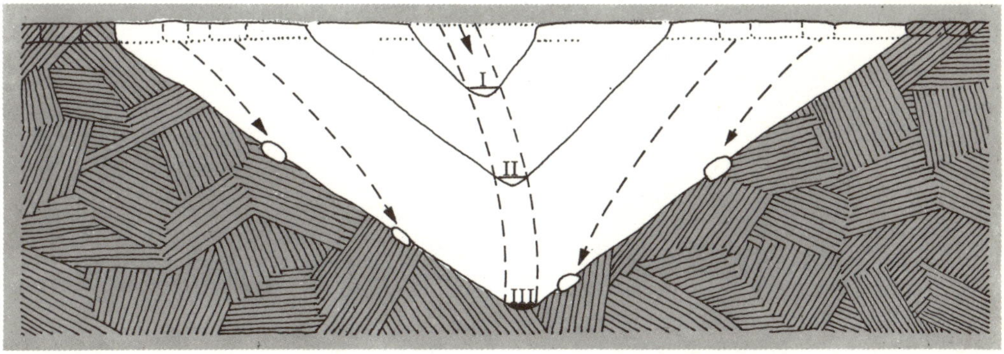

daß übermäßig große Mengen davon oberflächlich abgespült werden. Unter der von den Pflanzenwurzeln verfilzten Oberfläche findet jedoch ein sogenanntes tropisches oder subsilvines Bodenfließen statt. An nischenförmigen tieferen Stellen der Hänge kommt es zum Durchbruch des nassen Erdbreis, wodurch die Hänge rasch entwässert werden. Diese Art des Bodenfließens trägt dazu bei, daß sich in den feuchten Tropen trotz stärkster chemischer Verwitterung steile Hänge herausbilden können.

Bei dem arktischen Bodenfließen oder der Solifluktion rutschen hingegen die aufgetauten Lockermassen der Oberfläche über der noch gefrorenen Unterlage ab. Diese Erscheinung ist besonders bei Dauerfrostböden und im gemäßigten Klima im Winterhalbjahr während des häufigen Wechsels von Gefrieren und Wiederauftauen anzutreffen. Eine wichtige Rolle übernimmt hierbei die Frostsprengung: Das in Gesteinsspalten und -risse eingedrungene Wasser dehnt sich aus und bringt sogar massiven Fels zum Bersten. Infolge der unter arktischen Bedingungen geringen chemischen Verwitterung, dagegen vorherrschenden Frostsprengung enthält das Gekriech des kalten Klimas sehr viel Blockschutt und anderes Grobmaterial. Während es den tropischen Flüssen leicht fällt, die vorherrschend stark zerkleinerten Lockermassen mit sich fortzutragen, sind die Flüsse der kalten Zonen stark mit Blockschutt belastet, der ihre Erosivkraft mindert. Bei gleicher Wasserführung ist ein steileres Gefälle der Talsohle möglich; zugleich nehmen die Hänge sanftere Formen an.

Eine Klamm (schematisch) mit Resten von Strudellöchern und Spindeln. (Nach H. Lautensach)

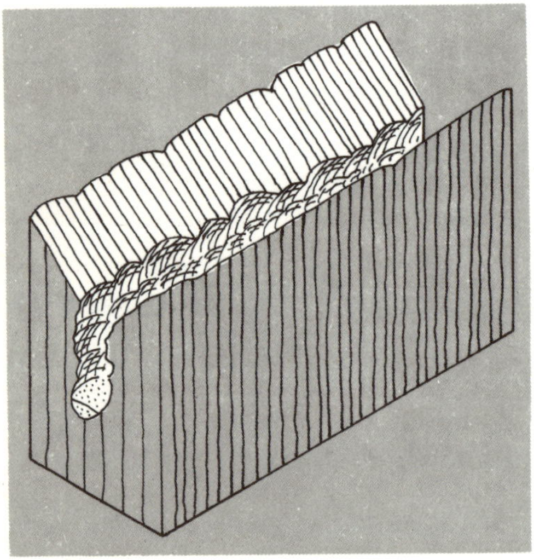

Während das Bodenkriechen im allgemeinen allmählich vonstatten geht, treten Abbrüche vorstehenden Gesteins und Schuttlawinen im allgemeinen recht unvermittelt auf, nachdem die Verwitterung durch Bildung von Felsrissen und Entstehung großer Massen lockeren Schuttes schon gewisse Vorarbeit geleistet hat. Auslösend kann allein schon das Übergewicht sein. Zumeist aber führen außergewöhnlich starke Regenfälle oder Erdbeben zum Kollaps des Hanges. Gefürchtet sind nicht nur Lawinen, sondern auch Muren, bei denen große Gesteinsmassen auf einer wasserhaltigen Schicht über undurchlässiger Unterlage abgleiten und verheerende Verschüttungen anrichten können. Solche Abstürze können gelegentlich sogar das Flußbett weitgehend verschütten und das fließende Wasser seeartig aufstauen. Ein derartiger natürlicher Stausee ist jedoch im allgemeinen kurzlebig, da die Erosion das Hindernis zumeist bald wieder beseitigt.

Darüber hinaus zehren die vielen kleinen Rinnsale, die Bäche und die nebengeordneten Flüsse an der Erdoberfläche – sie alle tragen dazu bei, die Talhänge abzutragen und in die Schrägflächen grätenartig weitere kleinere Kerbtäler einzuschneiden.

In der Natur gleicht jedoch kein Tal dem anderen. Die Vielfalt der Talform ergibt sich aus einem Wechselverhältnis zahlreicher Faktoren, unter denen die örtlichen Niederschläge, die Abflußbedingungen an den Hängen, die Verwitterungseigenschaften des Gesteins, dessen Abbruch- und Abrutschfähigkeit und schließlich das Erosionstempo

Allmähliches Ausschleifen einer Gefällskurve, hier in verschieden widerständigem Gestein, und fortschreitende Erniedrigung durch Abtragung im Oberlauf und Aufschüttung im Unterlauf. (Nach G. Wagner)

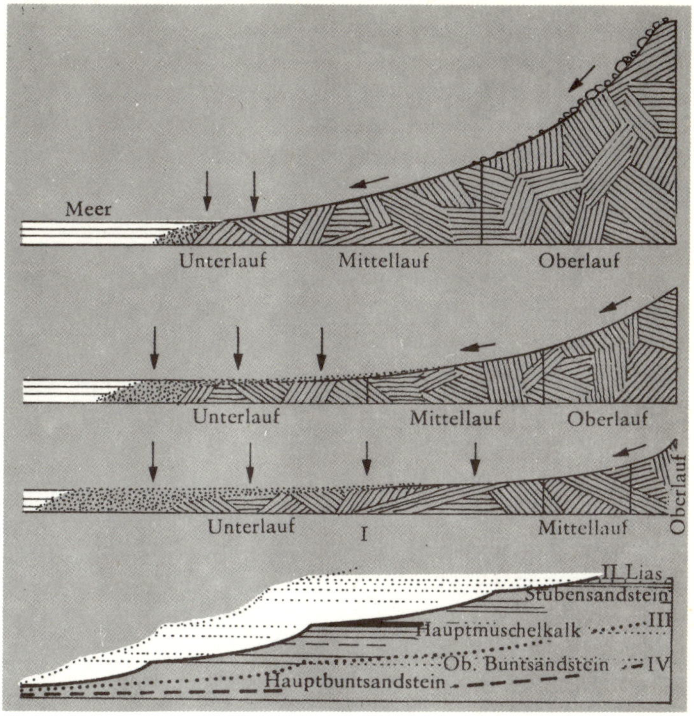

halb dieser Linie beginnt er bereits zu akkumulieren, also aufzuschütten. Im unteren Teil des Kerbtales entsteht eine Talflur (Akkumulationsebene). Das Tal nimmt ein wannen-, d. h. _/-förmiges Querprofil an. Das Kerbtal wird zu einem Kerbsohlental abgewandelt.

In einer offeneren Landschaft, wie sie typisch in den Unterläufen der Flüsse anzutreffen ist, werden die Hänge flacher und sanfter geneigt. Die Akkumulation überwiegt nun bei weitem. Die Anklänge an das V-förmige Kerbtal verschwinden völlig; die Hänge des Tales gehen ohne merklichen Knick in die Aufschüttungsebene über, die in dem Maße an Breite gewinnt, wie sich die Fließgeschwindigkeit vermindert und die Akkumulation zunimmt.

Letztlich bewirkt das Geäst der Bäche, Flüsse und Ströme eine weitflächige Abtragung, deren Endziel eine flachwellige Landoberfläche bildet, die als Rumpffläche oder Fastebene (Peneplain) bezeichnet wird. Dies ist ein Vorgang, der sich über Millionen Jahre erstreckt und in den steilen Oberläufen naturgemäß am intensivsten wirkt. Die alten variszischen (im wesentlichen im Karbon gebildeten) Faltengebirge wurden längst eingeebnet; und gleiches geschieht den jüngeren Gebirgen vor unseren Augen.

Nach J. Stiny/A. Wechmann benötigen zur Erniedrigung ihres Einzugsgebietes um 1 m die mitteleuropäischen

Flachlandflüsse	164 000 Jahre,
der Rhein oberhalb Bonns	30 000 Jahre,
die Reuß oberhalb des Vierwaldstätter Sees	55 000 Jahre,
die Donau oberhalb Wiens	15 000 bis 16 000 Jahre,
die Raab oberhalb Feldbachs	9 700 Jahre,
Hochgebirgsflüsse	3000 bis 4000 Jahre.

III. Umwälzende Ereignisse der Flußgeschichte

Ein fließendes Gewässer durchläuft bestimmte Stadien, die für sein Alter, seinen „Reifegrad" kennzeichnend sind. Steiles Gefälle und starke Erosion bedeuten jugendliche Kraft; am Ende der Entwicklung steht die weitgehende Einebnung des Festlandes durch die wahrhaft „bergeversetzende" ausgleichende Tätigkeit des fließenden Wassers. Die fluviale Hangabtragung und die Aufschüttung erweisen sich als die wichtigsten dynamischen Kräfte für die Herausbildung der Festlandsformen.

Im Werdegang eines Wasserlaufs können jedoch Ereignisse eintreten, die den von uns beschriebenen, allein von Abtragung und Aufschüttung bestimmten Zyklus empfindlich stören oder sogar völlig durchbrechen. Ein Lebewesen vermag nicht zu früheren Stadien seiner Entwicklung zurückzukehren; ein fließendes Gewässer kann jedoch in andere Stadien versetzt oder in seinem Wesen grundsätzlich verändert werden.

Die Genesis eines Flusses ist aufs engste mit den allgemeinen erdgeschichtlichen Prozessen verknüpft. Die Tektonik, d. h. die dynamischen Kräfte des Erdinneren (endogene, erdinnere oder innenbürtige Vorgänge) stören ebenso das Gleichgewicht eines fließenden Gewässers wie Veränderungen des Klimas (exogene oder außenbürtige Vorgänge); umwälzende geologische Ereignisse bilden daher auch die herausragenden Zäsuren in der Geschichte der Flüsse.

Für den Forscher sind solche fluvialen Relikte, wie Aufschüttungen wechselnder Beschaffenheit, Talterrassen oder Trockentäler, Schlüssel zum Verständnis geologischer Veränderungen. Derartige direkte Zeugen der Flußgeschichte datieren jedoch im allgemeinen nicht weiter als bis ins Pleistozän und Jungtertiär zurück. Aber allein schon diese Perioden beeinflußten mit ihrer Klimaverschlechterung (Eiszeitalter), mit der Heraushebung der Hochgebirge Eurasiens und tiefreichenden Brüchen in den Tafelbereichen der Erdkruste die Genesis der Flüsse und Ströme in revolutionierender Weise. Damit sind jedoch gleichsam nur Minuten und Sekunden der Erdgeschichte an den bestehenden Tälern, Flüssen und Strömen ablesbar. Seit Wasser auf unserem Planeten zirkuliert, nagen Wasserläufe nicht nur an den Kontinentalmassen; seit dieser Zeit auch wurden die Flüsse immer wieder von neuem der Heraushebung, dem Absinken und der Schrägstellung von Erdkrustenteilen, dem Vordringen und Zurückweichen von Meeren, den Lageverschiebungen der Kontinente und Pole sowie dem Wechsel zwischen wärmeren und kühleren, feuchteren und trockneren Perioden ausgesetzt.

Alle diese Ereignisse trugen dazu bei, die für den Abfluß wichtigen Abdachungsverhältnisse der Erdoberfläche, die anfallenden Wassermassen, die Erosivkraft des fließenden Wassers usw. radikalen Veränderungen zu unterwerfen. Mit ihnen veränderten sich die Grundrisse der Stromsysteme und die Physiognomie der vom fließenden Wasser bestimmten Großlandschaften.

Je tiefer wir in die Erdgeschichte dringen, desto schwieriger ist es, die Ströme von einst zu rekonstruieren. Großräumige tektonische Strukturen, die Zusammensetzung

und Lagerungsverhältnisse von Sedimenten und Relikte von einstigen Lebewesen bieten jedoch gewisse Anhaltspunkte über die allgemeinen Entwässerungsbedingungen der Kontinente in diesen frühen Perioden. Am besten erkenntlich sind jene vorwiegend fluvialen Sedimente, die sich in den ufernahen Räumen der Meere ablagerten. Zugleich zeugen solche Ablagerungen auch von Strömen, die mit den Kontinenten, die sie einst entwässerten, im Meer versanken.
Es soll nicht Aufgabe dieses Buches sein, eine Hydrographie früherer erdgeschichtlicher Perioden zu beschreiben. Unser Anliegen ist es, zu zeigen, wie tiefgreifende geologische Ereignisse, die über das normale Wirken von Erosion und Akkumulation hinausgingen, dazu beitrugen, das heutige Antlitz der Flüsse und ihrer Täler zu prägen.

Neuer Abflußrhythmus durch Bewegung der Erdkruste

Wir nannten bereits die beiden entscheidenden Komponenten für die Entstehung eines jeden fließenden Gewässers: Oberflächenwasser und Gefälle.
Wie wir bereits feststellten, kann das Oberflächenwasser, d. h. die Abflußmenge, starken Schwankungen und auch Veränderungen unterworfen sein, die vor allem klimatisch bedingt sind, aber auch in einem Verlust und Gewinn an Einzugsgebiet (siehe Durchbrüche und Anzapfungen) begründet sein können. Schon bei dauernder Schollenruhe führen derartige Veränderungen des Abflußrhythmus zur Herausbildung neuer Talformen, die ihre typischste Ausprägung in den Talterrassen finden. Zugleich wird das Flußtal von tektonischen Prozessen gestaltet, die primär auf das Gefälle einwirken. Diese äußern sich in Form von Hebungen und Senkungen, von Faltenbildung, Verbiegung und Schrägstellung bestimmter Teile der Erdkruste sowie von Vulkanismus.
Die genannten Verformungen der Erdkruste

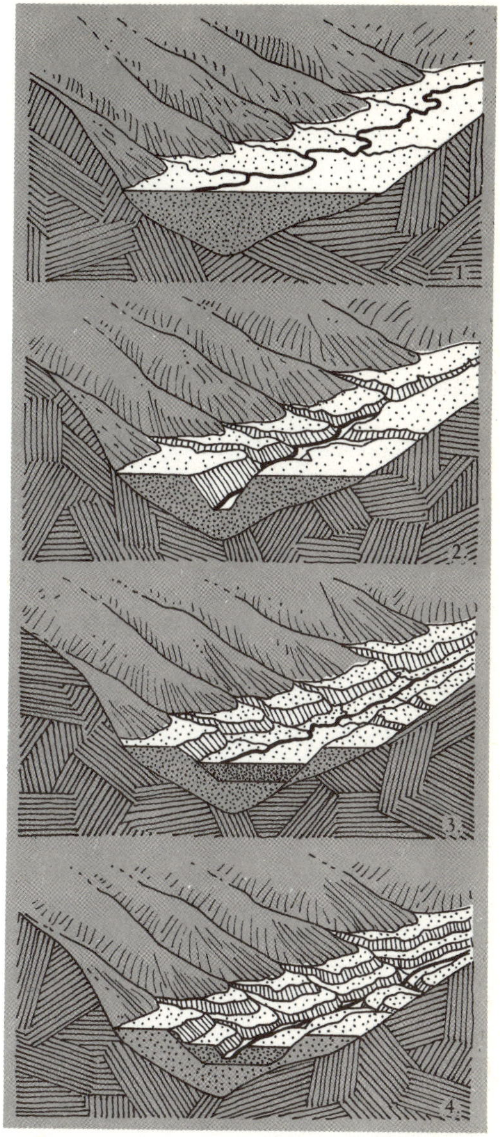

Schotterterrassen und Schotterlagen werden bei dauernder Schollenruhe auch durch Veränderungen des Abflußrhythmus hervorgerufen. Derartige Einlagerungsterrassen ruhen auf älteren Flußanschwemmungen.
(Nach E. de Martonne und R. Kettner)
1 = Aufschüttung;
2 = Einschneiden in den Schottergrund;
3 = Erneute Aufschüttung;
4 = Erneutes Einschneiden

vollziehen sich teils dem Auge verborgen unter dem Meer und unter der Erdoberfläche. Wo sie jedoch bis zur Oberfläche dringen, beeinflussen sie auch das oberflächlich abfließende Wasser gravierend. Die Erosion würde bereits zu einer völligen Einebnung der Kontinente und damit zu ideal ausgeglichenen, flachen Neigungswinkeln der Talbetten geführt haben, wenn nicht die tektonischen Vorgänge ständig neue Gefällsverhältnisse geschaffen und bestehende Ansätze für einen Ausgleich der Talkurven wieder zerstört hätten.

Die tektonischen Vorgänge entfalteten sich nicht gleichmäßig. Es gab Perioden stärkerer und minderer Aktivität. So wurde die Entstehung der Gebirge, die bereits im Präkambrium ihren Anfang genommen hatte, durch drei Gebirgsbildungszeiten fortgesetzt: die kaledonische Faltung, die im Silur begann und bis ins frühe Devon hineinreichte; die variszische, deren Hauptteil ins Karbon fiel; und die alpidische vorwiegend im Tertiär, die den weiten, von Europa bis Zentralasien reichenden Gebirgsgürtel sowie die Gebirge rund um den Pazifik aufrichtete. Diese Perioden erhöhter Unruhe waren wichtige Markierungspunkte in der Geschichte der Ströme.

Die Hebung eines Talabschnitts bedeutet, daß sich die Fließgeschwindigkeit des Wassers vergrößert, was wiederum eine Bele-

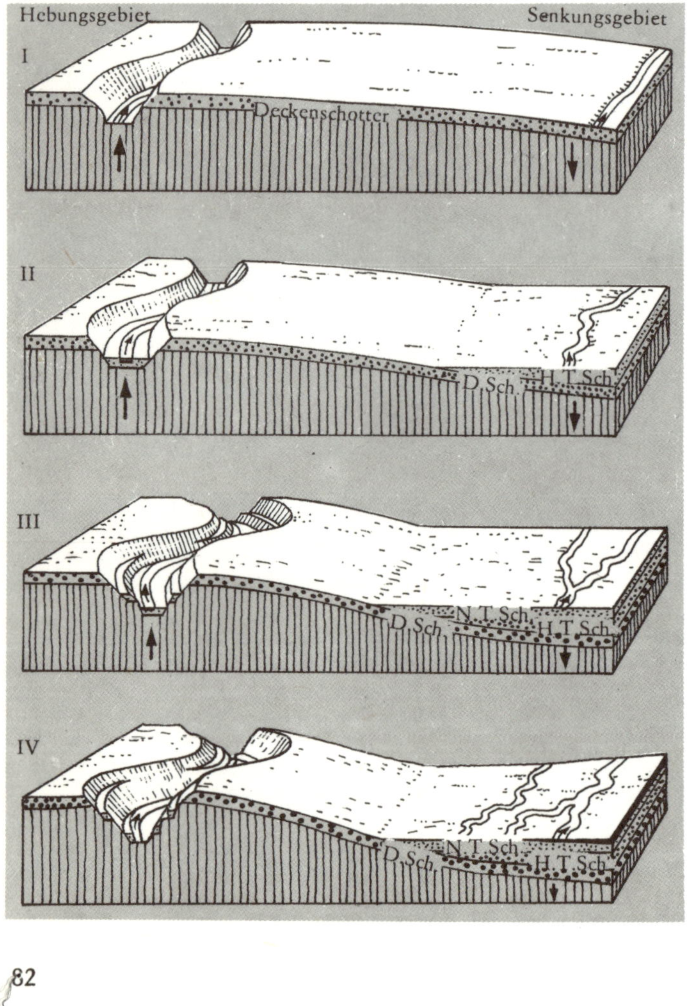

Unterschiedliche Flußarbeit durch Schrägstellung der Erdoberfläche. Belebung der Erosion im Hebungsgebiet (links), Verstärkung der Akkumulation im Senkungsgebiet (rechts). Die Schotterterrassen im Flußtal links und die verschiedenen Schotterlagen im Flußtal rechts entstanden durch Einschneiden in die ehemalige Talsohle bzw. Aufschüttung im Rhythmus des Wechsels der Wasserführung während des Pleistozäns, könnten sich aber auch ähnlich durch rhythmischen Wechsel von Schollenruhe und Krustenbewegung gebildet haben. (Nach M. Schuster u. G. Wagner)
N. T. Sch. = Niederterrassenschotter; H. T. Sch. = Hochterrassenschotter; D. Sch. = Deckenschotter

bung der Tiefenerosion zur Folge hat. Werden auch die Küstengebiete von der Hebung erfaßt, verschiebt sich die Flußmündung meerwärts, d. h., der Flußlauf nimmt an Länge zu. Diese Laufverlängerung bewirkt, daß auch im Tiefland die Tiefenerosion einsetzt.

Krustenhebungen können das Profil einer Landschaft erheblich verjüngen. Flüsse, die durch fast ebene Flächen träge und akkumulierend dahinflossen, schaffen erneut ein gebirgiges Profil. Oft finden wir die Reste alter Ebenen, die durch Krustenbewegungen angehoben wurden, im Kuppenbereich von Mittelgebirgslandschaften als Hochflächen erhalten.

Je schneller die Hebung erfolgt, desto stärker wird der Fluß in die Tiefe erodieren. Da bei schneller Hebung die Hangabtragung nicht mit der Tiefenerosion Schritt hält, entstehen tiefe steile Täler, die als besonders beeindruckend empfunden werden, wenn weite Teile der übrigen Landschaft noch von den Resten der einstigen Ebene geprägt werden. In Verbindung mit der Krustenhebung können auch relativ unbedeutende Flüsse eine gewaltige Tiefenerosion vollbringen, zu der sie auf einer starr verharrenden Erdkruste, nur auf ihre eigene Wasserführung gestützt, nie imstande wären.

Die Hangform gibt Auskunft über den Rhythmus der Hebung. Eine gleichförmige Hebung verleiht den beiden Schenkeln des Kerbtalprofiles eine gerade V-Form. Beschleunigt sich die Hebung, so kommt es zu einer aufsteigenden Entwicklung: Das Profil des Kerbtales zeigt einen konvexen, V-förmigen Gefällsbruch; das Landschaftsbild wird von steileren Formen geprägt. Verlangsamt sich hingegen die Hebung, kommt es zu einer absteigenden Entwicklung, die konkave, V-förmige Talprofile bedingt und zur Einebnung überleitet.

Eine Senkung von Krustenteilen bedeutet umgekehrt eine Verstärkung der Akkumulation. Einstige Talböden werden von jüngeren Flußsedimenten verschüttet und konserviert. In Senkungsgebieten bestehen daher günstigere Voraussetzungen für die Erhaltung von Zeugen früherer Etappen der Talgeschichte als in Hebungsgebieten.

Flüsse mit „konsequentem" Lauf

Die Bedeutung der Tektonik für das Gefälle läßt sich allein schon daraus ablesen, daß die bedeutenderen fließenden Gewässer in der Regel in Gebirgen entspringen, die, wie die Geologie überzeugend nachweist, primär tektonischen Ursprungs sind.

Flüsse, die sich an ein durch Vorgänge im Erdinneren geschaffenes Relief anlehnen, werden in der Geomorphologie als „folgerichtig" oder „konsequent", die ihnen entsprechenden Täler als „tektonische Täler" bezeichnet.

Die Konsequenz eines Flusses beginnt im Oberlauf auf der Erhöhung einer Aufwölbung der Erdkruste (Antiklinale). Diese erfolgt manchmal zu rundlichen Domen. Vergleichbare kreisförmige geologische Struk-

Radiale Entwässerung des Mount Cheviot (816 m) in Nordengland; Beispiel für konsequente Entwässerung eines ehem. Vulkankegels. (Nach R. K. Gresswell)

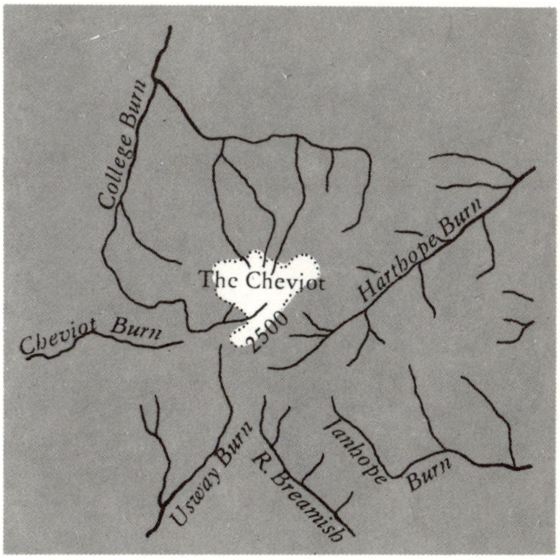

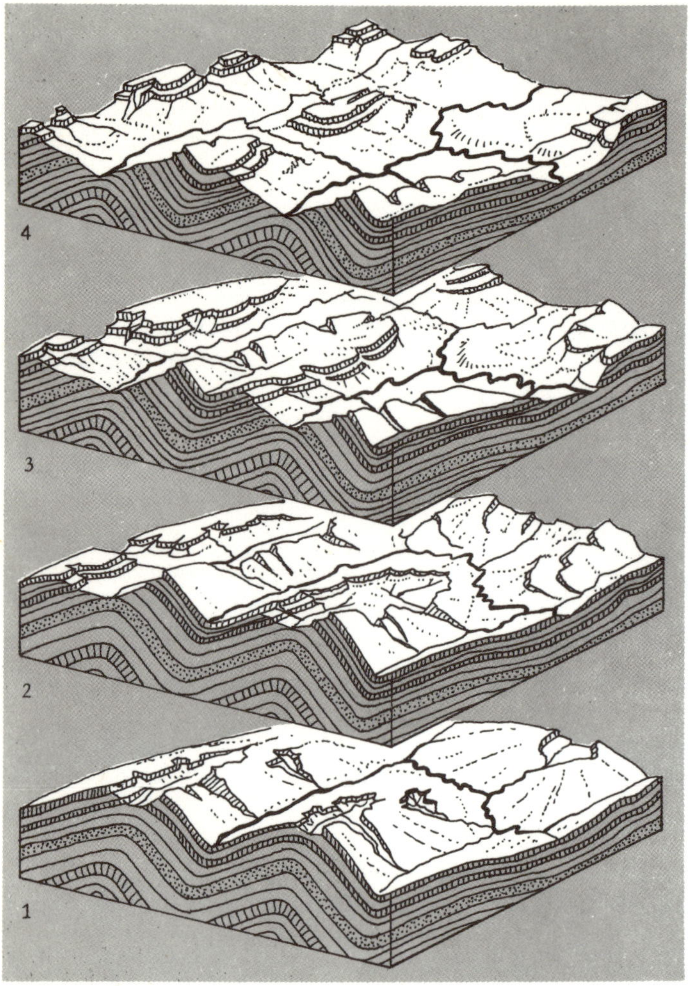

Fortschreitende Zerstörung eines einfach gefalteten Gebirges durch Flußerosion. Während zu Beginn (1) die Hauptwasserläufe längs der Synklinalachsen flossen (Muldentäler), fließen die Wasserläufe zuletzt (4) entlang der Antiklinalachsen (Satteltäler), und die Reste der unteren Teile der Synklinalen nehmen die höchsten Stellen der Bergrücken ein. Es ist also eine Umkehrung (Inversion) des Reliefs eingetreten. (Nach E. de Martonne u. R. Kettner)

turen entstehen auch bei Vulkanausbrüchen. Eine konsequente Flußentwicklung wird in diesem Falle, wie bei den Speichen eines Rades, das Bild eines radialen Auseinanderstrebens der einzelnen Gewässer zeigen. Im Kleinen läßt sich diese Erscheinung am Granit- und Lavakegel des Mount Cheviot in Nordengland gut beobachten.

Viele bedeutende Ströme sind in ihrer Großanlage konsequent. Die großräumige Ausprägung einer Konsequenz findet sich überall dort, wo Gewässer, einer tektonischen Schrägstellung der Erdkruste folgend, einem ausgedehnten geologischen Becken (Geosynklinale) zustreben. Markante Beispiele liefern noch heute die Becken des Amazonas, des Kongo, des Tschadsees usw.

Eine Konsequenz besteht aber auch, wenn sich das fließende Wasser Mulden (Synklinalen) von Erdfalten anpaßt. In idealer Ausprägung wird das Wasser an den Hängen von Faltungen senkrecht zu Tale fließen und sich in den Faltenmulden sammeln, während die Kuppen (Antiklinalen) im allgemeinen die Wasserscheide bilden. In parallelen Mulden werden sich Parallelge-

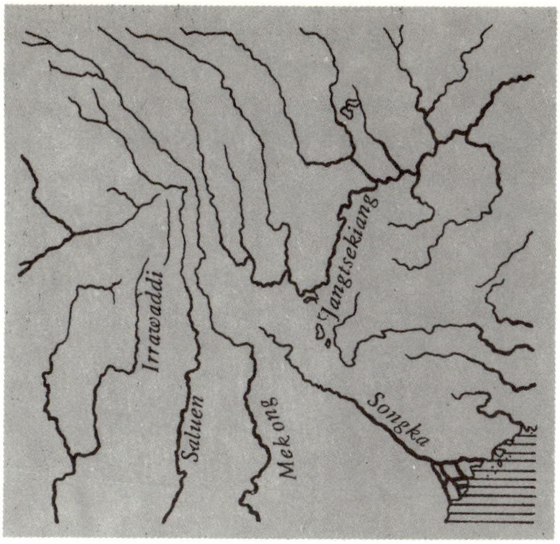

„Flußknoten“ in Tibet, Beispiel für die Einbettung von Riesenströmen in parallele Großfalten

Flußentwicklung in einer schräggestellten Schichtstufenlandschaft. (Nach W. M. Davis u. W. Wundt)

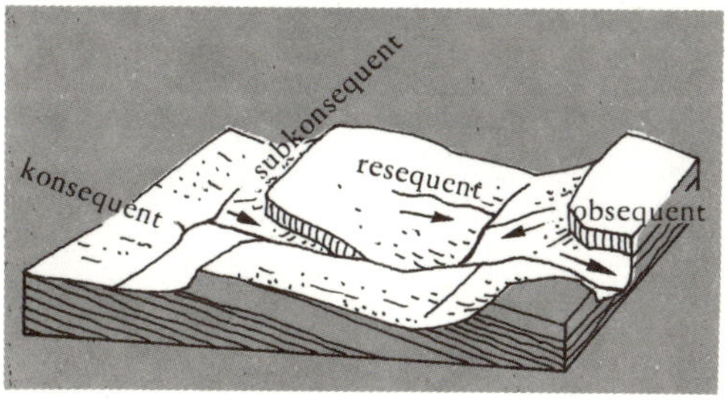

wässer herausbilden. Die Entwässerung der Mulden wird erleichtert, wenn es zu einer Schrägstellung von Schollen kommt oder das Wasser geologischen Becken zustreben kann. Das Längstal von Chur bis Martigny, das heute vom Oberrhein, der oberen Reuß und der oberen Rhône durchflossen wird, ist eines der bedeutendsten Faltentäler in Europa. Auch der Bodensee liegt in einem Faltental, das während Kaltzeiten des Pleistozäns durch Gletscher weiter ausgefurcht wurde. Viel gewaltiger und auffallender sind aber die parallelen Faltentäler im östlichen Himalaja. Wie in benachbarten Rinnen eines Wellblechdachs verlaufen hier, nur durch schmale Erhebungen getrennt, die asiatischen Riesenströme Irrawaddy, Saluen, Mekong und Jangtsekiang, bis sie im weiteren Verlauf weit auseinanderfächern.

Im Gegensatz zum Muldental hat sich das Satteltal oder antiklinale Längstal gerade auf dem „Kamm“ einer Falte gebildet. Ein solches Tal erscheint zunächst paradox. Das Gelände sah vor der Anlage des Flußtals völlig anders aus. Seine Entstehung wurde jedoch durch Abtragung der Antiklinalen, die wegen ungenügender Elastizität häufig bereits bei der Faltung zerstört wurden, ermöglicht. Das Wasser fand auf einem solcherart ausgearbeiteten „Kamm“ leicht erodierbare, von harten Gesteinsbänken flankierte Rinnen vor.

Wie kompliziert die konsequente Entwicklung eines Flußsystems vonstatten gehen kann, erweist sich in einer schräggestellten Schichtstufenlandschaft, wie etwa am Beispiel der Themse und ihrer nördlichen Zuflüsse im Schichtstufenland bei Oxford. Der Verlauf der Themse entspricht hier der südöstlichen Neigung der mesozoischen Kalk-, Ton- und Kreideschichten. Die Schichtstufen selbst sind jüngeren Datums. Sie entstanden, als das konsequent fließende Wasser bei der Herausbildung der parabelförmigen Talkurve in mittleren Abschnitten in relativ weiche Schichten vordrang, in unteren Talabschnitten aber härtere Bänke stehen ließ. Angeschmiegt an die Steilkante der harten Bänke fließen nunmehr in den Mulden zwischen den verschiedenen Steilstufen, ähnlich wie in einem Satteltal, die sogenannten nachfolgenden oder subsequenten Flüsse. Das Kartenbild zeigt eine spalierartige Anordnung des Flußsystems.

Bei einem anderen Typ konsequenten Laufes folgen die Gewässer bestimmten tektonischen Leitlinien, insbesondere Verwerfungen. Eine besondere Art solcher Täler bilden die Grabenbrüche in Bruchschollengebieten, bei denen ein Streifen Erdkruste zwischen zwei

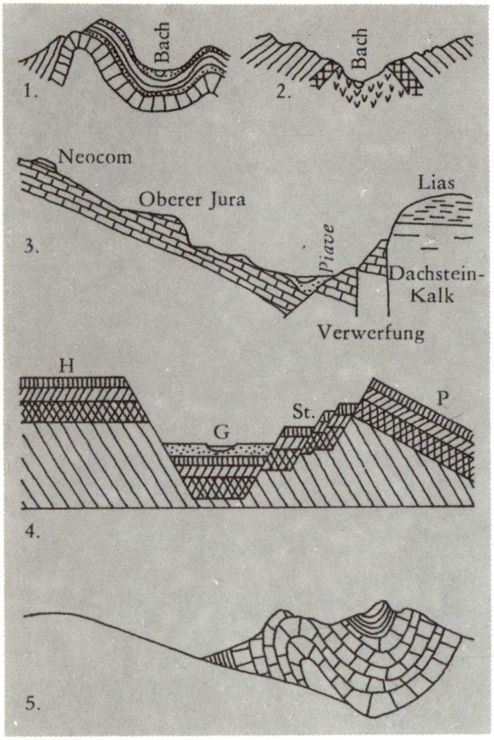

Typen tektonischer Täler. (Nach A. Wechmann) 1 = Muldental; 2 = Satteltal; 3 = Verwerfungstal; 4 = Grabenbruch, H = Horst, G = Graben, St = Staffelbruch, P = Pultscholle; 5 = Scheidetal

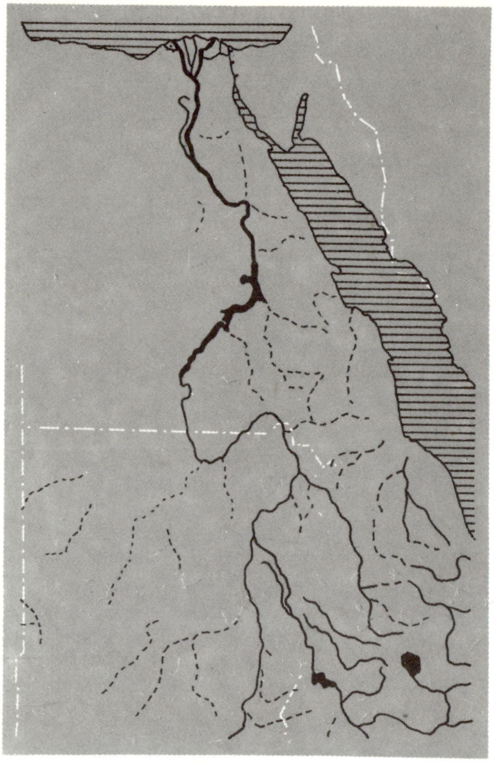
Tektonische Achsen dürften die weit ausschlagenden S-förmigen Schleifen des mittleren Nil geformt haben.

stehengebliebenen oder angehobenen Schollen abgesunken ist. Die bekanntesten Beispiele sind in Mitteleuropa die Ausbildung des Rheintals im Oberrheingraben und des Elbtals im Elbtalgraben zwischen Pirna und Meißen. Ohne den im Tertiär entstandenen Oberrheingraben von Basel bis Mainz mit einer Länge von 250 km und einer Breite von 30 bis 40 km würde es den Rhein in seinem heutigen Grundriß nicht geben. Er öffnete erst den beiden Alpenflüssen Rhein und Aare, die ursprünglich zur Donau bzw. zur Rhône abflossen, einen gemeinsamen Auslaß nach Norden.

Zum tektonischen Tal zählt schließlich das Scheidetal. Es verläuft dort, wo sich an der Scheidelinie zweier benachbarter Gebirgssysteme zwei Gebirgsschollen übereinandergeschoben haben. Täler dieses Typs bieten in Europa die obere Donau, die obere Oder (Odra) und die obere Weichsel (Wisła).

Tektonische Schwächelinien viel größeren Ausmaßes beeinflußten außerhalb Europas die Laufrichtung von Strömen. Das Zentralafrikanische Grabensystem erweist sich als Bett der westlichen Nilquellflüsse.

Verwerfungs- und Scheidetäler folgen zumeist Tiefenbrüchen, die bis in die Mantelzone der Erde hinabreichen und als „Lineament“ oder „Geofraktur“ bezeichnet werden.

Die Konsequenz ist jedoch keine statische Größe. Die Flüsse müssen sich immer wieder, sooft die Tektonik unsere Erdkruste um-

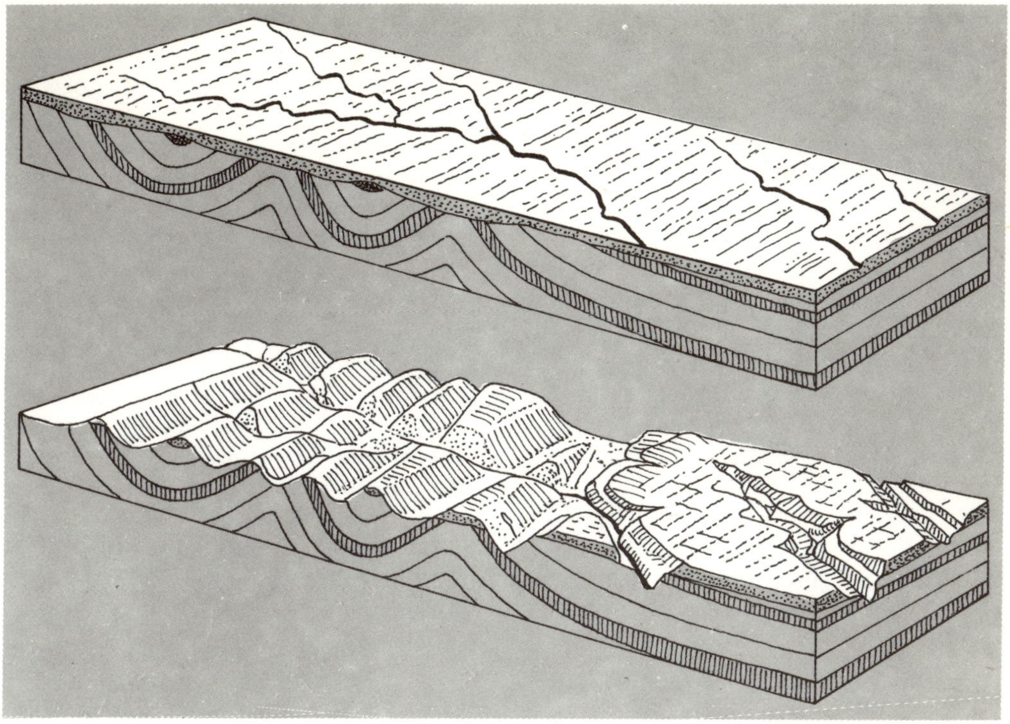

Ein epigenetischer Durchbruch. Die Täler behalten während der fortschreitenden Eintiefung ihre ursprüngliche Richtung bei. Die Flüsse durchschneiden die jüngere Aufschüttungsebene und dringen schließlich in den geologischen Untergrund ohne Rücksicht auf dessen tektonische Verhältnisse ein, so daß sie quer zu den älteren Schichten verlaufen. (Nach R. F. Flint u. R. Kettner)

gestaltet, den neuen Gegebenheiten anpassen. Damit kann sich auch die spezifische Ausprägung der Konsequenz wandeln. Flüsse können durch großräumige tektonische Bewegungen sogar in ihrem Lauf umgekehrt werden.

Das vielleicht anschaulichste Beispiel für den radikalen Wandel eines Stromes durch Krustenbewegungen liefert der Amazonas. Die Grundlagen seiner heutigen Linienführung dürften zwar schon im Paläozoikum bestanden haben. Alles übrige „Detail" wurde jedoch von Krustenbewegungen gigantischer Dimensionen völlig umgekrempelt: Als eine der Entwässerungsadern des einstigen Gondwana-Kontinentes mündete der Uramazonas westwärts entwässernd in den Pazifik. Nach dem Auseinanderbrechen von Gondwanaland, dem Auseinanderdriften seiner einzelnen Kontinentalschollen und schließlich der Auffaltung der Anden bildete sich in der Einmuldung Amazoniens zunächst nach Art eines Stausees ein gewaltiges Süßwasserbecken. Erst nachdem sich ganz Südamerika nach Osten geneigt hatte und es dadurch zu einem Umkippen des Gefälles gekommen war, fand sich für diesen Amazonas-See in der schmalen Lücke zwischen den Felsschilden der Bergländer von Guayana und Brasilien eine Abflußmöglichkeit. Hinfort entwässert der Amazonas in den Atlantik. Die Sedimente des einstigen Binnensees bilden den flachen Boden des gegenwärtigen oberen Amazonasbeckens.

„Inkonsequente" und „überlagerte" Entwässerung

Aus den genannten Beispielen darf jedoch nicht geschlossen werden, daß die Flüsse und Ströme grundsätzlich tektonisch vorgezeichneten Hauptneigungen und Schwächelinien folgten. In reiner Form wird dies allein der Fall gewesen sein, als sich auf unserem Planeten am Übergang von der Erdurzeit zur Erdfrühzeit der Wasserkreislauf herausbildete und dem fließenden Wasser überhaupt nur solche Abdachungen und Rinnen als Gefällstrecken zur Verfügung standen, die von tektonischen Vorgängen herrührten.

Inzwischen sind jedoch die Möglichkeiten der Flußtalbildung vielseitiger geworden. Die bereits genannten Beispiele für konsequente Flußläufe lassen erkennen, daß tektonische Vorgänge, z. B. die Grabenbrüche des Tertiärs, auch noch in der Erdneuzeit bestimmten Stromabschnitten ihr typisches Gepräge verliehen.

Während der Flußgeschichte bestand jedoch die Tendenz, die allgemeine Anlehnung des Flußlaufs an geologische Strukturen zu verwischen oder verschwinden zu lassen. Die Ursache für diese Abkehr von der ursprünglichen Lagerung der Gesteine und den Verformungen der Erdkruste besteht vor allem in dem Behauptungsvermögen des fließenden Wassers, sobald es sich ein bestimmtes Bett geschaffen hat. Je stärker sein Gefälle und je bedeutender seine Wasserführung, desto beharrlicher wird der Fluß den einmal eingenommenen Lauf beibehalten. Die Erosion wird zu der immer entscheidenderen Kraft bei der Herausbildung des Flußtals. Reine *Erosionstäler* findet man vor allem im Mittelgebirge und im Flachland.

Genauso wie der Tischler die Möglichkeit hat, beim Durchtrennen eines Holzstückes entweder die Säge gegen das Holz oder umgekehrt das Holz gegen die Säge zu pressen, gibt es auch bei der Flußerosion zwei Möglichkeiten. Entweder ist die Tiefenerosion des fließenden Wassers allein oder vorherrschend, oder die Dynamik der Erosion wird in starkem Maße von der tektonischen Hebung einer Erdscholle bestimmt. Entscheidend für das Zustandekommen des Einschnitts ist in beiden Fällen die Einheit von Bewegung und Reibung. Wie das rotierende Sägeblatt in Verbindung mit der Muskelkraft des Handwerkers in einem Schnitt genauso glattgewachsenes Holz wie eingelagerte Knorren zerteilt, durchdringt

Antezedenter Fluß. Durch Krustenbewegungen hervorgerufene Unebenheiten werden durch Einschneiden im Hebungsgebiet und Aufschotterung in den Mulden überwunden. (Nach G. Wagner)

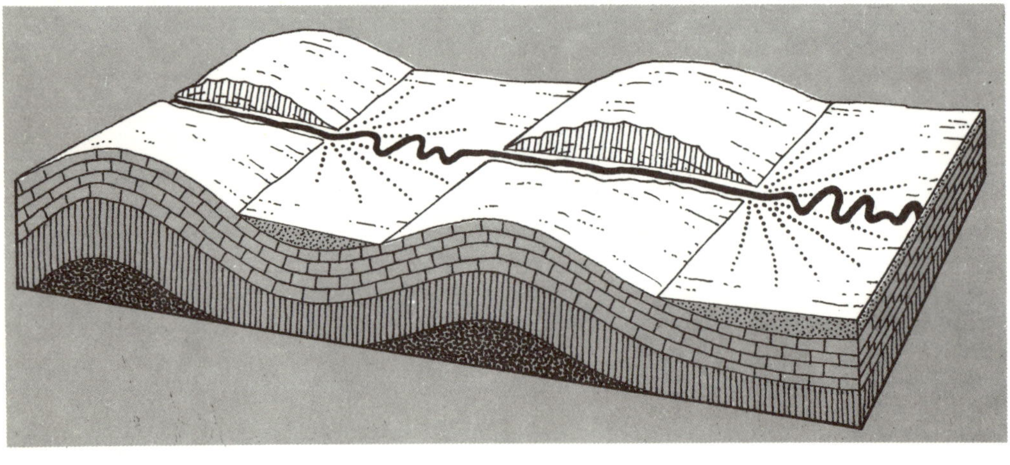

Beispiel für Epigenese. Der Fluß stößt auf einen harten Gesteinsriegel und wird beim weiteren Einschneiden in ein enges Kerbtal gezwungen. (Nach C. Rathjens)

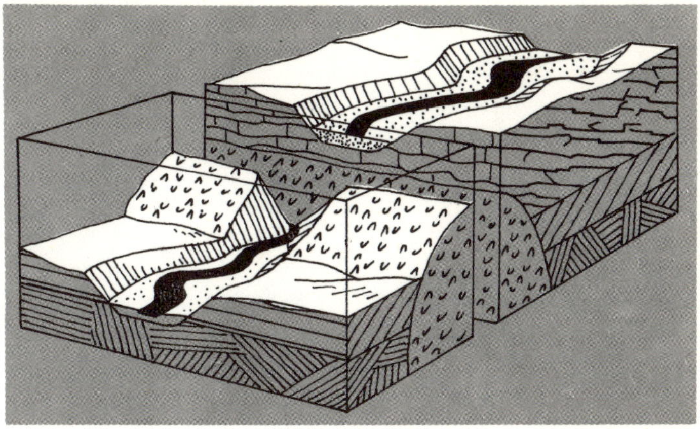

der Fluß bei ausreichender Erosivkraft die Erdkruste im allgemeinen unabhängig von ihrer geologischen Beschaffenheit.

Bei unserem Beispiel (s. Zeichnung S. 87) durchfurcht der Fluß wahllos eine jüngere Aufschüttungsebene. Nachdem er das alte Relief bloßgelegt hat, dringt er tiefer in die ursprünglichen geologischen Strukturen ein. Während die weichen Schichten leicht abgetragen werden, bleiben die härteren noch längere Zeit als Schichtstufen im Landschaftsbild erhalten. An den Stellen, an denen die härteren Schichten vom Fluß angesägt wurden, entstehen *Durchbruchstäler.* Einen Durchbruch nennt man epigenetisch, d. h. aufgesetzt oder überlagert, wenn seine Dynamik vor allem vom fließenden Wasser selbst ausgeht, hingegen antezedent, wenn die Erosion vor allem durch tektonische Hebung aktiviert wurde. In beiden Fällen folgt der Fluß nicht mehr den vorgezeichneten geologischen Strukturen. Bei unserem schematischen Beispiel verläuft die Hauptachse des Stromes unabhängig von den Abdachungsverhältnissen der geologischen Faltung. Der Fluß zeigt also im Verhältnis zur geologischen Struktur keine Konsequenz mehr.

Gegen die Landabdachung gerichtete, scheinbar inkonsequente Flußläufe setzen sich jedoch zumeist nur in bestimmten Talabschnitten durch. Die Inkonsequenz besteht also vor allem bei den geologischen Feinstrukturen. Da die Hauptströme gewöhnlich in geologischen Senken münden, bleiben sie insofern in ihrem großräumigen Grundriß konsequent.

Die Natur ist reich an inkonsequenten Talabschnitten. Diese können nur durch die Annahme erklärt werden, daß die Grundrisse älter als die Durchbrüche sind. Die tiefen Einfurchungen entstanden erst während jüngerer Hebungen der Gebirge, gegen die sich Flüsse auf Grund ihrer Tiefenerosion behaupten konnten. Ihre markanteste Ausprägung finden sie in engen, steilen Schluchten, durch die sich der Fluß mit starker Beschleunigung zwängt. Als das vielleicht grandioseste Beispiel sei die berühmte 700 bis 800 km lange Durchbruchsschlucht des Jangtsekiang zwischen Tschungking (Chongging) und Itschang (Yitschang) erwähnt. Nur 250 m breit ist das letzte Felsentor kurz vor Itschang, aus dem der Jangtse, sich nun auf 2 und mehr km verbreitend, in die weite Ebene von Mittelchina austritt. Für europäische Maßstäbe beachtlich sind die Durchbruchstäler der Alpenflüsse (z. B. des Inns durch die Nördlichen Kalkalpen), des Rheins (bei Schaffhausen, ferner von Laufenberg bei Basel und von Bingen bis Bonn) und seiner Nebenflüsse (durch das Rheinische Schiefergebirge), der Elbe (durch die nördlichen Randgebiete der

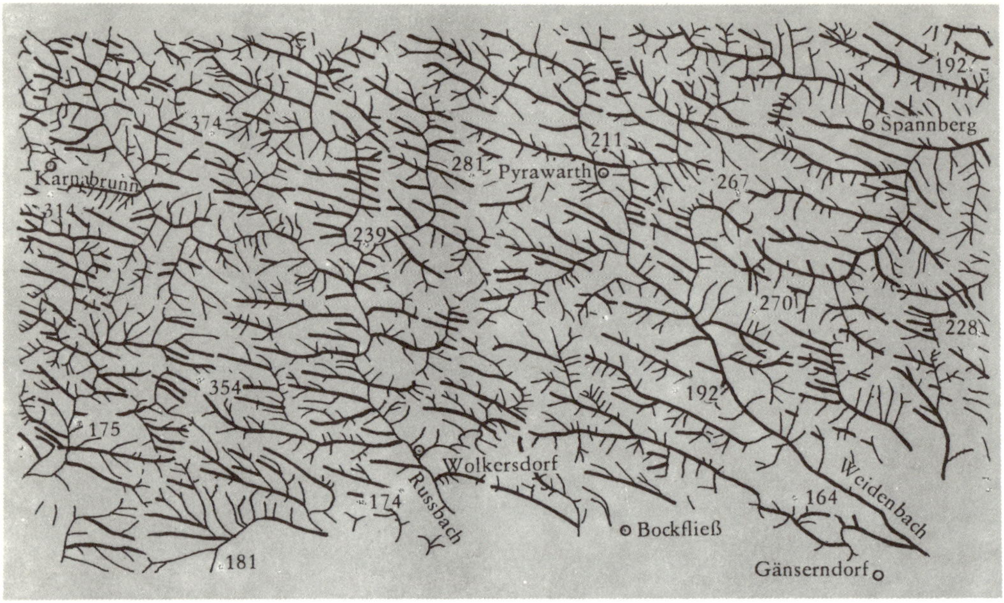

Das Netzwerk der Wasserläufe nördlich des Bisamberges in den österreichischen Alpen. Beim Einschneiden älterer astförmiger Entwässerungsadern kam es nach dem Auftreffen auf den älteren gefalteten Untergrund zu einer Kombination mit jüngeren spalierförmigen Entwässerungsgrundrissen. (Nach Engelmann)

Böhmischen Masse), der Donau (durch den Karpatenbogen) usw.
Besonders günstige Bedingungen für Gebirgsdurchbrüche fanden Flüsse im Bereich tektonischer Schwächezonen vor, vor allem entlang der erwähnten alten Tiefenbrüche (Lineament oder Geofraktur), welche sich im Laufe der Erdgeschichte immer wieder aktiv bemerkbar machten. Gerade dieser Typ eines Durchbruchs veranschaulicht, wie schwierig es ist, Flüsse bestimmten Entwicklungsarten zuzuordnen.
Eine besondere Art des Durchbruchs begegnet uns in Gestalt der epigenetischen Flußausweichung. Sie kann eintreten, wenn ein Fluß nach Verschüttung seines Tales wieder einschneidet und dabei sein altes Bett nicht wiederfindet, sondern einen seitlichen felsigen Talsporn durchsägt. Der Fluß gräbt sich auf diese Weise abseits des alten Bettes im harten Gestein einen neuen, schluchtartigen Lauf, obwohl er in den Aufschüttungen leichtere Schürfarbeit gehabt hätte. Solche Erscheinungen sind in den Alpen häufig. Die Verschüttungen verursachten hier zumeist die während der Kaltzeiten des Pleistozäns vorgedrungenen Hochgebirgsgletscher, die gewaltige Mengen an Schutt in Gestalt der Randmoränen in die alten Täler häuften; die Durchbrüche entstanden nach dem Rückzug der Gletscher in höhere Regionen.
Auch die ursprünglich tektonisch bedingte radiale Entwässerung kann zu überlagerten Talformen übergehen. Ein eindrucksvolles Beispiel findet man im nordenglischen Lake District: Die Rekonstruktion der geologischen Schichten läßt erkennen, daß tektonische Bewegungen in diesem Gebiet einst zu einer domförmigen Aufwölbung der dortigen Sedimente und vulkanischen Serien geführt hatten. Längst wurden jedoch die Kuppe abgetragen und ihre inneren Bestandteile freigelegt und eingeebnet. Die Oberflächen-

formen lassen nichts mehr von den früheren geologischen Strukturen erkennen. Trotzdem entspringen die Gewässer noch immer im Bereich der ehemaligen Kuppe und streben radial auseinander.

Die wahrscheinlich am weitesten verbreitete und besonders plausible Form überlagerter Entwässerung stellen die tief in Hochflächen eingeschnittenen Talmäander dar. Diese sich in wiederholten Windungen dahinschlängelnden Flüsse gehörten in geologischen Zeiten organisch zur Ebene, waren gleichsam vom Fluß aus ihr geboren (siehe VII. Kapitel). Durch die Krustenbewegung und die dadurch belebte Tiefenerosion wurden jedoch die Mäander von der Ebene getrennt und als Fremdlingsform in einem gebirgigen Profil verfestigt. Obwohl nur eine Flußebene zerschnitten ist, bietet sich dem Betrachter das Bild eines vielgestaltigen Gebirgstales, dessen Reiz noch durch den sich hinschlängelnden Flußlauf erhöht wird. Zum Beispiel wird das cañonartige Mäandertal des Rheins zwischen Binger Pforte und Koblenz von 300 m hohen Hängen begrenzt. Wo immer die Hebung so schnell vonstatten ging, daß dem Fluß keine Zeit blieb, die Sporne zu beseitigen, liegen den steilen Prallhängen des konkaven Ufers die Gleithänge der Landsporne gegenüber.

Erfolgt aber im Zustand der Hebung ein Durchbruch eines Mäanderhalses, bleiben zuweilen Reste der Landsporne als sogenannte Umlaufberge erhalten. Die einstige Mäanderschleife bildet nunmehr nur noch ein trockenes Tal. Im Bereich des Durchbruchs entsteht zeitweilig eine Strecke stärkeren Gefälles, in der nicht selten Stromschnellen anzutreffen sind. Schneidet der Fluß weiter ein, kann die trockengelegte

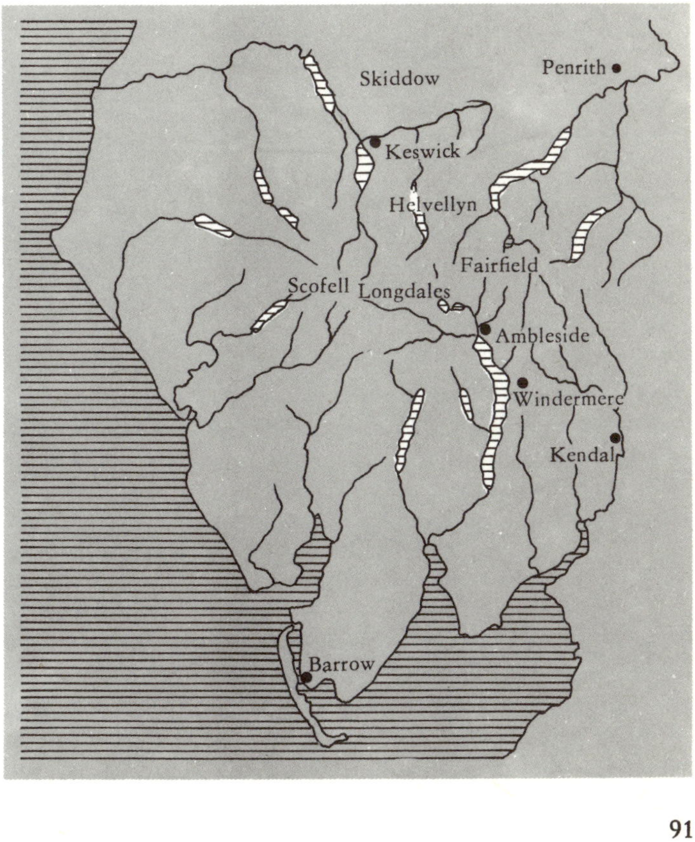

Überlagerte radiale Entwässerung im englischen Lake District. (Nach R. K. Gresswell)

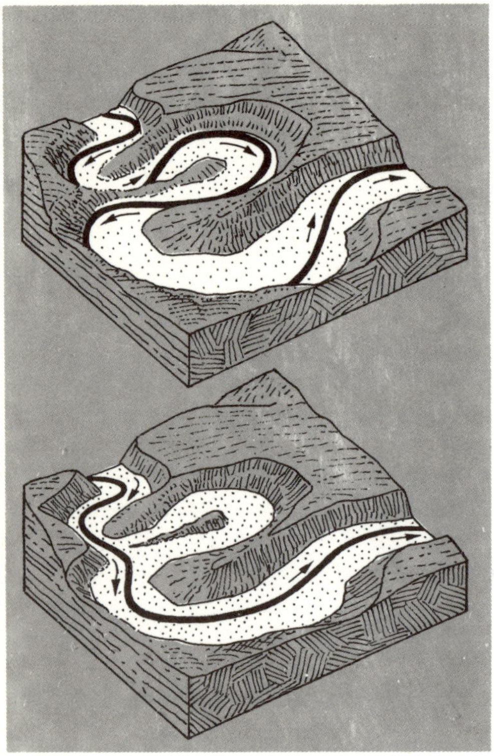

Entstehung eines verlassenen Mäanders mit Umlaufberg. (Nach R. Kettner)

Talsohle der Mäanderschleife hoch über dem jüngeren Talboden erhalten bleiben. Bekannt sind die Umlaufberge von Kirchheim und Lauffen am Neckar.
Viele Grundrisse von Stromsystemen geben uns noch immer Rätsel auf. Wir erwähnten die Ströme Irrawaddy, Saluen, Mekong, Jangtsekiang, die am Austritt aus dem verlängerten Himalajabogen wie ein Bündel zusammengedrängt werden, um im weiteren fächerförmig auseinanderzustreben. Sicher haben tektonische Kräfte entscheidend zu dieser Ballung und Streuung beigetragen. Welchen Verlauf nahmen jedoch die Ströme vor Heraushebung der asiatischen Faltengebirge? Und was geschah mit den Strömen anläßlich der Gebirgsbildung? Inwieweit gaben sie neuen geologischen Strukturen nach? Inwieweit behaupteten sie ihren Lauf gegenüber den Hebungserscheinungen der Erdkruste?
Zusammenhänge solcher Art bedürfen für zahlreiche Ströme der Erde noch eingehender Forschung.

Anderes Klima – andere Ströme

Jedem Klima entsprechen bestimmte Entwässerungsbedingungen der Erdoberfläche. Klimaänderungen zählen daher zu den einschneidendsten Ereignissen in der Entwicklung eines Flusses. Da die Erdgeschichte zugleich eine Geschichte wiederholter Veränderungen des Klimas unseres Planeten und einzelner Kontinente ist, haben allein schon klimatische Vorgänge die hydrographischen Verhältnisse radikalen Wandlungen unterworfen. Fluviale Sedimente und Flußtalrelikte sind daher gut geeignet, Aufschluß über die klimatischen Bedingungen früherer Perioden zu geben.

Relikttäler der Inlandvergletscherung

Klassische Beispiele sind die Urstromtäler des mitteleuropäischen Tieflandes, die der Wissenschaft zunächst erhebliche Rätsel aufgaben. Offenkundig handelt es sich um Täler, die einst von beträchtlichen Strömen durchflossen waren. Wie aber entstanden sie? Und wie konnte es geschehen, daß sie – unter feuchten Klimaverhältnissen, was besonders unerklärlich war – auf weiten Abschnitten nahezu trockenfielen?
Es bedurfte des Ausreifens der Theorie der quartären Inlandvergletscherung, bis man auch für das Werden und Vergehen dieser Täler und Urströme Klimaveränderungen als Ursache erkannte. Während bereits die Feldforschung das erste entscheidende Beweismaterial für die vorzeitliche Vergletscherung zusammentrug und zu einem theoretischen Gebäude zusammenfügte, übersah

man noch den Zusammenhang zwischen diesen Talungen und dem in ihrem Bereich verbreitet vorkommenden ortsfremden Gesteinsmaterial (Erratika), aus denen sich die Findlinge (erratische Blöcke) auffallend herausheben. So konnte der Geologe Girard noch 1855 behaupten, die umrätselten Talungen seien eine durch Bewegungen der Erdkruste hervorgerufene Erscheinung.

Aber die Forschung beschäftigte sich bereits unabhängig von den Talungen und sogar leidenschaftlich mit dem wundersamen erratischen Gestein. Schon im ausgehenden 18. Jahrhundert hatten Gesteinsvergleiche unzweifelhaft ergeben, daß es seinen Ursprung in den skandinavischen Ländern und Finnland hat. Von dort her mußte es herangeschafft worden sein. Da die bestehenden Flußsysteme als Transporteur ausscheiden, blieb die Frage zunächst offen, welche Naturkräfte hierzu imstande gewesen wären. Playfair gab schon 1802 seiner Überzeugung Ausdruck, daß Gletscher die besten Träger solcher gewichtiger Gesteinsblöcke seien, und außer ihm vertraten in diesen Jahrzehnten des ausgehenden 18. und beginnenden 19. Jahrhunderts mehrere andere Wissenschaftler verschiedener Länder die Hypothese einer einstmals ausgedehnten Vergletscherung der Alpentäler und des nördlichen Mitteleuropa von Skandinavien her.

Ihre Lehre war jedoch noch recht spekulativ.

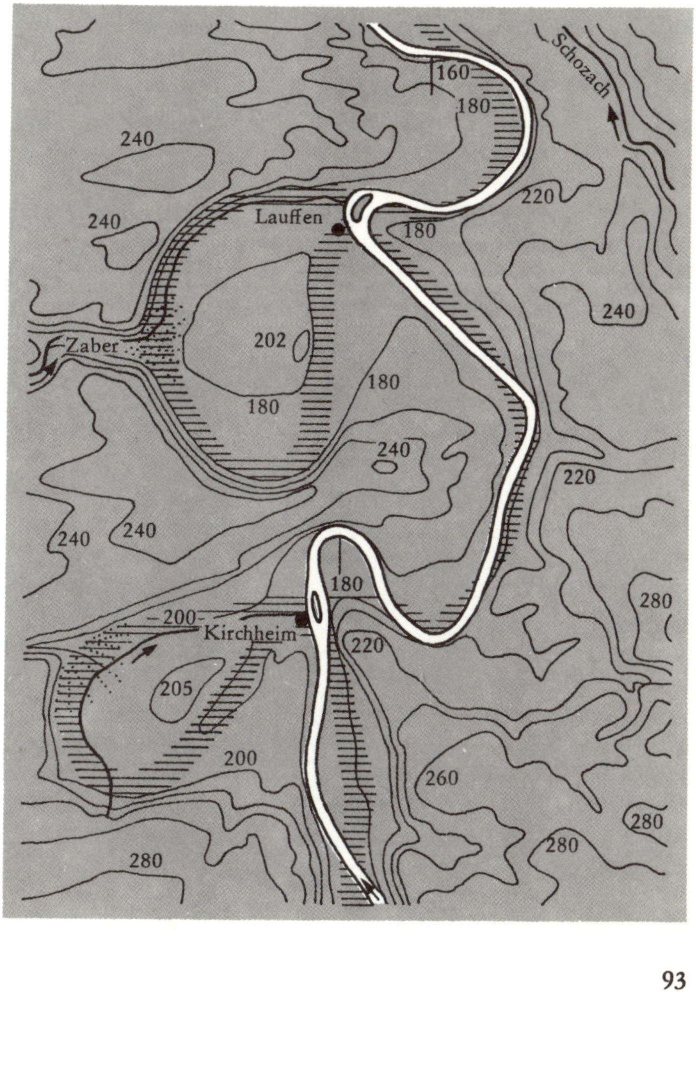

Eingetiefte Mäander und Umlaufberge von Kirchheim und Lauffen am Neckar

Speziell die Theorie der quartären Inlandvereisung des mitteleuropäischen Tieflandes erschien zur damaligen Zeit derart unglaublich, daß sie sich zunächst nicht durchsetzen konnte und andere Hypothesen zeitweilig die Oberhand behielten. Während in Nordamerika die Theorie der Inlandvergletscherung, gestützt auf die klassischen Werke von Charpentier (1840) und Agassiz (1841 und 1847), vor allem unter der Wortführerschaft des Geologen Dana seit 1855, früher allgemeine Anerkennung fand, wurde in Europa der entscheidende Meinungsumschwung erst 1875 durch den schwedischen Geologen und Glaziologen Otto Torell herbeigeführt, nachdem dieser in den Schrammen auf der Muschelkalkkuppe von Rüdersdorf bei Berlin mit Bestimmtheit Formen der Gletschererosion

Südlichste Polareisgrenze auf der Nordhalbkugel während des Pleistozäns. (Nach Chr. Hänsel)

In den während des Pleistozäns vom Inlandeis überflossenen Gebieten entstanden typische Landschaftsformen. Das präglaziale Gewässernetz wurde durch die Eismassen begraben. Am Eisrand entstanden Urstromtäler. Nach dem Abschmelzen des Eises erfolgte eine erneute Anpassung der Entwässerung. Endmoränen, ehemalige glaziale Entwässerungsrinnen (Urstromtäler, weiß) und Quertäler im nördlichen Mitteleuropa. (Nach Woldstedt u. a.)

— · — äußerste Eisrandlage   Gebirgsrand   Urstromtäler   Quertäler

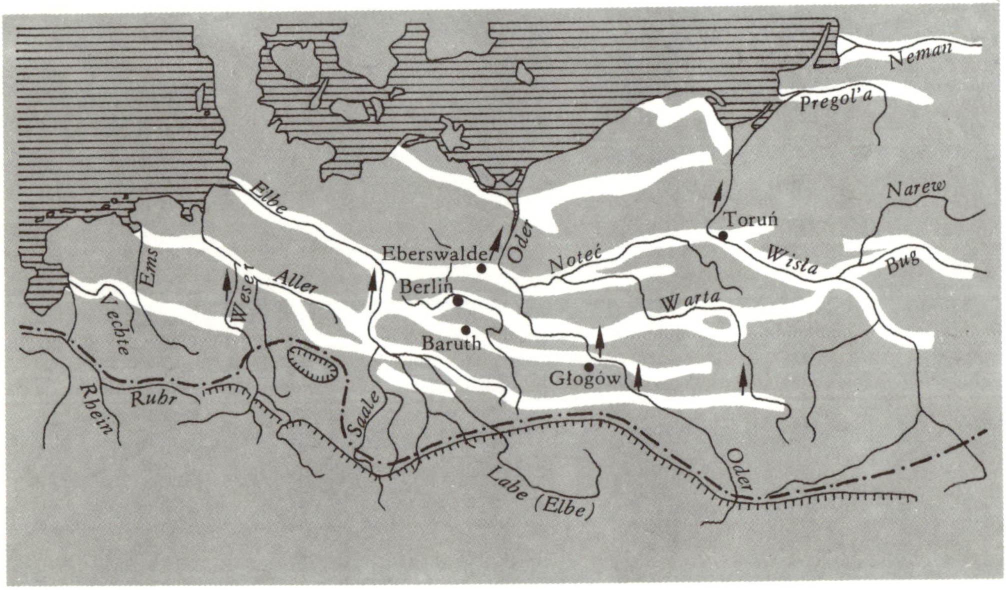

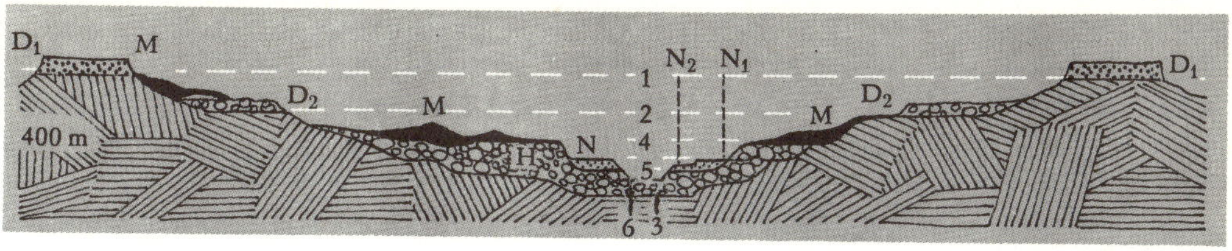

Glazifluviale Terrassen des Alpenvorlandes; schematischer Schnitt durch das obere Rheintal in der Schweiz. (Nach A. Heim u. a.)

D_1 = Günz-Eiszeit, ältere Deckenschotter (1 = ihr ursprünglicher Talboden); D_2 = Mindel-Eiszeit, jüngere Deckenschotter (2 = ihr ursprünglicher Talboden); H = Riß-Eiszeit, Hochterrassen-Kies (3 = vorheriger Einschnitt, 4 = ursprüngliche Erstreckung der Oberfläche); N = Würm-Eiszeit, Niederterrassen-Kies (N_1 = oberes, N_2 = unteres Stadium, 5 = ursprünglicher Talboden); M = Moränen der „größten Vergletscherung"; 6 = gegenwärtiges Flußbett

erkannt hatte. Torell interpretierte seine Beobachtungen als Zeugen einer großen skandinavischen Vergletscherung, die bis weit nach Mitteleuropa gereicht hatte.

Bald darauf häufte sich Beobachtungsmaterial, das darauf schließen ließ, daß sogar ein mehrmaliger Wechsel von Warm- und Kaltzeiten stattgefunden haben mußte. De Geer und Wahnschaffe entdeckten im Rüdersdorfer Muschelkalk zwei sich kreuzende Schrammrichtungen – die Vermutung lag also nahe, daß die Inlandeisbedeckung in Form von mehrmaligen Gletschergängen vonstatten gegangen war. Diese Anschauung wurde durch das Auffinden verschiedener Lagen glazialer Sedimente erhärtet. Vor allem aber erwiesen sich die Täler jener Flüsse, welche die kaltzeitlich vorrückenden Gletscher nicht zugedeckt hatten und damit als Entwässerungsadern intakt geblieben waren, zu einem Spiegelbild des Temperaturganges. In den Gebieten, die nahe dem Eisrand gelegen hatten (Periglazial), wie etwa am Fuße der Alpen und in den nichtvergletscherten Bereichen der Mittelgebirge Europas, ließen sich folgende Vorgänge rekonstruieren:

In den Kaltzeiten war der Abfluß auf die Sommerzeit (Schneeschmelze) zusammengedrängt. Gleichzeitig wurde durch das Vorherrschen der Frostverwitterung sehr viel grobes Material erzeugt und durch verstärkte Hangabtragung (Bodenfließen) den Talböden zugeführt, auf denen sich mächtige und vorherrschend grobe Sedimente (Schotter) akkumulierten.

In den Warmzeiten (Interglazialzeiten) nahm auch ihre Transport- und Erosionsfähigkeit wieder zu. Die höheren Temperaturen erleichterten zugleich die chemische Verwitterung der groben Feststoffe. Hingegen nahm die Hangabtragung ab, so daß den Talböden weniger neue Feststoffe zugeführt wurden. Die Flüsse konnten das Schotterbett der jeweils vorangegangenen Kaltzeit wieder annagen, so daß ein neuer, tiefer liegender Talboden gebildet wurde. Gewöhnlich blieben jedoch Reste der kaltzeitlichen Schotterablagerungen als Talterrassen erhalten. Aus ihrer Abfolge läßt sich der wiederholte Wechsel von Kalt- und Warmzeiten ablesen.

Das Verdienst, die Theorie der „pleistozänen" (griech. am meisten neu) Inlandvergletscherung des nördlichen Mitteleuropa im Sinne mehrmaliger Gletschervorstöße infolge sich abwechselnder mehrmaliger Warm- und Kaltzeiten voll zur Anerkennung gebracht zu haben, gebührt dem deutschen Geographen Albrecht Penck (1858–1945). Er unterschied vier Eiszeiten, die jedoch nicht das gesamte Pleistozän erfassen.

E. F. Mitchell und andere (1973) schlagen bereits (für Großbritannien) eine Aufgliederung in vierzehn pleistozäne Kaltzeiten vor. Das Pleistozän dauerte etwa 1,6 Millionen Jahre, von denen die vier letzten Haupteiszeiten und die ihnen zugehörigen Warmzeiten (Zwischeneiszeiten) nahezu 590 000 Jahre einnehmen sollen. Seit dem Hochglazial der letzten Kaltzeit sind in Mitteleuropa (Weichseleiszeit des Tieflandes, Würmeiszeit der Alpen) und in Nordamerika (Wisconsin-Eiszeit, der Weichseleiszeit entsprechend) etwa 20 000 Jahre vergangen. Die gegenwärtige Warmzeit (Holozän) ist möglicherweise eine Zwischeneiszeit (Interglazial).

Die Kaltzeiten führten erdweit zu einer Erniedrigung der Lufttemperaturen um 4 bis 6 °C und am Rande der kontinentalen Eisschilde um 6 bis 10 °C. Der Rhythmus des Klimawechsels verlief bei aller unterschiedlichen Ausprägung in den verschiedenen Regionen im Prinzip weltweit synchron.

Die im Grundgehalt heute allgemein anerkannte Theorie mehrfacher Inlandeisbildung und -ausdehnung gab auch den Schlüssel zum Verständnis solcher zuvor umrätselten Oberflächenformen wie der Urstromtäler. Das von A. Penck formulierte Modell der „glazialen Serie“ in Gestalt der Formenfolge Grundmoräne-Endmoräne-Sander-Urstromtal stellte einen klaren Bezug zwischen den Talungen, dem Inlandeis, dem Schmelzwasser und den glazialen Ablagerungen her.

Im mitteleuropäischen Tiefland hatte das aus den polaren Regionen weit nach Süden vorgestoßene Inlandeis den einstmals nach Norden fließenden Flüssen den Weg versperrt. Ehemalige Abflußlinien wurden unter dem Eispanzer begraben. Nach dem Rückzug des Eises blieben sie unter einer mächtigen Decke von glazialen Ablagerungen verschüttet. Das Inlandeis zerstörte jedoch nicht nur – es schuf durch seine Schmelzwasser zugleich neue Abflußrinnen. Da es im mittleren Europa auf

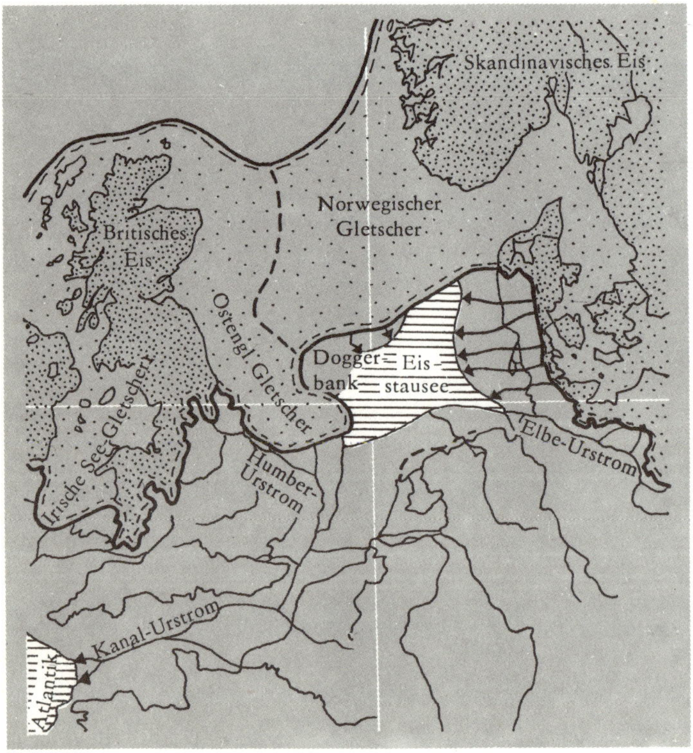

Zum Maximum der Inlandeisbedeckung während der letzten Kaltzeit mündeten der Elbe- und der Humber-Urstrom in den Kanal-Urstrom. (Nach Valentin)

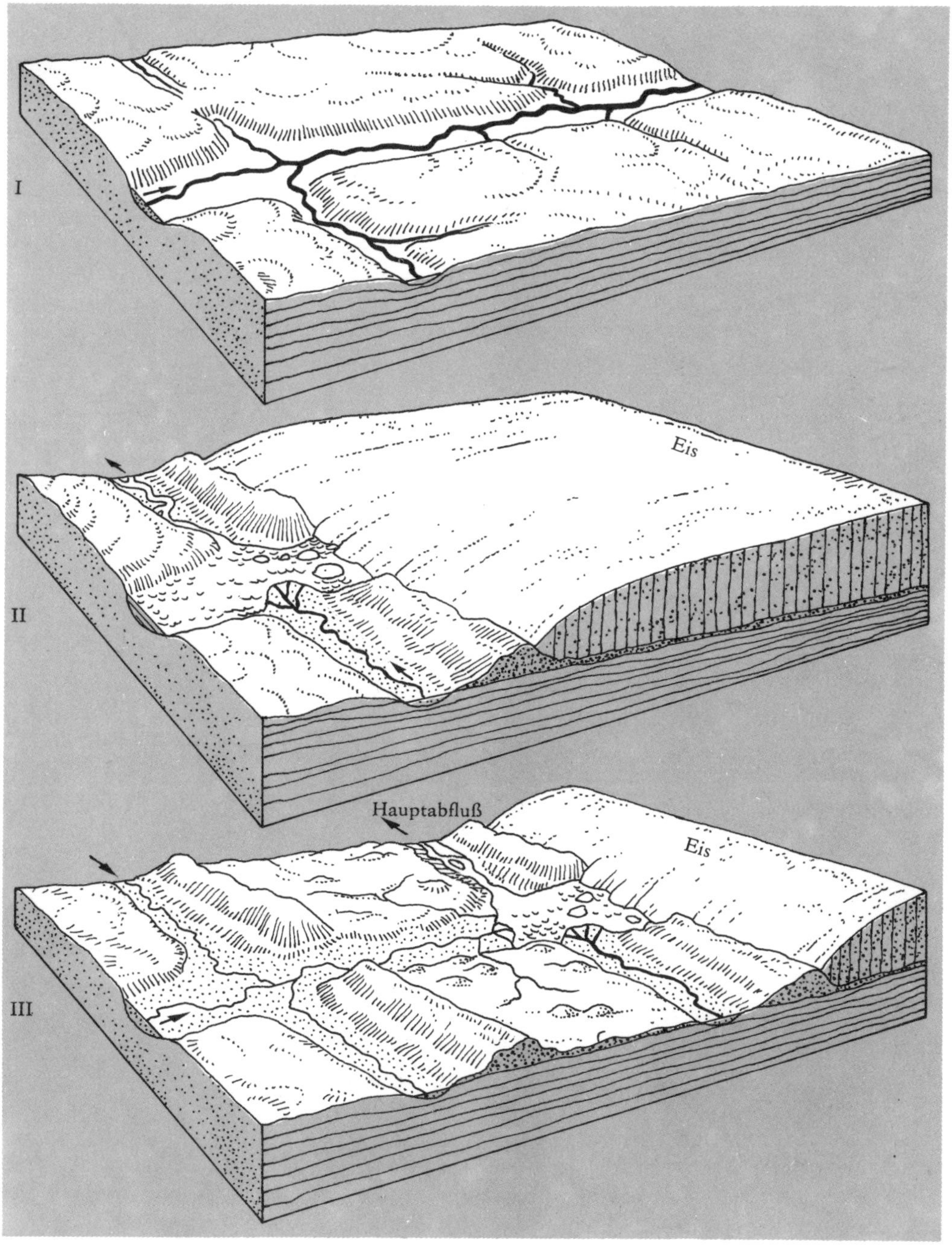

Entwicklung von Urstromtälern. (Nach G. Wagner) I = Flußnetz vor dem Vorstoß des Inlandeises; II = Stau des alten Flusses durch das Eis (Eisrandsee), Entwässerung von Fluß und Schmelzwassern vor der Endmoräne, z. T. alte Talzüge benutzend; III = Stau an neuer Eisrandlage, alte Endmoränen werden durchbrochen, Hauptabfluß über den neuen Eisrandsee vor der neuen Endmoräne

nach Süden ansteigendes Gelände traf, entstanden parallel zum Gletscherrand in traufenartiger Vertiefung Randtäler, die sogenannten Marginal- oder Urstromtäler. Sie nahmen sowohl die von Norden abfließenden Schmelzwasser des Inlandeises als auch die von Süden kommenden älteren Flüsse auf. Entscheidend für ihre Staffelung war der Abschmelzrhythmus des Inlandeises. Klimaschwankungen hatten zur Folge, daß der Rückzug der Eismassen nach Norden von Stillstandszeiten unterbrochen wurde, wobei sich neue Randtäler gebildet haben. Die wichtigsten im nördlichen Mitteleuropa sind das Toruń-Eberswalder Urstromtal, das Warschau-Berliner Urstromtal, das Głogów-Baruther Urstromtal und das Wrocław-Bremer Urstromtal.

Die heutige untere Elbe und deren Fortsetzung bildete den großen Sammelurstrom, der im weiteren die Weser und den Rhein aufnahm und seinen Ausweg zur Nordsee durch die später zum Ärmelkanal erweiterte Furche fand. Als sich das Eis nach Norden zurückzuziehen begann, suchte das Flußwasser bereits Auslaß nach Norden, in Richtung der Hauptabdachung. Aber noch versperrten die Reste des Inlandeises die nördliche Nordsee. So bildeten die Gletscher einen mächtigen Riegel, hinter dem sich ein riesiger Binnensee staute, der zunächst noch durch die Furche des späteren Ärmelkanals überfloß.

Die Bedeutung der großen Urstromtäler schwand jedoch dahin, als die Eisbarrieren zerronnen waren. Die Sogwirkung der Hauptabdachung erwies sich vielerorts stärker als die Sperriegel der vom Inlandeis zurückgelassenen End- und Grundmoränen. Als zum Beispiel die Ostsee wieder vom Inlandeis frei geworden war, durchbrachen die Oder bei Oderberg und die Wisła bei Bydgoszcz, der nordwärts weisenden Hauptabdachung folgend, die glazialen Aufschüttungen und wandten sich in neu erschlossenen Bahnen der Ostsee zu.

Große Abschnitte der ehemaligen Urstromtäler, die über vielleicht Tausende Jahre von mächtigen Strömen durchflossen waren, wurden mit dem abgeschmolzenen Inlandeis und den Laufverlagerungen ihrer wichtigsten Quellen und Einzugsgebiete beraubt. Darum beherbergen diese Täler heute nur noch zweitrangige Flüsse oder sind nichts anderes als feuchte Niederungen mit vereinzelten Sümpfen und Fließen. Aus einigen alten, von Flüssen verlassenen Talungen rinnt heute sogar das Wasser nach zwei Seiten ab. Ein Beispiel für diesen völligen Verfall der Entwässerung am ehemaligen Eisrand liefert das eiszeitliche Schmelzwassertal des Roten Luches (östlich von Berlin), das in unseren Tagen sowohl zur Oder als auch zur Elbe entwässert.

In bestimmten Abschnitten folgen die heutigen Flüsse allerdings auch weiterhin ehemaligen Urstromtälern, wie die Elbe in ihrem Unterlauf.

Probleme für die Linienführung der Wasserläufe ergaben sich in Jungmoränengebieten, in denen sich durch Austauen tiefliegender und verschütteter Inlandeisreste (Toteis) beckenförmige Vertiefungen gebildet hatten. Diese fanden nur mühevoll Anschluß an die Hauptentwässerungsadern oder blieben gar – in nicht allzu weiter Entfernung von regelrechten Strömen – zum Weltmeer hin abflußlos. Dieser Wasserstau machte sie zu Naßgebieten, die für Besiedlung und Ackerbau ungeeignet waren. Um sie der Kultur zu erschließen, verschaffte in den meisten Fällen erst der Mensch dem Wasser durch Anlage von Kanälen Auslässe zum Meer. Davon abgesehen verleihen aber die nach der letzten Kaltzeit entstandenen Flußläufe Mitteleuropa sehr günstige Abflußbedingungen.

Sehr unterschiedlich sind dagegen die hydrographischen Ergebnisse der pleistozänen Inlandeisbedeckungen in Nordamerika zu beurteilen. Für das Stromsystem des Mississippi, das von der südlichen Eisrandlage fortführt, ergaben sich nur geringe Beeinträchtigungen. Es bot sich während der am meisten nach Süden vorgeschobenen Randlage mit

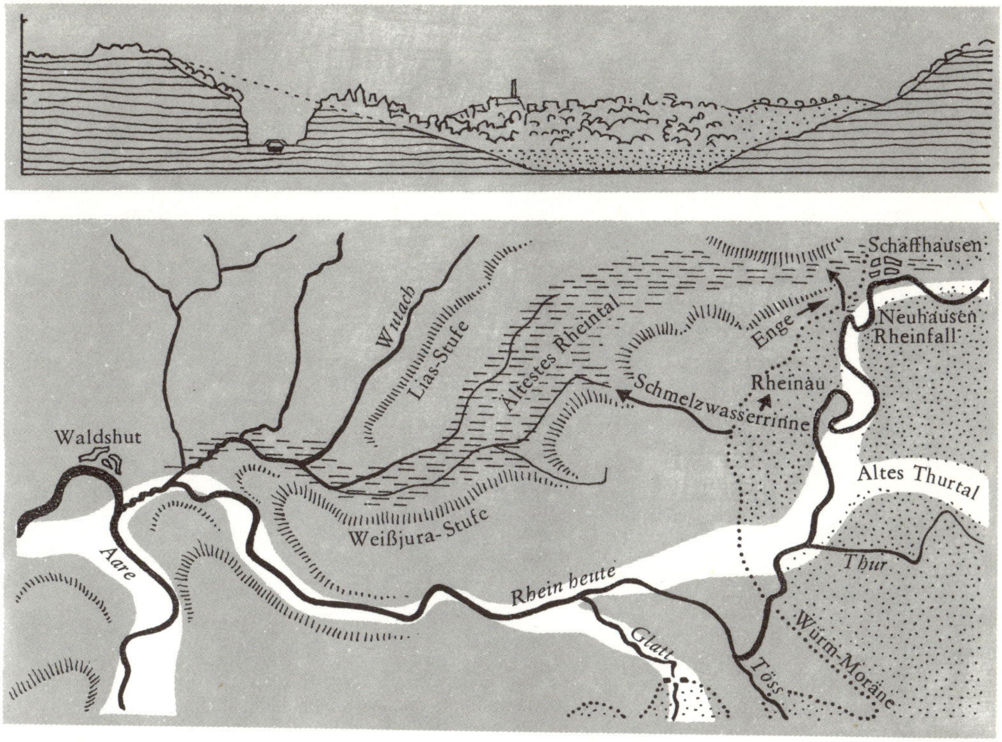

Nach den Kaltzeiten fanden manche Flüsse des Alpenvorlandes ihr ursprüngliches Bett infolge Moränenüberschüttung nicht wieder und schufen sich neue Entwässerungsrinnen. Oben: Epigenetische Flußausweichung der Emme bei Burgdorf in der Schweiz. (Nach A. Heim u. H. Lautensach)
Unten: Die verschiedenen Wege des Rheins zwischen Schaffhausen und Waldshut. (Nach G. Wagner)
→ Schmelzwasserrinnen während der Würmeiszeit ········ äußerste Endmoränen der Würmeiszeit
-=-=- ältestes Rheintal ▭ Täler vor der Würmeiszeit

seiner südwärts weisenden Laufrichtung dem abschmelzenden Inlandeis als natürliche Entwässerungsrinne geradezu an. Die stärksten Deformationen erfolgten hier im Bereich des Ohio River. Vor den Inlandeisbedeckungen waren seine südlichen Zuflüsse weiter nach Norden gerichtet, und es bestand kein einheitliches Stromsystem. Das während der maximalen Inlandeisbedeckung gebildete Urstromtal verkürzte diese Wasserläufe und nahm sie als südliche Zuflüsse auf. Der Ohio folgt noch heute diesem Urstromtal. Sein nach Süden ausgreifender Bogen erklärt sich aus dem Verlauf der Eisrandlage.

Wesentlich komplizierter sind die Entwässerungsbedingungen in den nördlicher gelegenen Teilen Nordamerikas. Hier benötigte das oberflächlich abfließende Wasser nach dem Rückzug des Eises viel längere Zeit, um stabile Abflußrinnen zu finden. Die Herausbildung der Entwässerung der Großen Seen zum St.-Lorenz-Strom war ein sehr komplexer Vorgang (siehe unten); und nordwestlich der Großen Seen irren die Flüsse noch immer zwischen den vom Inlandeis hinterlassenen großen Wannen umher (siehe Kapitel V).

Die Wissenschaft ist heute in der Lage, die Anpassung der Gewässer an die nacheiszeitlichen Bedingungen recht genau zu datieren. Wie erwähnt, begann sie in Mitteleuropa im

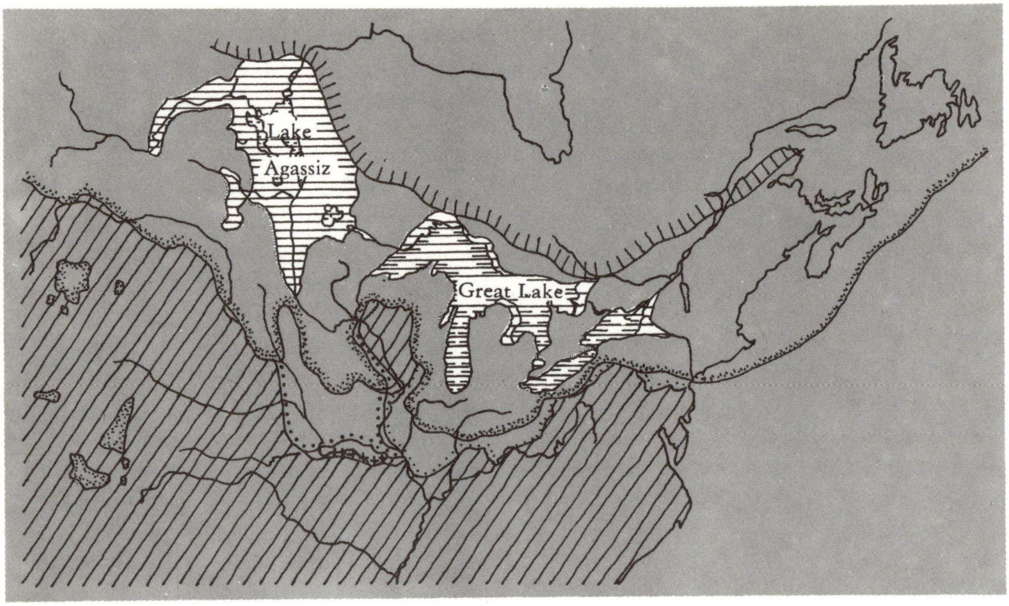

Ausdehnung des pleistozänen Inlandeises in Nordamerika. Spätglazialer Eisrand und Eis-Stauseen. (Nach R. F. Flint u. G. Wagner)

Wisconsin-Eiszeit — Illinois-Eiszeit — Kansas-Eiszeit — Nebraska-Eiszeit — spätglazialer Eisrand — Eis-Stauseen; heutige Seen — ///// eisfreies Gebiet

Ausdehnungsbereich der jüngsten, der weichselzeitlichen Inlandvergletscherung vor etwa 20 000 Jahren. Die erste Phase großer Laufverlegungen dauerte 7 000 Jahre, also bis vor etwa 13 000 Jahren an. Es folgte die 12 000 bis 9 000 Jahre zurückliegende Übergangsphase, in der sich das Glazialrelief durch Abtauen der Toteiskörper noch einmal teilweise regenerierte und das Gewässernetz neu ordnete.

Trogtäler der kaltzeitlichen Gebirgsgletscher

Die Erniedrigung der Durchschnittstemperaturen während der pleistozänen Kaltzeiten hatte in den Gebirgen auch der nicht vom vorrückenden Inlandeis erfaßten Gebiete ein Tieferrücken der Schneegrenze (Schneegrenzdepression) zur Folge.
Die Vorstellung einer ehemals weit ausgedehnteren Vergletscherung der Alpentäler und des Schweizer Mittellandes bis zum Jura hatte sich schon in den 30er Jahren des 19. Jahrhunderts durchgesetzt. Bald erkannte man auch, daß die oberen Lagen der heute eisfreien europäischen Mittelgebirge einstmals Gletscherbedeckungen trugen.
Nach der Vervollkommnung der Theorie des Eiszeitalters durch Wissenschaftler wie Torell und Penck konzentrierte sich das Interesse der Forschung auf die Hochgebirge der Tropen und der Südkontinente. Auch hier fand man Zeugen einst tiefgreifender Vergletscherung. Die Schneegrenzdepression betrug im Atlasgebirge zwischen 800 bis 1 000 m, im Hochland von Äthiopien 700 bis 1 100 m und in Ostafrika 900 bis 1 100, vereinzelt bis 1 300 m; im Himalaja 500 m im Norden und etwa 1 000 m im Süden; in den Anden erreichte sie unter dem südlichen Wendekreis 1 200 bis 1 400 m, nördlich und südlich davon war sie geringer. Im allgemeinen gingen feuchtere Klimabedingungen

mit einer stärkeren Schneegrenzdepression einher. Diese Beobachtungen bestätigen das Auftreten der pleistozänen Kaltzeiten als Folge weltweiter Klimaveränderungen.
Die Gebirgsgletscher wanderten in den bereits bestehenden Tälern abwärts. Sie formten dabei das einstige V-förmige Kerbtal zu Tälern um, deren U-förmiger Querschnitt einem nach unten stark durchhängenden Seil gleicht. Im Gegensatz zu den Flußerosionstälern fehlen die kulissenartigen Vorsprünge der Hänge: Das Eis hat die Hänge gradlinig

Ein präglaziales Kerbtal wird durch pleistozäne Vergletscherung in ein alpines Trogtal umgeformt.

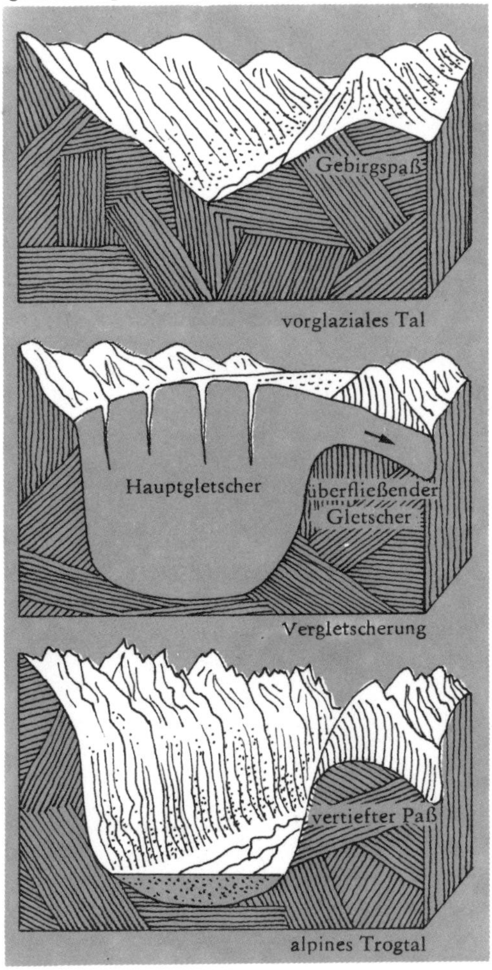

und plattwandig zu alpinen Trögen ausgehobelt.
Der obere Rand der Taltröge fällt nicht immer mit der Schliffgrenze des Eises zusammen. Die Gletscher hobelten die U-Form oft nur, wie in den Alpen, im Bereich ihrer Stromlinie aus. Die Seiten des fließenden Gletschers ruhten auf der Trogschulter, die in den alpinen Hochtälern als sanfte Böschungen erkenntlich sind, die terrassenartig in den steilen Taltrog abfallen. Die Haupttalsohle liegt darum tiefer als das Niveau der Seitentäler. Letztere endigen als Hängetäler mit Stufenmündungen. Das Längsprofil der durch Gletscher überformten Täler weist häufig sogar mehrere Stufen auf. Die oberste Stufe bilden zumeist nischenartige Hohlräume, die von vereinzelten Hängegletschern stammen, die auch nach der letzten Kaltzeit erhalten geblieben waren und nicht bis in die einzelnen Täler reichten. Herrliche Wasserfälle verdanken dieser eiszeitlichen Übertiefung der Hochgebirge ihre Entstehung.
Nach dem Abschmelzen des Eises war allerdings das fließende Wasser bestrebt, die Niveauunterschiede auszugleichen. Die an den terrassengleich abfallenden Trogschultern einsetzende jugendliche Erosion hat zur Herausbildung der für die Alpen so typischen schluchtartigen Klammen geführt. Die Trogtäler selbst enden dagegen in flachen Becken, in denen einst die Gletscherzungen ausklangen.
Trotz sehr starker Überformung behielten die alpinen Hochtäler auch während und nach den eiszeitlichen Vergletscherungen ihre alte Linienführung im wesentlichen bei, und die unteren nicht vergletscherten Talabschnitte waren stets als natürliche Abflußrinnen der Schmelzwasser funktionsfähig.
Einige Gebirgsflüsse erfuhren allerdings durch die ins Tal absteigenden Gletscher auch stärkere Veränderungen. Besonders eindrucksvoll waren sie am Aare-Rhein, wo die großen Vorlandgletscher wechselnde Abflußrichtungen zur Donau, zum jetzigen Rhein und zur Rhône hervorbrachten.

Staunend betrachtet der Reisende die gewaltigen Täler der Wüstenzonen, die alle Eigenschaften eines Flußtales aufweisen – nur daß sie die längste Zeit des Jahres oder ständig trocken liegen. Am Südrand des Atlasgebirges gibt es tief eingeschnittene Schluchten. Daß sie das Werk einst kraftvoll hinabströmenden Wassers sind, beweisen die Auskolkungen, die freilich längst nicht mehr von fließendem Wasser benetzt werden. Das in ganzer Länge nur episodisch oberflächlich durchflossene Trockental des Oued Saoura in Südalgerien, das einmal einen mächtigen Strom beherbergt haben muß, erstreckt sich über 700 km Länge! Auch die im Inneren der Sahara gelegenen Hochgebirge Tibesti, Tassili, Ahaggar und Aïr sind von steilen trockenen Schluchten zertalt, die sich über viele Hunderte Kilometer in vom Wasser verlassenen Flußtälern durch die Wüste fortsetzen. Das Wadi Tafassasset markiert den Lauf eines einst gewaltigen Stromes, der, in den Gebirgen von Ahaggar und Aïr entspringend, nach über tausend Kilometer Länge in den Niger mündete.

Kennzeichnend für andere Trockengebiete sind alte, einst zusammenhängend von gewaltigen Wassermassen durchflossene Strombetten, die heute nur noch auf bestimmten zusammenhanglosen Abschnitten von fließendem Wasser benutzt werden; und auch dort ist die Wasserführung nur spärlich und zumeist nicht einmal ganzjährig. Die betreffenden Abschnitte verdanken ihr kümmerliches Dasein als Fluß den aus feuchteren Regionen stammenden Nebenflüssen, die jedoch nicht imstande sind, den alten Hauptstrom zu einer durchgängigen Wasserader zu machen. Ein solcher alter früherer Hauptstrom ist die Hauptsammelader „Collector“, die sich über 1 200 km vom Quellgebiet des westlichen Río Bermejo bis zum Ende des Curacó im andinen Vorland und den Pampas Argentiniens erstreckt. Er mündete einst in den Río Colorado; jetzt aber zerfällt er

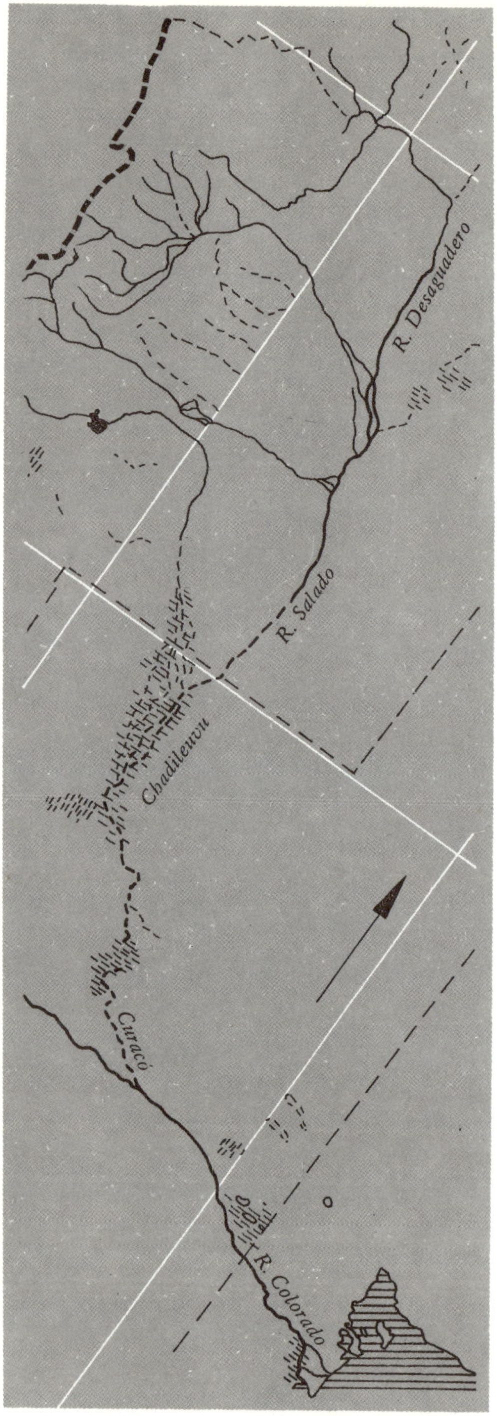

Der zerfallene ehemalige „Collector“ in Argentinien

Der Irtysch in Kasachstan und ihm durch Austrocknung abgetrennte Nebenflüsse

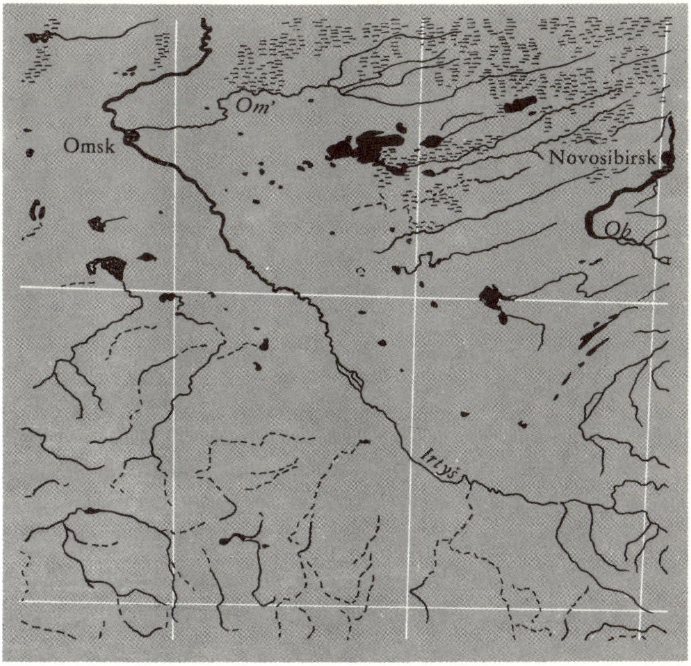

in die Einzelflüsse Río Bermejo, Río Desaguadero, Río Salado, Chadilenfú und Curacó, die jeweils in Salzsümpfen (Lagunas) und teilweise sogar schon davor in von Sanden und Schottern erfüllten Betten enden und nur bei stärkerer Wasserführung den jeweils folgenden, von Wasser erfüllten Abschnitt erreichen. Auch die unterirdische Fortsetzung fließender Gewässer unterhalb von Versickerungszonen (vgl. Beispiel Draa, Kapitel I) muß in ursächlichem Zusammenhang mit der Austrocknung der einst oberflächlich benutzten Flußbetten gesehen werden.

Eine andere typische Form der Zerteilung einst zusammenhängender Stromsysteme durch Austrocknung zeigt der Irtysch in Kasachstan. Zahlreiche seiner ehemaligen Nebenflüsse erreichen nicht mehr die Hauptsammelader, sondern verdunsten und versickern heute vorzeitig, so daß sie im Kartenbild Rippen gleichen, die man von der Wirbelsäule abgetrennt hat.

Jeder Fremde, der diese einst kräftig durchflossenen Flußtäler in heute trockenen Gebieten geschaut hat, kann sich der zwingenden Frage nach dem Ursprung und dem Verbleib des Wassers nicht entziehen. Der deutsche Afrikaforscher Gerhard Rohlfs schrieb schon zu Mitte des vorigen Jahrhunderts: „Wir sind somit zum Schlusse berechtigt, daß einst ... das Klima in der Sahara ein ganz anderes gewesen, daß reichlicher Regen fiel, der die Flüsse mit Wasser füllte und der neue Vegetation erzeugte".

Ausgehend von den Beobachtungen in heutigen Trockengebieten wurde in der zweiten Hälfte des vorigen Jahrhunderts angenommen, daß die Glazialzeiten generell durch erhöhte Niederschläge gekennzeichnet gewesen wären. Hull wendete erstmals 1895 den Begriff „Pluvial" im Sinne einer Feuchtzeit in subtropisch trockenen Gebieten an.

Neuere Forschungen haben jedoch ergeben, daß eine solche Verallgemeinerung nicht zulässig ist. Die weltweite Temperaturerniedrigung während der pleistozänen Kaltzeiten ging vielmehr vor allem mit einer äquatorwärts gerichteten Verschiebung der Klimazonen einher. Da das polare und subpolare Klima größere Flächen beanspruchte, wurden dabei alle übrigen Klimazonen zurückgedrängt. Übergangszonen wurden teilweise sogar ausgequetscht, wie die Feuchtsavannen und Trockentäler im außerandinen Südamerika.

So trifft es zwar für die meisten heutigen subtropischen Trockengebiete zu, daß sie während der Kaltzeiten größere Niederschläge empfingen, in ihnen also tatsächlich Feuchtzeiten (polare Pluviale) herrschten. Damit verschwanden jedoch die Trockenzonen nicht – sie wurden nur eingeengt und in Richtung Äquator verschoben. Während der Kaltzeiten bestanden in heute feuchteren tropischen Übergangsgebieten trockenere Klimate (tropische Interpluviale). Die Sahara hatte sich nach Süden verlagert, und die Kalahari dehnte sich nördlich bis zum Kongobogen aus. In den äußeren Tropen fielen die regenreichen Zeiten (tropische Pluviale) gerade in die Warmzeiten (entsprechend den Interglazialzeiten). In den Warmzeiten empfingen die Flüsse der Sahelzone wieder ausreichend Wasser, so daß sie den Tschadsee und andere heute ausgetrocknete Seen zwischen den Hochländern von Tibesti und Adamaua erneut auffüllen konnten.

Der Rhythmus des Wechsels zwischen Kalt- und Warmzeiten, der sich an Sedimenten bis weit in die Tropen hinein verfolgen läßt, war also überall auf der Erde etwa der gleiche; die feuchteren und die trockeneren Zeiten (Pluviale und Interpluviale) schlossen jedoch nicht einander aus; sondern in jeder Phase bestanden je nach der geographischen Lage gleichzeitig regenreichere und regenärmere Klimate. Mit jedem Wechsel der Klimaphase vertauschten die Glieder des ungleichen Paares innerhalb der äußeren Tropen und Subtropen ihren Herrschaftsbereich.

Der Unterschied zur Gegenwart offenbart sich am beeindruckendsten in der Sahara, der heute ausgedehntesten Wüstenregion der Erde:

Während der Kaltzeiten entstanden die re-

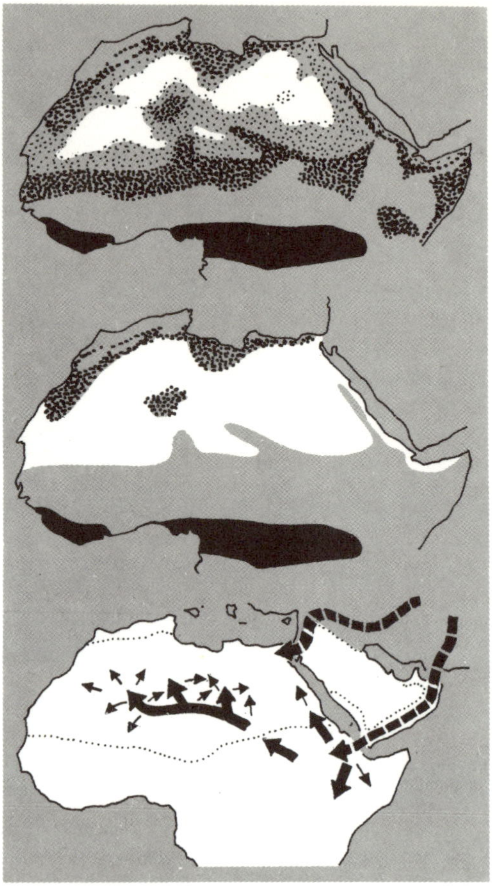

Nordafrika seit dem Pleistozän. (Nach Schiffers)
Oben: Präsumptive Klimakarte der (einer) neolithischen Feuchtphase
Mitte: Karte des rezenten Klimas
Unten: Präsumptiver Ausbreitungsweg des Hausrindes während des Neolithikums

genbringenden Tiefdrucksysteme nicht im nördlichen Atlantik wie heute, sondern im mittleren; statt Europa überquerten sie damals vor allem die nördliche Sahara und führten ihr reichlich Niederschläge zu. Besonders feucht war das Klima im Norden. Die Gipfel des Atlasgebirges waren vergletschert, und die Wüste, die sich am Ende des Tertiärs stark ausgedehnt hatte, wurde nach Süden gedrängt. Besonders im Nordteil der

Sahara herrschte ein feuchteres Klima. In der zentralen Sahara bestand ein ähnliches Klima wie heute in Ostafrika. In mehr als tausend bekannten Felszeichnungen stellte der Mensch die Tiere seiner Umwelt dar, denen er damals als Jäger nachstellte: Gazellen, Nashörner und anderes Großwild, das einer relativ dichten Vegetation bedurfte. In dieser Zeit formte das Regen- und Schmelzwasser die Schluchten und Auskolkungen am Rande des Atlasgebirges und die heute gänzlich oder weitgehend trockengefallenen Flußbetten der inneren Sahara. Innerhalb der Savanne bestanden nur noch Wüsteninseln, wie nördlich des Tibestigebirges.

Am Ende der letzten Kaltzeit seit vor etwa 16 000 Jahren verschoben sich die Klimazonen allmählich wieder nach Norden. Höhere Niederschläge fielen nur noch im Atlasgebirge und in den Hochgebirgen der zentralen Sahara. Nur noch wenige Flüsse führten Wasser aus diesen Hochgebirgen heraus. Zunächst ergriff eine Halbwüste von den weiten Ebenen der Sahara Besitz. Mit der zunehmenden Erwärmung und Austrocknung wandelte sich die Halbwüste in eine Vollwüste um. Im Inneren der Sahara empfingen nur noch die Hochgebirge Niederschläge. Die Gebirgsmassive wurden daher zu Rückzugsgebieten für Pflanzen und Tiere, die vorher in den Ebenen unter Bedingungen der Savanne gelebt hatten. Und den Tieren folgte der Mensch. Im Tassiligebirge sind in 2 000 m Höhe Felsmalereien entdeckt worden, die vor etwa 8 000 Jahren entstanden. Sie stellen Bogenschützen dar, die Antilopen und Steinböcken nachstellen.

Im weiteren sind negroide Völker eingewandert. Wie die nun folgenden Felsmalereien beweisen, gaben die Bewohner des Tassiligebirges vor etwa 6 000 Jahren die Jagd als Haupterwerb auf und begannen Tiere zu halten. Die Vegetation ließ also die Rinderzucht noch zu. Dieser nacheiszeitliche Zeitraum wird darum als „Rinderepoche" bezeichnet. Noch entsprangen Flüsse im Tassiligebirge. Ihre Existenz ist durch Zeichnungen von Fischen belegt, welche die damaligen Saharabewohner an Felswänden von Bergschluchten unweit damals sicher lohnender Fangplätze anfertigten.

Noch jüngere Malereien zeigen Kämpfe zwischen Hirtengruppen. Das Weideland war also knapp geworden und umkämpft. Mit dem Rückgang der Niederschläge auch in den Hochgebirgen der inneren Sahara ging die Rinderepoche vor rund 5 000 Jahren zu Ende. Vor etwa 4 500 Jahren ergriff die Wüste auch von diesen Gebirgen Besitz.

Aber noch heute kann man vereinzelte lebende Zeugen der feuchteren Perioden antreffen. Im Tassiligebirge gibt es etwa 60 riesige Zypressen, deren Alter auf 5 000 Jahre veranschlagt wird. Sie gehören zu den ältesten lebenden Bäumen. Im Ahaggargebirge finden sich in tiefen Schluchten einige uralte Olivenbäume. Dort sickert auch an einigen Stellen fossiles Regenwasser aus einst kräftig sprudelnden Quellgebieten hervor: Regen, der vor 5 000 Jahren fiel und im porösen Lavagestein gespeichert war. In vereinzelten Wasserlöchern haben sogar Fische überdauert. Ihre Artgenossen belebten während der kaltzeitlichen Pluvialzeiten in großer Zahl die Flüsse, die sich in den Niger ergossen. Heute sind sie um mehr als tausend Kilometer vom nächsten Fluß isoliert.

Die wüsten Gebirge im Inneren der Sahara durchstreifen heute nur noch wenige Nomaden. Regen wird diesen völlig von der Zivilisation abgerückten Regionen im wesentlichen nur noch zuteil, wenn in Europa außergewöhnlich kalte Winter auftreten. Bei solchen Großwetterlagen werden, ähnlich wie in den pleistozänen Kaltzeiten, regenspendende Tiefdrucksysteme in die Sahara gedrückt. Dieser Klimagang trifft in etwa auch für den breiten Zwischengürtel des Sudan und der Sahelzone zu. Dort ist die feuchte Zeit etwa vor 6 000 Jahren, d. h. um 4000 v. u. Z. zu Ende gegangen. Die vorausgegangene Zeit war jedoch schon eine Übergangsperiode mit geringerer Feuchtigkeit.

In den nördlichen Gebieten der Sahara setzte die Wüstenbildung offenbar später ein. Nach Theodor Monod, der sich u. a. auf Herodot bezieht, hörten die Niederschläge im tiefer gelegenen Nubien seit etwa 3500 v. u. Z. auf. Im Niltal gab es in historischer Zeit keine bedeutenden Niederschläge mehr. Die Grundwasseroberfläche sank unter die Wüste ab. Nach Raymond Mauny endete hingegen in den mauretanischen Regionen Tagant und Hodh die feuchte Periode etwa 2500 (?) bis 1750 v. u. Z. Am Fuße der Höhenrücken Nema, Walata und Tichitt gab es seinerzeit Seen. In den im folgenden verkleinerten Seen wurde sogar noch um ca. 1500 bis 1100 v. u. Z. Fischfang ausgeübt. Die letzten Reste dieser Seen verschwanden nach 1000 v. u. Z. Nach einer Periode des Sammelns von Körnern entwickelte sich in dieser Zeit der Ackerbau, gegen 700 v. u. Z. verdreifachte sich die Zahl der Siedlungen. Aber seit 500 v. u. Z. begann ein allgemeiner Niedergang. Die Ernährungssitten änderten sich. Aus dieser Zeit findet man achtmal mehr Knochenreste von Wildtieren als von Rindern und Ziegen. Die menschlichen Gemeinschaften hatten sich der zunehmenden Austrocknung angepaßt.

Noch immer ist die Wüste im Norden und Süden der Sahara auf dem Vormarsch. Diese möglicherweise durch langfristige Klimaveränderungen hervorgerufene Tendenz wird freilich vor allem durch Fehlverhalten der Anwohner (Abholzung, Überweidung) und noch ungenügende Anwendung ökologischer Schutzmaßnahmen beschleunigt (vgl. Sahelproblematik, S. 45 ff.).

Auch in der Sahara verlief der Wechsel zwischen feuchteren und trockeneren Perioden analog zum weltweiten Klimarhythmus im Pleistozän mehrmalig. Nicht anders sind die Schotterterrassen in den heutigen Trokkentälern der Hochgebirge von Tibesti und Ahaggar zu deuten.

Die gegenwärtige Warmzeit ist jedoch keineswegs überall mit einem Prozeß der Austrocknung verbunden. Das gegenteilige Extrem ist besonders im Westsibirischen Tiefland zu beobachten, das während der pleistozänen Kaltzeiten zum größten Teil frei vom Inlandeis geblieben war. In diesem Gebiet, das dem Einzugsbereich des Ob zuzuordnen ist, begann vor 10 000 bis 12 000 Jahren eine Vertorfung einzusetzen. Bis heute haben sich zwischen Tundra und Waldsteppe auf übermäßig durchfeuchtetem Moorboden, der eine Fläche von etwa einer Million Quadratkilometer bedeckt, rund 90 bis 100 Milliarden Tonnen Torf gebildet. Darin sind wie in einem riesigen Schwamm 1 000 km^3 Wasser gebunden – das entspricht der zweijährigen Abflußmenge des Ob und Irtysch. Und immer noch wächst dieser Überfluß an Wasser, der die Erschließung der Waldtundra und Taiga Westsibiriens so problemreich gestaltet.

Flüsse unter dem Einfluß von Meeresspiegelschwankungen

Ein wesentlicher Begleitumstand der pleistozänen Klimaveränderungen waren Schwankungen der Meeresspiegelhöhe und Ausgleichsbewegung der Erdkruste, die wiederum auf die Entwässerungsbedingungen der Kontinente zurückwirkten.

Während der Kaltzeiten dehnte sich das Inlandeis derart aus, daß erhebliche Mengen atmosphärischen Wassers gebunden wurden. Auf dem Höhepunkt der vorletzten Kaltzeit (Saale- oder Rißeiszeit) erreichte die Eisbedeckung ihre vermutlich größte Ausdehnung während des gesamten Pleistozäns. Die Inlandeisschilde und die Gebirgsgletscher überzogen mit einer Fläche von 49 Millionen Quadratkilometer das Dreifache der heute vereisten 16 Millionen Quadratkilometer. Das Volumen dieser gewaltigen Eismassen wird nach neuesten Schätzungen mit 89 Millionen Kubikkilometer angegeben, während das heutige Eisvolumen um 31 Millionen Kubikkilometer beträgt. Infolge dieser riesigen Bindung von Wassermassen

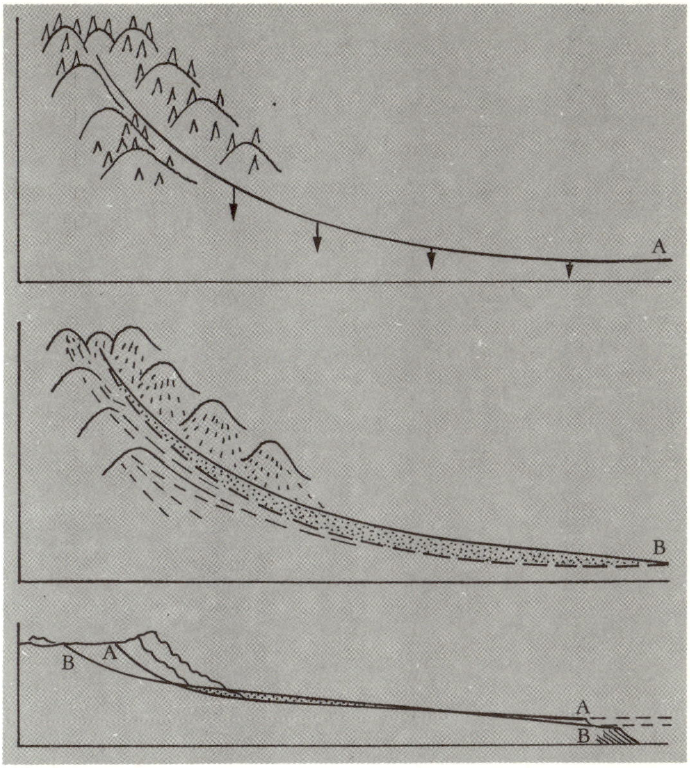

Wechsel des Längsprofils eines Flusses durch Klimawechsel. (Nach v. Wißmann u. Zeuner)
A = Interglaziale, warmzeitliche Bedingungen (feuchtgemäßigtes Klima): Vegetation bedeckt Berge und Hänge, der Fluß führt reichlich und ständig Wasser, die Schwemmlast wird abtransportiert, der Fluß schneidet ein, der Meeresspiegel hat hohen Stand.
B = Glaziale, kaltzeitliche Bedingungen (Frostklima, Periglazial): Kahle Berge, Frostverwitterung, Bodenfließen an den Hängen, der Fluß führt meist unzureichend Wasser, so daß überschüssige Lasten aufgeschüttet werden; der Meeresspiegel hat niedrigen Stand, so daß der Fluß seinen Unterlauf verlängert.

an das Land sank der Weltmeeresspiegel, bezogen auf das heutige Spiegelniveau, um rund 145 m ab.

Zum Maximum der Vergletscherung während der letzten Kaltzeit (Weichsel- oder Würmeiszeit) vor etwa 20 000 Jahren bedeckten Inlandeis und Gletscher eine Fläche von 42 Millionen Quadratkilometer, das Eisvolumen erreichte 76 Millionen Kubikkilometer. Die zeitweilige Herausnahme bedeutender Wassermassen aus dem Wasserkreislauf ließ den Meeresspiegel gegenüber dem heutigen Niveau wohl um 115 m absinken.

Umgekehrt stieg durch das Abschmelzen der Gletscher in den Warmzeiten der Meeresspiegel wieder an. Da es sich um wirkliche Schwankungen des Meeresspiegels handelte, werden sie als *eustatische Meeresspiegelschwankungen* bezeichnet.

Die durch die Klimaveränderungen verursachten wechselnden Eislagen und -dicken führten ferner zu wechselnden Gewichtsbelastungen der Erdoberfläche. Deren Belastung durch den Eispanzer ließ während der Kaltzeiten die Kruste jedesmal einsinken, während es außerhalb der vergletscherten Gebiete zu peripheren Hebungen kam. Das Abschmelzen des Eises führte umgekehrt zu einer Entlastung der Erdoberfläche; das vorher vergletscherte Gebiet kehrte allmählich zu seinem Ausgangsniveau zurück. Am Nordwestufer des Bottnischen Meerbusens, d. h. im Zentrum der nordeuropäischen pleistozänen Vereisung, beträgt die nacheiszeitliche Hebung um 300 m. Nach den Rändern der einstigen Inlandeismasse nimmt sie ab, um schließlich in periphere Senkungen überzugehen. Die in ihrer Intensität vom Zentrum der Vereisung zur Peripherie abnehmende Hebung hat eine leichte Schrägstellung der Erdkruste zur Folge. Aus diesen Krustenverbiegungen resultierten wiederum sogenannte *isostatische Meeresspiegelschwankungen.*

Beide beschriebenen Arten von Meeresspiegelschwankungen beeinflußten in starkem Maße die Entwässerung der betroffenen Festländer. Die eustatische Bewegung wirkte sich infolge des hydrostatischen Zusammenhangs der Ozeane praktisch an den eisfreien Küsten aller Kontinente aus, die isostatische Bewegung dagegen nur in den während der Kaltzeiten von Inlandeis bedeckten Gebieten und ihren Randzonen. Die Senkung des Meeresspiegels führte zu einer Verlängerung der Flußläufe und der Gefällskurven, was eine verstärkte Tiefenerosion in den Mündungsgebieten bedingte. Letztere wirkte sich allerdings in den damaligen klimatisch subpolaren Gebieten weniger aus als in den wärmeren Zonen, da die Frostverwitterung die Talböden mit gröberen Sedimenten bedeckte. Dieses stärkere Belastungsverhältnis ließ bei gleicher Tiefenerosion größere Talbodenneigungen zu.

Umgekehrt zog das Ansteigen des Meeresspiegels eine Überflutung von Mündungsläufen nach sich. Besonders stark war im Zeitraum nach der letzten Kaltzeit der Verlust an Land und Flußgebiet in den einstigen Randlagen des Inlandeises, wo die eustatische Hebung des Meeresspiegels von einer isostatischen Senkung der Erdkruste begleitet war. Das klassische Beispiel ist der Unterlauf des Rheins (siehe VII. Kapitel). In Nordamerika ertranken aus gleicher Ursache die Unterläufe zahlreicher in den Atlantik mündender Flüsse. Das eindrucksvollste Beispiel ist hier der St.-Lorenz-Strom.

Gleichzeitig gewann jedoch der St.-Lorenz-Strom durch die isostatisch bedingte Anhebung und Kippung des Festlandes im Bereich der Großen Seen an Einzugsgebiet. Während die oberen Seen dieser Gruppe nach der letzten Kaltzeit zunächst in Richtung Ohio und Mississippi, also nach Süden entwässerten, erleichterte die isostatische Schrägstellung die Hinwendung ihres Laufes zum St.-Lorenz-Strom, also nach Osten.

Flüsse durch Anzapfung „gefangen" und „enthauptet"

Die Herausbildung der Täler hat zur Folge, daß sich die einzelnen Gewässer durch mehr oder minder profilierte Wasserscheiden voneinander abgrenzen. Diese Scheidelinien haben jedoch nur relative Stabilität.

Benachbarte Flüsse verhalten sich nämlich wie Piraten zueinander. An den Wasserscheiden liegen sie in ständigem Kampf. Indem es dem einen gelingt, größere Fortschritte bei der Erosion und der Hangabtragung zu erzielen als seinem Nachbarn, vermag er durch Hinausschiebung der Wasserscheide seinen Einzugsbereich auf Kosten des anderen auszudehnen.

Dieser Vorgang kann dazu führen, daß der aggressivere Fluß seine Wasserscheide immer näher an den Rivalen heranverlegt. Es kann schließlich der Punkt eintreten, an dem die Wasserscheide das Ufer des unterlegenen Flusses erreicht: In diesem Falle erfolgt eine Anzapfung. Der „Aggressor" hat dem betroffenen Flußnachbarn nicht nur das Einzugs-

Schematische Darstellung einer Anzapfung.
Der Fluß F_1 ist im Vergleich zum Fluß F_2 zu intensiverer Abtragung fähig. Indem F_1 mehr zur Erniedrigung der Oberfläche als F_2 beiträgt, rückt er die Wasserscheide an F_2 heran, bis sie ganz verschwindet und F_2 durch F_1 eingefangen wird. (Nach R. K. Gresswell)

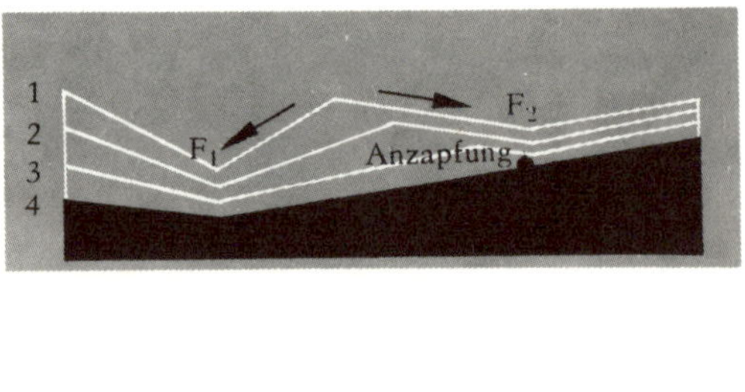

Piraterie eines Flusses. Der mit bedeutendem Gefälle von Schichtstufen nach rechts abfließende Fluß verlegt durch seine mächtige rückwärtsschreitende Tiefenerosion sein Quellgebiet bis zu dem Längstal eines zweiten Flusses, zapft sein Wasser an und führt es durch das neugeschaffene Tal sich selbst zu. An der Anzapfungsstelle entsteht zwischen beiden Flüssen eine neue Wasserscheide. (Nach R. Kettner)

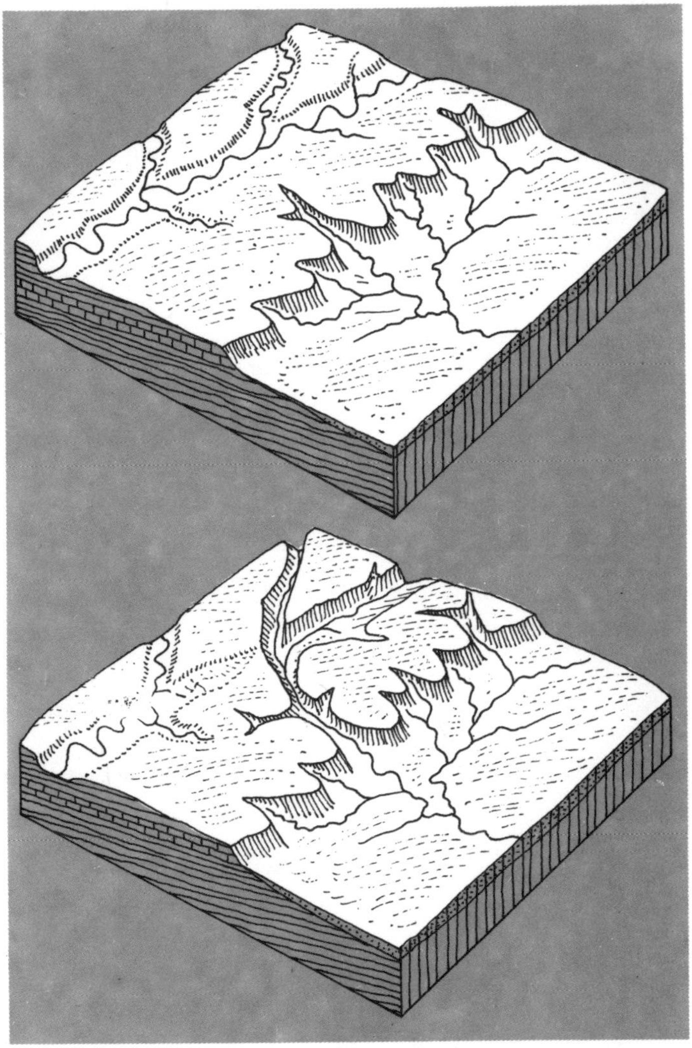

gebiet genommen, er hat ihn auch selbst eingefangen. Das oberflächlich abfließende Wasser, das sich aus einem Einzugsgebiet bis zur Anzapfstelle des eingefangenen Flusses sammelt, nimmt seinen Lauf nicht mehr in bisheriger Richtung, sondern ergießt sich nun in das Tal des expandierenden Gewässers.

Der Erfolg des anzapfenden Flusses hängt nicht notwendigerweise von seiner Größe, d. h. seiner Länge oder Wasserführung ab. Er kann in dieser Hinsicht dem eingefangenen Fluß weit unterlegen sein. Entscheidend ist das unterschiedliche Niveau der Talbettsohlen und die Fähigkeit des anzapfenden Flusses, das Bett des höher gelegenen Rivalen zu erreichen. Im landschaftsformenden Geschehen gelingt es häufig sogar Gewässern geringerer Bedeutung, die Anzapfung zu vollbringen.

Eine Häufung von Anzapfungen finden wir im Bereich von Schichtstufenlandschaften. Subsequente Flüsse, die sich im Bereich der Mulden oberhalb der Schichtstufen entwickelt haben, dringen zu den konsequenten Flüssen vor. Anzapfungen sind jedoch keineswegs auf Schichtstufenlandschaften beschränkt.

Durch Anzapfung „enthauptete" Flüsse werden in ihrem Lauf verkürzt. Unmittelbar unterhalb der Anzapfungsstelle entstehen häufig Trockentäler. Behält im weiteren das Tal eine gewisse Wasserführung, so ist diese doch geringer als zuvor, weil ein Teil des Einzugsgebietes verlorengegangen ist. Zeugen der einst kräftigeren Wasserführung sind oft tiefe Einschnitte, zu denen der heutige Fluß nicht mehr fähig wäre.

Umgekehrt verlängert sich der anzapfende Fluß. Mit Hilfe der zusätzlich aufgenommenen Wassermengen arbeitet er schnell den schmalen Paßdurchgang aus; die Erosion verstärkt sich in der ganzen Länge des Flußlaufes – oberhalb der Anzapfstelle durch die verstärkte rückschreitende Erosion, darunter durch die erhöhte Wasserführung.

Eine Anzapfung verändert also die hydrographischen Verhältnisse der darin verwickelten Flüsse erheblich. Und noch weitreichender ist die landschaftsumformende Wirkung, wenn es zu einer Kette von Anzapfungen kommt. Auf der einen Seite kann ein ehemals relativ langer Fluß Schritt für Schritt weiter enthauptet und zerstückelt werden,

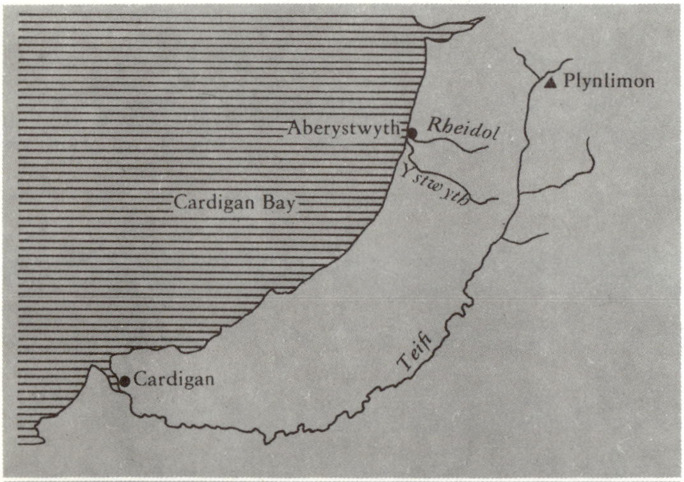

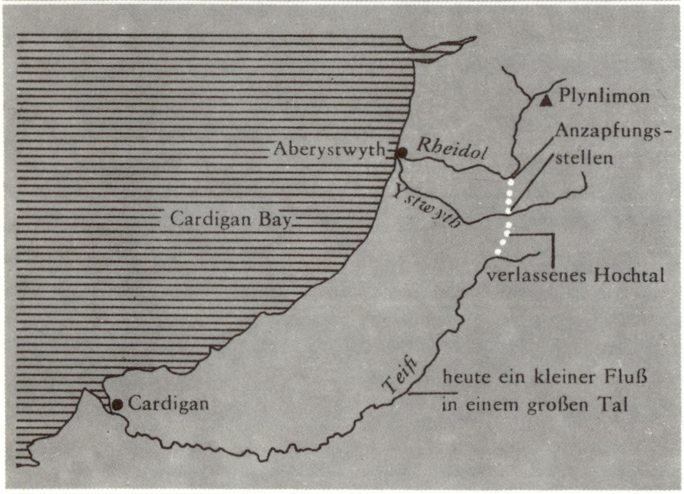

Fortschreitende Zerstückelung eines Flusses durch mehrmalige Anzapfung, dargestellt am Beispiel des Flusses Teifi in Westwales. (Nach R. K. Gresswell) Oben: ursprünglicher Zustand; unten: heute

Spalierförmige Entwässerung in einer Schichtstufenlandschaft. (Nach R. K. Gresswell) Oben: Die einst untergeordneten subsequenten Flüsse wachsen durch fortschreitende Anzapfung zu Hauptflüssen heran (schematisch); unten: Das Entwässerungssystem der Themse ist auf diese Weise entstanden.

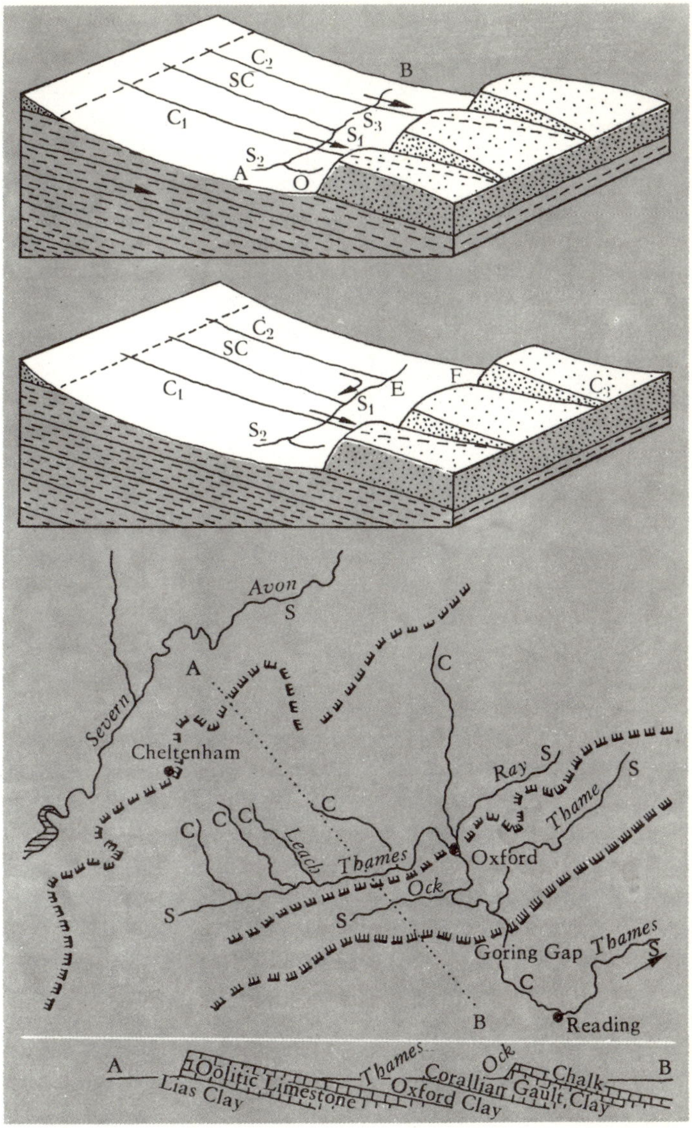

auf der anderen Seite können aber auch einstmals isolierte subsequente Flüsse durch schrittweise weitere Anzapfungen konsequenter Flüsse wie eine Kette durch weitere Glieder verlängert werden. Während auf diese Weise die meisten konsequenten Flüsse immer stärker in die Rolle von Rudimenten und Nebenflüssen gedrängt werden, wachsen die subsequenten Flüsse, die einstmals untergeordnet waren, zu Hauptflüssen heran. Das bereits erwähnte Beispiel der Themse ist hierfür bezeichnend. Oberhalb von Oxford entstand ihr Stromsystem genau auf diese Weise: durch immer weitere Anzapfungen der konsequenten Läufe und Verbindung isolierter subsequenter zu einer einheitlichen Hauptentwässerungsader.

Für viele bedeutende Ströme lassen sich An-

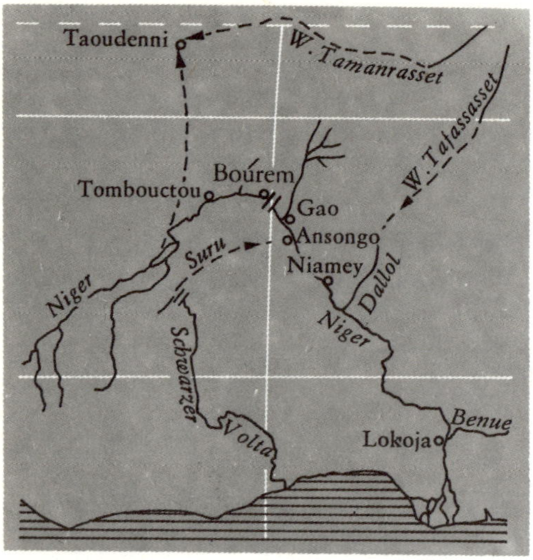

Veränderungen des Flußnetzes im Westsudan.
(Nach Lemoine u. Lautensach)
– – ► vermutete alte Flußläufe = Anzapfung

zapfungen nachweisen oder vermuten. So ist das heute einheitliche Stromsystem des Niger aus einst zwei völlig getrennten Flüssen entstanden, indem es einem nach Südosten, zum Golf von Biafra gerichteten Fluß, dem heutigen Unterlauf des Niger, gelang, jenes Binnenbecken, in dem der heutige Oberlauf des Niger ehemals verdunstete, bei Bourem anzuzapfen. Damit wurde das reichlich aus der Oberguineaschwelle (im Gebiet der Republiken Guinea und Elfenbeinküste) abfließende Wasser, das einst sogar dem Senegal zuströmte, genau in entgegengesetzte Richtung gelenkt. Der die Anzapfung vollbringende Fluß, der dem Niger den Ausweg zum Meer verschaffte, verdankte seine starke Erosionskraft den Zuflüssen aus den Hochländern von Aïr und Adrar des Iforas, die infolge des Vorrückens von Wüste und Steppe heute nur noch trockene Wadis sind.

Zu den großen Strömen, die infolge Anzapfung ihren Lauf verlegten, zählt mit großer Wahrscheinlichkeit auch der Kongo. Während er im Tertiär zum Binnenland hin entwässerte, wurde sein inneres Mündungsbekken im weiteren von einem Küstenfluß eingefangen.

Auch der Durchbruch der Donau durch die Karpaten am Eisernen Tor wird als Anzapfung gedeutet.

Die Anzapfung ist primär eine Folge der Erosion. In vielen Fällen setzt sie sich also unabhängig von tektonischen und klimatischen Vorgängen durch. In der Geschichte der Ströme überlagert sich jedoch die fluviale Erosion mit tektonischen, klimatischen und eustatischen Faktoren. Bei gleichsinniger Wirkung kommt es zu ihrer Verstärkung; bei gegenläufiger schwächen sie sich ab.

Am Richtungswechsel des Abflusses der drei oberen der Großen Seen in Nordamerika – fort vom Ohio und hin zum St.-Lorenz-Strom – veranschaulichten wir bereits die Kausalkette von Klimaerwärmung, Abschmelzen der Inlandeis-Kalotten, isostatischer Verbiegungen der Erdkruste und Laufverlegung der Entwässerungsadern. Die Verbiegung der Erdkruste genügte jedoch nicht, um ein bloßes Überschwappen der drei oberen Seen zum St.-Lorenz hin zu bewerkstelligen. Der Durchbruch nach Osten wurde erst durch die vom St.-Lorenz ausgehende Anzapfung erreicht, die durch die von den isostatischen Kräften herbeigeführte Versteilung der Landabdachung in östliche Richtung begünstigt wurde.

Die über 10 000 Felszeichnungen inmitten der Sahara sind ein Beweis dafür, daß hier einst Menschen gelebt haben. Unser Bild zeigt u. a. Pferdeantilopen im Tassili n'Ajjer.

Auf dem Karakumkanal – ein Schiff in der Wüste

Der Hoover-Damm am Colorado River/USA mit Kraftwerk, fertiggestellt 1936
Dammhöhe: 221,4 m; Länge der Dammkrone: 379,2 m
Dicke des Dammes an der Krone: 13,7 m; am Grund: 201,2 m
Länge des Stausees (gefüllt): 185 km; Fläche des Stausees: 422 170 km^2
Energiekapazität: 1 344 800 kW

Geysire sind eine häufig zu beobachtende Naturerscheinung auf Kamtschatka.

Ein eindrucksvolles Erlebnis ist der Anblick der Sinterterrassen im Yellowstone Park (USA), wie hier der Minerva Terrasse.

Iguaçu – das „große Wasser". Durch ihre riesige Ausdehnung und gewaltige Wasserführung gehören diese Fälle zu den bedeutendsten der Erde.

Trichtermündung des Flusses Sado (Portugal)

Der Po schlängelt sich durch seine Aufschüttungsebene.

Sogenannter Ssaigletscher, steiler Nebengletscher des Darapios-Gletschers im Mattschaknoten, Alai-Serawschankamm (Pamir, UdSSR), entwässert in Zuflüsse des Amudarja

Die Krka durchschneidet auf ihrem Lauf durch Dalmatien (SFR Jugoslawien) einen zerklüfteten Cañon. Der großartige Fluß stürzt dabei mit einer Fallhöhe von 45 Metern über unzählige natürliche Tuffsteinbarrieren und Kaskaden und bildet viele herrliche Wasserfälle. Hier der weltbekannte Skradinski buk.

Das Wadi en-nar östlich des Toten Meeres; selbst in der winterlichen Regenzeit führt ein solches Wadi nur wenig Wasser.

Hochwasser in Chattanooga im Jahr 1917. Ohne die Schutzbauten der Tennessee Valley Authority (TVA) hätten die Fluten 1957 die markierte Höhe erreicht.

IV. Wasserfälle und Stromschnellen

Würde das fließende Wasser in allen Abschnitten seines Bettes auf einen gleichartig beschaffenen Untergrund treffen, so entstünde ein in idealer Kurve geschwungenes, ausgeglichenes Talprofil von der Quelle bis zur Mündung. Die Flußbetten sind jedoch reich an Unregelmäßigkeiten des Gefälles: Das gerade noch ruhig dahinfließende Wasser verwandelt sich in eine Masse abstürzenden, turbulenten Aufruhrs.

Geologische Grundtypen

Die Ursachen für die Entstehung von Fällen und Schnellen sind äußerst mannigfaltig.
Typisch für die während der Kaltzeiten des Pleistozäns von Inlandeis und von Gebirgsgletschern überhobelten Landschaften mit ihren Wannen und Rundhöckern, ihren Karen, Hänge- und Trogtälern sind die zahllosen glazial angelegten Gefällsbrüche. Hierin liegt die Ursache für den Reichtum Kanadas, der nordeuropäischen Länder und der einst stärker vergletscherten Gebirge an Wasserfällen und Stromschnellen. In den Alpen münden die parallelen Seitentäler als Hängetäler oft in hohen Stufen, über die ihre Bäche in Wasserfällen tief in die Tröge der Haupttäler hinabstürzen. Und besonders hohe Fallstrecken bestehen an den Steilhängen der Fjorde Norwegens und Neuseelands. Der berühmteste Wasserfall der Alpentäler ist der Staubbachfall bei Lauterbrunnen im Berner Oberland, dessen Wasser 300 m tief abstürzt und ganz zerstäubt. Doch gibt es in diesem und in vielen anderen Tälern ähnliche Fälle. Einige der welthöchsten, wenn auch nicht wasserreichsten Fälle der Erde, wie die Fälle des 11 m breiten Yosemitebachs im gleichnamigen kalifornischen Nationalpark (USA, 740 m in drei Sprüngen), Utigards-Fos (Norwegen, 610 m), Sutherland-Fälle (Neuseeland, 581 m), Cleve-Garth-Fall (Neuseeland, 450 m), Gavarnie-Fall (Französische Pyrenäen, 420 m) und Krimmlerfälle (Österreich, 380 m), verdanken ihre Entstehung der Ausschürfung durch das pleistozäne Gletschereis (Exaration).
Eine andere wichtige Ursache für das Bestehen von Unregelmäßigkeiten des Gefälles bildet das Nebeneinander von Gesteinen unterschiedlicher Härte. Das Wasser, das über sie hinwegfließt, vermag sich in das weichere Gestein leichter einzugraben als in das härtere. Die Bildung von Stromschnellen wird begünstigt, wenn das fließende Wasser in Hebung befindliche Teile der Erdkruste erodiert oder während der Erosion auf härteren Untergrund trifft. Derartige Unregelmäßigkeiten des Flußprofils treten häufig in Durchbruchstälern auf. Zum Beispiel können Intrusionen von hartem magmatischem Gestein stauende Riegel bilden, wie dies für die Victoriafälle am Sambesi zutrifft.
Die meisten Wasserfälle und Stromschnellen treten an Schichtstufen auf. Es sind dies Stellen der Erdoberfläche, an denen eine Abfolge von Schichtgestein unterschiedlicher Härte endet. Dieses „Ausstreichen“ kann von normaler Abtragung ebener, geneigter oder gefalteter Schichten herrühren; es kann aber auch das Ergebnis von Verwerfungen durch tektonische Kräfte sein.

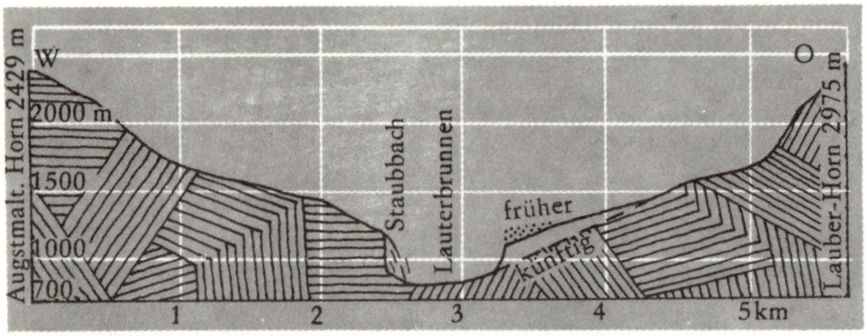

Der Staubbachfall im Tal der Lütschine, ein typischer Wasserfall der Alpen. Das Wasser stürzt über die Trogkante in das Tal. (Nach G. Wagner)

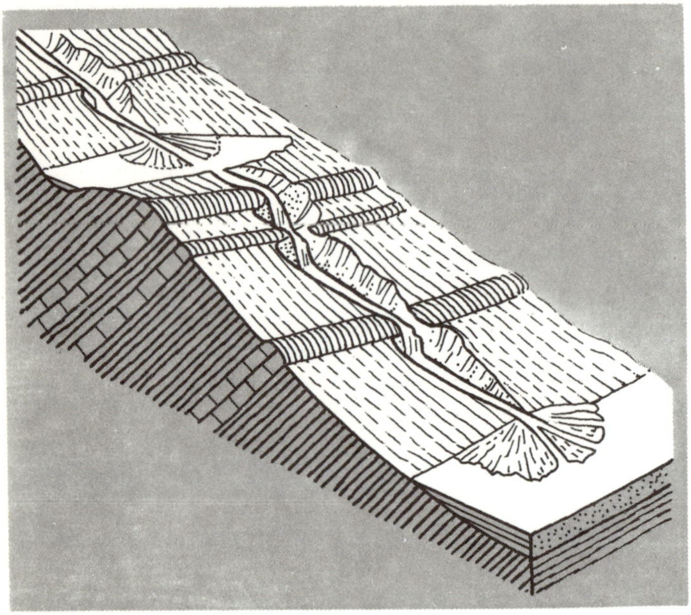

Wasserfälle und Stromschnellen entstehen häufig an den Austrittstellen harter Schichten. Das Bild zeigt eine Kaskade. (Nach W. M. Davis u. R. Kettner)

Solche Schichtstufen ziehen sich oft an den Rändern von Gebirgen und an Bruchzonen als Bruchstufen über Hunderte Kilometer Länge hin. An nebeneinanderliegenden Flüssen kommt es dann auf gleicher Höhe beim Überfließen der Stufe zur Herausbildung von Fällen und Schnellen. Die Geographen sprechen von einer „Fall-Linie". Ihre typischste Ausprägung findet sie in den USA, wo die den Appalachen im Osten vorgelagerte flachwellige kristalline Einebnungsfläche, die als Piedmont bezeichnet wird, zur atlantischen Küstenebene abfällt. Solche Fall-Linien gibt es aber auch an den Rändern der großen Beckenlandschaften des Amazonas, des Kongo und an zahlreichen anderen Stellen der Erde.

Da in der Schichtfolge harte und weiche Gesteine häufig mehrmals wechseln, besteht die Möglichkeit, daß das Wasser bei schräg gestellten Schichten nacheinander auf kantenbildendes Gestein unterschiedlichen Alters trifft; oder das Wasser schneidet während seines Laufes über gefaltetes Gestein dieselbe kantenbildende Schicht wiederholt an. Auf diese Weise kommt es an ein und demselben Fluß zu einer Kaskade oder Kette von Wasserfällen und Stromschnellen. Das klassische Beispiel weit auseinandergezogener Unregelmäßigkeiten des Strombettes verkörpern die Stromschnellen im Mittellauf des Nils zwischen Khartoum und Assuan. Während sich der Strom zwischen 100 und

350 m tief in die Wüstentafel des Nubischen Sandsteines einschnitt, stieß er an sechs Stellen auf die aufgewellte kristalline Unterlage. Diese ältere geologische Formation ist beträchtlich härter als der darüber lagernde jüngere Sandstein, und so entstanden die bekannten, von den Nilschiffern gefürchteten sechs Kataraktstrecken mit stärkerem Gefälle.

Der Prototyp eines Wasserfalls begegnet uns gewöhnlich dort, wo das fließende Wasser auf eine ziemlich dünne Deckschicht von hartem Gestein trifft, die auf einem weicheren Gestein lagert.

Während der Fluß die harte Gesteinsschicht nur schwach erodiert, vermag er sich in das talabwärts folgende weichere Gestein leichter einzugraben. Als Folge davon hebt sich die Kante des härteren Gesteins immer deutlicher als Stufe heraus. Es entsteht eine Stromschnelle (Katarakt). Die weitere Erosion untergräbt die vorstehende Kante der härteren Schicht. Der Überhang bricht ab: Es entsteht eine Steilstufe, über die sich der Fluß als Wasserfall ergießt. Als einmalige Stufe finden wir diesen Typ besonders klar in Gestalt der Niagarafälle. Aus einer Folge mehrerer Stufen entsteht eine Kaskade. Die Iguaçufälle lassen zum Beispiel zwei solche Stufen erkennen. Wenn der Fluß über die harte Gesteinskante hinabstürzt, beschleunigt die Fallenergie seine Fließgeschwindigkeit. Mit großer Wucht treffen das Wasser und die von ihm mitgeführten groben Feststoffe am Grunde des Wasserfalles auf, wo sie eine beträchtliche erodierende Wirkung entfalten. Die punktuell verstärkte Auswaschung des Flußbettes läßt den sogenannten Sturzsee entstehen.

Diese Auswaschung erfaßt im weiteren auch das weichere Gestein, auf dem bislang noch das stufenbildende härtere Gestein ruhte. Erneut bildet sich ein Überhang, der es an manchem Wasserfall erlaubt, trockenen Weges hinter ihm zu passieren. Mit dem weiteren Fortschritt der Erosion wächst jedoch der Überhang zu einer kritischen Masse an. Sobald er sich nicht mehr selbst zu tragen vermag, bricht er ab. Und dieser Vorgang wiederholt sich im Laufe der Zeit. Die Lage des Wasserfalls verschiebt sich damit flußaufwärts. Der Wasserfall schreitet allmählich zurück.

Führt der Fluß genügend Wasser mit sich, wird er das abgebrochene Gestein aufarbeiten und, zerkleinert, mit sich forttragen. Häufig gehen die rückschreitende Erosion und die Beseitigung des Abbruchgesteins mit einem derart schnellen Tempo vonstatten, daß die örtlichen Niederschläge nicht genügend Zeit finden, um die Talwände unterhalb des Wasserfalls zu einem V-förmigen Profil abzuflachen. Infolgedessen weitet sich der Sturzsee am Fuße des Wasserfalls zu

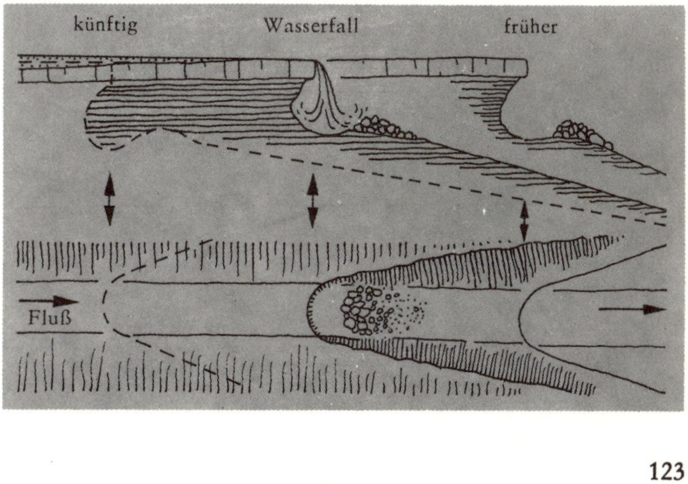

Ein aktiver Wasserfall, hier ein Prototyp mit einer Deckschicht von hartem Gestein (Horse Shoe Fall der Niagarafälle), verlegt seine Fallkante rückwärts und bildet eine Schlucht.

einer immer längeren schmalen und steilwandigen Bergschlucht aus.
Wo jedoch der Abbruch des Überhanges schneller vonstatten geht als die Abtragung des abgebrochenen Gesteins, wird der Sturzsee verschüttet. Am Fuß des Wasserfalls häufen sich Felsbrocken. Mit dem Anwachsen der Gesteinsbarriere verschwindet die typische Ausprägung des Wasserfalls. Die Unregelmäßigkeit des Flußbettes wird zu einer Stromschnelle abgeflacht.
Wasserfälle haben darum auch, vergleicht man sie mit anderen Formen des Festlandes, eine geringere Beständigkeit. Zum Sterben eines Wasserfalls tragen neben der Wasserführung weitere Faktoren bei: die im Verlaufe der rückschreitenden Erosion erfolgende Lageveränderung der austretenden härteren Gesteinsschicht, der Austrittswinkel der härteren Schicht u. ä. m. Die Lebensdauer eines typischen Wasserfalls mag einige Zehntausende Jahre betragen. Viel länger hält sich eine Stromschnelle. Beide Naturerscheinungen unterliegen jedoch der Tendenz jedes Strombettes, zum Profil einer sanften Kurve ausgeglichen zu werden.
Auf der Erde gibt es Tausende Wasserfälle, von denen sich einige durch beträchtliche Größe herausheben. Unsere Aufstellung kann nur eine kleine Auswahl geben. Unter der Vielfalt eine Rangfolge aufzustellen ist ein schwieriges Unterfangen. Die einen zeichnen sich durch eine größere Fallhöhe, die anderen durch größere Wasserführung aus. Andere Kriterien sind die Beständigkeit des Flusses, die Breite der Fallkante, ob das Wasser direkt senkrecht abstürzt oder über einen schräg abschüssigen Hang, ob es die Unausgeglichenheit des Geländes in einem Sprunge überwindet oder in einer Folge mehrerer Sprünge, die sich in Form der Kaskade sogar über beträchtliche Entfernungen erstrecken kann.
Kombiniert man die mittlere jährliche Wasserführung (13 300 m^3/s) mit der Fallhöhe (40 m), so sind die Fälle von Sete Quedas oder Guaira des Paraná an der Grenze von Brasilien und Paraguay als die größten Wasserfälle der Erde anzusehen.

Abflachung eines Wasserfalles zu einer Stromschnelle. Im Gegensatz zum aktiven Horse Shoe Fall wird der American Fall der Niagarafälle allmählich verschüttet. Die Austiefung des jetzt mit Geröll beladenen Flußbettes erfolgte wahrscheinlich, als noch das gesamte Niagarawasser diesen Flußarm benutzte. (Nach R. Flint)

Ein Sonderfall unter den Fällen: der Rheinfall

Andere Wasserfälle sind jedoch bekannter und mehr bewundert. Man denke allein an den Rheinfall von Schaffhausen, der mit 150 m Breite, 23 m Höhe und bis zu 600 m^3/s Durchfluß den größten Wasserfall Mitteleuropas bildet. Er nimmt unter den Wasserfällen der Erde auf Grund seiner eigenartigen Entstehung einen besonderen Platz ein. Auch sein Ursprung geht auf das Eiszeitalter zurück, doch in anderer Weise, als es für die Wasserfälle einiger Hochgebirge und Fjorde beschrieben worden ist.
Während der letzten Kaltzeit war das alte Rheinbett durch Moränenschutt und Schotter im Gebiet von Schaffhausen verschüttet worden. In diese jungen Ablagerungen schnitt sich der Rhein nach dem Rückzug der Gebirgsgletscher unbekümmert ein. Während er unterhalb des heutigen Falls auf sein altes Bett traf, das er dauernd kräftig ausräumen konnte, erreichte er oberhalb des Falles bald

Blockbild des Hochrheins bei Schaffhausen. Alte ausgefüllte Talzüge. Junge epigenetische Täler. Etwa doppelt überhöht. Länge etwa 1:140 000. (Nach G. Wagner)

harten Jurakalk. Da er dort mit dem Ausräumen talab nicht Schritt halten konnte, entwickelte sich genau an der Stelle, an der er sein altes Tal erreichte, zunächst eine Stromschnelle und später der Wasserfall. Die Felswand, über die sich der Rhein hinabgießt, ist seine alte linke Talwand. Die Fallhöhe ergibt sich aus dem Erosionsunterschied im weichen Schotter und im harten Jurakalk.

Der Rheinfall zählt übrigens zu den relativ stabilen Fällen. In 15 000 Jahren seines Bestehens hat er seine Lage um 20 bis 30 m zurückverlegt. Im allgemeinen geht die rückschreitende Erosion viel schneller vonstatten.

Als Touristenattraktion führend: die Niagarafälle

Bewertet man die Wasserfälle nach ihrer Popularität, so rangieren die Niagarafälle ohne Zweifel an erster Stelle, obwohl sie weder der Höhe noch der Wasserführung nach die Spitze halten. Der Ruhm der Fälle wurde mit den Reiseberichten des französischen Franziskanermönches Hennepin begründet, der sie 1678 als erster Europäer erblickte. Seither werden sie als eines der größten Naturwunder bestaunt.

Die Niagarafälle schieben sich in den nur 58 km langen Niagarafluß, über den der Eriesee (174 m ü. NN) in den Ontariosee (75 m ü. NN), den letzten der fünf Großen Seen, entwässert. Die Hälfte der Höhendifferenz zwischen den beiden Seen überwindet der Fluß als Fallstrecke an der Stufe einer ausstreichenden harten paläozoischen Gesteinsschicht aus Dolomit (Lockport-Kalk).

Folgt man dem Fluß vom Eriesee, so fließt er anfangs breit und ruhig dahin. Auf 19 km beträgt das Gefälle nur 4 m. Allmählich beschleunigt sich die Strömung. Schon 750 m oberhalb der Fälle treten Stromschnellen auf, die ein Gefälle von 9 bis 17 m haben. Schließlich stürzt das Wasser (im Jahresdurchschnitt 6 000 m^3/s) in zwei nebeneinanderliegenden Fällen ab. Der höhere von beiden ist mit 59 m der auf der rechten Flußseite gelegene American Fall, der sich jedoch im Zustand der Austrocknung befindet. Über seine 300 m breite Fallkante nehmen nur noch 6 Prozent der gesamten Wassermenge ihren Weg. Der Abfluß erfolgt zu 94 Prozent über den mit 900 m auch erheblich breiteren, mit 57 m Höhe aber bereits stärker ausgearbeiteten Horse Shoe Fall (Hufeisenfall). Zwischen diesen beiden Hauptfällen liegt die felsige Ziegeninsel (Goat Island). Die

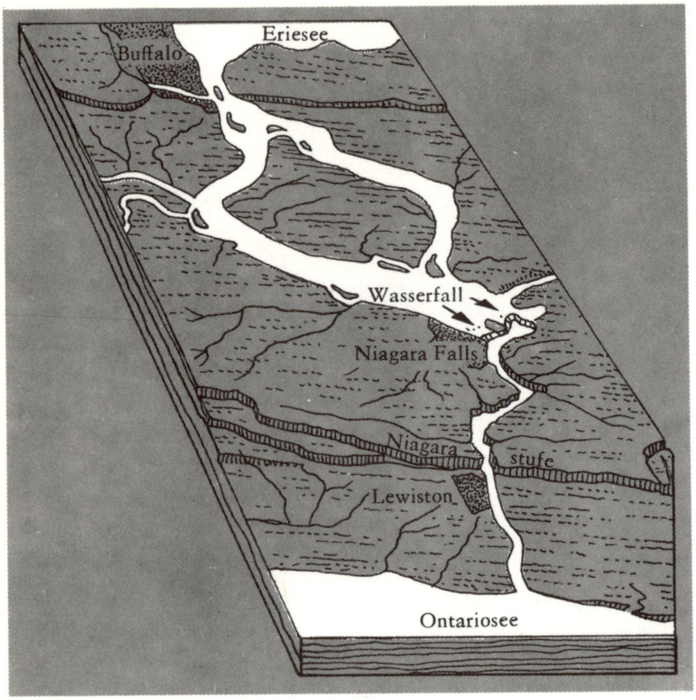

Flußverlauf bei den Niagarafällen. Länge vom Eriesee bis zum Ontariosee 56 km. (Nach R. Flint u. R. Kettner)

kleinere Mondinsel trennt einen nur 20 m breiten Flußarm ab, der den zentralen oder Mondwasserfall bildet.

Die eigentliche Touristenattraktion bildet der Hufeisenfall, an dem das Wasser im Halbkreis der Felskante wie ein geschlossener Vorhang hinabfällt. Entsprechend der Wassermenge wechselt der Wasserfall seine Farbe zwischen hellgrün, türkis und weiß. Bei der Wucht des Aufpralls zerstiebt ein Teil des Wassers zu hohen Wasserwolken, die wie ein dichter Schleier über dem Fall hängen. Werden sie von Sonnenstrahlen getroffen, wirken sie wie ein Prisma: Der Wasserfall leuchtet dann in allen Regenbogenfarben.

Das überkippende, abstürzende und aufprallende Wasser erzeugt ein fortwährendes Grollen, das noch weithin den Verkehrslärm übertönt. Die Bewohner der beiden gleichnamigen Grenzstädte Niagara Falls, auf US-amerikanischer bzw. kanadischer Seite gelegen, haben gelernt, mit dieser Geräuschkulisse zu leben; unheimlicher noch wäre für sie eine plötzlich eintretende Stille.

Am Fuße der Fälle haben das abstürzende Wasser und Geröll eine Vertiefung von 30 m herausgearbeitet. Am Horse Shoe Fall, wo infolge der stärkeren Wasserführung die rückschreitende Erosion schneller vonstatten geht, konnte das abgebrochene Gestein bislang vom Wasser aufgearbeitet und abtransportiert werden, so daß dort die Austiefung frei liegt. Zu Füßen des mit weniger Wasser versorgten American Fall haben sich dagegen mächtige Geröllbänke angesammelt, welche die ursprünglich auch hier vorhanden gewesene Austiefung bereits verschüttet haben. Dieses Geröll erreicht stellenweise bereits die halbe Höhe der Fälle, woraus man schließen kann, daß sich die Fälle allmählich in Schnellen verwandeln.

Unterhalb der Fälle fließt der Strom durch eine tief eingeschnittene Schlucht. Das Flußbett wird auf 100 m zusammengedrängt, die Strömungsgeschwindigkeit ist demzufolge beträchtlich. Die Schlucht endet, wo die Niagara-Schichtstufe oberhalb von Lewiston austritt. Hier entstand vor etwa 12 000 Jahren zuerst der Niagarafall, ehe er bis zum heutigen Tage durch die Erosion um 11 km zurückverlegt wurde. In historischer Zeit betrug die Abtragung der Fälle jährlich etwa 1,5 m. Besonders erhebliche Felsstürze wurden in den Jahren 1818, 1828 und 1866 beobachtet. Würde diese Zurückverlegung bis zum Eriesee fortschreiten, würde dessen Wasserspiegel bis zur weitgehenden Entleerung absinken, da die Schicht der stufenbildenden Kalke und Dolomite am Nordufer des Eriesees bei Buffalo bis zur mittleren Tiefe des Seebeckens fällt.

Gegenüber ihren Rivalen in Südamerika und Afrika haben die Niagarafälle vor allem eines voraus: ihre Nähe zu zahlreichen Millionenstädten und ihre leichte Zugänglichkeit für den Weltverkehr, vor allem auch für Reisende aus Europa. Kein Wasserfall der Erde vermag daher mehr Schaulustige anzulocken. Die Gesamtzahl der Besucher beträgt jährlich etwa fünf Millionen.

Die Fälle locken immer wieder Artisten, ihre Kunststücke darzubieten. Sie folgen der Tradition des berühmten Franzosen Blondin (mit bürgerlichem Namen Jean François Gravelet), der als erster am 30. Juni 1859 den Niagara auf einem 330 m langen Seil in 50 m Höhe oberhalb der Fälle überquerte.

Rückschreiten der Niagarafälle. (Nach G. Wagner)
Oben: 40fach überhöhter Schnitt. Die Höhenzahlen beziehen sich auf den Wasserspiegel. Der Ontariosee reichte früher fast bis an die Oberkante der Steilstufe von Queenstown.
Unten links: Verluste seit dem 17. Jahrhundert; unten rechts: Verluste von 1842 bis 1890; schwarz kenntlich gemacht (nach Spencer u. Wagner)

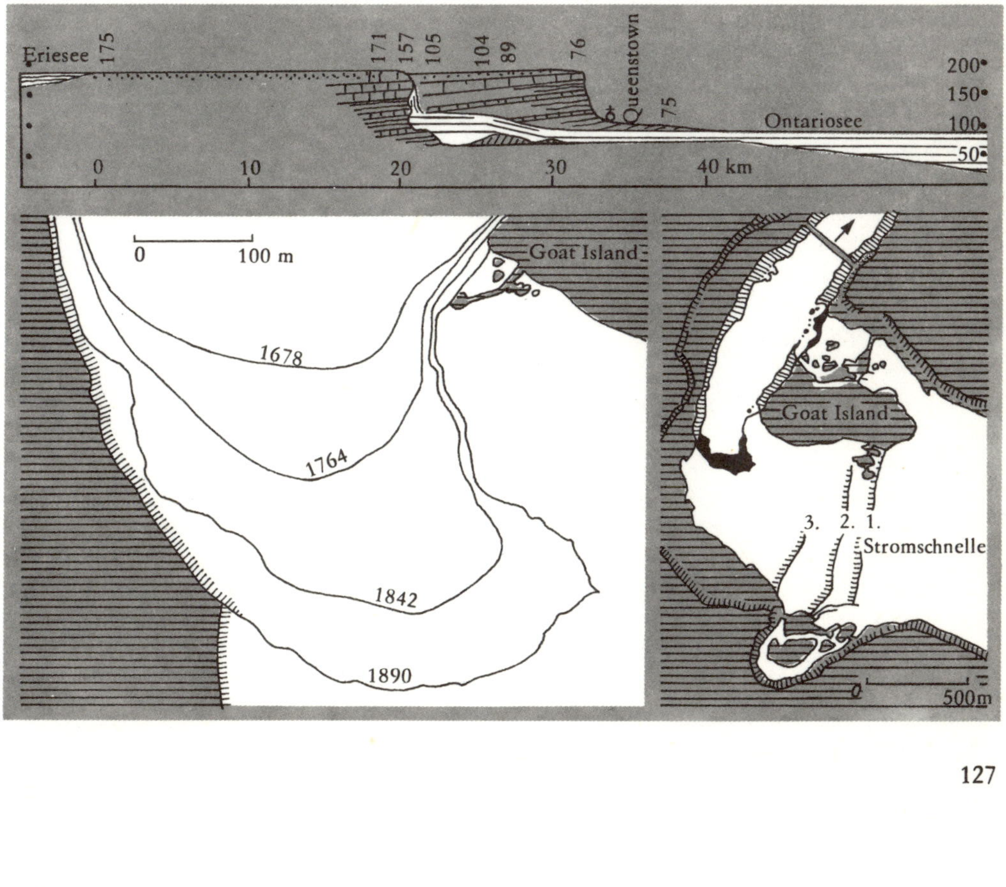

Die bedeutendsten Fälle: die Victoriafälle am Sambesi

Viele großartige Wasserfälle liegen in Regionen, die erst sehr spät in Europa bekannt wurden. Das gilt auch für die Victoriafälle am Sambesi, die häufig auch als die größten Wasserfälle der Erde bezeichnet werden. Sie waren 1830 von burischen Jägern entdeckt worden, danach aber in Vergessenheit geraten. So gebührt der Ruhm, sie dem Weltbild der Europäer erschlossen zu haben, dem englischen Forschungsreisenden David Livingstone, der sie am 16. November 1855 erreichte.

Als Livingstone den Sambesi abwärts fuhr, fand er bestätigt, was ihm seine afrikanischen Begleiter bereits zuvor vom Mosioa-Tunya, dem „donnernden Rauch", erzählt hatten. *„Etwa 10 Kilometer von uns entfernt stiegen riesige Rauchsäulen empor"*, schreibt er in seinem Buch „Missionsreisen und Forschungen in Süd-Afrika ...". *„Der Rauch stieg in fünf Säulen hoch und neigte sich in Windrichtung. Es schien, als berührten die Säulen eine niedrige bewaldete Schlucht und verschmölzen oben mit den Wolken."* Der Wasserstaub, der bei Sonnen- und sogar bei Mondlicht phantastische Regenbogen entstehen läßt (Rainbow Falls), zaubert mitten in die Trockensteppe ein Stück üppig grünen Tropenwaldes. *„Die Ufer und die Inseln im Fluß waren mit Bäumen verschiedenster Formen und Farben geschmückt. Als wir den Wasserfall besichtigten, waren die Bäume mit Blüten übersät. Ein Affenbrotbaum mit riesigen Ästen ragte in die Höhe. Daneben stand eine Gruppe von Palmen, die sich mit ihren gefiederten Blättern vom Hintergrund des Himmels abhoben und dem Bild eine ungewöhnliche Schönheit verliehen."*

Livingstone ließ sich von seinen Begleitern im Boot auf eine Insel bringen, die mitten im Fluß lag. *„Obwohl wir uns in unmittelbarer Nähe des Wasserfalls befanden, konnten wir nicht feststellen, wohin diese riesigen Wassermassen flossen. Es schien, als verschwänden sie in der Erde, denn der gegenüberliegende Felsvorsprung, an dem das Wasser verschwand, war nur 27 Meter von uns entfernt. Ich wollte diesem Rätsel auf den Grund gehen und kroch voller Angst an den äußersten Rand. Ich blickte nach unten und sah einen riesigen Spalt, der sich über die ganze Breite des Sambesi von einem Ufer zum anderen zog."*

Dieser Spaltencharakter erlaubt es, die Fälle auf geringe Distanz von der gegenüberliegenden Seite zu bewundern. Die Großartigkeit des Naturerlebnisses wird noch durch den Umstand erhöht, daß Fälle und Schlucht in ein fast tischebenes Land eingeschnitten sind. In 1,8 km Breite stürzen die Wassermassen 108 m tief in eine fast 2 km lange, 40 bis 100 m breite Schlucht. An einigen Stellen bildet der Fall in ganzer Höhe einen zusammenhängenden Wasserschweif, an anderen wird er mehrfach von Felsvorsprüngen gebrochen und erreicht dort den Grund in einer Serie majestätischer Sprünge.

In dichter Zickzackfolge durcheilt der Strom neun ähnlich bemessene Schluchten, an denen in früheren erdgeschichtlichen Zeiten die Fälle jeweils gelegen waren. Über die Kehre zwischen erster und zweiter Schlucht verbindet die kombinierte Bahn- (1904/05) und Straßenbrücke (1930) auf der Strecke Bulawayo–Maramba (Livingstone)–Lusaka–Lubumbashi beide Ufer. 130 m über dem Flußspiegel gelegen, hielt sie einst den Höhenrekord unter den Brückenbauten der Welt. Zur Flutspitze im März beträgt die Wassertiefe unter der Brücke 30 m, bei Niedrigwasser noch immer 17 m. Die Bahnlinie sollte ein wichtiges Teilstück der von den Engländern geplanten, aber nie realisierten Kap-Kairo-Linie bilden.

Die Fälle bildeten sich heraus, als der Sambesi nach der Abtragung weicher Sandsteinformationen auf einen harten Basaltriegel stieß. Zwei Staffeln diagonal zueinander streichender Hauptsprunglinien des Basalts, die während des Erkaltens in weichere Gesteine intrudiert waren, zwangen dem Strom

Die Victoriafälle des Sambesi. (Nach K. Keilhack)

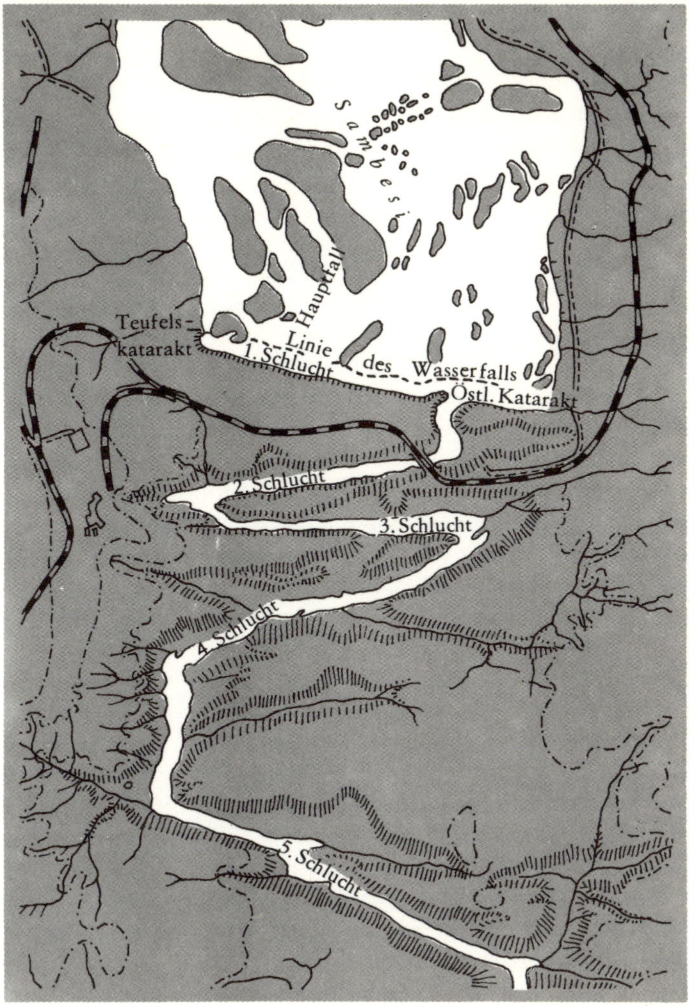

seinen eigenartigen Zickzackkurs auf. In einer Entfernung von weniger als einer Meile unterhalb der Fälle fließt der Strom viermal in entgegengesetzte Richtung. Eine abermalige Kehrtwendung der Flußrichtung bahnt sich bereits am westlichen Fallabschnitt (Devils Cataract) an, wo die stärker erodierende Strömung eine neue, sich in nordöstlicher Richtung erstreckende Schlucht herausarbeitet. Ihr künftiger Verlauf entspricht den Wasserschnellen, die der Inselfront oberhalb der heutigen Fallkante vorgelagert sind. Die starke Erosion führt zu einem bemerkenswert schnellen Rückwärtsschreiten der Fälle. Das meiste Wasser stürzt zwar von November bis März ab, wenn tropische Hitze herrscht; die Reiseführer empfehlen aber für einen Besuch die trockenere, gesündere Jahreszeit zwischen Juni und Oktober, während der die Temperatur nahe dem Fluß sogar oft bis zum Gefrierpunkt absinkt. Auch dann sind die Fälle noch immer imposant genug, da die Sümpfe 60 Meilen oberhalb Niederschläge der Regenzeit speichern und dem Fluß auch zur Trockenzeit noch ansehnliche Wassermengen zuführen.

Iguaçu – das „Große Wasser"

Die Iguaçufälle wurden von allen großen überseeischen Wasserfällen am frühesten durch europäische Reisende entdeckt; aber sie wurden erst sehr spät durch wissenschaftliche Beschreibungen in Europa wirklich bekannt. 1542 drang schon der spanische Seefahrer Don Alvar Núñez Cabeza de Vaca mit seinem Häuflein wagemutiger Krieger bis zu den Fällen vor, als er auf der Suche nach dem goldverheißenden Reich der Inkas das Stromsystem der La-Plata-Länder durchforschte. „I guáçu" nannten damals schon die Indianer das furchteinflößende Schauspiel der Natur, dessen dumpfes Tosen die entlegenen Urwälder erfüllt. Aber Don Alvar wußte nicht, daß in der Guaranísprache das „I" Wasser und „guaçu" groß bedeutet. So nannte er die Fälle gottesfürchtig Salto da Santa María.

Da es in dieser Gegend jedoch weder Gold noch Silber zu holen gab, gerieten die Fälle bald wieder in Vergessenheit. Von der Entdeckung blieb in Europa nur eine Legende, wie es damals viele solcher Art über den fernen, geheimnisumwitterten Kontinent gab. Das „Große Wasser" wurde erst wieder im 17. Jahrhundert von Jesuiten-Mönchen erblickt, die sich jedoch, wie es scheint, von dem Naturwunder wenig beeindruckt zeigten. Die gelehrte Welt Europas schwärmte bald von den durch leichte Zugänglichkeit begünstigten Niagarafällen; die Iguaçufälle waren aber noch nicht in ihr Bewußtsein gerückt. Mit dem Niedergang der Jesuitenkolonie Misiones am Paraná gerieten letztere sogar noch einmal in Vergessenheit.

Erst im Jahre 1892 wurde von dem Gebiet der Wasserfälle eine zuverlässige topographische Karte hergestellt, und von nun an wurden auch nähere Berichte über das Naturwunder im Urwald bekannt. Die Nachbarstaaten Argentinien und Brasilien rühmten sich ihres Besitzes, ohne daß allerdings Klarheit über die Territorialrechte bestand, die erst ab 1903 geregelt wurden.

Die Iguaçufälle liegen 20 km oberhalb der Mündung des gleichnamigen Flusses in den Paraná. Das Wasser ergießt sich in zwei Stufen, die sich am Rand der südbrasilianischen Lavatafel herausgebildet haben. Die gesamte Fallhöhe variiert zwischen 57 und 72 m. Damit bleiben zwar die Iguaçufälle hinter anderen bedeutenden Fällen zurück. Sie übertreffen jedoch alle anderen durch ihre riesige Ausdehnung. Die Fallkante erstreckt sich nach einer scharfen Biegung des Flußlaufes hufeisenförmig über 4 km Breite. Auch die Wasserführung ist gewaltig. Während der Abflußspitzen im Südsommer führt der Fluß normalerweise über 7 000 m^3/s, das bedeutet ein Drittel mehr als der Sambesi an den Victoriafällen und mehr auch als der Niagara. Messungen in einem besonders regenreichen Jahr ergaben sogar nahezu 13 000 m^3/s. Die Niagarafälle zeichnen sich aber durch eine gleichmäßiger über das Jahr verteilte Wasserabgabe aus, die durch das Reservoir der Großen Seen begünstigt wird. Legt man die Jahresmittelwerte zugrunde, rangieren die Niagarafälle unter den drei Favoriten eindeutig an erster Stelle.

Lange Zeit gab es keine zuverlässigen Angaben über die Wassermengen des Iguaçu.

Die Iguaçufälle. (Nach Wilhelmy/Rohmeder und Eriksen)

Fallstrecke Fels Klippen Wald

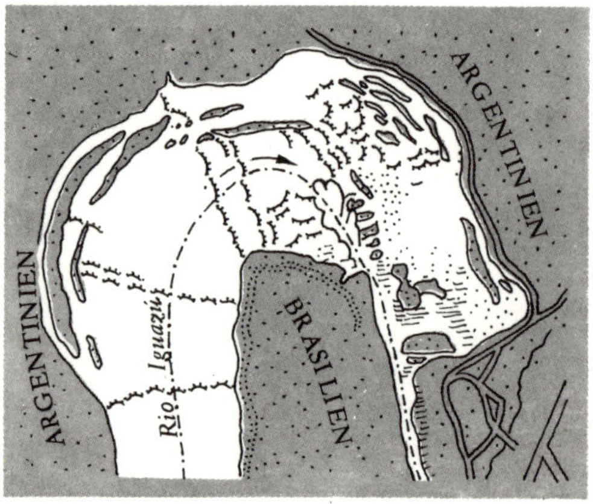

Manche Beobachter waren geneigt, den Abfluß zu unterschätzen, da sich der Absturz an der 4 km breiten Fallkante auf ein weitläufiges System von Wassersträhnen verteilt. Man zählt 21 größere Fälle und ein Filigran von etwa 250 kleineren Fällen; aber es gibt in ihrer Umgebung keine Stelle, von der aus sie alle auf einmal zu sehen wären. Während der Trockenzeit gar erscheinen die Iguaçufälle zart und gebrechlich. So zeigten sich die Wissenschaftler über ihre eigenen Meßergebnisse erstaunt.

Ein Blick in den nur 65 bis 100 m breiten Cañon, in dem sich die vielen Einzelfälle zu einem rasant dahinschießenden Strom vereinigen, bestätigt jedoch den Aufruhr einer unglaublichen Wasserfülle. Der Garganta del diablo erweist sich als ein wahrhaft höllischer Rachen, der schier unersättlich ist im Verschlingen von Wasser. Sein dumpf gurgelndes Brodeln strebt dem Höhepunkt zu, wenn das Wasser im Oberlauf zur Regenzeit zu steigen beginnt, wenn die Insel San Martín auf der argentinischen Seite des Flusses langsam unter dem Wasserspiegel versinkt und die beiden Wasserarme des Belgrano- und Rivadaviafalles zu einem verschmelzen.

Die häufigsten und längsten Kataraktstrecken – im Herzen der Tropen gelegen

In zwei Regionen der Erde häufen sich Wasserfälle und Stromschnellen in besonders auffallender Weise: im tropischen Afrika und im tropischen Südamerika. Obwohl beide durch einen Ozean getrennt sind, ähneln doch die Ursachen für diese Häufung einander. Die Ströme entwässern hier wie dort in riesige Beckenlandschaften, die sich seit dem Paläozoikum, dem Erdaltertum, in ständiger Senkung befinden. Die Unregelmäßigkeiten der Talprofile sind anzutreffen, wo die Wasserläufe beim Austritt aus den Hochländern und Schwellen die ausstreichenden härteren Gesteinsschichten queren.

Eine weitere Gemeinsamkeit ist die ungemeine Wasserfülle der betreffenden Ströme, besonders während der tropischen Zenitalregen. Viele schnellenbildende Nebenflüsse des Amazonas und des Kongo übertreffen mit ihrer Wasserführung die für ihre Fülle berühmten Ströme Sambesi, Iguaçu und Niagara. Betrachtet man den Kongo, der sogar in seinem Unterlauf Schnellen und Fälle bildet, so tritt die Wassermasse als bestimmendes Element für die Einordnung in die Rangliste der Fälle besonders deutlich hervor. Mit durchschnittlich 41 400 m^3/s Wasserführung im Unterlauf übertrifft er den Niagara um das Siebenfache und den bewunderten Iguaçu um das Vierundzwanzigfache.

Die Höhe der einzelnen Wasserfälle reicht zwar im Amazonas- und Kongobecken nicht an diejenige der Victoria-, Iguaçu- oder Niagarafälle und mancher anderer mit weniger Wasser versorgten Fälle heran. Die Wasserfülle verleiht jedoch den überkippenden und abstürzenden Wassermassen eine grandiose Geschlossenheit. Viele Fälle präsentieren sich als lückenlose Wasserwände, die von einem Ufer zum anderen reichen. Wo sich die Täler verengen, kommen diese Wassermassen mit infernalischer Dynamik zur Geltung.

Fallstrecken

Ist auch die Höhe der einzelnen Fälle an den Strömen der Kontinentalbecken Südamerikas und Afrikas gewöhnlich gering – nicht allein die ungeheuren Wassermassen geben ihnen ihr besonders gewaltiges Gepräge: Die Fallstrecken erreichen oft auch gewaltige Längserstreckung. Häufig reihen sich an den Strömen lange Ketten von Fällen und Schnellen, oft über Hunderte von Kilometern.

Der Amazonas selbst ist zwar als durchgängiger Tieflandstrom frei von Fallstrecken. Von seinen vielen Nebenströmen ist jedoch kaum einer kataraktfrei. Die eigentümliche Lage des Amazonasbeckens zwischen den

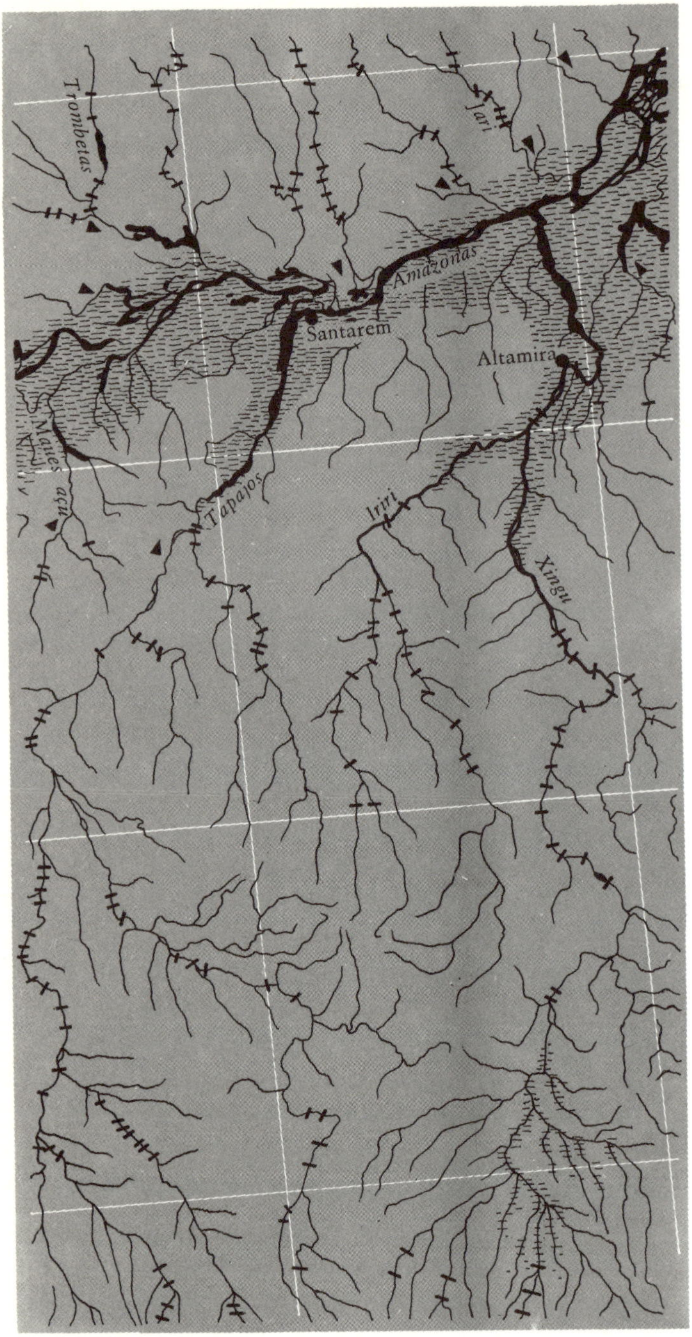

Wasserfälle und Stromschnellen am Abfall in das Amazonasbecken
Stromschnellen
Schiffbarkeit

Bergländern von Guayana und Brasilien hat an den nördlichen und südlichen Amazonaszuflüssen Wasserfälle und Stromschnellen in zwei großen, zueinander geöffneten Bögen nebeneinandergereiht. Praktisch wird das Amazonasbecken von gigantischen gekrümm-

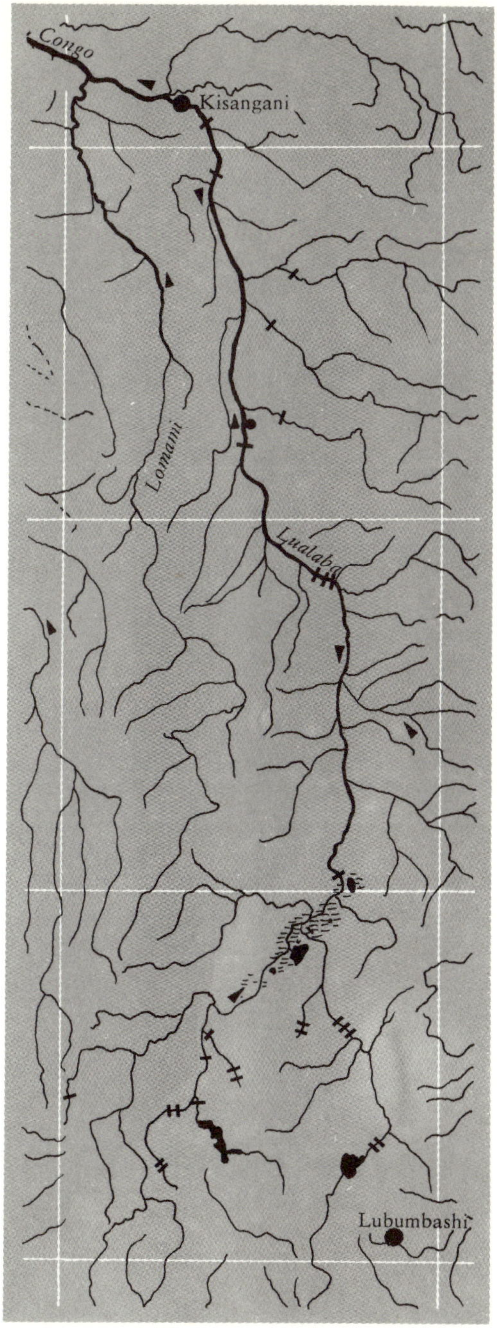

Die Wasserfälle und Stromschnellen des Lualaba-Kongo (Zaïre) beeinträchtigen die Schiffbarkeit.
—+— Stromschnellen
► Schiffbarkeit

ten Fall-Linien umgürtet, die es zugleich hervorstechend markieren.

Am Rio Madeira gibt es nicht weniger als 30 Wasserfälle und Stromschnellen. 19 allein entfallen auf die 370 km lange Strecke zwischen Santo Antonio am Madeira und Guayara-Mirim am Mamoré-Fluß, auf der das Wasser 145 m Niveauunterschied überwindet. Am Rio Tabajós werden stromauf bis zur Cachoeira des Capoeiras 18 Stromschnellen gezählt, und ein weiterer Abschnitt dieses Stromes wird von 27 Schnellen und Fällen unterbrochen. Die als Volta Grande bekannte Strecke des Parallelflusses Xingú ist praktisch eine unaufhörliche Stromschnelle mit einem Gefälle von 69 m. Der Strom stürzt über eine Serie von Felskanten, als handele es sich um Stufen eines Amphitheaters. Manche Stufen bilden während der trockenen Jahreszeit echte Wasserfälle, gleichen jedoch während der Hochflut eher Stromschnellen. Da diese Fälle und Schnellen eine natürliche Verteidigungslinie der Indianer darstellten, boten sie der Stammesgesellschaft vor dem Ansturm der Zivilisation Schutz. In dem von den Brüdern Villas Boas geschaffenen, inzwischen weltberühmt gewordenen Nationalpark Xingú hat sich die indianische Kultur besonders gut erhalten.

Fall-Linien kennzeichnen auch den Lauf der Zuflüsse des Kongo beim Verlassen der das Kongobecken umkränzenden Schwellen. Während jedoch der Amazonas sein Becken in einer ausgeglichenen Talniederung verlassen kann, müssen die Ströme im Kongobecken oft auch Sporne und isolierte Aufragungen des kristallinen Untergrundes durchschneiden, so daß dort, auch inmitten des Beckens, Stromschnellen und Wasserfälle anzutreffen sind. Besonders ausgeprägt ist diese Erscheinung am Lualaba, dem Hauptquellfluß des Kongo, an dem sich lange, ruhig dahinfließende, schiffbare Abschnitte mit Schluchten, wie den „Pforten der Hölle" bei Kolwezi, und Gruppen von Schnellen und Wasserfällen, wie den sich über 100 km erstreckenden sieben Stanley-

fällen südöstlich von Kisangani, abwechseln.
Dicht vor der Mündung stellt sich dem Kongo ein weiteres Hindernis, die Niederguineaschwelle, in den Weg, das er in einem wilden Durchbruchstal überwinden muß. Erreicht der Strom oberhalb von Stanley Pool unter Zurechnung der zahlreichen Inseln eine Breite von 12 km, so verengt sich nun das Tal auf 400, ja 225 m Breite. Die abstürzenden Wassermassen haben sich ein Bett geschaffen, das auf 40 bis 90 m vertieft ist. Der wiederholte Wechsel von härterem und weicherem Gestein ließ auf der nur 350 km langen Strecke zwischen Kinshasa und Matadi, auf der der Strom 260 m an Höhe verliert, 32 Katarakte entstehen. Die steilste Fallstrecke liegt bei Inga, wo das Stromniveau auf 27 km Länge um 100 m abfällt. Hier befindet sich auch der mit 40 m höchste Einzelfall des Kongo.

Der höchste Wasserfall: Salto Angel in Venezuela

Das Bergland von Guayana bietet Landschaften ungewöhnlicher Kontraste. Die vielleicht reizvollsten Aussichten gewährt der südöstliche Abschnitt, wo eine von Kreidesandstein gebildete Hochfläche durch tiefe Schluchten zu einem Komplex eindrucksvoller Tafelberge, den sogenannten Mesas, zerschnitten ist. Während das Bergland im allgemeinen ein dichtes Waldkleid trägt, sind die Kappen der Plateaus von Hochsavannen, der Gran Sabana, bedeckt. Nur hier und da leuchtet aus der lockeren Vegetation das helle Gestein hervor, das schließlich an den Rändern des Massivs nackt und steil in die sattgrünen Wälder abfällt.
Wegen ihrer Unzugänglichkeit zählt diese Region bis in unsere Tage zu den am wenigsten erschlossenen Gebieten der Erde. Diesem Umstand ist es zuzuschreiben, daß hier erst vor wenigen Jahrzehnten eine der sensationellsten geographischen Entdeckungen unseres Jahrhunderts gemacht wurde:
Als im Jahre 1935 der Pilot John Angel die Wälder jenseits der Mesas überflog, bemerkte er tief unter sich einen kleinen Fluß, der zu seinem Erstaunen auf seiner Karte nicht verzeichnet war. Diese offensichtliche Lücke geographischer Kenntnisse veranlaßte ihn, von seinem Kurs abzuweichen, um den Ursprung des Flusses herauszufinden. Indem sich Angel von dem Flußlauf leiten ließ, nahm er direkt Kurs auf den Steilabfall des Anyantepui-Massivs. Immer tiefer grub sich der unbekannte Fluß in eine Felsenschlucht ein. Und plötzlich erblickte der Pilot am Ausgang der Schlucht zwei weiße, funkelnde Wasserbänder, die von der Massivkante abstürzten und sich auf halbem Fallweg zu einem wallenden Schweif vereinigten.
Da eine Landung in dem schwierigen Gelände ausgeschlossen war, mußte Angel abdrehen. Dreizehn weitere Jahre vergingen, bis sich eine Expedition auf dem Landweg zu dem Wasserfall vorarbeiten konnte, der zu Ehren des Entdeckers die geographische Bezeichnung Salto Angel erhielt. Der Salto Angel erwies sich als der höchste Wasserfall der Erde. 980 m stürzt das Wasser von dem 2 500 m ü. NN gelegenen Anyantepui-Massiv in die Tiefe; am Fuße ist der Wasserfall 150 m breit. Über den Steilrand der Gran Sabana ergießen sich jedoch noch manche andere Fälle, die dem Salto Angel an Großartigkeit kaum nachstehen.
Der von John Angel 1935 in der Karte vergeblich gesuchte Fluß ist der Río Churuni, der in den Río Carrao, einen Nebenfluß des Río Caroni, mündet.
Viele Jahre seines Lebens widmete John Angel der Erforschung des grandiosen tropischen Berglandes, in dem er schließlich 1956 durch ein tragisches Flugzeugunglück den Tod fand. Die Erinnerung an seine mutigen Aufklärungsflüge im Dienste der Wissenschaft bleibt jedoch lebendig, wie immer die erhabene Gewalt des kilometertief abstürzenden Wassers den Menschen von neuem in Bewunderung versetzt.

Gegliedert nach geographischem Vorkommen und Fallhöhe in Metern. Dem Namen des Wasserfalls folgt in der Regel der dazugehörige Fluß. Soweit Flußnamen nicht genannt sind, stimmen sie mit denen der Fälle überein.
Fallhöhe = gesamter Fall in einem oder in mehreren Sprüngen; + = Fälle mit mehr als einem Sprung; (K) = Fälle vom Typ der Kaskade, d. h. eine Serie von Fällen geringer Höhe, die sich über beträchtliche Entfernung erstrecken; * = Fälle, die jahreszeitlich bedingt im Wasserdurchfluß stark nachlassen; ** = Fälle, die für einen Teil des Jahres zu einem Rinnsal schrumpfen oder austrocknen.

	Fallhöhe in m
Afrika	
Angola	
Duque de Bragança; Lucala	105
Ruacana; Kunene	124
Äthiopien	
Baratieri; Genale Dorya	140
Dal Verme; Genale Dorya	30
Fincha	150
* Tesissat; Blauer Nil	43
Lesotho	
Maletsunyane	192
Simbabwe–Sambia	
Victoria; Sambesi	108
Südafrika	
* Aughrabies, Oranje	122
Howick; Umgeni	95
+ Tugela (5 Fälle)	948
Höchster Fall	412
Tansania–Sambia	
* Kalambo	221
Uganda	
Kabarega	
(früher Murchison); Victorianil	43
Sambia	
Chirombo; Ieisa	268
Zaire	
(K) Inga; Zaïre (Kongo)	
Höchster Fall	40
Asien	
Indien	
** Cauvery	101
** Gersoppa (Jog); Sharavati	253

	Fallhöhe in m
Japan	
** Kegon; Chuzenji-See	101
Yudaki; Yuno-See	102
Australien	
New South Wales	
+ Wentworth	158
Höchster Fall	110
Wollomombi	335
Queensland	
Coomera	64
Tully	137
Neuseeland	
* Bowen (von Gletschern)	165
Helena	271
Stirling	154
+ Sutherland; Arthur River	581
Europa	
Österreich	
Badgastein; Ache	
Oberer Fall	63
Unterer Fall	85
* Golling; Schwarzbach	61
Krimml (Krimmler)	380
Frankreich	
+ (K) Gavarnie	420
Großbritannien	
Wales	
Pistyll Cain; Afon Gain River	46
Pistyll Rhaiadr	73
Schottland	
Glomach	113

	Fallhöhe in m
Island	
Detti; Jökulsa	44
Gull; Hvitá	31
Italien	
(K) Toce	143
Norwegen	
+ Ost-Mardalsfoss; Eikesdalsee	518
Höchster Fall	297
West-Mardalsfoss; Eikesdalsee	468
Skjeggedal	160
Skykkje; Skykkjua	250
Utigards-Fos	610
Vettis; Morkedöla	370
Höchster Fall	271
Vöring; Bjoreia	182
Schweden	
+ Handöl	105
+** Stora Sjöfallet; Lule	40
Schweiz	
+ (K) Giétroz (Gletscher)	500
+ Diesbach	120
+ Gießbach	400
Handeck; Aare	46
Iffigen	120
Pissevache; La Salanfe	65
+ Reichenbach	200
Rhein	20
+ Simmen; Simme	140
Stäuber	180
Staubbach	300
+ Trümmelbach	400

Nordamerika

	Fallhöhe in m
Kanada	
British Columbia	
+ Takakkaw (Daly-Gletscher)	504
Höchster Fall	366
Della Falls	440
Panther; Nigel Creek	183
Labrador	
Churchill Falls; Churchill River	75
Mackenzie District	
Virginia; S. Nahanni River	96
Quebec	
Montmoreney	84
Kanada–USA	
Niagara; American Fall	59
Horseshoe Fall	57
USA	
Kalifornien	
Feather; Fall River	195
Yosemite National Park	
Bridalveil	189
Illilouette	113
Nevada	181
** Ribbon	491
Silver Strand	357
Vernal	97
+ Yosemite	740
* Yosemite (oberer)	436
* Yosemite (unterer)	98
* Yosemite (mittlerer)	206
Colorado	
Seven	81
Georgia	
+ Tallulah	77
Hawaii	
Akaka	135
Idaho	
Henry's Fork (oberer)	29
Henry's Fork (unterer)	21
** Shoshone; Snake River	59
** Twin; Snake River	38
Kentucky	
Cumberland	21
Maryland	
(K) Great; Potomac River	27
Minnesota	
** Minnehaha	18
Montana	
Missouri	23
New Jersey	
** Passaic	21
New York	
Taughannock	66
Oregon	
+ Multnomah	189
Höchster Fall	165
Tennessee	
Fall Creek	78
Rock House Creek	38

	Fallhöhe in m
Washington	
Fairy Falls	214
Mount Rainier National Park	
Narada; Paradise River	51
Sluiskin; Paradise River	91
Palouse	60
Snoqualmie	82
Wisconsin	
Manitou; Black River	50
Wyoming	
Yellowstone National Park	
Tower	40
Yellowstone (oberer)	33
Yellowstone (unterer)	94

Mittel- und Südamerika

	Fallhöhe in m
Mexiko	
El Salto	66
** Juanacatlán; Río Grande de Santiago	20
Argentinien–Brasilien	
+ Iguaçú	72
Brasilien	
Glass	404
Herval	122
Paulo Afonso; São Francisco	84
Patos-Maribondo, Rio Grande	35
Urubupunga; Alto Paraná	12
Brasilien–Paraguay	
Sete Quedas oder Guaira; Alto Paraná	40
Kolumbien	
Tequendama; Bogotá	130
Catarata de Candelas; Cusiana	300
Ekuador	
Agoyan; Río Pastaza	61
Guayana	
Kaieteur; Potaro	226
King George VI; Utshi	488
+ Marina; Ipobe	152
Höchster Fall	91
Peru	
Sewerd; Cutibirene	267
Venezuela	
+ Angel	980
Höchster Fall	808
Cuquenán	610

Nach Schätzungen beträgt der mittlere jährliche Durchfluß in m^3/s:
Inga (Zaïre) 41 400; Sete Quedas (Brasilien–Paraguay) 13 300; Niagara (Kanada–USA) 6 000; Paulo Afonso (Brasilien) 2 830; Urubupunga (Brasilien) 2 750; Iguaçu (Argentinien–Brasilien) 1 740; Patos-Maribondo (Brasilien) 1 500; Victoria (Simbabwe–Sambia) 1 090; Churchill (Labrador, Kanada) 1 130; Kaieteur (Guayana) 663.
Quelle: Nach THE WORLD ALMANAC and Book of Facts 1974, publ. by the NEWS, New York's Picture Newspaper, New York, S. 441, basierend auf National Geographic Society, Washington; durch andere Angaben ergänzt.

V. Flußseen

Nicht das gesamte Oberflächenwasser der Festländer befindet sich in talabwärts gerichteter Fließbewegung. Ein Teil stagniert in Hohlformen: in Seen, Teichen und Tümpeln. Die Gesamtfläche aller Binnenseen wird auf 2,5 Millionen km^2 geschätzt. Obwohl damit nur ein Bruchteil der Kontinente, etwa 1,7 Prozent, auf stehende Gewässer entfällt, heben sich diese Stellen auffallend aus ihrer Umgebung heraus. Ihre Bedeutung als natürliche Wasserreservoire kann nicht hoch genug eingeschätzt werden.

Die Stagnation des Wassers in derartigen Hohlformen ist aber stets nur eine relative; denn auch die stehenden Gewässer sind nicht vom Kreislauf des Wassers ausgeschlossen. Zwar werden manche Seen im wesentlichen nur durch Grundwasser gespeist, wie die Karstseen oder viele kleine Seen in den lockeren, kaltzeitlichen Aufschüttungen. Und manch winzig kleiner See nährt sich gar nur von Regengüssen und Schmelzwassern, wie die Paßseen am St. Gotthard, „die von des Himmels Strömen selbst sich füllen" (Friedrich v. Schiller: „Tell"). In der Regel haben jedoch die Seen zumindest einen oberirdischen Zufluß. Sie sind damit den Flußsystemen zugeordnet, und als solche gebührt ihnen ein Platz in einem Buch über Flüsse und Ströme.

Eine vorübergehende Naturerscheinung

Innerhalb von Flußsystemen gelegene Seen können sich sehr erheblich nach Aussehen und Ursprung voneinander unterscheiden. Gemeinsam ist jedoch allen diesen Seen, daß sich ihre Wannen stets als unausgeglichene Vertiefungen in die Gefällskurven des fließenden Wassers einschieben. Das fließende Wasser füllt den Grund einer solchen Vertiefung, bis es an der niedrigsten Stelle des Wannenrandes überläuft und abfließt. Die Höhe des Seespiegels hängt also vom minimalen Kantenniveau des Gesteins ab, wobei wir voraussetzen, daß die Wasserzufuhr die Verdunstung übertrifft, daß es also zu einem Abfluß kommen kann. Derartige Verhältnisse sind in den feuchten Klimazonen der Erde grundsätzlich gegeben.

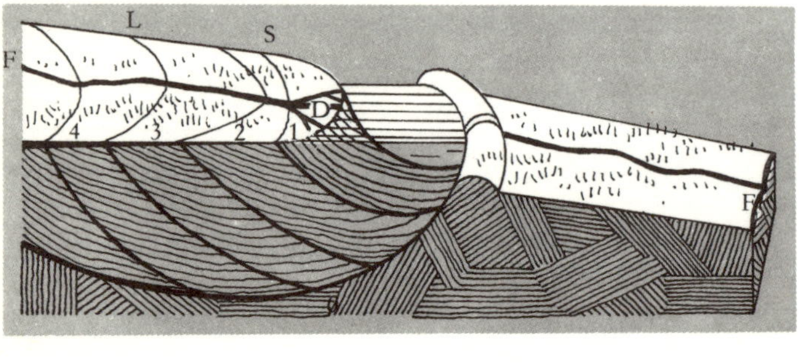

Deltabildung in einem See. Der See wird durch Sedimentation allmählich zugeschüttet. 1 = gegenwärtige Uferlinie des Seedeltas; 2, 3 und 4 = zunehmend ältere Uferlinien; F = Fluß; D = Delta; L = durch Sedimentation entstand. Land; S = restl. Seefläche

Zerstörung eines Sees durch Erosion des Überlaufes. (Nach E. Raisz u. A. N. Strahler)
A = Im Anfangsstadium hat der Fluß Seen, Wasserfälle und Stromschnellen. B = Die Erosion hat den See beseitigt, aber in der engen Schlucht haben sich noch Wasserfälle und Stromschnellen erhalten. C = Der Fluß hat sich ein ausgeglichenes Gefälle geschaffen.

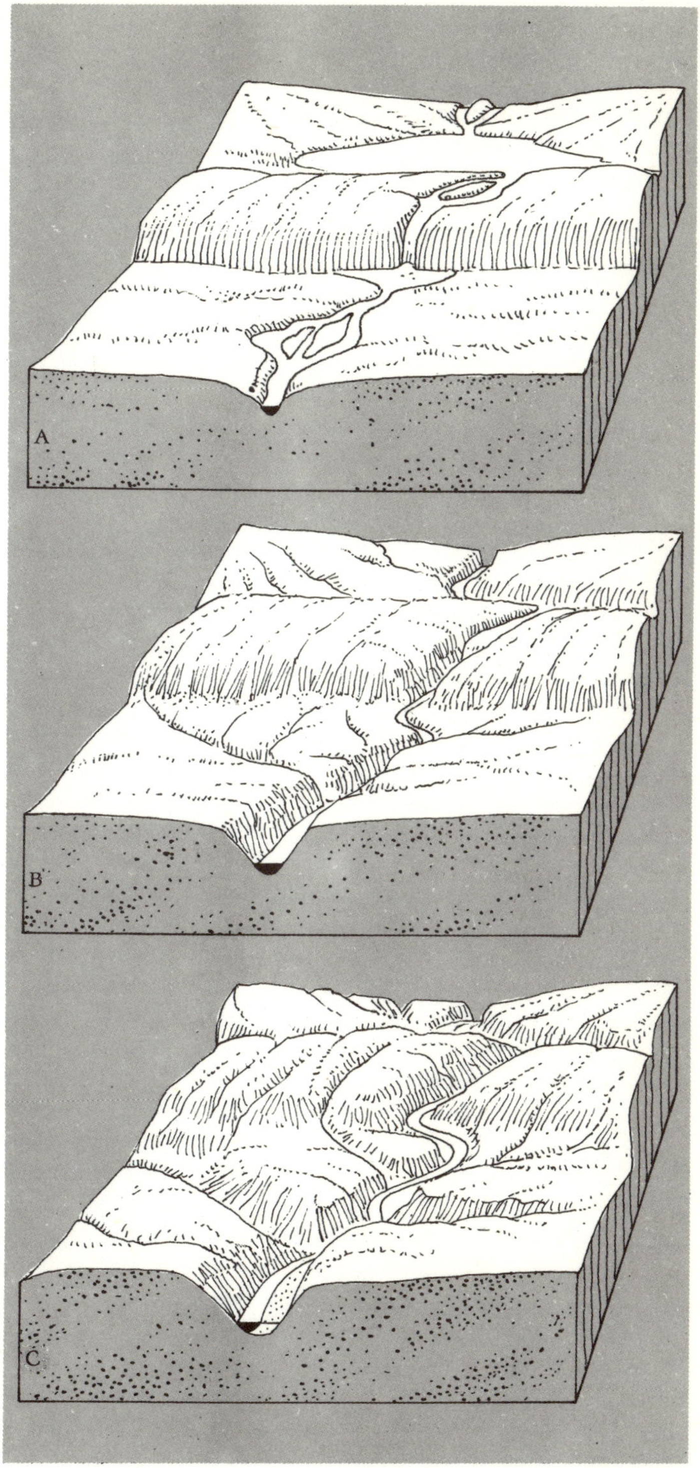

Das fließende Wasser, das in den See eintritt, vermindert seine Fließgeschwindigkeit beträchtlich. Damit vermindert sich aber auch seine Transportfähigkeit. Es ist nicht mehr imstande, seine mitgeführte Last an Feststoffen weiterzutragen. Je stärker die bremsende Wirkung des „stehenden" Gewässers ist, desto vollständiger entledigt sich der Bach, Fluß oder Strom seiner Gerölle und Schwebstoffe. Vor allem bleibt liegen, was das fließende Gewässer an seinem Grunde mit sich befördert und nicht die Barriere der stauenden Wannenseite überwinden kann. Aber auch ein Großteil der Schwebstoffe kommt zur Ruhe und setzt sich am Boden des Sees ab. Ein See übt also die gleiche Funktion aus wie eine Kläranlage. Das den See verlassende Wasser ist wesentlich sauberer, als es das eintretende war.

Seen zählen zu den wenig stabilen Erscheinungen der Natur. Viele von ihnen sind, an geologischen Zeitdimensionen gemessen, relativ jung und eine vorübergehende Erscheinung im Landschaftsbild.

Die Zerstörung von Seen setzt von zwei Richtungen her an: Die Sedimentation führt zu einer ständigen Verflachung und Ausfüllung der Vertiefung, wodurch der See „von unten" her verkleinert und allmählich beseitigt wird. Dieser Vorgang läßt sich besonders deutlich an künstlich gebauten Stauseen beobachten. In einigen Flüssen ist der Geschiebe- und Schlammtransport derart enorm, daß Talsperrenbauten wenig sinnvoll sind oder sich sogar verbieten. So setzt der Rio Grijalva im Südosten Mexikos jährlich gewaltige Schlammengen ab, was Experten veranlaßte, sich gegen die von der mexikanischen Regierung geplanten Talsperren auszusprechen. Gewiß ist, daß einige der schönsten Naturseen in geologisch absehbarer Zeit von Geröll und Sinkstoffen ausgefüllt sein werden. Für den Genfer See werden 30 000, für den Bodensee 12 500 Jahre veranschlagt.

Liegt ein See in jenem Bereich des Längsprofils eines Flusses, in dem die Akkumulation überwiegt, so erschöpft sich die den See zerstörende Wirkung des fließenden Wassers in der Ablagerung der Feststoffe. Häufig sind jedoch Seen in jenem Teil des Längsprofils eingebettet, in dem das fließende Wasser vorrangig erodiert. Die Akkumulation auf dem Seeboden ist in diesem Fall vollends eine nur aus den örtlichen Gegebenheiten zu verstehende Anomalie. Im Bestreben, seine Gefällskurve auszugleichen, nagt das fließende Wasser an jenem Teil der den See aufnehmenden Wanne, die sich bei der ausgleichenden Tätigkeit des fließenden Wassers als Hindernis erweist. Das fließende Wasser verfügt zwar nicht mehr über das Flußgeröll, welches die Erosion vor allem begünstigen würde. Dennoch bewirkt es eine allmähliche Tieferlegung des Überlaufs, wodurch automatisch der Seespiegel sinkt. Die Erosion zerstört also den See „von oben" her.

In der Natur wirken beide Formen der allmählichen Beseitigung von Seen Hand in Hand. Gewöhnlich tritt jedoch die eine oder die andere Form stärker in Erscheinung.

Die Zuschüttung von Seen durch Sedimentation äußert sich in einer häufig langen Zwischenperiode der *Versumpfung*. In der Regel bildet sich zunächst am Ufer ein Pflanzengürtel, der zumeist aus Schilf und Seggen besteht. Die zu Boden gesunkenen abgestorbenen Pflanzen unterliegen bei dem Mangel an Sauerstoff einer langsamen Zersetzung, so daß sich organische Restprodukte anhäufen, auf denen der Pflanzengürtel immer weiter in den See hinauswächst. Aus dem See wird ein Niedermoor. Die Moorbildung kann aber auch am Auslauf eines Sees beginnen, nachdem sich dort zunächst reichlich Schlick abgelagert hat, der wiederum Wasser- und Sumpfpflanzen in reicher Fülle ansiedeln läßt. Auch die Bildung schwimmender Inseln aus Treibgut, die einen immer üppigeren Nährboden für eine Vegetationsdecke abgeben und schließlich in schwach bewegtem Wasser festwachsen, können die *Verlandung* einleiten.

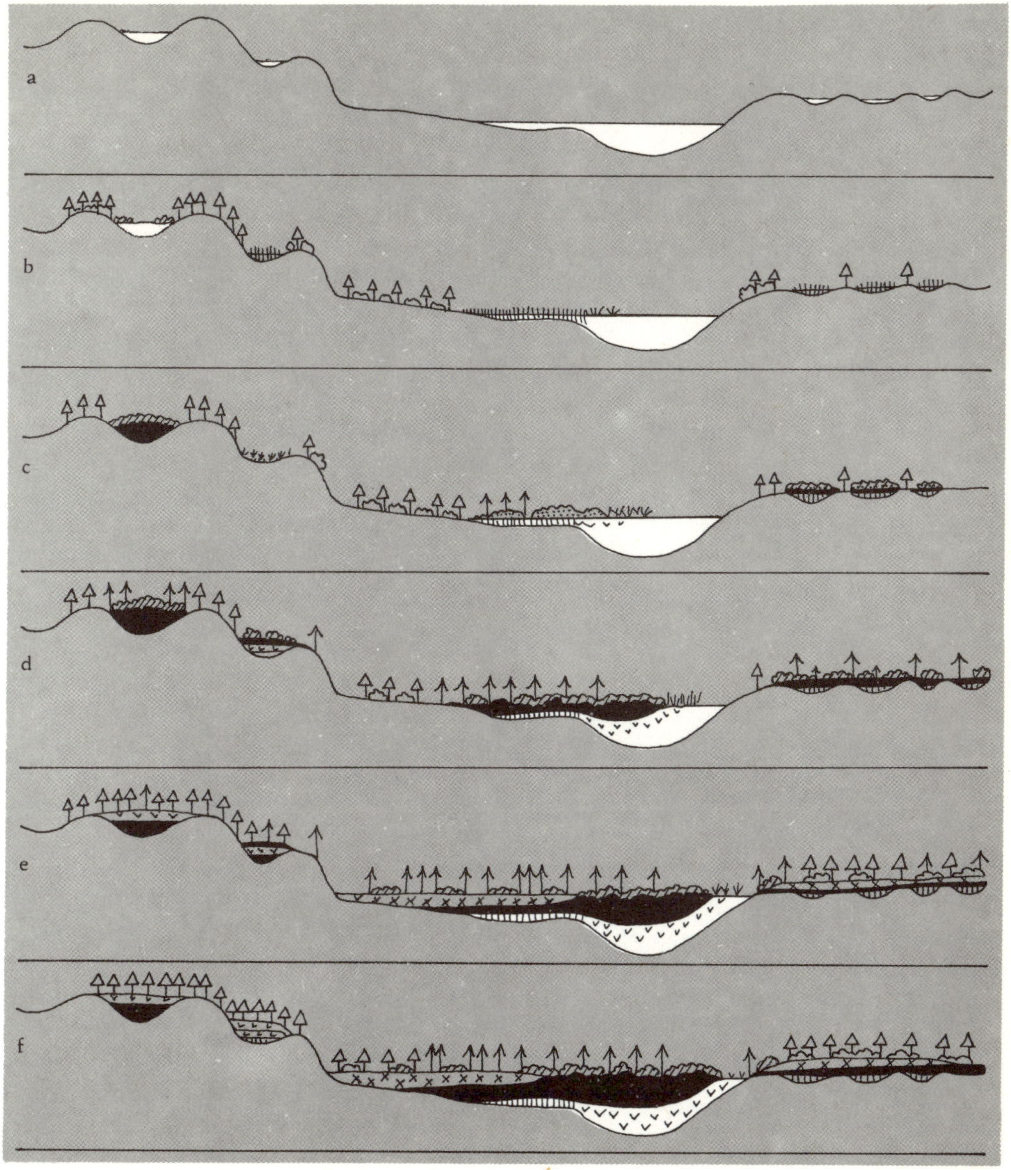

Typische Vegetationsfolge einer Sumpfbildung und Verlandung im Laurentischen Schild von Kanada. (Nach Dansereau u. Segadas-Vianna)

Vegetation:

- Binsen
- Sumpfmoos, Sphagnum
- mesophytisches Strauchwerk
- mesophytische Bäume
- Binsen
- Holzbestandteile
- Riedgras, Schilf
- Heide
- hygrophytische Bäume
- Torf
- Riedgras, Schilf
- Sumpfmoos (Sphagnum)

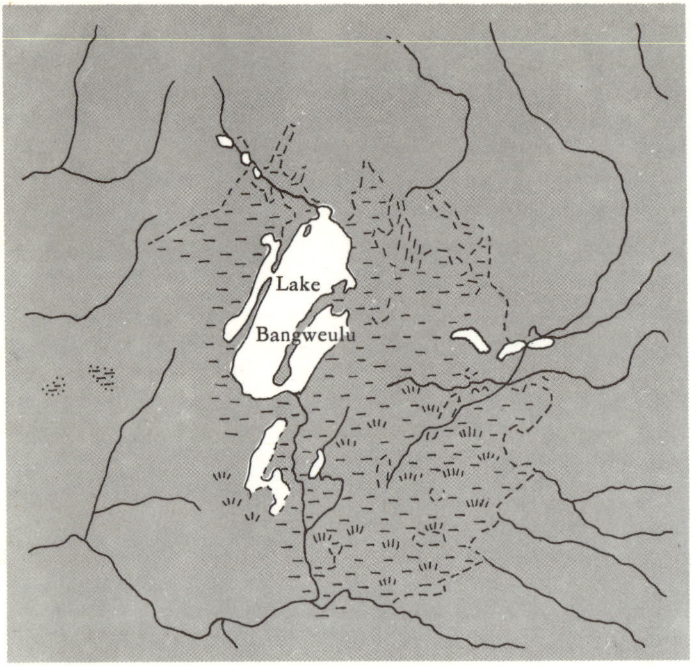

Seen sind eine vorübergehende Naturerscheinung. Die Bangweulu Swamps als Reste eines früher größeren Sees

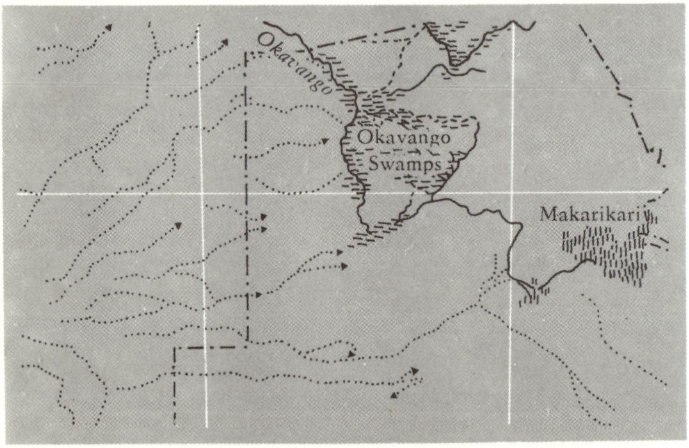

Die Okavango Swamps – Reste des Ngamisees

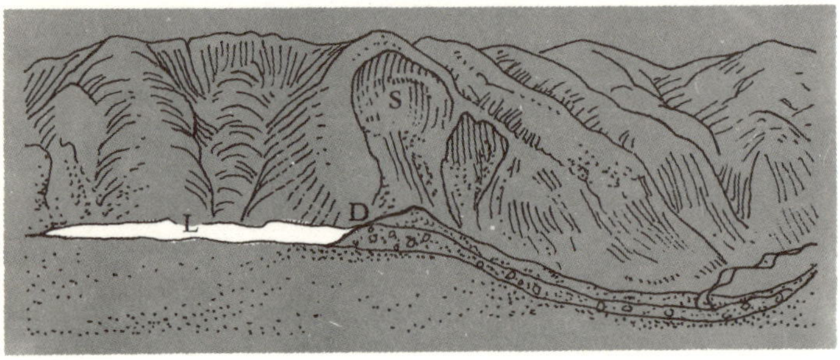

Bergrutschsee. Ein großer Bergrutsch (S) hat einen Damm gebildet (D), hinter dem sich ein See (L) aufstaut. (Nach W. M. Davis u. A. N. Strahler)

Der Übergang von See zu Sumpf und von Sumpf zu Festland durch einwuchernde Vegetation läßt sich an Seen aller Kontinente und Größen beobachten. Als Modellfall wollen wir den Bangweulusee im nördlichen Sambia erwähnen, weil sich hier der beschriebene Vorgang in extrem weitläufigen Dimensionen äußert. Der runde, flache See, der in früheren Zeiten fast die Größe des Tschadsees erreichte, wurde durch den Chambeshi, einen Zufluß des Kongo, bereits zur Hälfte zugeschüttet. Die weit ausgedehnten Bangweulu Swamps mit ihrem Labyrinth von Fließen und Restseen zeugen von den einst gewaltigen Dimensionen des Sees; und innerhalb des Hauptsees künden ausgedehnte Landzungen und Inseln vom weiteren Fortschreiten der Verlandung.

Eine besonders rapide Verlandung findet in der Ngamisenke (Botswana) statt. Hier erstreckte sich noch im vorigen Jahrhundert der zwar schon seichte, aber noch weitflächige Ngamisee. Sogar vor wenigen Jahrzehnten herausgegebene Atlanten verzeichnen noch diesen See, obwohl er längst nicht mehr existiert; denn an seine Stelle ist ein Schilfsumpf getreten. Neueste Atlanten weisen darum das Gebiet korrekterweise als Okavango Swamps aus.

Als der Erosion besonders zugänglich erweisen sich die aus einem lockeren Gemisch von Steinen und Erde aufgebauten Wälle in Gebirgstälern, welche die Funktion von natürlichen Sperrmauern ausüben. Es handelt sich zum Teil um Absperrungen durch Berg- und Erdstürze; zum Teil haben sie ihren Ursprung in Endmoränen von Hochgebirgsgletschern, die besonders während der pleistozänen Kaltzeiten tiefer in die Täler reichten.

Derartige Erdwälle sind äußerst anfällig. Bergrutschseen laufen häufig bald wieder aus; und ähnliches geschieht zuweilen sehr abrupt mit Moränenseen. Zurück bleiben Stummel von Erdwällen, die einem geborstenen Stauwerk gleichen. In anderen Fällen vollzieht sich die „Katastrophe" allmählich.

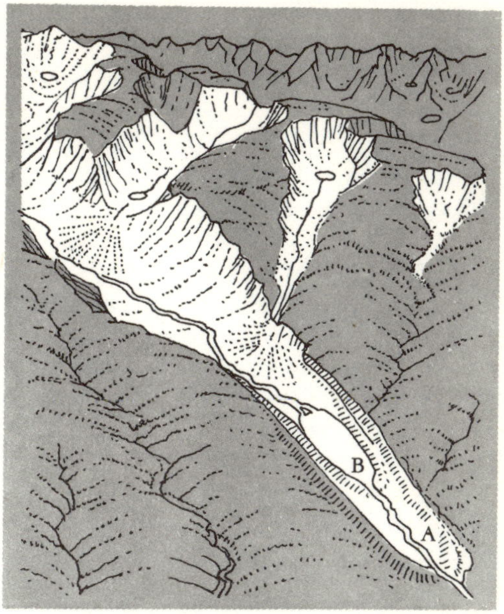

Moränen eines früheren Talgletschers markieren die verschiedenen Positionen des einstigen Eisrandes. (Nach W. M. Davis u. A. N. Strahler)
A = Weitester Vorstoß des Gletschers, die Erosion des fließenden Wassers hat die Moräne zerschnitten, der frühere See ist ausgelaufen. B = Hinter einer jüngeren Moräne ist ein Moränensee erhalten geblieben.

Die Erosion verflacht durch Tieferlegung des Überlaufs die Moränenseen Schritt für Schritt und legt sie schließlich völlig trokken.

Erosion kann es natürlich nur an Seen geben, die in den Lauf eines fließenden Gewässers eingeschoben sind. Nicht alle Seen haben jedoch einen Abfluß. Viele Seen verdanken sogar der Abflußlosigkeit bestimmter Gebiete ihr Dasein. Diese sogenannten Endseen nehmen jedoch eine Sonderstellung ein. Wir wollen sie darum im Zusammenhang mit jenen Flüssen und Strömen behandeln, die im Binnenland verdunsten, auch wenn die betreffenden Seen teilweise zu den größten Seen überhaupt und zu bedeutenden Stromsystemen zählen (siehe VI. Kapitel).

Seen verschwinden jedoch nicht nur von der

Erdoberfläche – es bilden sich auch neue, zuweilen sogar unter den Augen des Menschen. Neue Bergstürze und Lawinen können neue stauende Dämme aufrichten. Bergsturzseen sind z. B. der Obersee im Schweizer Kanton Glarus und der Sarner See. Ein außergewöhnlich starker Bergrutsch erfolgte am 18. Februar 1911 im Murgabtal im Pamir, wo eine Masse von etwa 2 km^3 in Bewegung geriet und das Tal mit einer Dammhöhe von 750 m abriegelte. Hinter diesem Damm bildete sich der Saressee, der 61 km Länge mißt und maximal 505 m tief ist. Im April 1959 hat ein Bergrutsch den Banel-Fluß (Südwestfrankreich) zu einem größeren See aufgestaut. Neue Seen entstehen auch durch Abschnürung von Meeresteilen (siehe Deltabildung, VII. Kapitel) sowie durch Einsturzerscheinungen (z. B. im Karst, in Gipsgegenden durch Auslaugung und in Verwerfungsspalten).

Ein anschauliches Beispiel für den Wechsel von Vergehen und neuem Werden bietet das Kongobecken. Einerseits ist der riesige Binnensee, der sich hier im Hinterland der stauenden Niederguineaschwelle gebildet hatte, durch fluviales Zersägen der Schwelle entwässert. Andererseits ließen jugendliche Ausschwemmungen der bei Hochwasser weit zurückstauenden Ströme des Kongobeckens auf der Beckensohle die seichten Seen Tumba und Leopold II. entstehen, hinter denen sich das Überschwemmungsland der Riesenströme Kongo und Oubangui (Ubangi) über einige hundert Kilometer Länge ausdehnt.

Zungenbecken des Tegernsees. Mittelstück der glazialen Serie. (Nach A. Penck)
G = Gletscheroberfläche, I = präglazialer und II = gegenwärtiger übertiefter Talboden, S = Seespiegel, g = Grundgestein, a = spät- und postglaziale Alluvionen, M_1 = Jungmoräne, M_2 = Altmoräne, s_1 und s_2 = zugehörige Schotter

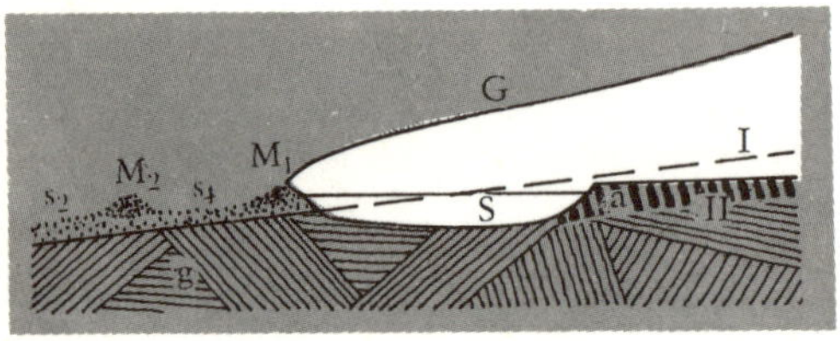

Seebecken glazialen Ursprungs

Wenn wir feststellten, daß Seen häufig eine jugendliche, temporäre Erscheinung des fließenden Wassers bilden, so trifft dies für die Seebecken eiszeitlicher Herkunft ganz besonders zu: Man muß sich vergegenwärtigen, daß das jüngstkaltzeitliche Inlandeis in den vergletscherten Regionen Mitteleuropas erst vor etwa 20 000 Jahren seine größte Ausdehnung besaß und in den nördlicheren, heute eisfreien Regionen sogar erst vor etwa 8 800 Jahren in zwei größere Restflächen zerfallen ist. Es gibt keine Statistik, welche die Seen der Welt nach ihrem Ursprung typisieren würde. Die meisten von ihnen dürften jedoch in Vertiefungen zu finden sein, die das vor allem in und auch nach der letzten Kaltzeit zurückgewichene Gletschereis hinterlassen hat.

Reich an Seen dieser Art sind in Europa die um die Ostsee gelegenen Länder sowie die Britischen Inseln. Hier, im Bereich des ehemaligen nordeuropäischen Inlandeises, beträgt der Anteil der Seenfläche am gesamten Festland etwa 4 Prozent. Weit an der Spitze steht das relativ kleine Finnland mit etwa 55 000 Seen, die 9 Prozent der Landesfläche einnehmen. Über die allergrößte Konzentration verfügt der südfinnische Verwaltungsbezirk Mikkeli, wo der Anteil der Seen sogar 25 Prozent des Territoriums beträgt. Aber auch die anderen europäischen Länder, die während der jüngsten Kaltzeit vergletschert waren, haben Seengebiete, die ihre Landschaft typisch prägen: Schweden die Mittelschwedische Seensenke mit dem Mälarsee, die Deutsche Demokratische Republik die Mecklenburgische Seenplatte oder Seenzone des Nörd-

Flüsse und Seen Kanadas im Bereich der Hudson Bai

lichen Landrückens mit der Müritz, Polen die Pommersche Seenplatte, England seinen Lake District. In Nordamerika fällt vor allem der Seenreichtum Kanadas auf, der ebenfalls glazialen Ursprungs ist.

Die während der Kaltzeit geschaffenen

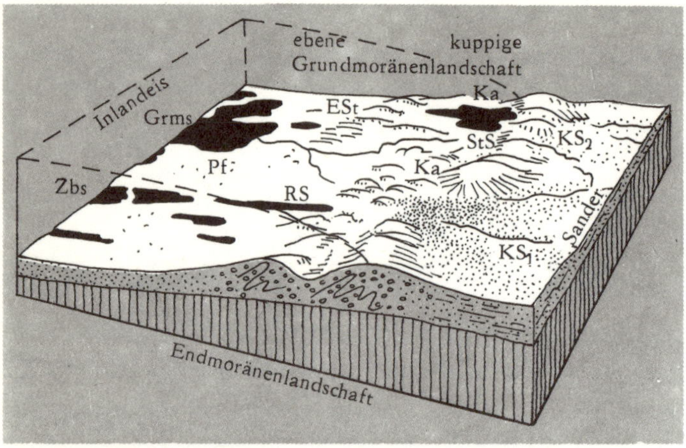

Die vom pleistozänen Inlandeis im Tiefland des nördlichen Mitteleuropa erzeugten Formengemeinschaften von Hügeln und Seen. (Nach H. Weber)
KS_1, KS_2 = Kegelsander
StS = aufgestauter See
ESt = Staffel
Grms = ehemals größerer See
Ka = Geröllhügel
Zbs = Zungenbecken
RS = Rinnensee
Pf = Sölle

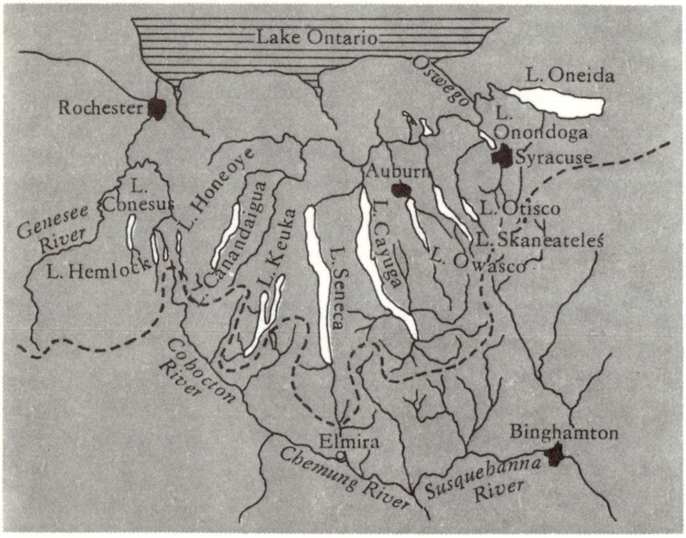

Die südlich des Ontariosees gelegenen Fingerseen. (Nach Fairbridge)

Becken, die heute Seen beherbergen, sind vor allem das Werk des fließenden Gletschereises. Wo sich die Eismassen über anstehendes Gestein oder ältere Aufschüttungen bewegten, hat der Eisschurf (Exaration) Wannen ausgehobelt. Die unter dem Gletschereis fließenden subglaziären Schmelzwasser betrieben fluviale Erosion, oft in Kombination mit dem Eisschurf. Diese Arten der glazialen Erosion haben im Bereich der einstigen Inlandvereisung zumeist schmale und längliche Beckenformen hinterlassen. Charakteristisch hierfür sind die Rinnenbecken und Rinnenseen. Die Stellung ihrer Längsachsen läßt klar eine Gesetzmäßigkeit erkennen: Ähnlich wie die Gletscherschliffe, d. h. die am anstehenden Gestein hinterlassenen Kratzspuren des Gletschereises, weisen sie in die Strömungsrichtung des Inlandeises. Ein Blick auf die Landkarte Nordeuropas verdeutlicht diese Eigenart. Während sich die finnischen Seen überwiegend nach Südosten erstrecken, ähneln die Seen Südschwedens eher den Fingern einer von Nord nach Süd gespreizten Hand: Das Eis floß in dieser Region einst fächerförmig auseinander. Seen dieses Typs werden darum auch Fingerseen (siehe die Finger Lakes, südlich des Ontariosees) genannt.

Im Bereich der vom Eis abgesetzten Geschiebe sind die hinterlassenen Vertiefungen ungleichmäßig verteilt und vielgestaltig in der Form. Unebener Absatz von eiszeitlichen Ablagerungen hinterließ Becken, in denen sich nach dem Abschmelzen des Eises Seen bilden konnten. Nicht selten wurde eine durch glaziale Erosion geschaffene Aushöhlung durch glaziale Sedimentation peripher überhöht. In anderen Fällen wurden glaziale Sedimente durch die Eisbewegung

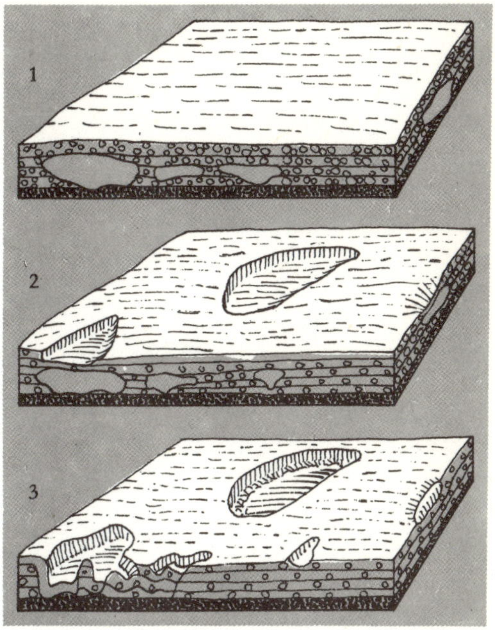

Entwicklung von Seen in Austauformen überschütteter Toteisblöcke

Wasser
Sand
Geschiebemergel
Toteisblöcke

Die Herausbildung der Großen Seen Nordamerikas. Die verschiedenen Stadien während des Rückzugs der Inlandeismassen. (Nach Taylor u. Laveret)

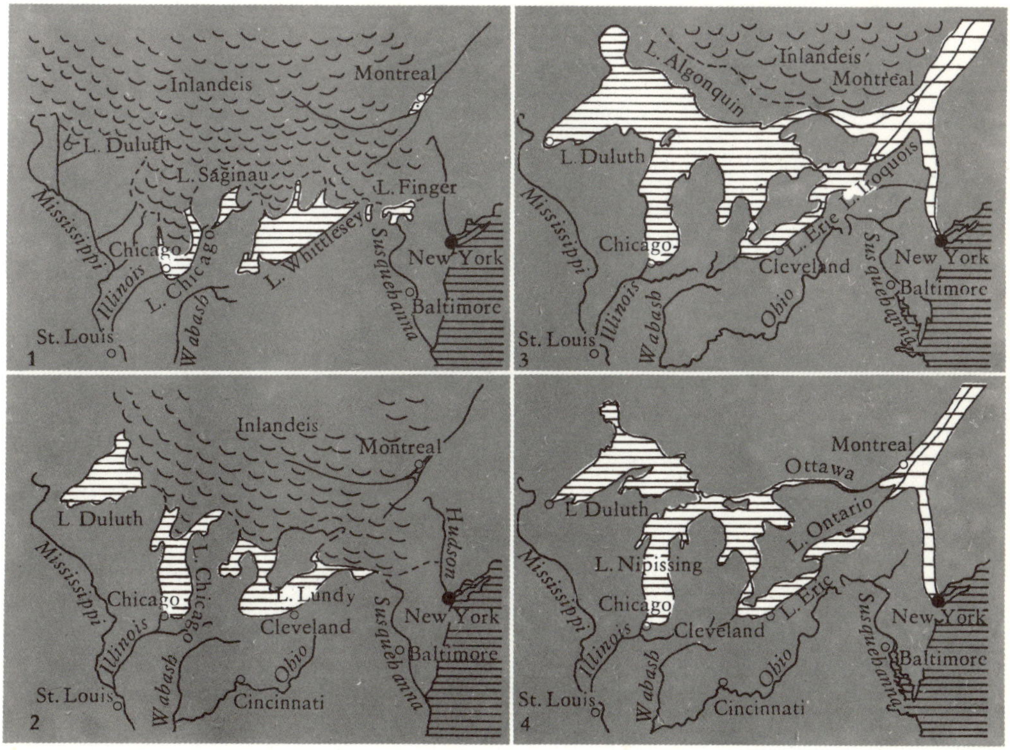

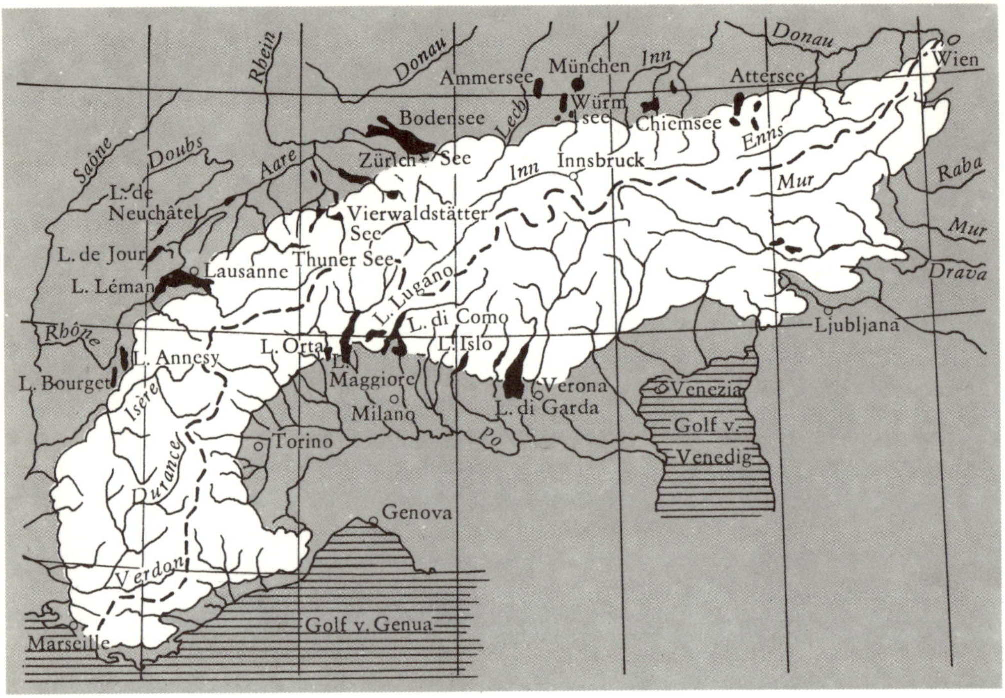

Die wichtigsten Seen nördlich und südlich der Alpen

wallartig aufgestaucht (Stauchungsbecken). Schließlich blieben in tieferliegendem Gelände Inlandeisreste erhalten, die zunächst um- und überschüttet wurden. Derartige oft tiefreichende Reste von Eis (Toteis) schmolzen erst verspätet ab und ließen die verhältnismäßig eben darüber gelagerten glazialen Absätze zu den sogenannten Einbettungsbecken (Sölle, Kesselsölle) einsinken.

Typisch für die Randlagen des Eises sind die Zungenbecken, welche die Lage der am weitesten vorgestoßenen einzelnen Eiskalotten markieren. Die ausgeprägtesten Zungenbecken-Seen im Bereich der pleistozänen Inlandeisvergletscherung sind die fünf Großen Seen in Nordamerika (Oberer See, Michigan-, Huron-, Erie- und Ontariosee), die in groben Umrissen noch heute die mächtigen Gletscherzungen erkennen lassen, die sich während des Mankatostadiums der letzten großen Inlandeisbedeckung bis hierhin nach Süden vorgeschoben hatten.

Die Gruppe der fünf Großen Seen, in die sich die USA und Kanada teilen, bildet mit einer Fläche von 245 205 km^2 die ausgedehnteste Süßwasseransammlung der Welt. Jeder einzelne dieser Seen zählt zu den 13 größten Süßwasserseen, die im übrigen weit über die Kontinente verstreut sind. In ihrem engen Beisammensein übertreffen sie sogar das seenreiche Ostafrika.

Bei der Entstehung einiger bedeutender Seen des Nordens ist eine Anpassung an ältere tektonische Linien nicht auszuschließen. So spielten bei der Herausbildung der fünf Großen Seen auch Verbiegungen der Erdkruste eine gewisse Rolle, welche den Stau derart großer Wassermengen begünstigten.

Die Großen Seen und weitere kanadische Seen, wie Lake of the Woods, Winnipegsee, Athabaskasee, Großer Sklavensee und Großer Bärensee, reihen sich auffallend entlang einer Linie, an der die alte Rumpffläche des Kanadischen Schildes endete. Ausschlaggebend für ihre heutige Gestalt war aber bei allen diesen Seen die erodierende Wirkung des Inlandeises.

Besondere Wannenformen entstanden bei der von den Gebirgen ausgehenden Vergletscherung. Kleinere Hängegletscher der Gipfelregion schürften den Fels zu nischenartigen Vertiefungen, den sogenannten Karen, aus, von denen nicht wenige heute Karseen enthalten. Die Stufenmündungen der von eiszeitlichen Gletschern durchflossenen alpinen Hängetäler wurden nicht selten durch Riegel abgeschlossen, hinter denen sich Talseen bildeten. Die größeren Alpenseen entstanden jedoch in jenen Talabschnitten, in denen die Gletscherzungen ausklangen. Die Zungenbecken liegen zum Teil noch innerhalb des Gebirges; zum Teil stießen jedoch die Gletscher bis in das flachere Land vor. Entsprechend unterscheidet man Randseen und Vorlandseen.

In den Tälern zahlreicher Gebirge der Nord- und der Südhalbkugel haben die jüngstkaltzeitlichen Gletscher heute mit Seen gefüllte Vertiefungen und Aufschüttungen hinterlassen. Die Anzahl der Seen in den Hochgebirgen Nord- und Südamerikas entspricht jedoch nicht dem gewaltigen Ausmaß ihrer jüngstkaltzeitlichen Vergletscherung. Die meisten Seen liegen hier bezeichnenderweise an östlichen Abdachungen. Das Klima ist hier zwar trockener, was sicher auch im Pleistozän zu geringeren Vergletscherungen

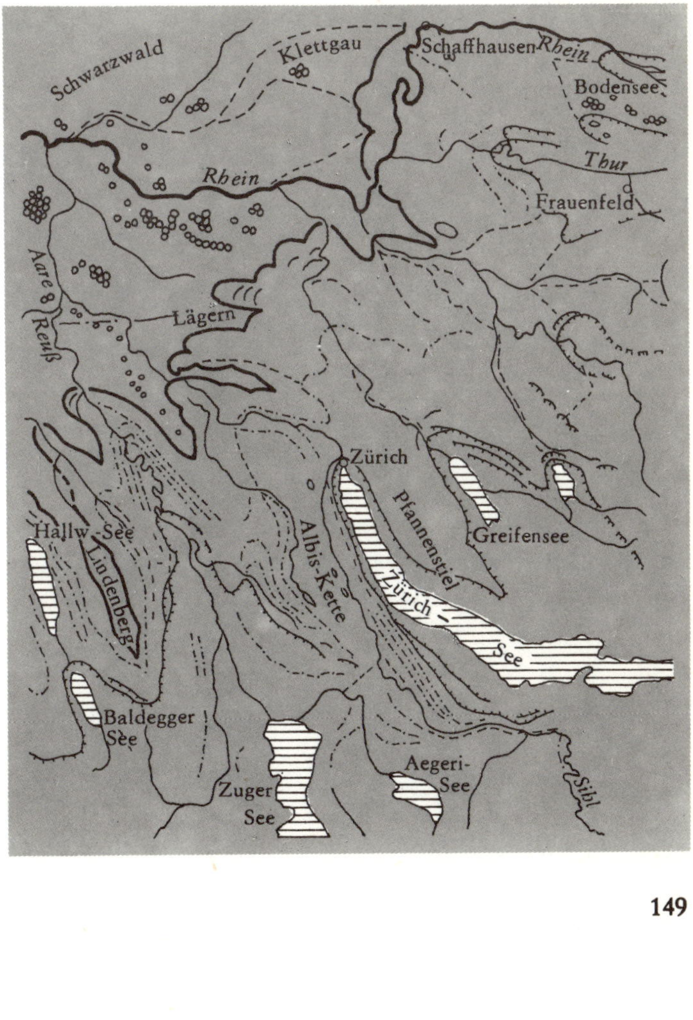

Zungenseen im nördlichen Alpenvorland. (Nach A. Heim)

Endmoränen des Maximums der Würm-Vergletscherung
Spätere Stadialmoränen
Endmoränen des Zürich-Stadiums
Deckenschotter
Abflüsse der Gletscherzungen

beitrug. Die Gletscher fanden hier jedoch in den Mulden und Plateaus im Inneren der Rocky Mountains und am Übergang zum patagonischen Flachland von Santa Cruz die ausklingenden Talböden und Vorländer, welche die Entstehung von Gletscherwannen begünstigten oder überhaupt erst ermöglichten. Unter den Vorlandseen Patagoniens, welche in selten unterbrochener Folge weit aus den Andentälern herausreichen, übertreffen Lago Nahuel Huapi, Buenos Aires, San Martín und Argentino die größten Alpenseen um das Mehrfache an Fläche und Volumen. In ihrer Entstehungsgeschichte gleichen ihnen die sich im Süden anreihende Skyring- und Otway-Bai, deren Wannen erst durch die andauernde Landsenkung vom Meer überspült wurden.

An den im Pleistozän sehr stark vergletscherten Westküsten der Rocky Mountains (südlich bis in den heutigen Bundesstaat Washington) und der Cordillera Patagónica flossen die Gletscher jedoch, ähnlich wie in Norwegen, direkt ins Meer hinein und hinterließen hier nur wild zerfurchte Fjordküsten. Infolge der Steilheit und der kurzen Entfernung zwischen Wasserscheide und Meer konnten sich weder Seen noch Ströme herausbilden. Die für ihre glazialen Seen berühmten Ströme Fraser River und Columbia River entwässern zwar zu eben dieser Westküste der Rocky Mountains hin; das Haupteinzugsgebiet beider bilden jedoch die erwähnten Mulden und Plateaus im Gebirgsinneren.

Wie wenig die Höhe eines Gebirges für die glaziale Seenbildung ausschlaggebend ist, zeigen die Gebirge Europas. Das höchste Gebirge Europas, der Kaukasus, ist relativ arm an Seen eiszeitlichen Ursprungs. Seine den Subtropen angenäherte geographische und mehr noch seine kontinentale Lage setzten dem Hinabsteigen der Gletscher schon in den Hochtälern Schranken.

Sehr günstig für die Ausbreitung der Gebirgsgletscher waren dagegen die Verhältnisse in den kühleren und feuchteren Alpen Mitteleuropas. In wohl keinem Gebirge der Welt besteht ein derart vielgestaltiger Reichtum an eiszeitlich bedingten Seen wie gerade hier. Die von Seen aufgefüllten Zungenbecken gruppieren sich besonders im Norden, Westen und Süden wie ein Kranz aus kostbaren Perlen um das Alpenmassiv. Die einstige Form der Gletscherzungen verleiht auch heute noch diesen Seen ihre Umrisse. Zu behäbiger Breite laden die eigentlichen Vorlandseen aus. Genfer See (frz. Léman), Bodensee, Chiemsee und Gardasee sind daher als die bekanntesten Vertreter dieses Typs auch die flächenmäßig größten Alpenseen. Schlank, aber langgezogen sind dagegen die weit in das Gebirgsinnere greifenden Seen des Tessin. Über den Lago Maggiore, den Comer See und über den ausgedehnten Talfortsatz des Gardasees vermag die südliche Wärme von Riviera und Poebene bis tief in die Alpen hinein auszustrahlen und Zitronen „am Fuße von Gletschern“ reifen zu lassen. Die größten Seen im Bereich der Alpen, der Genfer See und der Bodensee, sind typische Vorlandseen. Der Bodensee füllt das Zungenbecken des pleistozänen Rheingletschers. Er wird nur vom Genfer See übertroffen, der im Bereich der überhaupt stärksten Vorlandvergletscherung Europas entstanden ist. Da der Eisscheitel nördlich der heutigen Hauptwasserscheiden lag, wurden die Gletscherzungen dieses Gebietes auch durch Eis gespeist, das über den Simplon, den St. Gotthard und die anderen Hochpässe nach Süden überfloß. Die mächtigste von allen diesen Gletscherzungen war der Rhône-Gletscher, der sich am Schweizer Jura staute und den Aare-Gletscher nach Nordosten umbog. An seiner Randlage schuf er die Vertiefung des heutigen Genfer Sees.

Viele eiszeitlich gebildete Seen sind flach, wie es z. B. für die finnischen Seen typisch ist. Die Müritz, die Perle der Mecklenburgischen Seenplatte, bringt es auf nur 22 m Tiefe. Entsprechendes gilt auch für einige Seen im Inneren Kanadas, wie den Winnipegsee, der gar nur 19 m Tiefe erreicht.

Andernorts schuf das Gletschereis erhebliche Vertiefungen. Wo sie in flachwellige Landschaften eingebettet liegen, muten sie um so überraschender an. Der Windermeresee im englischen Lake District ist 72 m und der wegen seines angeblichen „Ungeheuers“ berühmt gewordene Loch Ness sogar 247 m tief. Von den fünf Großen Seen ist der unterste, der Ontariosee, mit 64 m der flachste. Die Tiefe der vier oberen Großen Seen beträgt im Durchschnitt 227 m, wobei der Obere See mit 307 m das Tiefenmaximum hält. Die beträchtliche Tiefe der Großen Seen hat zur Folge, daß ihre Wassermasse (etwa 24 350 km^3) die der flächenmäßig nahezu doppelt so großen Ostsee übertrifft.

Der Gardasee in Norditalien, entstanden infolge Abdämmung durch Stirnmoränen der Alpengletscher. (Nach A. Penck u. E. Brückner)

1 = einst vereistes Gebiet des Gebirges; 2 = Firnstellen; 3 = unvereistes Gebirgsgebiet; 4 = alte Moräne; 5 = junge Moränen; 6 = Moränenwälle; 7 = Schotter der unteren Terrasse; 8 = verlandete Teile des Seebeckens; 9 = Gebiet eines ehemaligen Sees im Tal der Adige (Etsch); 10 = glaziale Seen westlich vom Gardasee; 11 = glaziale Abflußrinnen aus diesen Seen

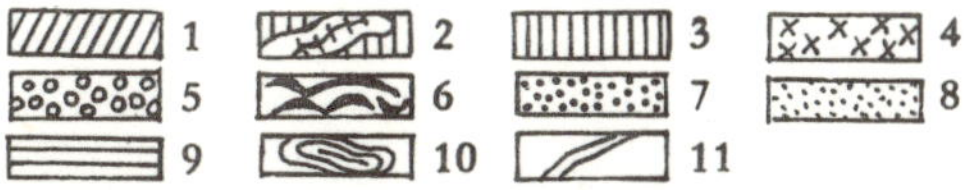

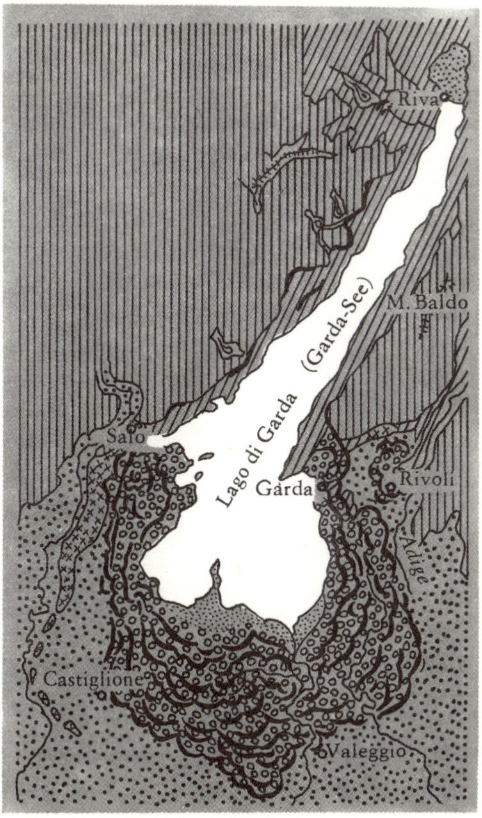

Auch die vom Eis gebildeten Wannen der Hochgebirgsseen sind erstaunlich tief. Mit 410 m hält in den Alpen der Comer See den Rekord. Aber der Lago Maggiore (372 m), der Gardasee (346 m) und der Genfer See (310 m) stehen ihm nicht viel nach. Auch der Bodensee ist mit 252 m noch immer beachtlich tief; er erweist sich aber mit seiner zurückbleibenden Tiefe in der Rangliste der alpinen Zungenbeckenseen bereits besonders ausgeprägt als Vorlandsee. Über sehr ähnliche Tiefen verfügen die glazialen Gebirgsseen Amerikas. Der Lago Nahuel Huapi, der größte See Patagoniens, ist 320 m tief.

Vergleicht man die Spiegelhöhe mit der maximalen Tiefe, so zeigt sich, daß einige bedeutende Seebecken glazialen Ursprungs sogenannte Kryptodepressionen sind, d. h. unter das Meeresspiegelniveau hinabreichen. Der Seegrund von Loch Ness liegt zum Beispiel 230 m unter dem Meeresspiegel. Entsprechendes gilt für die Großen Seen mit Ausnahme des Eriesees. Der Boden des Oberen Sees reicht 124 m unter den Meeresspiegel.

In einem Buch über die Ströme der Welt interessiert natürlich besonders die Zuordnung der glazial geformten Seewannen zu den fließenden Gewässern.

In Finnland zum Beispiel, wo das Inlandeis die alten Talformen beseitigt hat, folgen die Entwässerungsadern den Rinnen, die das Inlandeis im felsigen Untergrund herausgearbeitet hat. Die auch heute noch andauernde Hebung läßt die finnischen Seen nach Süden

überfließen. Es haben sich vor allem drei Abflußsysteme herausgebildet, die Hunderte und Tausende Einzelseen verbinden.
Die Nähe zur Meeresküste erleichterte es den meisten Seen und Wasserläufen des europäischen Nordens, Entwässerungsrinnen zu finden. Aber bereits die auf den ersten Blick verwirrende Anordnung der vielen Fließe, wie sie z. B. in Mecklenburg als dürftige Verbindungsadern zwischen den Seen untereinander sowie zwischen den Seen und den Flüssen anzutreffen sind, zeugt von den Schwierigkeiten, die bei der Eingliederung dieser durch Abtauen von Toteiskörpern hervorgegangenen Seen in größere Stromsysteme bestanden. Kein Fluß von Rang quert diese Seen, so daß sie auch, abseits der großen Binnenwasserstraßen, Idylle einsamer Natur blieben.
Um wieviel komplizierter ist die hydrographische Situation im Norden Amerikas, wo das Gletschereis viel tiefer in das kontinentale Binnenland vorgestoßen war. Nordwestlich der Großen Seen fanden die fließenden Gewässer in der vom Eis wieder freigegebenen Landschaft über viel weitläufigere Räume keine Täler vor. Daher irren hier die Flüsse und Ströme viel stärker als in Europa zwischen den Wannen umher. Aufspaltungen von Nebenflüssen zu verschiedenen Flußsystemen (Bifurkationen) kommen in solchem Gelände häufig vor. Der Wollastonsee, um nur ein Beispiel zu nennen, entwässert sowohl zum Athabaskasee und damit zum Mackenzie als auch zum Cochrane und Churchill River.
Eine besonders interessante Geschichte weisen der Winnipegsee, der Winnipegosissee, der Manitobasee und der Lake of the Woods auf. Sie sind Reste des ehemaligen Lake Agassiz, eines glazialen Stausees von 250 000 km^2 Fläche, der sich nördlich der stark von eiszeitlichen Moränen geprägten interkontinentalen Wasserscheide bildete, als das nach Norden zurückweichende Eis eine Zeitlang den Schmelzwassern den Abfluß zur Hudsonbai versperrte.
Der Ontariosee fand zwar im St.-Lorenz-Strom, der einer tektonischen Bruchlinie folgt, einen klar vorgezeichneten Ausweg zum Meer; der Obere See, der Michigan- und der Huronsee entwässerten jedoch nach Rückzug des Eises zunächst noch zum Mississippi und Ohio hin, ehe sie durch rückschreitende Erosion in Richtung zum St.-Lorenz-Strom hin angezapft wurden. Erst durch diese Verbindung wurde die Kette der Großen Seen zu dem markantesten Talabschnitt eines der bedeutendsten Ströme der Welt. Erstaunlicherweise verfügen die Großen Seen, die mit ihren gewaltigen abfließenden Wassermassen den Haupteinzugsbereich des St.-Lorenz-Stromes bilden, selbst über einen nur geringen eigenen Einzugsbereich. Sie erhalten nur kleine Zuflüsse, da wichtige Wasserscheiden in nächster Nähe liegen: im Norden zur Hudsonbai, im Süden und Westen zum Ohio und Mississippi. Nur mit Vorbehalt kann daher der unbedeutende St. Louis River, der den Oberen See an seinem Westzipfel speist, als der Hauptquellarm des St.-Lorenz-Stromes bezeichnet werden. Den größten Beitrag zur Wasserführung der Großen Seen und des St.-Lorenz-Stromes liefern nicht Zuflüsse, sondern die auf der Seenfläche selbst fallenden Niederschläge. Das Reservoir der Seen trägt trotz der erheblichen jahreszeitlichen Schwankungen der Niederschläge wesentlich dazu bei, dem Strom einen ungewöhnlich gleichmäßigen Abfluß zu geben. Der einzige nennenswerte Nebenfluß ist der dem Rhein an Größe gleichende Ottawa River, der jedoch den St.-Lorenz-Strom erst unterhalb der Großen Seen erreicht.
Auch die glazial geformten Hochgebirgsseen werden fast durchweg von fließenden Gewässern durchzogen. Zumeist entscheidet sich jedoch erst unterhalb der Seen, ob aus dem Bach ein Fluß und aus dem Fluß ein Strom wird.
Der den Lago Maggiore durchfließende Tessin (Ticino) hat einer der anziehendsten Alpenlandschaften, dem Tessin, seinen Namen gegeben. Aber die Größe der Seen steht

in keinem Verhältnis zu den Gewässern, welche die Seen speisen. Alljährlich zieht es Scharen von Touristen zum Gardasee. Doch wer von ihnen würdigt schon so recht das Flüßchen Sarca, dem der Lago di Garda (ital.) sein meistes Wasser verdankt! Nur die beiden größten Vorlandseen, der Bodensee und der Genfer See, sind direkt in die Betten von Flüssen eingelagert, die im weiteren zu wirklichen Strömen – Rhein und Rhône – werden. Das Wasser der übrigen Seen erhält erst über Nebenflüsse Zugang zu großen Strömen: zur Donau und zum Rhein im Norden, zur Rhône im Westen und zum Po im Süden.

Extrem unterschiedlich sind die Entwässerungsbedingungen der glazialen Gebirgsseen Amerikas. Die vielen herrlichen Seen von British Columbia und Yukon Territory gehören fast alle zum Einzugsbereich zweier Ströme, des Fraser River und des Yukon, ohne daß sie die Hauptquellen dieser Ströme sind. Hingegen speisen die Seen Patagoniens zahlreiche parallel dem Südatlantik zustrebende Flüsse. Da sich die Gletscher hier oft in die Seen hinein erstrecken, sind die unmittelbar in den Seen gesammelten Schmelzwasser zumeist die wichtigste oder gar einzige Wasserquelle dieser Flüsse.

Seebecken tektonischen Ursprungs

Einige der größten Seen verdanken ihre Existenz den tektonischen Kräften der Erdkruste. Seen dieses Ursprungs sind praktisch auf allen Kontinenten zu finden. Sie häufen sich jedoch in auffallender Weise in Ost- und Zentralafrika, einer sehr labilen Zone unserer Erdkruste, die reich an Verbiegungen und Zerrungen, an Brüchen und vulkanischer Tätigkeit ist.

Tektonische Verbiegungen lassen zuweilen schüsselförmige Einmuldungen entstehen, in denen sich das Oberflächenwasser konzentrisch sammelt. Die Beckensohle ist zumeist flach; die Flächenerstreckung kann jedoch

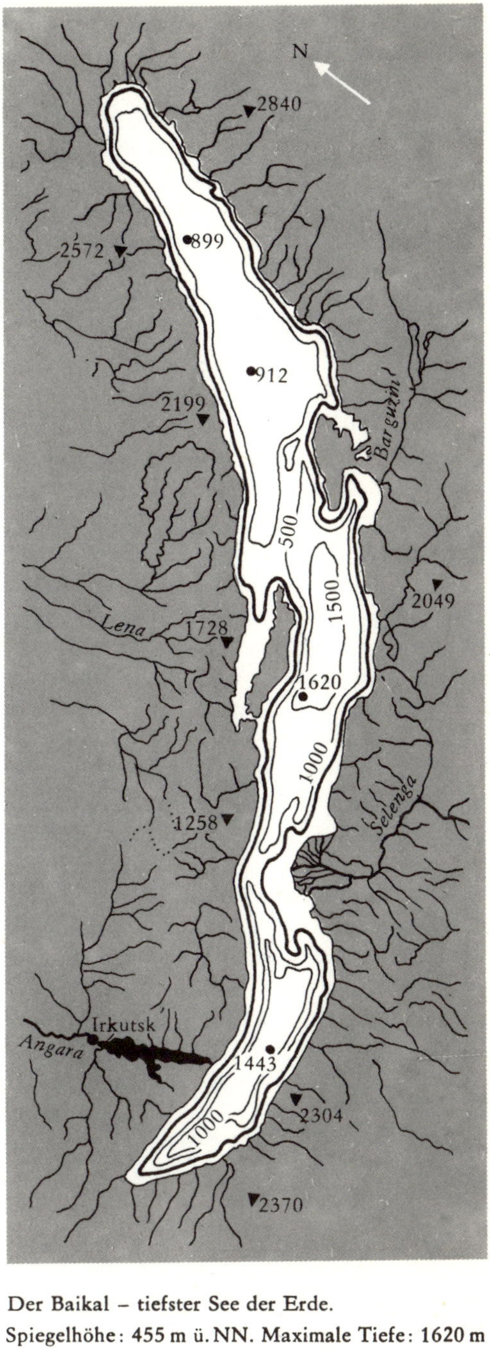

Der Baikal – tiefster See der Erde.
Spiegelhöhe: 455 m ü. NN. Maximale Tiefe: 1620 m

gewaltig sein. Das Paradebeispiel liefert der inselreiche Victoriasee. Er ist zwar nur 80 m tief, mit 68 800 km² hält er jedoch in Afrika die Spitze und belegt unter den größten Seen der Welt nach dem Kaspisee und dem Oberen See den dritten Platz.

Andere Seen haben sich in tektonischen Spalten und Gräben der Erdkruste gebildet. Typisch für diese Art von Seen ist ihre Erstreckung entlang von Schwächelinien der Erdkruste. Sie sind zumeist schmal und langgestreckt; sie können jedoch sehr große Tiefen erreichen.

Eine solche Einsenkung füllt der mit 1 620 m tiefste See der Erde, der Baikal im südlichen Mittelsibirien. Seine tektonische Grabenstruktur spiegelt sich auch in den Oberflächendimensionen – 674 km Achsenlänge und 74 km maximale Breite – deutlich wider.

Eine einzigartige Anhäufung von Spaltenseen findet sich im Zentralafrikanischen Grabensystem oder Rift Valley (Spaltental), wo Zerrungsbrüche die Hochländer gespalten und zerklüftet haben. Die dem Grabensystem zugehörende Seenkette beginnt im Norden mit dem Mobuto-Sese-Seko-See (früher Albertsee); nach Süden folgen der Edwardsee, der Kiwu-, der Tanganjika- und der Niassasee (Malawisee). Die beiden zuletzt genannten Seen zählen mit 1 435 bzw. 706 m Tiefe nicht nur zu den tiefsten Seen der Erde; sie stehen auch mit 650 bzw. 550 km Länge dem Baikalsee nicht viel nach.

Die zentral- und ostafrikanischen Grabenbrüche finden in Vorderasien im sogenannten Großen Syrischen Graben ihre Fortsetzung. Er erstreckt sich über 750 km Länge vom Rande des Amanos-Gebirges im äußersten Südwesten der Türkei bis zum Golf von Aqaba am Roten Meer, stets parallel zur Mittelmeerküste. Während die Sohle des Grabens in der Provinz Bekaa bei der Ruinenstadt Baalbek noch in 1 150 m Höhe ü. NN liegt, senkt sie sich im südlichen, El Ghor genannten Abschnitt zur tiefsten Depression der Erde hinab. Der Spiegel des Bahr Lut, des Toten Meeres, liegt 392 m u. NN, der See selbst ist bei dem gegenwärtigen Wasserstand 356 m tief. Sein Boden befindet sich also 748 m unter Meeresspiegelniveau. Im Norden, wo der See am tiefsten ist, ragen die Bruchkanten als Steilufer bis zu 600 m senkrecht über den Seespiegel auf, nicht einmal Raum für einen Fußpfad lassend.

Wie in Afrika war auch in Vorderasien die Einsenkung der Schollen von randlichen Lavaergüssen begleitet, die teilweise auch in

Der Spaltencharakter des Toten Meeres

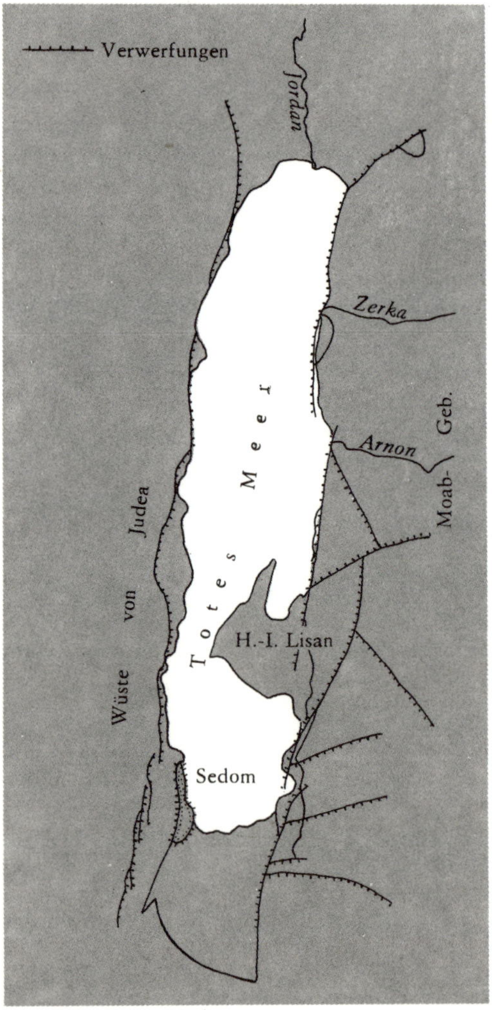

Teile des Zentral- und des Ostafrikanischen Grabensystems. (Nach Krenkel u. a., aus Lautensach, 1944)

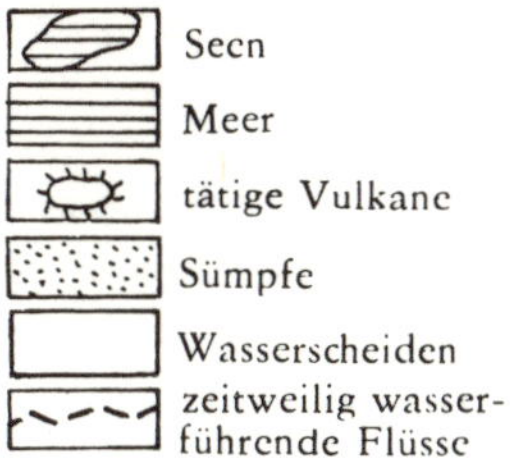

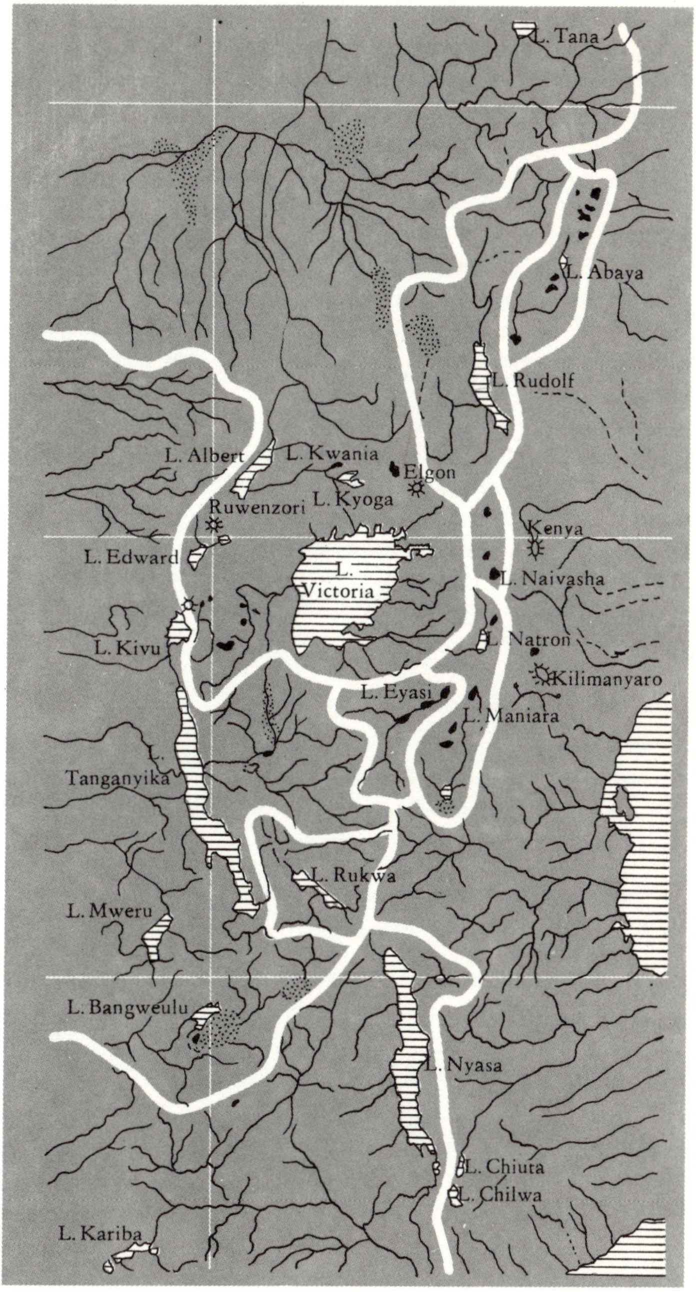

den Graben eindrangen. Sie stauten den seichten Bahr el Chet (auch Hule- oder Meromsee) auf. Der benachbarte, durch die biblische Geschichte bekannte See Genezareth entstand hingegen durch eine sanfte Verbiegung der Grabensohle.

Die meisten der hier erwähnten Seen sind in das System der großen Ströme oder doch bedeutender Flüsse eingeordnet. Den Baikal durchziehen die Ströme Selenga und Angara, die sich dem Jenissej, der Hauptader Mittelsibiriens, zuwenden. Die drei Seen des El Ghor sind durch den Jordan verbunden. Dem Victoriasee entspringt der Victorianil, dem Mobuto-Sese-Seko-See (Albertsee) der Albertnil, welcher die Grabensohle des Rift Valley benutzt, auf die er durch den herrlichen, 40 m hohen Kabaregafall (früher Murchinsonfall) hinabstürzt. Der Tanganjika- und der Niassasee werden von Flüssen durchzogen, die zum Kongo bzw. Sambesi entwässern. Damit ist jedoch das zentral- und das ostafrikanische Seensystem hydrographisch auffallend zersplittert. Die Entwässerungsverhältnisse sind überdies durch die andauernde tektonische Unruhe im Bereich der erst seit dem Tertiär entstandenen Spalten noch längst nicht gefestigt. Die weiteren tektonischen Veränderungen der Erdkruste, die sich in häufigen Beben und reichem Vulkanismus äußern, wie auch die unterschiedliche Spiegelhöhe der Seen begünstigen die Entstehung neuer Abdachungsverhältnisse, von Flußbettverschüttungen und Durchbrüchen.

Den Tanganjikasee zum Beispiel fand Cameron 1874 noch nahezu abflußlos. Wie aber Stanley feststellte, wird er seit 1876 durch den Lukuga zum Kongo entwässert. Seinen Spiegel hatte er demzufolge bis 1908 um 11 m gesenkt. Der Kiwusee entwässerte früher über den Edwardsee und den Mobuto-Sese-Seko-See (Albertsee) zum Nil. Vor nicht allzu langer Zeit verschaffte er sich jedoch in dem Rusisi einen neuen Abfluß zum Tanganjikasee, zu dem der Fluß auf einer Strecke von nur 110 km 680 m tief hinabstürzt.

Die größten natürlichen Seen

Erfaßt sind Seen mit mindestens 4 000 km² Oberfläche oder 200 m Tiefe. Die eingeklammerten Ziffern geben die Rangfolge an. Genetische Typen: Äol. = äolisch; Fluv. = fluvial; Glaz. = glazial; Lag. = Lagune; Met. = Meteoriteneinschlag; Tekt. = tektonisch; Vulk. = vulkanisch

See	Land	Genetischer Typ	Oberfläche km²	Maxim. Tiefe m
Afrika				
Victoriasee	Uganda, Kenia, Tansania	Tekt.	68 800 (3)	80
Tanganjikasee	Zaïre, Burundi, Sambia, Tansania	Tekt.	34 000[a] (7)	1 435[i] (2)
Niassasee (Malawisee)	Malawi, Tansania, Moçambique	Tekt.	30 500 (10)	706 (4)
Tschadsee	Niger, Tschad, Nigeria, Kamerun	Tekt.-Äol.	12 000–26 000[b] (17)	4–11

See	Land	Genetischer Typ	Oberfläche km²	Maxim. Tiefe m
Mobuto-Sese-Seko-See (Albertsee)	Zaïre, Uganda	Tekt.	5 300 (32)	48
Mwerusee	Zaïre, Sambia	Tekt.	4 920 (34)	9–15
Kiwusee	Zaïre, Burundi	Tekt.-Vulk.	2 650	480[j] (12)
Asien				
Kaspisee	UdSSR	Tekt.	371 000[e] (1)	995 (3)
Aralsee	UdSSR	Tekt.	66 458[d] (4)	
Baikalsee	UdSSR	Tekt.	31 500 (9)	1 620[k] (1)
Balchaschsee	UdSSR	Tekt.	17 000–19 000[b] (16)	26,5
Issyk-Kul	UdSSR	Tekt.	6 200 (27)	702 (5)
Resaiehsee (Urmia)	Iran	Tekt.	3 900–5 930[b] (28)	15
Poyanghu	China	Fluv.	5 160[e] (33)	20
Chankasee	UdSSR, China	Tekt.	4 403 (37)	10
Kuku-Nor (Qinghai)	China	Tekt.	4 200 (40)	31
Matanasee	Indonesien (Celebes)	Tekt.	164	590 (8)
Saressee	UdSSR	Naturdamm	88	505 (10)
Tobasee	Indonesien (Sumatra)	Vulk.-Tekt.	1 129	450 (14)
Tazawasee	Japan	Vulk.	25,6	425 (20)
Totes Meer	Israel, Jordanien	Tekt.	1 000	398[l] (22)
Shikotsu	Japan	Vulk.	77,6	363 (25)
Kurilensee	UdSSR (Kamtschatka)	Vulk.	130	300 (35)
Lanaosee	Philippinen	Vulk. Damm	375	300 (36)
Kawah-Idjen	Indonesien (Java)	Vulk. Krater	0,46	250 (49)
Mashusee	Japan	Vulk.	19,7	211,5 (58)
Australien				
Gairdnersee	Australien	Tekt.	7 000[b] (25)	
Eyresee	Australien	Tekt.	0–15 000[f] (20)	
Torrenssee	Australien	Tekt.	5 776[f] (29)	
Manapourisee	Neuseeland	Glaz.	145	445 (16)
Wakatipusee	Neuseeland	Glaz.		371,5 (24)

See	Land	Genetischer Typ	Oberfläche km²	Maxim. Tiefe m
Te Anau	Neuseeland	Glaz.	342	270 (41)
Waikaremoana	Neuseeland	Damm d. Erdrutsche	53	253 (44)
Europa				
Kaspisee	UdSSR	Tekt.	371 000[e] (1)	995 (3)
Ladogasee	UdSSR	Tekt.-Glaz.	18 400 (15)	225 (51)
Onegasee	UdSSR	Tekt.-Glaz.	9 600 (19)	124
Vänern	Schweden	Tekt.-Glaz.	5 546 (30)	89
Saimaasee	Finnland	Glaz.	4 400 (38)	58
Hornindalsvatn	Norwegen	Fjord	50,8	514 (9)
Mjøsasee	Norwegen	Glaz.	367	449 (15)
Salsvatn	Norwegen	Fjord	45	445 (18)
Tinnvatn	Norwegen	Fjord	54	438 (19)
Comer See	Italien	Glaz.	146	410 (21)
Lago Maggiore	Italien Schweiz	Glaz.	212	372 (23)
Gardasee	Italien	Glaz.	370	346 (26)
Genfer See (Léman)	Schweiz, Frankreich	Glaz.	581,5	309 (28)
Loch Morar	Großbritannien	Glaz.	26,6	305 (30)
Holsfjord	Norwegen	Fjord	121	295 (37)
Luganer See	Italien, Schweiz	Glaz.	49,2	288 (38)
Ohridsee	Jugoslawien, Albanien	Tekt.-Karst.	349	285 (39)
Breimsvatn	Norwegen	Fjord	23	278 (40)
Brienzer See	Schweiz	Glaz.	28,5	255 (43)
Bodensee	Schweiz, BRD	Glaz.	538,4	252 (45)
Iseosee	Italien	Glaz.	61	250 (48)
Loch Ness	Großbritannien	Tekt.-Glaz.	56,4	225 (52)
Hornavan	Schweden	Glaz.		221 (55)
Thun	Schweiz	Glaz.	47,8	217 (56)
Vierwaldstätter See	Schweiz	Glaz.	113,8	214 (57)
Strynsvatn	Norwegen	Fjord	22,3	209 (59)
Nordamerika				
Oberer (Superior) See	USA, Kanada	Glaz.	83 300 (2)	307[m] (29)

See	Land	Genetischer Typ	Oberfläche km^2	Maxim. Tiefe m
Huronsee	USA, Kanada	Glaz.	59 570 (5)	223[n] (54)
Michigansee	USA	Glaz.	57 016 (6)	265[o] (42)
Großer Bärensee	Kanada	Glaz.	31 792 (8)	445 (17)
Großer Sklavensee	Kanada	Glaz.	28 438 (11)	614 (6)
Eriesee	USA, Kanada	Glaz.	25 719 (12)	64
Winnipegsee	Kanada	Glaz.	24 530 (13)	28
Ontariosee	USA, Kanada	Glaz.	18 760 (14)	225[p] (53)
Athabaskasee	Kanada	Glaz.	8 080 (23)	60
Reindeersee	Kanada	Glaz.	6 330 (26)	
Winnipegosissee	Kanada	Glaz.	5 447 (31)	12
Nipigonsee	Kanada	Glaz.	4 843 (35)	162
Manitobasee	Kanada	Glaz.	4 706 (36)	28
Lake of the Woods	Kanada	Glaz.	4 390 (39)	10
Großer Salzsee	USA	Tekt.	2 800–6 000[g] (41)	16
Cratersee	USA	Vulk.	55	608 (7)
Tahoesee	USA	Tekt.	499	501[q] (11)
Chelansee	USA	Glaz.	150	458 (13)
Ungavasee	Kanada	Met.	53	251 (46)
Okanagansee	Kanada	Glaz.		232 (50)
Süd- und Mittelamerika				
Maracaibosee	Venezuela	Lag.	14 343[h] (18)	250 (47)
Titicacasee	Bolivien	Tekt.	8 100 (22)	304 (31)
Atitlánsee	Guatemala	Vulk.	135,9	341 (27)
Fagnanasee	Chile, Argentinien	Glaz.	700	300[r] (32)
Lago Nahuel Huapí	Argentinien	Glaz.	543	300[r] (33)
Lago Argentino	Argentinien	Glaz.	1 400	300 (34)

Anmerkungen zu den Angaben für die
Oberfläche: a – Nach anderen Quellen 32 893 km^2; b – Die Oberfläche variiert in Abhängigkeit von der Höhe der Niederschläge und Klimaschwankungen; c – Im Jahre 1930 betrug die Oberfläche 424 300 km^2; d – Einschließlich Inseln von 2 345 km^2; e – Nach anderen Quellen 2 700 km^2; f – Trocknet zeitweilig aus; g – Im Jahre 1840 betrug die Oberfläche 2 800 km^2; h – In der Literatur werden stark voneinander abweichende Flächen genannt.
Maximale Tiefe: Nach anderen Quellen: i – 1 470 m; j – 780 m; k – 1 741 m (ältere Angaben); l – 356 m; m – 393 m; n – 228 m; o – 281 m; p – 273 u. 237 m; q – 486 m; r – Genaue Angaben für die maximale Tiefe fehlen.
Quelle: Petre Gâştescu: Lacurile pe glob, Editura Ştiinţifică, Bucureşti 1969. Umgruppiert

VI. Abflußlose Gebiete

Vier Fünftel des Festlandes entwässern zum Weltmeer hin. 29,1 Mill. km², d. h. 21,6 Prozent, entfallen jedoch auf die sogenannten abflußlosen Gebiete. An ihren tiefsten Punkten sammelt sich das oberflächlich abfließende Wasser in zentripetaler Weise, ohne den Weg in einen der Ozeane zu finden. Zu ihnen gehören, um nur einige Beispiele zu nennen, die Niederung Osteuropas südlich des Nordrussischen Landrückens bis zur Kaspischen Senke, das Tarimbecken in Zentralasien, das Tschad- und das Okavangobecken in Afrika, die Beckenlandschaft im Inneren der Rocky Mountains und der Anden, das Große Artesische Becken in Australien ...

Die hier beschriebene Abflußlosigkeit setzt voraus, daß in den betreffenden Gebieten die Verdunstung größer ist als der Zufluß. Würde das Verhältnis umgekehrt sein, wie es normalerweise in den feuchten Zonen der Fall ist, würde es in den Senken zu einem Stau des oberflächlich abfließenden Wassers kommen, bis dieses die minimale Kantenhöhe der jeweiligen Senke erreicht und schließlich zum Meer überfließt. Die abflußlosen Gebiete finden wir daher auch nur in den Trockenzonen beiderseits des Äquators.

Während das Niveau des Weltmeeres an den verschiedenen Stellen der Ozeane nur unwesentlich voneinander abweicht, haben die Zentren der abflußlosen Gebiete sehr unterschiedliche Meeresspiegelhöhe, da sie sowohl untereinander als auch vom Weltmeer durch wasserdämmende Schwellen getrennt sind. Einige von ihnen befinden sich in beträchtlichen Gebirgshöhen. Hier ist vor allem das bereits erwähnte Becken von Titicacasee und Río Desaguadero zu nennen, dessen Sohle die rund 3 800 m hoch gelegene intraandine Hochfläche (Altiplano) bildet.

Der Tarim durchfließt das 875 000 km² große Tarimbecken, das sich als ein gewaltiges, 700 bis 1 400 m ü. NN gelegenes Senkungsfeld zwischen die asiatischen Gebirgsriesen des Tienschan, Pamir und des westlichen Kun-lun schiebt.

Das Niveau anderer abflußloser Gebiete reicht hingegen unter Meeresspiegelhöhe; es handelt sich um sogenannte Depressionen. Obwohl sie nur einen verschwindenden Teil der Erdoberfläche einnehmen, bilden sie doch beeindruckende Phänomene im Antlitz der Erde. Die Wolga, der größte Strom Europas, fließt bereits ab Saratow mehr als 700 km oberhalb der Mündung in einer Depression und erreicht schließlich südlich von Astrachan den Kaspisee, dessen Spiegel 28 m u. NN liegt. In den östlich an den Kaspisee angrenzenden Wüsten Kasachstans und Turkmeniens gibt es zahlreiche Depressionen, deren mit 132 m u. NN tiefste sich auf der Halbinsel Mangyschlak befindet. Die Schotts im Hinterland des nordafrikanischen Berglandes von Aurès senken sich bis auf 31 m u. NN (Chott Melrhir), und in Ägypten gibt es Depressionen von 45 und 28 m u. NN (Birket Qârûn und Wadi en Natrûn). Eine Reihe relativ tiefer Einsenkungen schiebt sich zwischen das Hochland von Äthiopien und das Bergland von Eritrea (Assalsee, 173 m u. NN). In Kalifornien mißt man im Tal des Todes (Death Valley)

86 m u. NN, die Spiegelhöhe des dortigen Salton Sea beträgt 72 m u. NN. Die tiefste Landschaft der Erdoberfläche bildet schließlich der Jordangraben, dessen Entwässerungssystem im Toten Meer in einer Spiegelhöhe von 392 m u. NN endet.

Die tiefsten Teile der abflußlosen Gebiete bilden gewöhnlich ihr hydrographisches Zentrum. Die hydrographischen Verhältnisse selbst werden entscheidend von Wasserzufuhr, Niederschlag und Verdunstung bestimmt. Sie unterscheiden sich daher in den verschiedenen abflußlosen Gebieten beträchtlich voneinander.

Es gibt abflußlose Gebiete, die nur spärliche periodische oder episodische Zuflüsse erhalten oder denen es fast völlig an Zuflüssen fehlt. In anderen wiederum kann die Wasserzufuhr erheblich sein. So endet die Wolga, der größte Strom Europas, in einem abflußlosen Gebiet. Amudarja und Syrdarja (Sowjetisch-Mittelasien), Tarim (VR China) und Chari (Afrika) sind andere Beispiele für bedeutende, in Binnenländern endende Ströme und Flüsse.

Der im Verhältnis zu ihrem Klima ansehnliche Wasserreichtum einiger abflußloser Gebiete erklärt sich mit der Wasserzufuhr aus Randgebirgen und anderen feuchten Regionen. So wird die Wolga, die in den wald-

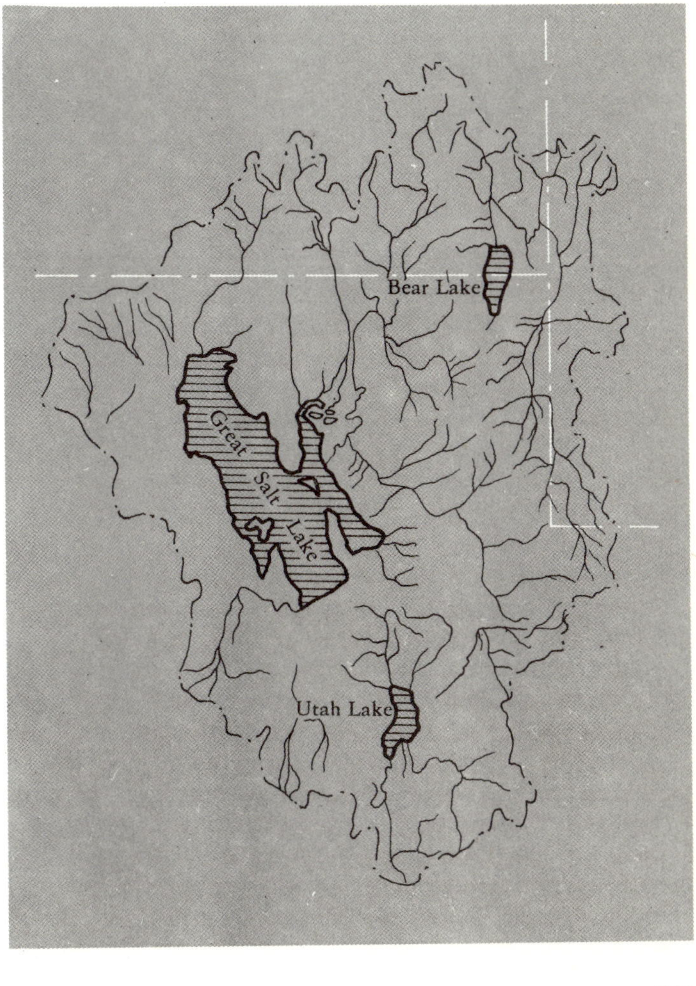

Das Große Becken der USA ist durch mehrere Wasserscheiden in verschiedene abflußlose Teilgebiete aufgespalten. Im Bilde die Einzugsbereiche des Großen Salzsees, des Bärensees und des Utahsees. (Nach Fairbridge)

und seenreichen Waldaihöhen entspringt, je südlicher sie in die Steppen vordringt, immer stärker zu einem typischen Fremdlingsfluß.
Das abflußlose Becken zwischen der Ost- und der Westkordillere Perus und Boliviens, das mit dem Titicacasee und dem Río Desaguadero ein ausgedehntes Gewässersystem enthält, wird von den Eisriesen gespeist, welche die abgeschlossene Hochfläche umgürten. Die Gletscher des Pamir und Tienschan sind nie versiegende Quellen der mittelasiatischen Wüstenflüsse Amudarja und Syrdarja.

Sebchas und Endseen

Entscheidend für die Abflußlosigkeit ist letztlich das Klima. Alle diese Gebiete sind extrem trocken, das Klima kontinental. Der Landschaftscharakter wird von Wüsten und Wüstensteppen bestimmt.
Treffen sich geringere Wasserzufuhr und bedeutende Verdunstung, so können die wenigen fließenden Gewässer, während sie aus den höheren Randgebieten dem tieferen hydrographischen Zentrum zustreben, schon auf halbem Wege versickern und verdunsten. Von den Flüssen, welche die osteuropäische Salzsteppe (östlich des Mündungslaufes der Wolga) durchziehen, erreichen nur die Wolga und der Uralfluß ständig und die östlicher gelegene Emba zeitweilig den Kaspisee. Zahlreiche andere Flüsse zeigen zwar eine klar zum Kaspisee zugewendete Laufrichtung, in den sie in früheren, feuchteren Zeiten sicher auch mündeten; im Wettlauf mit der Verdunstung sind sie jedoch unterlegen. So enden alle Dauerflüsse zwischen Wolga und Ural sowie zwischen Ural und Emba weit binnenwärts in der Steppe in zeitweilig austrocknenden Salztonsümpfen.
Anzeichen der Erschöpfung zeigen jedoch auch viele Gewässer der Trockengebiete, die – der Verdunstung zum Trotz – doch noch das hydrographische Zentrum erreichen. In solchen Fällen kann auch das Zentrum nur episodisch oder sporadisch – im Rhythmus der Jahreszeiten oder nach plötzlich niedergehenden Regengüssen – mit Wasser gefüllt sein. In der Sahara werden solche Sümpfe und Seen Sebcha oder Sebkha genannt. In den Wüstenbecken gibt es Sebchas von zum Teil bedeutender Ausdehnung und mit oft inselartig darin eingesenkten Oasen, in denen sich plötzlich auftretende Wassermassen sammeln. Sebchabildung kommt jedoch nicht nur in den eigentlichen Senken, wenn dort auch häufiger, vor, sondern ist auch auf den höher gelegenen Teilen der Wüste, z. B. in Fezzan, und in den wüstenartigen Hochebenen einiger Gebirge verbreitet. Den Sebchas der Sahara entsprechen in Nordafrika die Schotts (Chott), die sich besonders ausgeprägt in den Hochebenen (Hauts Plateaux) zwischen den Hauptketten des Atlasgebirges finden, die Kewire in Persien, die Schalas, Schore und Bajire in Innerasien, die Takyre in Turan, die Salares und Salinas in den intraandinen Becken und Pampas Südamerikas.
Nicht alle Fremdlingsflüsse fallen jedoch derart kümmerlich verendend der Verdunstung zum Opfer. Die bedeutenderen von ihnen können, sofern sie nicht, wie der Nil, das Meer erreichen, auf den Sohlen der abflußlosen Gebiete wie in einer Schüssel oder Traufe Seen beträchtlichen Ausmaßes bilden. Zumeist werden diese Seen nur durch einen, höchstens zwei Fremdlingsflüsse gespeist und am Leben erhalten. Diese Endseen sind also das unmittelbare Produkt ihrer Zuflüsse aus feuchteren Regionen.
Der mit 371 000 km² größte See der Erde, der Kaspisee, dessen Wassereinnahmen zu zwei Dritteln aus der Wolga stammen, ist der Star unter den abflußlosen Seen. Seine Dimensionen übersteigen die gewöhnlichen Vorstellungen von einem Binnensee derart, daß auch in der wissenschaftlichen Literatur gemeinhin vom „Kaspischen Meer“ gesprochen wird, obwohl es sich nicht um ein Meer im eigentlichen Sinne, sondern um einen echten Binnensee handelt. Der Kaspi-

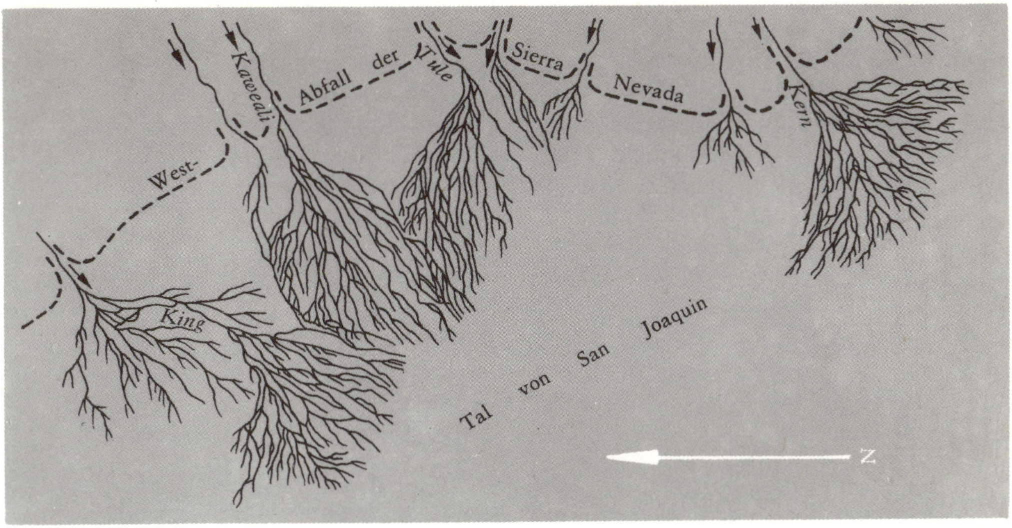

Beispiel für Flüsse ohne Mündung ins Meer. Die Flüsse kommen aus dem Hochgebirge der Sierra Nevada in Kalifornien in das wüstenhafte breite Tal des San Joaquin und bilden bei ihrem Eintritt umfangreiche Schwemmkegel aus, worin sie sich in ein dichtes Geflecht von Armen verzweigen. Zum Teil versickert hier das Wasser in porösen Sedimenten, so daß sich die Flüsse in dem breiten Talkessel gänzlich verlieren. (Nach W. D. Johnson)

Das Tschadbecken und die angrenzenden Beckenlandschaften. (Nach P. Gâştescu)

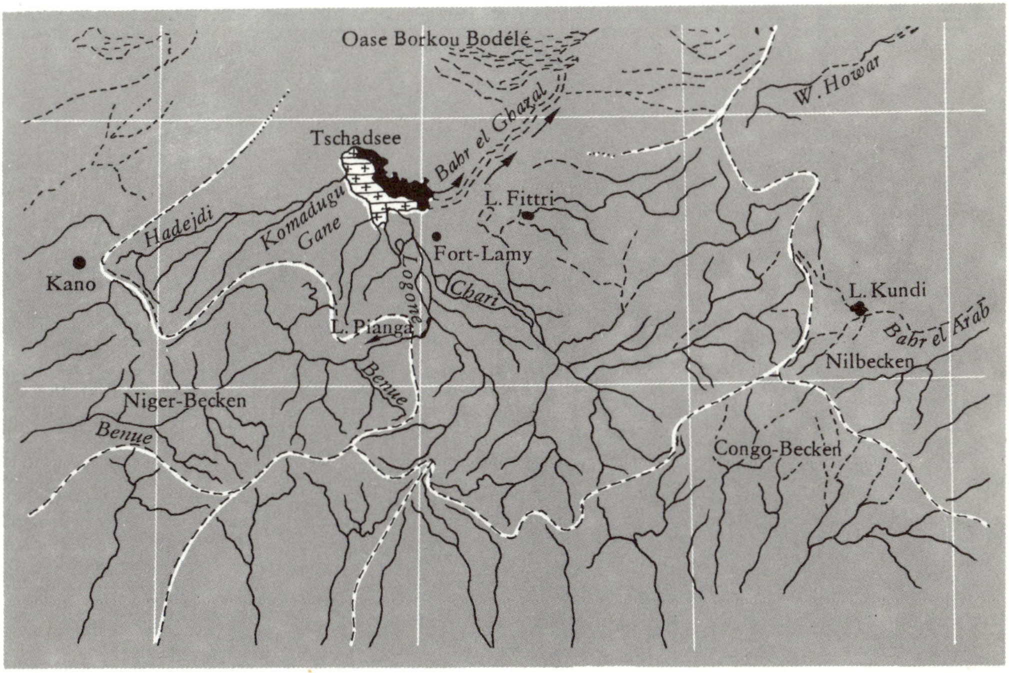

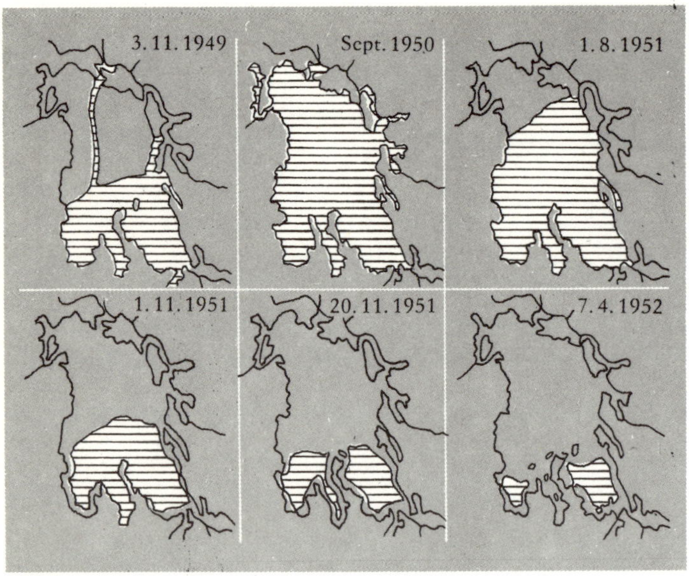

Der in einer Depression (– 12 m) gelegene Lake Eyre in Australien ist ein Endsee, der zeitweilig fast völlig trocken liegt oder sich nur noch durch Sümpfe andeutet. Dunkel: Die tatsächliche Wasserfläche im Zeitraum November 1949 bis April 1952. (Nach Bonython u. Mason)

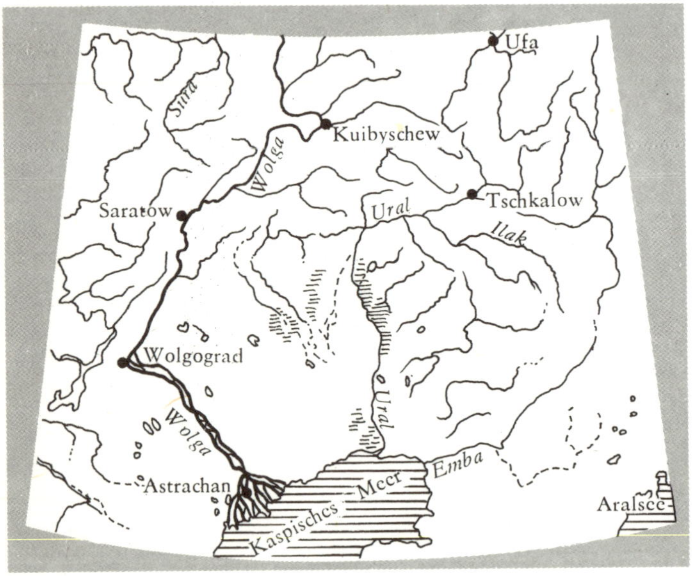

Fremdlingsflüsse im unteren Wolga- und Uralgebiet. Nur die wasserreichen Flüsse Wolga, Ural und Emba erreichen den Kaspisee. (Nach J. Marcinek)

see ist über viermal so groß wie der zweitgrößte Binnensee der Erde, der Obere See, und größer als alle fünf Großen Seen zusammen. Von Nord nach Süd senkt er sich von sehr flachem Wasser (Nordteil im Mittel 5 m) zu bemerkenswerter Tiefe (Südteil im Mittel 325 m, maximal 995 m tief). Seine Wassermassen sind so gewaltig, daß sie wie ein Meer der Anziehungskraft des Mondes folgen. Der Gezeitenunterschied beträgt bis zu 40 cm. Die Entstehung des Kaspisees wurde dadurch begünstigt, daß er in Gestalt der Kaspischen Senke eine geologisch geformte Mulde mit einer wirkungsvollen Abriegelung zu dem benachbarten, höhergelegenen Schwarzen Meer vorfand.

Die anderen bedeutenden Endseen nehmen sich zwar gegenüber dem Kaspisee bescheiden aus; einige von ihnen rangieren jedoch noch immer unter den größten Binnenseen der Erde. Erwähnt werden müssen vor allem der Aralsee und der Balchaschsee in Sowjetisch-Mittelasien, der Tschadsee und der Rudolfsee in Afrika, der Große Salzsee in Nordamerika und das Tote Meer in Vorderasien.

Alle diese Endseen bildeten sich unter den Bedingungen eines extremen Kontinentalklimas, in Wüsten und Wüstensteppen, wie in der Wüste Karakum (Kaspisee und Aralsee), in der ständig von der Sahara bedrohten Sahelzone (Tschadsee), in der Großen Salzsee-Wüste, in der Negev-Wüste (Totes Meer) . . . Die Gebiete einiger dieser Seen, wie der Graben des Jordantales am Toten Meer, zählen zu den heißesten Flecken der Erde. Maximaltemperaturen von annähernd 40 °C (Astrachan/Kaspisee 36 °C, Salt Lake City/Großer Salzsee 37 °C) sind im Bereich der größeren Endseen die Regel. Die relative Luftfeuchtigkeit geht unter 50 Prozent herunter (in Astrachan beträgt sie im August nur 32 Prozent).

Alles Wasser wird in einer derartigen Hitze und Trockenheit begierig von der Atmosphäre aufgesogen. Die Verdunstung kann bei großen offenen Wasserflächen in wüstennahen Gebieten 2 m jährlich übersteigen. Um zum Beispiel die Verdunstung des Kaspisees auszugleichen, müßte in seinem Bereich 1 000 bis 2 000 mm Niederschlag fallen; in der Kaspisenke nehmen aber die Niederschläge von 350 mm im Nordwesten auf 150 bis 200 mm im Südosten ab.

Klimaschwankungen verändern Seenvolumen

An den Endseen ist jedoch die Verdunstungskapazität nicht groß genug, um zusätzlich zu der Wasserzufuhr auch das bereits gestaute Wasser kurzfristig aufzusaugen. Zwischen der Wasserzufuhr und der Verdunstung besteht ein Zustand relativer Balance. Das aufgestaute Wasser wirkt wie eine Art Puffer. Veränderungen der Niederschläge, der Wasserzufuhr oder der Verdunstung wirken sich unmittelbar auf die Wassermenge der Endseen aus. Höhere Niederschläge, größere Wasserzufuhr und geringere Verdunstungskapazität führen zu einer Vergrößerung der Seen; geringere Niederschläge, geringere Wasserzufuhr und höhere Verdunstung bedingen eine Tendenz der Austrocknung.

Diese Erscheinung zeigt sich schon im jahreszeitlichen Rhythmus sehr deutlich, am ausgeprägtesten bei solchen besonders flachen Endseen wie dem Großen Salzsee (3 m mittlere Tiefe) oder dem Tschadsee. Der bei Niedrigwasser nur etwa 1,5 m tiefe Tschadsee kann im Herbst bis Februar um 7 m ansteigen und dann seine Fläche um das Doppelte erweitern. Die Größe des „Minimal-Tschad" liegt bei etwa 11 000 km^2 Fläche bzw. 11 km^3 Wasserinhalt, des „Maximal-Tschad" bei 22 000 km^2 bzw. 41 km^3. Ein Teil des Seebodens bleibt periodisch, etwa von März bis Juli, ohne Wasserbedeckung. Einige Gebiete liegen dann als sandig-tonige Ebene trocken; andere heben sich, vor allem im Papyrus- und Schilfgürtel, als Sümpfe heraus; und die Restseefläche ist stärker als gewöhnlich von Inseln und Halbinseln zerteilt.

Einen großen Einfluß auf den sich im Verlauf von Jahren und Jahrzehnten ändernden mittleren Wasserstand haben die säkularen Klimaschwankungen und die davon abhängigen Schwankungen der Wasserführung gerade der Flüsse von Trockengebieten. Auch hierfür mag der Tschadsee als typisches Beispiel dienen. Die deutschen Afrikaforscher Gerhard Rohlfs (1861–1879) und Gustav Nachtigal (1869–1874) hatten einen sehr großen See vorgefunden. Seit 1866 muß sein Wasserstand sogar sehr hoch gewesen sein, und er hatte sich offenbar bis zur Durchreise des französischen Forschers

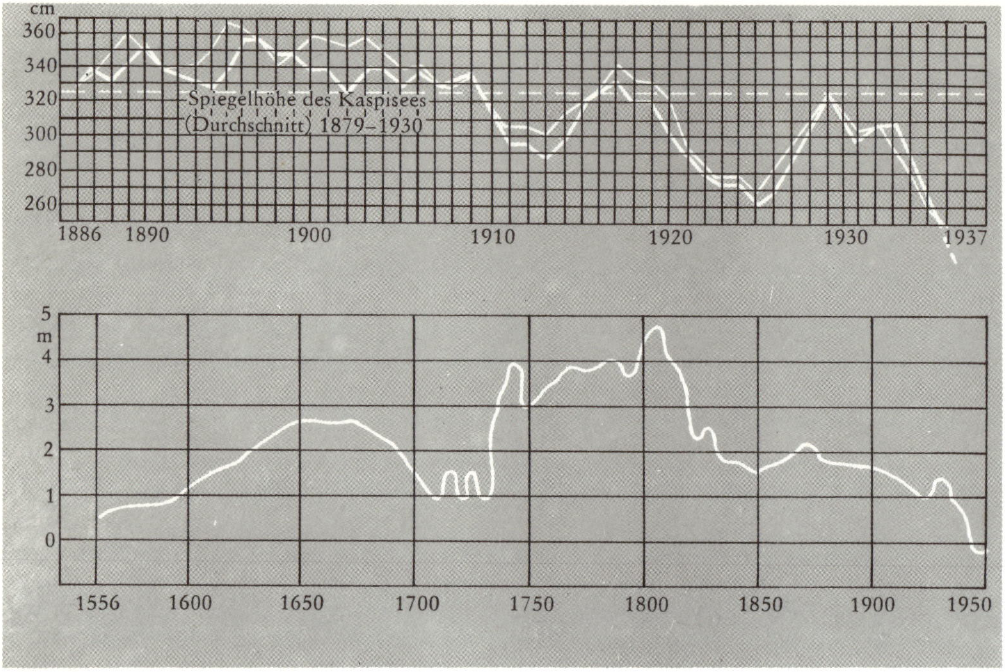

Seespiegelschwankungen des Kaspisees.
Oben: Zwischen 1886 und 1936. (Nach Brujevič u. Senkevič)
Unten: Langjährige Schwankungen; Basisniveau — 27,4 m im Jahre 1951. (Nach S. V. Kalesnik)
——— nach dem Wolgaabfluß berechnete Spiegelhöhe ——— tatsächliche Spiegelhöhe

Fernand Foureau (1898–1900) auf diesem Niveau gehalten. Danach wirkte sich aber die nachlassende Wasserzufuhr des Chari aus; obendrein machten sich die jahreszeitlichen Schwankungen stärker bemerkbar. Besonders ungünstige Wasserverhältnisse wurden in den Jahren 1913 bis 1914 und 1940 bis 1941 festgestellt, während in den Jahren 1952 bis 1953 ein außergewöhnlicher Anstieg erfolgte, der aber durch ein ebenso krasses Abfallen während der letzten Sahelkatastrophe 1972 bis 1974 abgelöst wurde.

Im allgemeinen herrschen derzeit an den Endseen Tendenzen zur Verminderung des Wasserstandes vor. Sie sind darin begründet, daß zum einen die Verdunstung im unmittelbaren Bereich der Endseen zugenommen hat. Zum anderen ist die Wasserzufuhr der die Seen speisenden Flüsse und Ströme zurückgegangen, weil in ihren Einzugsbereichen zum Teil weniger Niederschläge fallen. Dazu machen sich in einigen Stromgebieten, besonders an Wolga, Amudarja und Jordan, immer stärker die Entnahme von Flußwasser für Bewässerungszwecke sowie die über künstlichen Stauseen verstärkte Verdunstung bemerkbar. Am Kaspisee, wo alle drei genannten Faktoren zusammenwirken, wird das jährliche Defizit im Wasserhaushalt auf 21,7 Mrd. m^3 veranschlagt. Sein Wasserspiegel ist allein seit Mitte des vorigen Jahrhunderts um mehr als 3 m gesunken. 1930 betrug seine Spiegelfläche noch 424 000 km^2, vier Jahrzehnte später aber nur noch 371 000 km^2. Ein historisches Wahrzeichen von Baku, der schlüsselförmige Jungfrauenturm, wurde im 11./12. Jahrhundert direkt am Ufer des Kaspisees gebaut. Wie die Legende überliefert, stürzte sich seinerzeit von ihm ein schönes Mädchen in das Wasser, um dem Schah nicht zu Willen sein zu müssen. Heute steht der Turm völlig im Trockenen, in geraumer Entfernung vom Ufer.

Entsprechend ist das Tote Meer in jüngster Zeit um 4 m abgesunken.

Es ist jedoch keineswegs gesichert, daß es sich bei dem Schrumpfen der Endseen auf Grund natürlicher Veränderungen im Wasserhaushalt der Großlandschaften um eine langfristig gültige Tendenz handelt. In historischer Zeit gab es Perioden, in denen der Spiegel einiger Endseen niedriger als heutzutage lag. So finden sich unter dem Wasserspiegel des Kaspisees Reste antiker Wohnplätze. Eher ist anzunehmen, daß die sich über Jahrzehnte und Jahrhunderte erstreckenden Niveauänderungen keinen geradlinigen Trend ausdrücken, sondern eher den Charakter von wellenförmigen Schwankungen mit unterschiedlichen Ausschlägen haben. Für das Tote Meer betrug die entsprechende Schwankungsbreite im letzten Jahrhundert etwa 12 m Seespiegelhöhe. Die Extremwerte des Großen Salzsees wurden für 1869 mit 6 140 km^2 und für 1940 mit 3 900 km^2 angegeben.

Völlig andere Maßstäbe sind anzulegen, wenn man Vergleiche zu früheren geologischen Perioden anstellt. Die erheblich größere Wasserzufuhr während der pleistozänen Pluvialzeiten, d. h. der Perioden mit stärkeren Niederschlägen, führte in den abflußlosen Gebieten zu vermehrtem Anstau von Wasser. Heute liegt der Spiegel des Kaspisees bei 28 m u. NN; damals erreichte er aber 80 m ü. NN. Der See füllte die weite Kaspische Senke. Auf dem Höhepunkt des Staus floß das Wasser zum Asowschen Meer über. Noch krasser ist die Niveauveränderung des Toten Meeres, dessen Spiegel durch die vermehrte Verdunstung von 160 m u. NN auf 395 m u. NN sank. Am Westfuß der Wasatch Mountains staute sich in der heutigen Großen-Salzsee-Wüste der Riesensee Lake Bonneville. Kaspisee, Totes Meer,

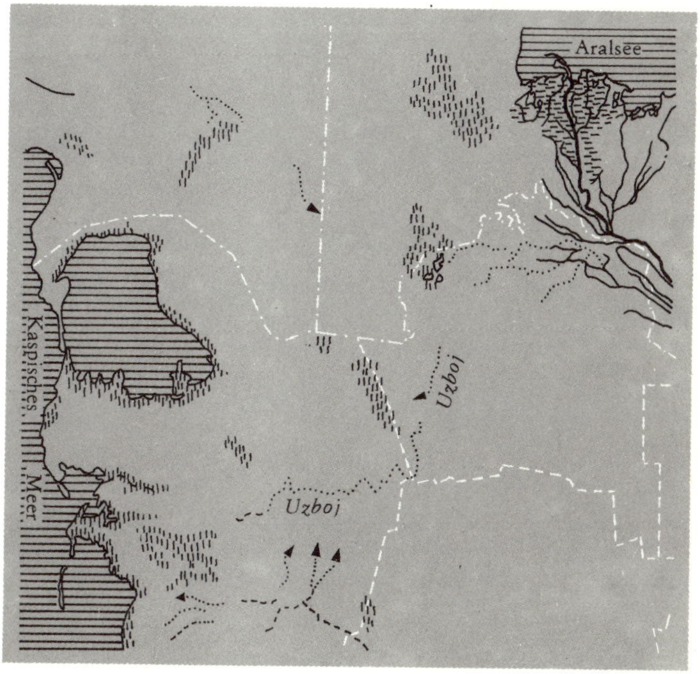

Das heute nur gelegentlich und in einzelnen Abschnitten durchflossene Tal des Uzboj stellte während der Pluvialzeiten eine Flußverbindung zwischen den Senken des Aralsees und des Kaspisees her.

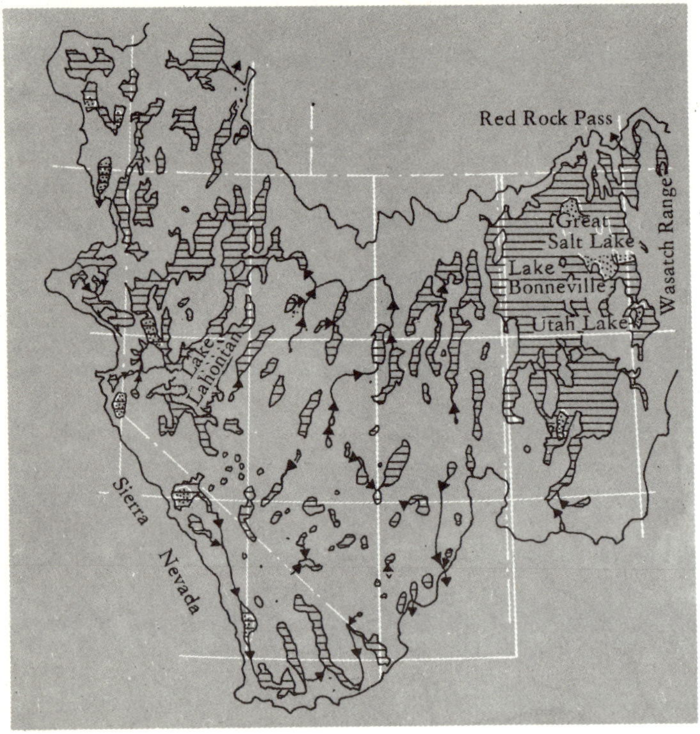

Das Maximum der pluvialzeitlichen (schraffiert) und der gegenwärtigen Seen (punktiert) im Großen Becken der USA. (Nach Fairbridge)

Großer Salzsee und viele andere Endseen können daher auch als Reliktseen der Pluvialzeiten aufgefaßt werden.

Infolge der verminderten Niederschläge und der höheren Verdunstung wurden Abflußsysteme, die in den Pluvialzeiten noch zusammenhingen, zertrennt oder amputiert. Der Kaspisee verlor seinen Überlauf zum Asowschen Meer und wurde wieder zu einem echten Endsee. Er büßte einen beträchtlichen Teil seines bisherigen Einzugsgebietes ein, zu dem auch die Flüsse Amudarja und Syrdarja zählten. Während der Pluvialzeiten hatte nämlich die Senke des Aralsees kein selbständiges abflußloses Gebiet gebildet wie heute. Der Seespiegel lag wegen der reichlicheren Zuflüsse beträchtlich höher; der Aralsee fand darum durch das heute trockenliegende Tal des Uzboj einen Überlauf zum Kaspisee.

Wahrscheinlich floß sogar noch im Altertum, sicher aber nach 1221 und bis etwa 1570 u. Z., ein Teil des Amudarja durch den Darjalyk in das Becken von Sarykamysch und weiter durch den Uzboj in den Kaspisee ab. Erst die Austrocknung von Flüssen und die Verwehung von Tälern durch die vorrückende Wüste Karakum ließ die heute getrennten abflußlosen Gebiete entstehen.

Auch im Tschadbecken gab es einst viel ausgedehntere Seen. Das Gebiet des heutigen Tschadsees war zwar von jeher ein wichtiges Sammelbecken für bedeutende Flüsse und Ströme. Der Tschadsee war jedoch nicht immer der Endsee des Tschadbeckens. Während der heutige Wasserspiegel des Tschadsees 240 m ü. NN liegt, gibt es in der nordöstlich davon am Südrand der Sahara gelegenen Bodélé-Djourab-Niederung ein Netz pluvialzeitlich ausgebildeter, heute von Dünen überzogener Talungen, deren tiefste Stelle etwa 150 m ü. NN liegt. Früher glaubte man, daß es sich bei den einstigen Flußtälern um Zuflüsse des Tschadsees gehandelt habe. Die neueren Höhenmessungen ergaben jedoch genau das Gegenteil. Der heute trockenliegende Bahr el Ghazal, das Gazellenwasser, war mit 850 km Länge die einstige Hauptentwässerungsader des Tschadsees. Über den Bahr el Ghazal floß das Wasser des Tschadsees in die Bodélé-Djourab-Niederung über. Nördlich des Tschadsees gab es in dem weiten Tschadbecken noch mehrere zusammenhängende Wasserflächen, wovon die vielen Muscheln und Fischskelette zeugen, die sich weit verstreut über dem Sand finden. Der Bahr el Ghazal soll noch im 18. Jahrhundert nordostwärts über Djourab hinaus mit Booten befahren worden sein, und in dem regenreichen Jahr 1956 wurde er durch abermaliges Überlaufen des Tschadsees noch einmal auf 80 km mit Wasser gefüllt.

Diese Beispiele veranschaulichen die hydrographische Labilität der abflußlosen Gebiete. Ihre Neigung zur Veränderlichkeit hängt jedoch nicht allein von wechselhaften Niederschlags-, Verdunstungs- und Zuflußverhältnissen ab, sondern auch den Besonderheiten der Erosion und Akkumulation.

Man kann annehmen, daß in früheren geologischen Perioden besonders in Afrika mehrere bedeutende Ströme nicht das Meer erreichten, sondern in Binnenländern verdunsteten. Die Form des Kongobeckens läßt zum Beispiel darauf schließen, daß der Kongo einst in einer alten geologischen Mulde endete. Es gilt als fast sicher, daß er besonders während der zweiten Hälfte des Tertiärs den Ozean nicht erreichte. Dafür sprechen besonders Reste des ehemaligen Flußbettes, die sich als Flußterrassen sowohl am Stanley Pool als auch im „Chenal“ (Talabschnitt im Teke-Plateau) erhalten haben. Ihre Neigung weist eindeutig auf eine Flußrichtung zum Inneren des Beckens hin.

Ähnliches gilt für den Sambesi. Man nimmt an, daß die Wasser dieses Stromes noch vor 250 000 Jahren das große System von Seen speiste, das einmal weite Teile der Kalahari bedeckte.

Der Oberlauf des Niger, auch Djoliba genannt, war im Mittleren Tertiär ein Nebenfluß des Senegal. Die Verbindung stellte eine Senke zwischen den heutigen Städten Ségou und Niami her. Nachdem diese Senke aufgefüllt worden war, nahm der Fluß wieder seinen Lauf weiter nach Nordosten, wo er in einem noch heute an einigen Resten erkennbaren Binnendelta von 30 000 km^2 Fläche im Gebiet von Araouane-Taoudenni nördlich von Tombouctou (Timbuktu) verdunstete. Noch heute zieht ein Grundwasserstrom wenigstens bis zur Oase Araouane; in den pleistozänen Pluvialzeiten dürfte sich jedoch der Niger in Taoudenni mit dem im südlichen Ahaggar-Gebirge entspringenden Wadi Tamanrasset vereinigt haben. Diese historische Entwicklung bewahrt ihn heute davor, vollends in der Sahara zu „versanden“, nachdem er bereits unterhalb von Bamako beginnt, ein Binnendelta aufzuschütten, das durch tischplattengleiche Tonebenen, in Endseen führende Seitenarme und ausgedehnte Überschwemmungen zur Regenzeit gekennzeichnet ist.

Die Abkehr des Kongo, des Niger und des Sambesi von ihren einstigen Mündungsgebieten in Binnenbecken ist vor allem das Werk der rückschreitenden Erosion. Flüsse, die dem Weltmeer zufließen, haben andere Flüsse, die zuvor in abflußlose Gebiete entwässerten, angezapft.

Zahlreiche abflußlose Gebiete sind von derart hohen Schwellen eingerahmt, daß sie nicht vergleichsweise durch Anzapfungen bedroht sind. Andere Becken mit niedrigeren Randschwellen sind hingegen akut gefährdet. Das gilt besonders für das flachgelegene Tschadbecken, wo Zuflüsse des Benue immer dichter an das Flußsystem von Logone und Chari vordringen. Im Tuburisumpf weist der Logone bereits eine Bifurkation zum Kébi auf, von der erwartet wird, daß sie zu einer Anzapfung führt, wodurch ein wichtiger Zufluß des Tschadsees zum Niger umgeleitet würde. In der wasserarmen Sahelzone würde ein solches Ereignis eine Naturkatastrophe bedeuten.

Der andere Faktor der Instabilität von abflußlosen Gebieten, die Akkumulation, äußert sich in völlig anderer Weise. Wie bereits dargelegt, neigen Tieflandflüsse allgemein zu Laufveränderungen. Dies wird im trockenen Klima noch dadurch begünstigt, daß die erheblich an Wasser verlierenden Fremdlingsflüsse viel stärker mit ihren Lasten ihre eigenen Betten verschütten. Laufverlegungen bedeuten aber zugleich Verlegungen der Endseen – ein Vorgang, der in besonders typischer Weise im Tarimbecken, am Lopnor zu beobachten ist (Näheres im VII. Kapitel).

Abflußlosigkeit führt zu Versalzung

Da Flußwasser nie chemisch rein ist, werden den abflußlosen Gebieten große Mengen von Feststoffen zugeführt. Während sich die Schwebstoffe sehr schnell absetzen und auf diese Weise zur Aufschüttung in den hydrographischen Zentren und damit ihrer Verflachung beitragen, bleiben die Salze in den stehenden Gewässern wesentlich länger in Lösung. Da die Verdunstung nach Art der Destillation im wesentlichen nur chemisch reines Wasser in die Atmosphäre entweichen läßt, die Flüsse aber immer neue Salze zuführen, kommt es in den Gewässern der Trockengebiete zu einer Konzentration des Salzgehaltes.

Im feuchten Klima weisen die „vollkommenen Flußseen“, bei denen der Abfluß mindestens dem Zufluß entspricht, nur Salzgehalte von 0,01 bis 0,02 Prozent auf, wobei Karbonate überwiegen. Aber schon bei den „unvollkommenen Flußseen“, die zwar noch einen Abfluß haben, deren Abfluß aber infolge der Verdunstung über dem See geringer ist als der Zufluß (z. B. See Genezareth im Jordantal), ist der Abfluß etwas salzreicher als der Zufluß. In den Endseen kann der Salzgehalt schließlich ansehnliche Werte erreichen. Zu den eigentlichen Salzseen rechnet man Seen mit Salzgehalten über 5 Prozent.

Innerhalb vieler Endseen ist der Salzgehalt örtlich verschieden. Flußmündungen führen zu einer Aussüßung; in Buchten mit überdurchschnittlicher Verdunstung erfolgt hingegen eine Anreicherung des Salzes. So mißt man im Kaspisee unmittelbar an der Wolgamündung 0,1 Prozent, im mittleren Teil 1,3 Prozent und im Südteil 1,4 Prozent.

Auf Grund dieser geringen Konzentration friert der Kaspisee während des Winters im nördlichen Teil zwischen Machatschkala und der Halbinsel Mangyschlak für etwa drei Monate zu. Im Kara-Bogas-Gol (türk. „Schwarze Seebucht“) aber, jener 13 000 km^2 großen Ausbuchtung an der Ostküste, die durch eine 9 km breite Landnase bis auf einen nur 120 m breiten Durchlaß vom offenen See abgetrennt ist, bestehen Bedingungen, die einem künstlichen Salzgarten ähneln. Die äußerst trockene Atmosphäre entzieht

Unterschiedliche Salzgehalte des Aralsees. (Nach M. V. Fedosov)

A = Mündung des Amudarja, S = Mündung des Syrdarja

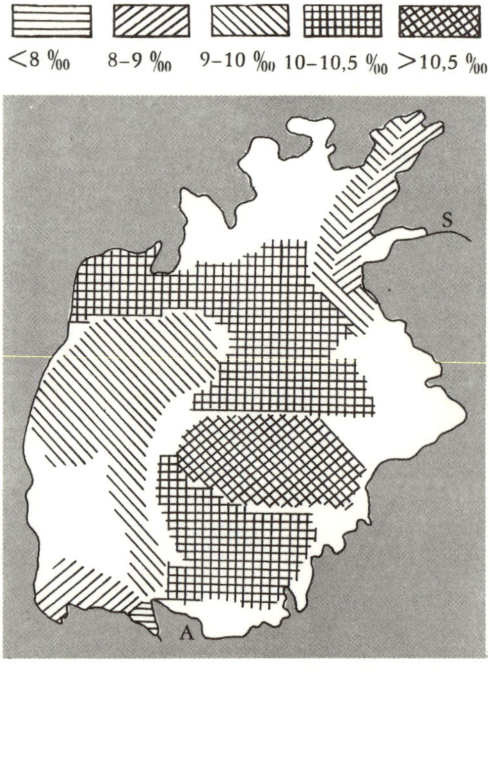

hier dem Kaspisee jährlich bis zu 25 Mrd. m^3 Wasser. Bei Wassertemperaturen von 35 °C im Sommer steigt der Salzgehalt auf 30 Prozent.
Völlig verschiedene Landschaftscharaktere vereinigt der Balchaschsee. Während der flache Westteil, dem der Ili reichlich Wasser aus dem Tienschan zuführt, Süßwasser enthält, ist der tiefe Ostteil salzig.
In den flachen Salzseen ist die Salzkonzentration infolge wechselnder Wasserauffüllungen beträchtlichen Schwankungen unterworfen. Starke Regenfälle im Einzugsgebiet bedeuten reichlicheres Wasservolumen und Aussüßung, Regenmangel aber Verkleinerung des Sees und höhere Konzentration. In dem sehr flachen, in seinem Wasservolumen stark schwankenden Großen Salzsee in den USA kommen Salzkonzentrationen bis 27 Prozent vor; seit 1950 mißt man im Durchschnitt 25 Prozent. Bei dem wesentlich höheren Wasserstand von 1869 betrug die Konzentration aber nur 14,8 Prozent.
Die stärkste Salzkonzentration eines Binnensees weist das Tote Meer auf. Der Salzgehalt beträgt hier 27 bis 31 Prozent. Eine solche Anreicherung schließt jedes Leben im Wasser aus. Keine Wasserpflanze, kein Fisch kann hier gedeihen. Im See regiert tatsächlich der Tod.
Der Mensch, der sich in diese Salzlake wagt, macht seltsame Erfahrungen. Das Salzwasser erzeugt auf der Haut ein brennendes Prikkeln. Wer sich auf den Rücken legt, treibt an der Oberfläche, ohne die geringste Bewegung machen zu müssen. Jeder Versuch, ernsthaft zu schwimmen, ist aussichtslos, weil die Füße durch den starken Auftrieb sofort aus dem Wasser gehoben werden.
Das in einem See endende und verdunstende Flußwasser, der hohe Salzgehalt des Sees, das Fehlen jeglicher Lebewesen in dem See, die wüstenhafte Landschaft ringsumher – all das mag die strenggläubigen, religiöse Erfüllung suchenden Mormonen, als sie sich am Großen Salzsee in den USA niederließen, an die testamentarische Landschaft des Jordantales erinnert haben. Hier bauten sie sich eine neue religiöse Welt mit Salt Lake City als ihr Zentrum auf. Um dieser Welt religiöser Sehnsucht einen Hauch biblischer Realität zu verleihen, nannten sie den Fluß, der den See zeitweilig speist, Jordan River. Mehr als ein Ozean trennt zwar die Flüsse gleichen Namens. Wer jedoch die Landschaftscharaktere – den der Wahlheimat der Mormonen in den USA und den der Wiege zweier Weltreligionen im Vorderen Orient – miteinander vergleicht, wird als Motivation für die Namensgebung über religiöse Vorstellungen hinaus die bestehenden geographischen Ähnlichkeiten erkennen.
In den Salzseen treten die für die Süßwasserseen typischen Karbonate stark zurück, da in ihrer Umgebung die Kohlensäure liefernde Pflanzenwelt fehlt. Chloride, Sulfate und Borate herrschen vor.
Die Zusammensetzung der Salze variiert jedoch in den einzelnen Salzseen deutlich voneinander. Am meisten verbreitet sind die Kochsalzseen. In ihnen kommen neben Kochsalz vor allem Magnesiumchlorid und Magnesiumsulfat vor. Das Tote Meer und der Große Salzsee zählen zu diesem Seentyp. In anderen Salzseen gesellen sich zum Kochsalz vor allem kohlensaures und schwefelsaures Natron. Der größte von ihnen ist der abflußlose Vansee in der Osttürkei. Bekannter aber sind die zehn Natronseen im Wadi en Natrûn, im Natrontal der Sahara, 105 km nordwestlich von Kairo. Andere Salzseen in den Trockengebieten Irans, Tibets, Ägyptens, Kaliforniens und Nevadas enthalten Borax und werden darum als Boraxseen typisiert.
Starke Salzgehalte sind jedoch nicht nur an eigentliche Endseen gebunden. Sie sind für die weniger spektakulären binnenländischen Mündungsgebiete von Fremdlingsflüssen – die Salzsümpfe und Salzpfannen – ebenso charakteristisch. In der Sahara zählen hierzu die Sebchas und Schotts, und in Südamerika verdanken die Salares und Salinas den Salztonschichten ihren Namen.

Salz bleibt nur bis zum Sättigungspunkt im Wasser und Sumpf gelöst. Wird durch die Verdunstung weiteres Wasser entzogen, scheidet sich das Salz kristallin aus. Schon die gelegentlich von den Wellen überspülten Steine an den Ufern der Salzseen tragen einen silbrig glänzenden Überzug aus Salz. Wenn während der Trockenzeit der Wasserspiegel der Salzseen sinkt, scheiden sich besonders in Lagunen ansehnliche Salzmengen ab. Austrocknende Salzseen, Salzsümpfe und Salzpfannen können dicke Salzkrusten hinterlassen.

In den Binnenländern aller Kontinente sind diese Ausscheidungen seit Menschengedenken die wichtigsten Quellen zur Versorgung mit Salz. Wo sich das Salz nicht ausreichend auf natürliche Weise absetzt, hilft der Mensch durch Anlage künstlicher Lagunen und Salzgärten nach. Das Salz wird als Handelsgut oft weithin verfrachtet. So werden die Natronseen in Ägypten, wenn sie im Sommer austrocknen, schon seit dem Altertum für die Salzgewinnung genutzt.

Die moderne Technik ist nicht auf jahreszeitlich bedingte Austrocknung und primitive Salzgärten angewiesen. Sie pumpt das Salzwasser das ganze Jahr über durch industrielle Destillationsanlagen. So ist es am Toten Meer, wo bei der Salzgewinnung weniger das reichlich vorhandene Kochsalz als andere, in geringerer Konzentration gelöste Salze interessieren. Im großen chemischen Werk in Sodom am Südufer werden Kalisalz, Bromsalze und Magnesit gewonnen. Ähnlich arbeiten die chemischen Werke am Großen Salzsee.

Aber nicht alle Endseen sind Salzseen. Manche enthalten brackiges Wasser (Salzgehalt zwischen 2 und 0,1 Prozent) oder Süßwasser. Vertreter dieses Typs von Endseen sind neben den überwiegenden Teilen des Kaspisees der Tschadsee, die Etoschapfanne, der Aralsee und andere.

Den geringen oder fast fehlenden Salzgehalt kann man in den meisten Fällen damit erklären, daß die betreffenden Seen ihren Abfluß erst in erdgeschichtlich kurzer Zeit verloren haben, als Endseen also sehr jung sind.

Des weiteren ist nicht auszuschließen, daß einige Endseen auch unterirdische Abflüsse haben, was ihre Versalzung verzögern würde. Am ehesten wird dies über Grundwasserströme geschehen, die sich unter den Sohlen jener Täler bewegen, die den hier betrachteten Endseen einst als Abfluß dienten, heute aber trocken liegen. Für den Tschadsee ist dies sehr wahrscheinlich. Es wird sogar die Frage diskutiert, ob der Tschadsee möglicherweise Wasser an das Nilbecken abgibt.

VII. Tieflandflüsse und Mündungen

Mit abnehmendem Gefälle und verminderter Fließgeschwindigkeit wirft das fließende Wasser auch seine feinkörnigeren Lasten ab. Das Bett des vorherrschend akkumulierenden Flusses durchzieht nicht mehr tief eingeschnittene Täler. Der Fluß hat das von der Erosion geprägte V-förmige Kerbtal hinter sich gelassen und – häufig ohne merklichen Knick der Hangformen – die Aufschüttungsebene erreicht.

Die landaufbauende Tätigkeit der Flüsse ist ebenso beeindruckend wie ihr gebirgsabtragendes Wirken. Zahlreiche der großen, weit in die Kontinente eingreifenden Tieflandströme durchfließen geologische Mulden, die als Buchten oder Becken einst weithin von Meerwasser oder Binnenseen bedeckt waren. Obwohl und gerade weil sich viele dieser Mulden über lange geologische Perioden sogar in ständiger Senkung befanden, wurden sie mehr und mehr von den Ablagerungen der Ströme aufgefüllt. Bohrungen in manchen Flußniederungen würden in Jahrmillionen aufgebaute fluviale Sedimente von Hunderten und Tausenden Metern Mächtigkeit ergeben. Für die Poebene ist ein solches Alluvium von 3 000 m nachgewiesen! Die Donau mündete am Ende des Tertiärs unterhalb des Eisernen Tors. Erst im Pleistozän hat sie ihre heutige Unterlaufebene, die Walachei, aufgeschüttet und sich die Balkan- und Karpatenflüsse angegliedert.

Die Ströme bauten und bauen gewissermaßen an das von ihnen eingeebnete oder durch sie in Einebnung befindliche Festland riesige Neuländer an. Sie schaffen sich damit auch erst das Land für ihr Bett, durch das sie in ihren Unterläufen fließen. Das auch heute zu beobachtende Hinauswachsen der Deltas in das Meer veranschaulicht praktisch, wie dieser Prozeß des natürlichen Landaufbaus auch in der Gegenwart andauert. Am typischsten kommt er in den großen Tiefländern zur Entfaltung, die sich zumeist im Bereich der Unter- und Mündungsläufe der Flüsse befinden. Aber es gibt nicht unerhebliche Ausnahmen von der Regel, wie manche bedeutenden binnenländischen Tiefländer bestätigen, die als Gefällsknicke in Flußtäler eingestreut sind (siehe Kongobecken in Afrika, Alföld in Ungarn).

In nicht wenigen Tiefländern nimmt das Gefälle extrem niedrige Werte an. Nachdem der Amazonas am Pongo de Manseriche in nur 180 m Höhe ü. NN das Becken erreicht hat, durchmißt er es in 4 700 km langem Lauf mit dem ungemein geringen Durchschnittsgefälle von nur 0,04 ‰. Manaus (1 300 km vor der Mündung) liegt nur noch 26 m über dem Meeresspiegel, so daß für den Abschnitt Manaus – Küste das Gefälle sogar nur noch 0,02 ‰ beträgt. Das Gefälle ist derart gering, daß sich die Gezeitenwirkung etwa 800 km weit, bis nach Óbidos, bemerkbar macht.

Tieflandflüsse mit vergleichbar niedrigem Gefälle sind in den engeren Maßstäben Europas Po und Theiß. Für letztere beträgt auf dem 700 km langen Tieflandabschnitt das Gefälle nur 32 m, das sind im Durchschnitt 4,5 cm/km oder 0,045 ‰.

Die auf Grund des geringen Gefälles verminderte Fließgeschwindigkeit und die vorherrschende Akkumulation verleihen den

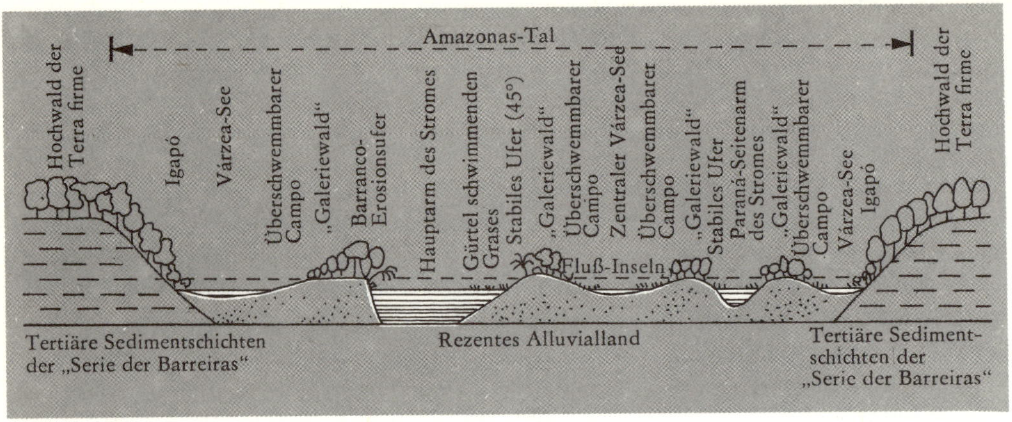

Schematischer Querschnitt durch das Tal des unteren Amazonas, stark überhöht. (Nach H. Sioli)
– – – – Hochwasserspiegel ——— Niedrigwasserspiegel

Tieflandflüssen und Mündungen Eigenarten, die dem Fluß im Erosionstal fremd sind. Die wichtigste ist die Labilität seines eigenen Bettes. Sie äußert sich im jahreszeitlichen Rhythmus bei Hochwasser überall dort, wo der Fluß nicht durch Dämme eingefaßt ist oder nicht auf geologisch bedingte Hochufer trifft, in weitflächigen Überschwemmungen. Für zahlreiche Ströme ist es normal, daß sie bei dem alljährlichen Hochwasser einige -zig Kilometer ausufern. Dieser Vorgang ist heute noch am besten am Amazonas zu verfolgen, der bisher in keiner Weise durch menschliche Eingriffe beeinflußt ist. Zwischen der von Hochwald bestandenen, nicht überschwemmten „terra firme“ erstrecken sich beidseits des Stromes regelmäßig überschwemmte Flächen von der mehrfachen Breite des Hauptstromes: die Igapó-Wälder am Abfall der terra firme, die Grasfluren der Campos und die teilweise überschwemmten Galeriewälder auf den Uferbänken und Flußinseln. Die Wolga überflutete vor ihrer Regulierung im Frühjahr schon bei Kuibyschew, am Eintritt in die Steppe, das linksseitige Ufer in 30 bis 40 km Breite. Da das osteuropäische Steppenklima nur eine Grasflur gedeihen läßt, wird diese Stelle der Wolga traditionell als Wiesenufer bezeichnet. Ähnlich bildet die zur Hochwasserzeit von Juni bis Oktober auf 20 bis 40 km Breite überschwemmte Niederung des Río Paraguay keinen Sumpf, sondern kann während der Trockenzeit als Rinderweide dienen.

In einigen Beckenlandschaften verursacht Hochwasser ungewöhnlich weite Ausuferungen. So verwandelte die Theiß, der größte Nebenfluß der Donau, noch im vorigen Jahrhundert zur Schneeschmelze fast alljährlich die Hälfte der Großen Ungarischen Tiefebene (Alföld) in einen riesigen Überschwemmungssee.

Die wichtigsten Ausdrucksformen der Labilität sind jedoch die Veränderungen, die im Flußbett selbst vor sich gehen und vor allem das Ergebnis der verminderten Fließgeschwindigkeit und des Absetzens der vom Fluß mitgeführten Last sind.

Flüsse, die verwildern

Ein Fluß, der seine Fließgeschwindigkeit vermindert, wirft seine Last nicht gleichmäßig ab. Er bildet Geröll-, Kies- und Sandbänke, zwischen denen sich das Flußbett in einzelne Adern aufspaltet. Bei einer reicheren Verzweigung sind die einzelnen Flußarme oft durch größere Inseln voneinander getrennt.

Inseln entstehen aber nicht nur durch Sedimentation im Flußbett. Der in seiner Fließgeschwindigkeit nachlassende Fluß „verwildert", indem er neue Inseln aus dem umgebenden Land herausschneidet.

In den Flußbetten der großen Tieflandsströme ziehen sich solche Verwilderungen oft über Hunderte und Tausende Kilometer hin. Der Hauptstrom spaltet sich auf, Nebenarme folgen ihm parallel, vereinigen sich wieder, spalten sich erneut ...

Bei den meisten großen Strömen bleibt der Hauptstrom als zentrale Leitlinie und Hauptwasserader erhalten. Er umgibt sich jedoch mit einem regelrechten Gewebe von Wasseradern, die in der Richtung des Stromes durchflossen sind.

Der Vorgang des Verwilderns zeigt sich am klarsten beim unvermittelten Austritt des Flusses aus dem Hochgebirge in die Tiefebene. Klassisches Anschauungsmaterial liefern der Ganges, sein Schwesterstrom Jamuna, der Brahmaputra und andere im Himalaja entspringende Ströme. Diese Erscheinung findet sich aber auch bei mitten in Tiefländern gelegenen Laufabschnitten, völlig unabhängig vom sonstigen Landschaftscharakter. Sie ist ebenso charakteristisch für die sumpfigen, tropisch-heißen Niederungen des Amazonas, die Aufspaltungen der Wolga am Rande der Salztonebene südlich von Wolgograd wie für die sibirische Taiga im Bereich der Ströme Ob und Lena.

Oft entstehen auf diese Weise Inseln von beträchtlicher Größe. Ein anschauliches Beispiel liefert der Rio Araguaia im brasilianischen Bundesstaat Goiás. Hier teilt sich der mächtige Strom am Beginn seines Mittellaufes in zwei Arme, welche die 300 km lange und bis zu 60 km breite Insel Ilha do

Die einstigen Überschwemmungsgebiete in Ungarn und in den benachbarten Territorien

▭ Überschwemmungsgebiete

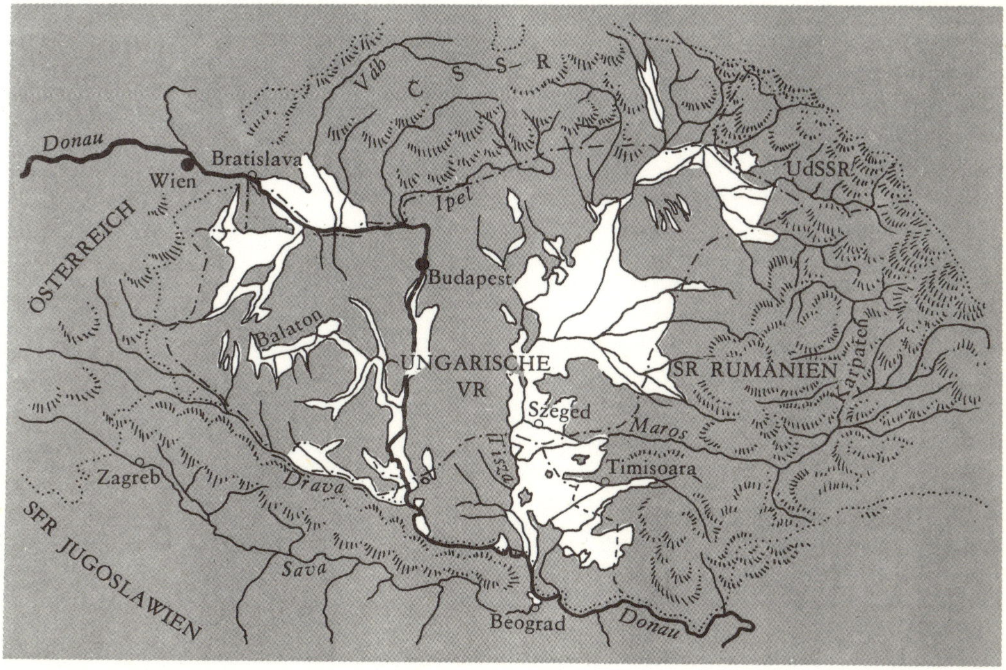

Verwilderungen des Amazonas unterhalb von Manaus

Bananal umschließen, die selbst durch ein Geäst von Flüssen durchzogen ist. Ähnlich spaltet sich die Donau zwischen Silistra und Brăila in zwei Arme, die sich bei Hîrşova vereinigen, um sich jedoch noch einmal zu trennen, wodurch die beiden Hauptinseln der Dobrudscha aus der Niederung herausgeschnitten sind.

Die vielleicht großartigste amphibische Flußlandschaft, die ein in seiner Fließgeschwindigkeit plötzlich verminderter Strom hervorgebracht hat, findet sich in Mittelchina, westlich der Stadt Wuhan. Nachdem der Jangtsekiang in Schluchten und Schnellen das Wushan-Gebirge durchbrochen hat, tritt er in eine weite Beckenlandschaft, in der er plötzlich an Fließgeschwindigkeit verliert. Viele kleine Arme spalten sich ab, durchziehen Seen, nehmen völlig andere Laufrichtungen, beschreiben riesige Umwege. Viele finden nicht direkt zum Jangtsekiang zurück. Sie vereinigen sich mit seinen Nebenflüssen Yuanjiang und Hanshui und erreichen vielfach erst 200 km Luftlinie flußabwärts erneut das Haupttal, das sich in diesem Abschnitt unendlich dahinschlängelt, wodurch die innige Durchdringung von Land und Flußwasser noch einmal unterstrichen wird.

In anderen Fällen finden abgespaltene Arme nicht mehr zum Hauptarm zurück. So mündet die Achtuba, welche sich oberhalb von Wolgograd vom Hauptarm der Wolga löst, nach 530 km langem Lauf dicht parallel zur Wolga separat von ihr im Kaspischen Meer.

Oft bilden verschiedene Flüsse ein regelrechtes Gitterwerk miteinander verbundener „Maschen“. Als Beispiel sei der Gran Pantanal, das Sumpfland am oberen Río Paraguay, angeführt, das sich in der Regenzeit über Hunderte von Kilometern mit einer zusammenhängenden Wasserfläche bedeckt.

Verwilderungen führen im ebenen Lande häufig zu Laufverlegungen, bei denen der Fluß sein altes Bett völlig oder weitgehend aufgibt. Am ehesten geschieht dies in Trokkengebieten, in denen gelegentliche heftige Niederschläge in begrenzten Flußabschnitten Schübe von Lastentransport auslösen, die aber mit der nachlassenden Wasserführung wieder ausklingen. Die alsbald abgesetzten Feststoffe verschütten das Flußbett. Letzteres kann auf diese Weise derart oberflächlich und instabil werden, daß von „tallosen Flüssen“ gesprochen wird. Unbehindert durch den Zugriff der Menschen begegnet uns das Pro-

blem besonders anschaulich im südwestlichen Chaco. Der „Tallosigkeit“ am nähesten kommen hier die episodischen Wasserläufe, die sich in der vegetationslosen Ebene nach starken Regengüssen weitflächig ausbreiten und verlieren.
Aber auch die durch Gletscherwasser der Anden reichlich und ständig mit Wasser versorgten Chaco-Flüsse sind stark wechselnde Gesellen. So mag es den Unkundigen wundern, daß der rund 2 000 km lange Río Bermejo in seinem Mittelabschnitt Río Teuco heißt. Der Grund hierfür besteht darin, daß der Río Bermejo während des großen Hochwassers von 1869 bis 1870 sein Bett nach Norden verlegte und in das Bett seines einstigen Nebenflusses Río Teuco einbrach, das er noch heute auf einer Strecke von 400 km Länge bis zum Zusammentreffen mit dem alten Bett in Confluencia benutzt.

Dammuferflüsse

Mit wachsender Annäherung an seine Mündung und zunehmender Akkumulation ist der Fluß immer weniger in der Lage, sein Bett zu vertiefen. In der Ebene wird folglich die Uferkante immer flacher.
In den Tiefländern mit besonders geringem Gefälle umgibt sich der Fluß in Hochwasserzeiten an seinen Rändern, wo die Akkumulation besonders ausgeprägt ist, mit einem Absatz von Schlamm und Treibgut. Der Fluß schafft sich damit an den Rändern der Hochwasserlinie natürliche Begrenzungsdämme. Aber auch innerhalb dieser Dämme akkumuliert der Fluß, so daß die Flußbettsohle allmählich höher verlegt wird. Da gleichzeitig die Dämme wachsen, kann es geschehen, daß der Fluß schließlich seinen Wasserspiegel über das Niveau des benachbarten Geländes heraushebt.
Bekannte Flüsse mit natürlichen Uferdämmen sind der Amazonas, der Mississippi, die großen chinesischen Ströme Hwangho und Jangtsekiang und in Europa der Po und Abschnitte der unteren Donau. Teils handelt es sich um Ströme, die durch altes Kulturland fließen. Da der Mensch bemüht war, diese Ströme am Ausbrechen aus ihren Dämmen zu hindern, heben sie ihren Spiegel unter der vereinten Wirkung von natürlicher Akkumulation und menschlicher Nachhilfe erheblich über das benachbarte Land hinaus. Auch wo Bodensenkungen durch die Akkumulation des Flusses überkompensiert werden, ging das Anheben der Flußbettsohle besonders rasch vonstatten. Ein Fluß, bei dem beide Faktoren wirksam waren, ist der

Dammuferfluß mit Altwassern und Sümpfen. Der Niederungsfluß hat durch Akkumulation von Schwemmgut sein Bett über das Niveau der Umgebung erhöht. (Nach G. Wagner)

Po. Bei Ferrara liegt z. B. der mittlere Flußspiegel des Po mehrere Meter über dem durchschnittlichen Straßenniveau, und bei Hochwasser erreicht der Fluß die Höhe der Hausdächer. Infolge der Senkungserscheinungen der Poebene liegt das den Po umgebende Land teilweise 2 m unter Meeresspiegelniveau.

Besonders weit hat sich der Hwangho aus seiner Umgebung herausgehoben. Seine Sohle liegt bei Kaifeng 5 m über der benachbarten Ebene.

Das Land auf der Binnenseite der Dämme ist zumeist sumpfig. Allein schon durch Sikkerwasser entsteht ein feuchtes Sietland, sofern nicht Dammuferseen entstehen. Auch diese Seen geben häufig von Senkungen und der Höhenverlegung des Flußbettes Kunde. Die Bodensohle der seitwärts die untere Donau begleitenden Dammuferseen liegt mindestens 7 m niedriger als der ursprüngliche Dammuferwall und 4 m niedriger als das mittlere Hochwasser. Da die sichelförmige Gestalt vieler dieser Seen darauf hindeutet, daß es sich um Reste des einstigen Flußlaufes handelt, ist die Anhebung der Flußbettsohle leicht ablesbar.

Die Herausbildung von Uferwällen erschwert manchem Nebenfluß die Mündung in den Hauptfluß. Ja, in zahlreichen Fällen wurde Nebenflüssen der Zugang regelrecht verlegt. So kommt es, daß manche Nebenflüsse, die früher auf kürzerem Wege in den Hauptfluß mündeten, diesen ein verhältnismäßig langes Stück zunächst begleiten. Diese Ablenkung wird durch einige linksseitige Zuflüsse der unteren Donau, insbesondere die Mündungsbereiche der Flüsse Vedea und Mostiştea, sehr plastisch veranschaulicht.

Überläßt man Dammuferflüsse sich selbst, so können Verwilderungen allergrößten Ausmaßes auftreten. Bei Hochwasser ergießen sich durch die gebrochenen Dammabschnitte riesige Wassermassen über die weitläufige Tiefebene. Der Fluß akkumuliert dann nicht nur entlang einer Linie, sondern in beträchtlicher Breite. Viele bedeutende Tiefländer der Erde sind als mehr oder minder ausgedehnte Aufschüttungsebenen das Produkt derartiger Ausuferungen. Man erkennt ihren Ursprung leicht an den horizontal gelagerten Flußsedimenten, zumeist Tone, in die vereinzelt Flußgerölle eingestreut sind. Der Fluß und die von ihm erzeugte Tiefebene haben etwa gleiches Gefälle. Dammbrüche können schließlich zur Abspaltung von Flußarmen und zur völligen Laufverlegung führen.

Die Laufänderungen des Hwangho

Unter den großen Tieflandströmen läßt der Hwangho diese Zusammenhänge besonders deutlich erkennen. Wild und unbändig tritt der Strom nahe der Stadt Hwaiking in 130 m ü. NN durch eine Talenge in das Senkungsfeld der Großen Ebene. Hier spielt sich zeitlich gestreckt, aber in vielfach vergrößerten Dimensionen jener Vorgang ab, der für das Auge leicht überschaubar an jenen Wildbächen der Alpen zu beobachten ist, die, aus Nebentälern kommend, in das breite Haupttal münden und hier ihre fächerförmigen Schuttkegel ausbreiten. Die Spitze des Hwangho-Schwemmfächers liegt bei Hwaiking. Von nun an entlädt sich der Strom auf seinem ganz sanft geneigten Unterlauf von den aus dem nordwestlichen Bergland herbeigeschafften Lößmassen. Durch allsommerliche kleine Überschwemmungen erhöht er die Umgebung seines Bettes. Größere Überschwemmungen hinterlassen Ablagerungen, die in Metern messen. Als z. B. 1898 ein Dammbruch unterhalb von Lohou erfolgte, war später eine Fläche von 500 km^2 mit einer Schlamm-, Sand- und Lößdecke von anderthalb bis drei Meter Mächtigkeit bedeckt.

So erweist sich der größte Strom der chinesischen Tiefebene als ihr eigentlicher Schöpfer. Er hat gleichsam den Boden für Abermillionen Chinesen bereitet, und er düngt ihn stets von neuem mit fruchtbaren Schwemmstoffen, wenn er in kleinen Mengen überläuft.

Das Gefälle des Hwangho weist nach Osten, wo der Schwemmfächer vom Gebirgsstock der Provinz Schantung geteilt wird, und zugleich nach Norden und Süden. Auf jeder größeren Karte sind diese Abdachungsverhältnisse am fächerförmigen Auseinanderstreben fast aller Flüsse ablesbar. Da der Hwangho gleichsam auf dem Rücken der kegelförmigen Aufwölbung fließt, erhält er bis zum Meer fast keinen einzigen Zufluß mehr. Wo im Norden und Süden die Seiten des Schwemmfächers aufliegen und Barrieren für die dort austretenden Gebirgsflüsse bilden, befinden sich die tiefsten Stellen der Großen Ebene Chinas und zugleich ausgedehnte Seen, Sümpfe und Überschwemmungsgebiete.

Diese weite Fächerung des Schwemmlandes von Nord nach Süd setzt jedoch eine ebenso breitflächige Sedimentation voraus. Auch in dieser Hinsicht ähnelt der Hwangho jenen Wildbächen der Alpen, die ihr Wasser über die fächerförmigen Schuttkegel bald hierhin, bald dorthin ergießen. Ist der größte Strom der Tiefebene ihr Schöpfer, so auch ihr Fluch, „der Kummer Chinas".

Der Hwangho ist unter den Strömen der Erde derjenige, der die weitaus gewaltigsten Pendelausschläge seines Mündungslaufs vollführte. Allein in historischer Zeit hat er wiederholt sein Bett durchbrochen und sich ein völlig neues Bett geschaffen. In den zweieinhalbtausend Jahren zuverlässiger Überlieferung erfolgten zehn Laufverlegungen größeren Stils. Sein ältester, seit der Zeit des Kaisers Yü (2230 v. u. Z.) bekannter Lauf führte von Hwaiking nahe dem West- und Nordfuß der Ebene weit nach Norden, wo sich der Strom noch nördlich der heutigen Lwanho-Mündung in der Gegend von 39 $1/2°$ n. Br. ins Meer ergoß. Von hier aus verlegte er im Jahre 602 v. u. Z. seinen Lauf südwärts. Man nimmt an, daß er von den nördlichen Bergströmen, die ihre eigenen Schwemmfächer aufschütteten, abgedrängt wurde. Seine Mündung befand sich nunmehr in der Gegend von Tientsin (Tianjing), wo heute der Paiho mündet, zeitweise auch noch südlicher. Im Jahre 230 v. u. Z. ereignete sich eine der größten Katastrophen in der Geschichte Chinas. Mündete der Hwangho bis dahin nördlich der Halbinsel

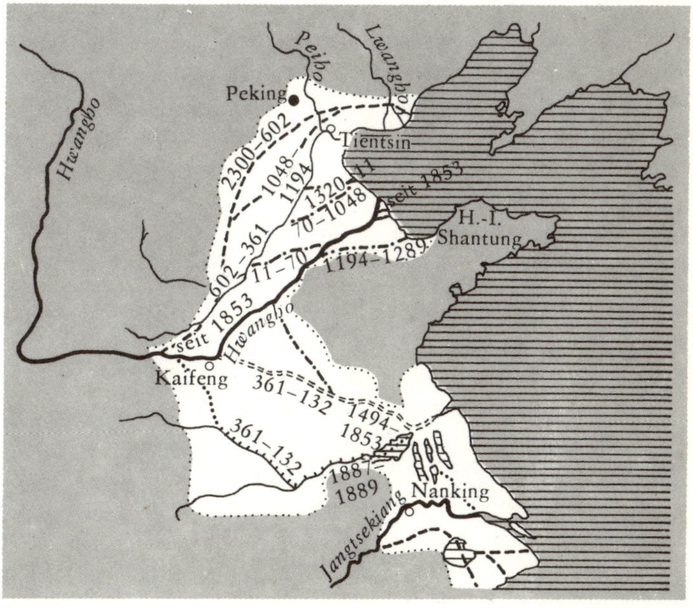

Laufveränderungen des Hwangho seit dem Jahre 2300 v. u. Z.; weiß die Große Chinesische Ebene. (Nach Wagner u. Samoljov)

Schantung, so brach er nun in weitem Winkel nach Südosten aus; von nun an mündete er südlich der Halbinsel Schantung, in der Gegend der heutigen Hwaiho-Mündung. Mit großen Anstrengungen gelang es dem chinesischen Volk, den Strom im Jahre 132 v. u. Z. wieder in sein älteres, nördliches Bett, zur heutigen Paiho-Mündung, zurückzuleiten.

Aber bereits im Jahre 11 u. Z. verließ er dieses Bett erneut. Im wesentlichen suchte sich der Strom seinen Ausgang zum Meer zwischen den heutigen Mündungen von Paiho und Hwangho. Nur in den Jahren 1048 bis 1194 kehrte er noch einmal vorübergehend in das Bett zurück, das er in den Jahren 602 v. u. Z. bis 11 u. Z. benutzt hatte. Damit hielt sich der Fluß jedoch weiter nördlich der Halbinsel Schantung.

In diesen Jahrhunderten wurde die nördliche Ebene merklich aufgeschüttet, so daß eine südwärts gerichtete Abdachung entstand. Die Schwächung der Sung-Dynastie hatte zur Folge, daß der Deichschutz vernachlässigt wurde und der Strom erneut zu einer Laufrichtung südlich der Halbinsel Schantung ausbrechen konnte. 660 Jahre behielt er dieses Bett bei, bis er in den Jahren 1851 bis 1853 nach Norden zurückkehrte, wo er sich allerdings südlich seiner früheren Läufe hielt. Die Katastrophe hatte sich schon längere Zeit angekündigt. So mußten die Bürger der Stadt Kaifeng ihre Mauern bereits beträchtlich erhöhen, weil die Aufschüttungen des Stromes über sie hinwegzuwachsen drohten.

Der Hwangho benutzt noch heute diesen nördlichen Lauf; aber er versucht immer wieder, nach Süden auszubrechen. Nach der Laufverlegung im Jahre 1851 ereigneten sich wiederholt Dammbrüche, unter denen der Dammbruch oberhalb von Kaifeng im Jahre 1887 die furchtbarsten Folgen hatte. Auf fast 800 km Länge schaffte sich der Hwangho ein neues Flußbett. Diesmal stieß er weiter als jemals nach Süden vor. Er überquerte den Hwaiho und vereinigte sich mit dem Jangtse, dessen Mündung er eine Zeitlang teilte. Man muß sich vergegenwärtigen, daß die Mündungen der beiden Riesenströme Chinas nahezu 700 km Luftlinie voneinander entfernt liegen! Nach Schließung des Dammbruches gelang es, den Fluß in sein nördliches, noch heute benutztes Bett zurückzuzwingen.

Die Laufverlegungen ließen die Grausamkeit des Flusses potenziert zur Geltung gelangen. Bei der Stromverlegung des Jahres 1887 wurden 22 000 km^2 überflutet. In der dicht besiedelten Ebene ertranken mehr als eine Million Menschen. Die materiellen Verluste waren nicht abzuschätzen. Nicht nur, daß Äcker und Wohnstätten weithin zerstört und unter Schwemmstoffen begraben wurden. Wo der Fluß verschwand, fehlte das Wasser, mit dem man über ein ausgedehntes Kanalnetz die Felder berieselt hatte.

Schematische Darstellung eines mäandrierenden Flusses. (Nach Lobeck u. Fairbridge)

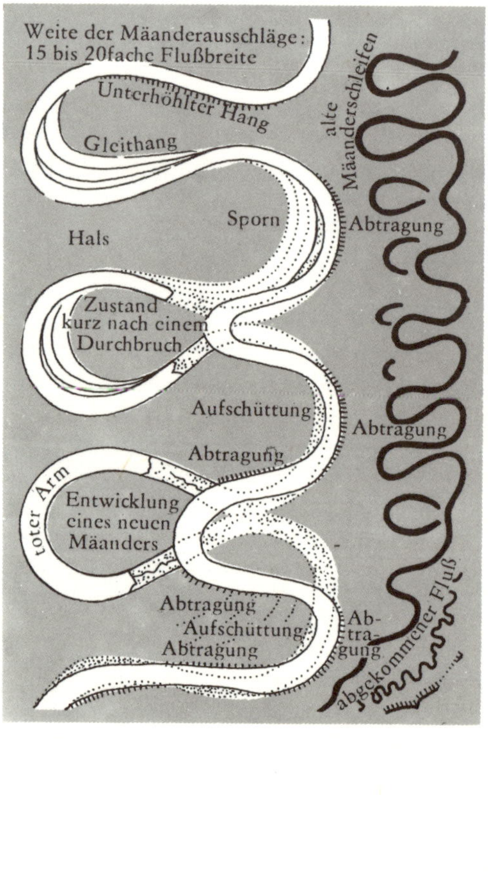

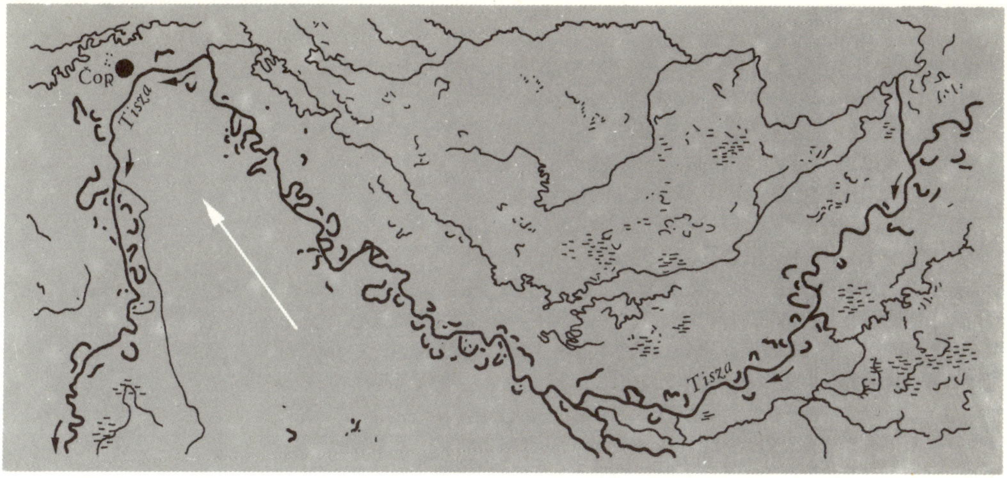

Die Theiß (Tisza) bei Čop wird von zahlreichen toten Armen eingesäumt. (Nach R. Kettner)

Mäander

In vielen Ebenen und Flachtälern schlängeln sich Flüsse in langen Windungen dahin. Ein solcher Fluß wurde gleichsam zum Prototyp: der sich in wiederholten, fast ebenmäßigen Krümmungen zur Westküste Kleinasiens hinziehende Büyük Menderes. Sein heute türkischer Name geht auf die alte griechische Bezeichnung Maiandros zurück, aus der sich wiederum die in der Hydrographie allgemein als Mäander bezeichnete Fluß- und Talform ableitet.

Doch gibt es Mäanderflüsse von viel gewaltigeren Dimensionen als den klassischen Prototyp. Nachdem die Amazonaszuflüsse die Kordilleren verlassen haben, schlängeln sie sich mit ihrem Eintritt in das Tieflandsbecken wie im folgenden auch der Amazonas selbst in unendlichen Windungen dahin. Der Rio Juruá, ein südlicher Nebenfluß des Amazonas, zählt zu den gewundensten Flüssen überhaupt. Auch der Mississippi zeigt unterhalb der Ohio-Mündung das Bild eines stark mäandrierenden Flusses. Und in Europa sind an der Theiß die Mäander besonders klar ausgebildet; aber sie finden sich auch am Dnestr und am Rhein, dort besonders zahlreich an der Strecke von Wesel bis Emmerich.

Die Mäanderflüsse haben zwar alle eine ausgeprägte Laufrichtung; aber es ist, als scheu-

An der Theiß betrugen die Längenverhältnisse zwischen der Richtung des Haupttales und der tatsächlichen Länge des mäandrierenden Flusses vor der Regulierung:

Abschnitt	Länge des Haupttales	Länge der Stromlinie	Verhältnis beider Längen (Stromentwicklung)
Mezövan-Mündung	557,20 km	1 200,70 km	2,15
Tiszaörvény	2,37 km	11,50 km	4,85
Tiszaug-Csongrad	13,50 km	44,65 km	3,3

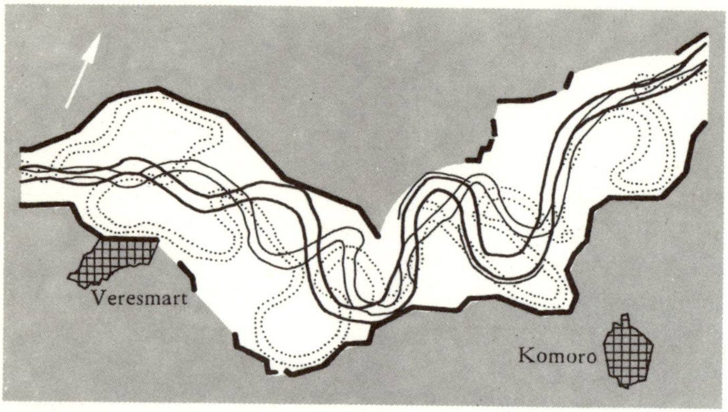

Änderungen im Flußbett der Theiß. Talabwärtswanderung der Mäanderschleifen zwischen Komoró und Veresmart. (Nach W. Lászlóffy)
1 — 2 — 3 …
4 — 5 —
1 = den natürlichen Hochufern angeschlossene Schutzdämme, 2 = mittels Schutzbauten gesichertes Ufer, 3 bis 5 = Flußbettaufnahmen aus den Jahren 1830–1930

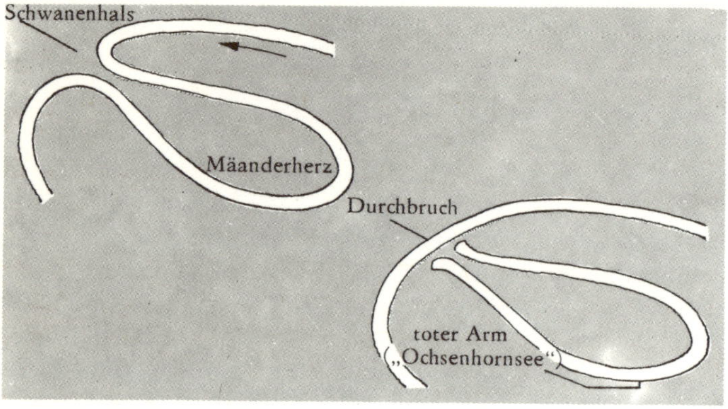

Die Entstehung eines toten Armes nach einem Mäanderhalsdurchbruch. (Nach R. K. Gresswell)

ten sie sich, direkt auf ihr Ziel zuzusteuern. Fahrensleute auf dem Mississippi beklagten besonders vor der Flußregulierung, daß der Strom nach Osten und Westen, nach allen anderen Richtungen der Windrose, „nur nicht nach Süden" fließe. Wie Mark Twain bezeugte, brauchte das Schiff vor der Flußregulierung häufig zwanzig bis dreißig Kilometer, um eine Strecke von kaum zwei Kilometern Luftlinie zurückzulegen.

Am unteren Mississippi waren die hufeisenförmigen Kurven so scharf, *„daß man an dem einen Ende des Hufeisens an Land gehen, die halbe oder dreiviertel Meile über die Landenge laufen und sich hinsetzen und ein paar Stunden ausruhen könnte, bis der Dampfer mit zehn Stundenmeilen den langen ganzen Bogen herumgefahren kommt, um einen wieder an Bord zu nehmen"*. (Mark Twain: „Leben auf dem Mississippi")

Die wichtigste Voraussetzung für Mäanderbildung ist neben der verminderten Fließgeschwindigkeit ein Ausschlagen des Flusses aus seiner Mittelachse, das durch ein beliebiges Hindernis zustande kommen kann. In ebenem Gelände mit lockerem Untergrund beschreibt ein solcher aus dem geraden Lauf geworfener Fluß über der Talaue Pendelbewegungen (Aufschüttungs- oder Wiesenmäander). Er unterliegt dabei den Gesetzen der Fliehkraft, welche die Seitenerosion belebt. Diese wiederum modelliert die Krümmungen immer stärker heraus.

Das rotierende Wasser verleiht der Seitenerosion die Tendenz, die Krümmungen bis zum Vollkreis zu entwickeln. Infolge dieser Wegverlängerung nimmt aber das Gefälle und damit die Geschwindigkeit ab, wodurch wiederum die Fliehkraft begrenzt wird.

Der Radius eines Gewässerlaufes kann sich

also nur bis zu einer bestimmten Größe ausbilden, der vor allem von der Wassermasse abhängt. Flüsse mit unterschiedlicher Wasserführung beschreiben also auch Schleifen unterschiedlicher Größenordnung. Die größeren Ströme haben auch die weitesten Pendelausschläge.

Mäander zählen zu den besonders labilen Formen eines Flußtals. Wenn sich die kreisförmigen Krümmungen fast vollenden und es dabei zur Annäherung benachbarter Schleifen kommt, werden die Mäanderhälse häufig bei Hochwasser durchbrochen. Die Strömung nimmt auf der geraden Strecke ungeheuer zu. Die Beschleunigung ergibt sich aus dem stärkeren Gefälle auf dem verkürzten Abschnitt; während des Durchbrechens wird sie obendrein durch den zunächst sehr engen Querschnitt des Flußbettes verstärkt. Ist die Landenge erst einmal angenagt, geht das weitere unerhört schnell vonstatten. Die durch die höhere Fließgeschwindigkeit verstärkte Erosion bewirkt die schnelle Vertiefung und Verbreiterung des Durchbruchs, der im folgenden

Tote Arme und alte verlassene Mäander der Elbe bei Brandýs. Die geradlinigen Abschnitte des heutigen Elbelaufes entstanden durch Regulierung. (Nach R. Kettner)

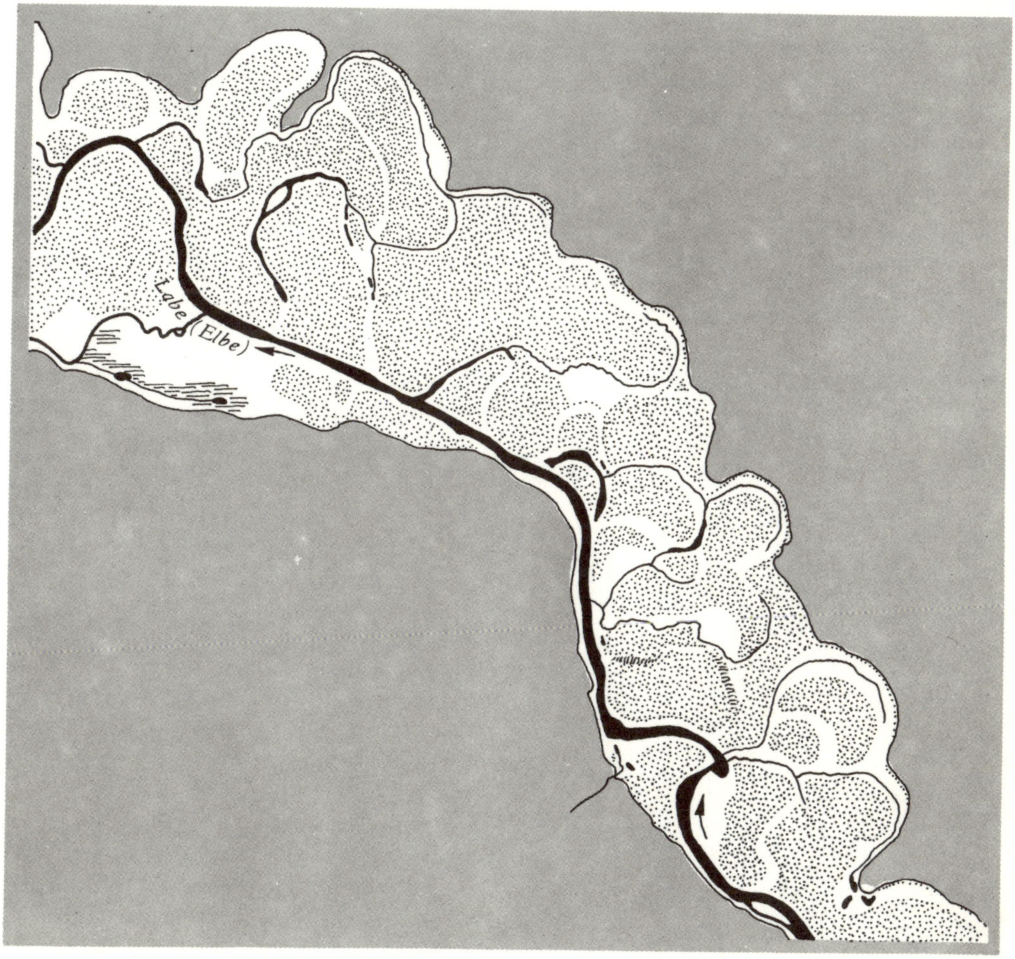

dem Fluß auch bei Niedrigwasser als Hauptbett dient.
Nachdem der Mäanderhalsdurchbruch abgeschlossen ist, fließt nur noch sehr wenig Wasser durch die alte Mäanderschleife, in der das Wasser bald mehr oder weniger stagniert. Häufig bilden sich am Ein- und Ausgang derartiger alter Schleifen Bänke von Sand, Kies und pflanzlichem Treibgut, so daß aus den einstigen Mäanderschleifen „tote" Arme entstehen. An manchen Strömen, wie dem Mississippi, hat man fast den Eindruck, als handle es sich um drei Ströme. Zur Rechten und zur Linken wird das vom fließenden Wasser benutzte lebende Bett durch ein Gewirr aus Altwasser begleitet, das aus hufeisen- oder sichelförmigen Restteilen, den sogenannten „ox bow lakes", den Ochsenhornseen, ehemaligen, später durchgebrochenen Schlingen, besteht. Bei weniger wasserreichen Flüssen wachsen „tote" Arme, die nicht erneut vom lebenden Fluß erobert werden, mit Röhricht und anderer Sumpfvegetation zu, bis sie häufig völlig verlanden und nur noch als langgestreckte Bodenwellen in den Auenwiesen und -wäldern erkenntlich sind, in die vielleicht noch hier und da Tümpel und kleinere Seen eingestreut bleiben.
Der auf natürliche Weise begradigte Fluß behält jedoch diese Laufrichtung nicht bei. Er gerät erneut ins Schlingern, so daß es zu einer häufigen Überschneidung von älteren, verlassenen und von jungen, vom Fluß benutzten Schleifen kommt. Im Laufe der Zeit fallen die meisten Sporne, die sich innerhalb des Flusses gebildet hatten, der Erosion zum Opfer. Es entsteht ein flacher ausgeglichener Talboden, der häufig von flachen Steilhängen (Hochufer) begrenzt ist. In Amazonien endet an ihnen die „terra firme", das nicht mehr von Hochwasser erreichte Land. Die äußerste Amplitude des schwingenden Flußlaufes, deren Abmessung von der Wassermenge und von der Geschwindigkeit eines jeweiligen Flusses abhängt, bestimmt den Abstand zwischen den beiden Talhängen und damit die Breite des Talbodens.
Jedes Hochwasser und die sich flußaufwärts bewegenden Gezeitenfluten zehren schließlich durch vermehrte Seitenerosion an diesen Uferhängen. Die Schilderungen des Forschungsreisenden Bates rückten besonders die gewaltigen Uferstürze (terras cahidas) am Amazonas in das Blickfeld wissenschaftlicher Aufmerksamkeit. Bates erlebte, wie auf einer Strecke von drei Kilometer Länge das Ufer mit fünfzig Meter hohen Bäumen unter dumpfem Rollen und heftigem Krachen einstürzte und dadurch eine gewaltige Flutwelle ausgelöst wurde, die an das zerrissene Ufer zurückkehrte, neue Erdmassen unterwühlte und sie verschlang.
Bei Flüssen, die in der Tiefebene mäandrieren, verschwinden zur Mündung hin zumeist die Hochufer; die Mäander können sich in der beschriebenen Art mit Dämmen umgeben, die natürlich für Durchbrüche besonders anfällig sind.

Der untere Mississippi bei Vicksburg. (Nach R. K. Gresswell)

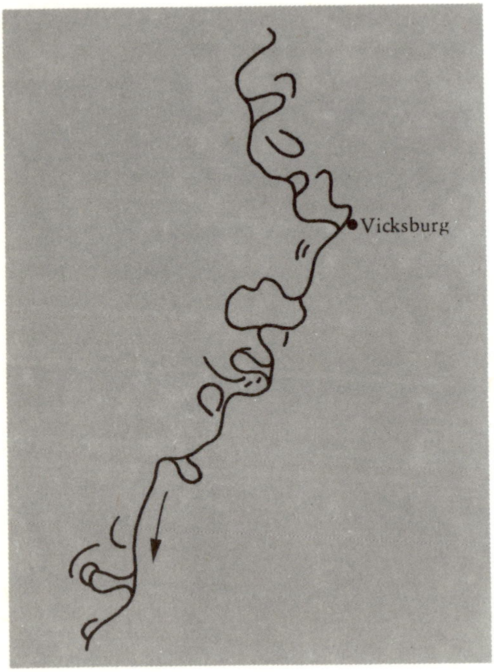

Der Fluß Dee wandert über die Ebene von Cheshire. (Nach R. K. Gresswell)

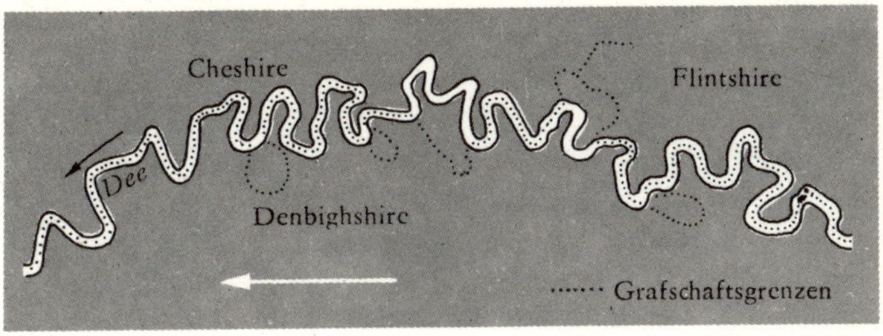

Kein Flußbett befindet sich in schnellerer Veränderung als das des mäandrierenden Flusses. Allein die kurze Geschichte Nordamerikas seit der Besiedlung durch Europäer kennt eine Vielzahl genau beschriebener Mäanderhalsdurchbrüche des Mississippi. Bei Mark Twain kann man nachlesen, daß sich der anfänglich 1 215 Meilen lange Unterlauf des Mississippi während 176 Jahren um 242 Meilen verkürzte, und zwar zum weitaus überwiegenden Teil durch natürliche Durchbrüche. Aber es wäre falsch, daraus zu folgern, daß am Ende der Strom immer kürzer werde. In dem sich selbst überlassenen Gewässer gehen die Laufverkürzungen mit neuen Pendelausschlägen, also Laufveränderungen, einher. Durch die Schleifenveränderungen verlagert sich der Fluß auch ununterbrochen seitwärts.

Die vom Mississippi, von der Theiß und manchem anderen mäandrierenden Fluß angefertigten älteren topographischen Karten sind längst überholt. Von jenen 1 300 Meilen, die La Salle, der eigentliche Entdecker des Mississippi, im Jahre 1681 den Strom hinabfuhr, ist heute fast alles guter, trockener Boden. Der Strom fließt an einigen Stellen rechts, an anderen links daran vorbei.

Die Anwohner mäandrierender Flüsse bekommen die Folgen der Durchbrüche und Laufverlegungen in besonders verblüffender Weise zu spüren. Am Mississippi sind mehrere Städte, die einst am Fluß lagen, mitten ins Land versetzt worden, und vor ihnen haben sich Sandbänke und Wälder aufgebaut. Das gilt für Vicksburg genauso wie für Osceola, St. Genevieve und andere. Besonders grotesk war die Lageveränderung des Ortes Delta, der vor dem Durchbruch drei Meilen unterhalb von Vicksburg lag. Durch Laufverlegung machte jedoch der Strom einen derartigen Sprung, daß das Delta zwei Meilen oberhalb von Vicksburg zu liegen kam.

Besonders komplizierte Verhältnisse entstehen, wo mäandrierende Flüsse politische Grenzen bilden. Man steht vor der Wahl, diese Grenzen entweder dem sich verändernden Fluß anzupassen oder in alter Form beizubehalten, auch wenn der Fluß längst nicht mehr dem alten Lauf folgt. Der ersten Möglichkeit folgten die Unionsstaaten der USA. So kam es am Mississippi vor, daß jemand, der im Staate Mississippi wohnte, sich nach einem Flußdurchbruch mit seinem Grundbesitz auf dem gegenüberliegenden Ufer wiederfand, und zwar innerhalb der Grenzen und unter den Gesetzen von Louisiana. Passierte so etwas im Oberlauf, konnte das einen Neger von Missouri, der noch in Sklaverei lebte, nach Illinois versetzen und zum Freien machen.

Die andere Möglichkeit begegnet uns in England. Unsere Karte zeigt den Fluß Dee, der sich in Richtung zur Irischen See in trägem Lauf durch die Ebene von Cheshire schlängelt. Vor einigen Generationen bediente man sich seines natürlichen Bettes, um die Grenzen zwischen den Grafschaften Cheshire, Flintshire und Denbighshire zu markieren. Seither hat sich jedoch das Bett des Dee infolge von Mäanderhalsdurchbrüchen und Schleifenverlagerungen erheblich verändert. Die einmal festgelegten politischen

Grenzen wurden jedoch bis heute beibehalten, so daß sie nun nicht mehr völlig dem Fluß folgen, sondern nur noch dessen Lauf zu einem bestimmten historischen Zeitpunkt widerspiegeln.

Trichtermündungen und Deltas

Jeder Fluß findet sein Ende. Im Karst und in Trockengebieten kann dieses Ende ein vorzeitiges sein. Ehe der Fluß ein stehendes Gewässer – das Meer oder einen im Binnenland gelegenen Endsee – erreicht, versickert er in Schottern und anderem wasserdurchlässigen Gestein oder verdunstet sein Wasser in Sümpfen und Salzpfannen. Die Last, die der Fluß nicht schon während seines bisherigen Laufs abgegeben hat, setzt er nun vollständig ab. Es entwickelt sich ein sogenanntes Binnendelta.

In anderen Fällen erleiden Flüsse in bestimmten Abschnitten ein Fast-Ende, wie etwa der Niger oberhalb von Timbuktu durch starke Verdunstung oder Versickerung. Auch hier wirft der Fluß durch den plötzlichen starken Verlust an Transportkraft den größten Teil seiner Feststofflast ab, so daß ebenfalls ein Binnendelta zustande kommt. Aber der Fluß überlebt den kritischen Abschnitt und schwillt durch neue Zuflüsse wieder an, so daß nach dem inneren Niger-Delta dreieinhalbtausend Kilometer flußabwärts das äußere Niger-Delta an der Einmündung des Stromes in den Golf von Guinea folgt.

Die meisten Flüsse enden im Meer oder in einem Endsee. Es gibt Flüsse, die ihre Mündung schon über Jahrmillionen beibehalten haben. Andere, die verwildern, enden bald hier, bald dort. So baute der Hwangho je nach seinem jeweiligen Lauf bald nördlich, bald südlich der Halbinsel Schantung an seinem Delta. Und bei Mündung in Endseen können Laufverlegungen sogar die Verlegung dieser Seen zur Folge haben. Besonders typisch zeigt sich dieser Vorgang im Tarimbecken, wo der Lop-nor, ein ausgedehntes Gewirr von flachen Seen und Sümpfen, von Schilfdickicht, Sand- und Tonflächen das Mündungsgebiet des Tarim bildet. Die Zuschwemmung des jeweiligen Mündungssumpfes durch Flußsand, Schlamm und vermodernde Stämme sowie die Ablagerung von Flußsand durch Winderosion haben in dem nahezu völlig ebenen Mündungsgebiet ernste Folgen. Vor dem 4. Jahrhundert u. Z. mündete der Tarim besonders weit nördlich (bei Lulan). Im 4. Jahrhundert wechselte jedoch der Fluß seinen Mündungslauf nach Süden. Seit etwa 1725 u. Z. füllte er den Karakoschun-Sumpf als Endsee. Aber in unserem Jahrhundert pendelten der Fluß und mit ihm sein Mündungssee nach Norden zurück. Seit 1921 benutzt er durch den Kurukdarja erneut das nördliche Becken, wo sich abermals ein See gebildet hat, während das südliche Becken der Austrocknung unterliegt.

Der typische Tieflandstrom, gleichgültig, ob er im Meer oder in einem Binnensee endet, baut an seiner Mündung einen Schwemmfächer auf. Aber es gibt auch viele Ausnahmen von dieser Regel und Zwischenformen. Der Bildung eines ausgedehnten Schwemmfächers (Delta) sind außer geringer Schwemmstoffführung vor allem steiler Küstenabfall, starke Meeresströmungen und Einwirkungen von Gezeiten abträglich. Das Gegenstück zum Delta ist die Schlauch- oder Trichtermündung.

Ein steiler Küstenabfall ist zum Beispiel gegeben, wenn der Fluß nicht in einer zumindest in groben Zügen ausgeglichenen Talkurve endet. Erwähnt werden muß vor allem der Kongo, der dicht vor der Mündung gerade die Niederguineaschwelle durchbrochen hat und daher im Mündungsbereich kein eigentlicher Tieflandstrom ist. Auf Grund des dort bestehenden starken Gefälles hat sich der Kongo ein anderthalb Kilometer breites und 70 m tiefes Mündungsbett erodiert, das sich als submarine, vom Stromstrich ausgefegte Talfurche noch 150 km weit auf dem Kontinentalsockel fortsetzt.

Die von den Gezeiten ausgelöste Flutwelle,

die sich bei ihrem Vordringen in den Unterlauf des Flusses durch Einschnürung in den Trichtermündungen zunächst sogar verstärkt, kann sehr erheblich sein. An der Themse-Mündung erreicht sie bei Kap Sheerness zur Zeit der Springflut im Durchschnitt 5 m und bei Nippflut 3 m. Bis London, das 100 km vom Meer entfernt liegt, erhöht sie sich im Durchschnitt auf 6,8 bzw. 3,2 m.

In den großen Trichtermündungen bildet die Flutbrandung eine wallförmige Front der Welle, die sich rasch stromauf bewegt. Bei Belém am Pará, dem südlichen Mündungsarm des Amazonas, hebt sich der Fluß binnen weniger Minuten um 4 bis 5 m. Die Flut, die beträchtliche Zerstörungen am Ufer anrichten kann, ist von lautem Grollen begleitet. Am Amazonas nennt man diese Welle Pororoca, d. h. „donnerndes Wasser". In Extremfällen entsteht eine Aufstauung bis zu 10 m, die Schiffen gefährlich werden kann. Berüchtigt sind auch die „Bore" der Meghna-Mündung (trichterförmige Erweiterung im Ganges-Brahmaputra-Delta). Die aus verschiedenen Armen zusammentreffenden Flutwellen bilden mächtige Wasserwirbel. Der steile Wasserwall schwillt bis 9 m Höhe an und entfaltet bei Südwest-Monsun seine größten Kräfte. Die maximale Geschwindigkeit der Pororoca und der Bore wird mit 5 bis 7,5 m/s beziffert.

Die Schlauch- oder Trichtermündung ist die typische Mündungsform des Gezeitenmeeres. Dies kommt auch in der wissenschaftlichen Bezeichnung *Ästuar* zum Ausdruck (abgeleitet vom lat. aestus = Gezeitenhub oder Tide).

Der vielleicht prägnanteste Ästuar begegnet uns in der ertrunkenen Flußmündung des St.-Lorenz-Stroms. Diese erstreckt sich von der Insel Orléans bis zur 392 km unterhalb liegenden Anticosti-Insel. Der Fluß weitet sich auf dieser Strecke von 13 auf 113 km.

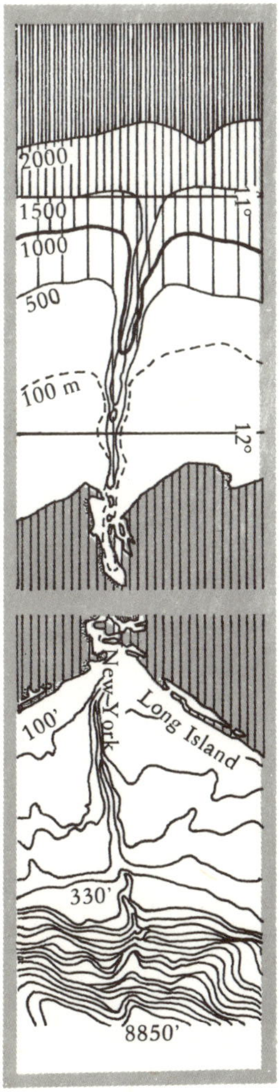

Trichtermündungen (Ästuare) des Kongo (links) und des Hudson (rechts). (Nach Hobbs u. Wagner)

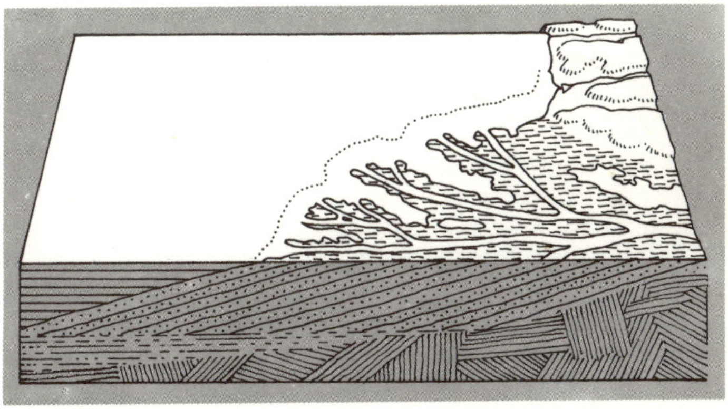

Schematische Darstellung eines Flußdeltas mit Oberflächenansicht und Längsschnitt, der eine deutliche Kreuzschichtung zeigt. (Nach Flint u. Brinkmann-Kayser)

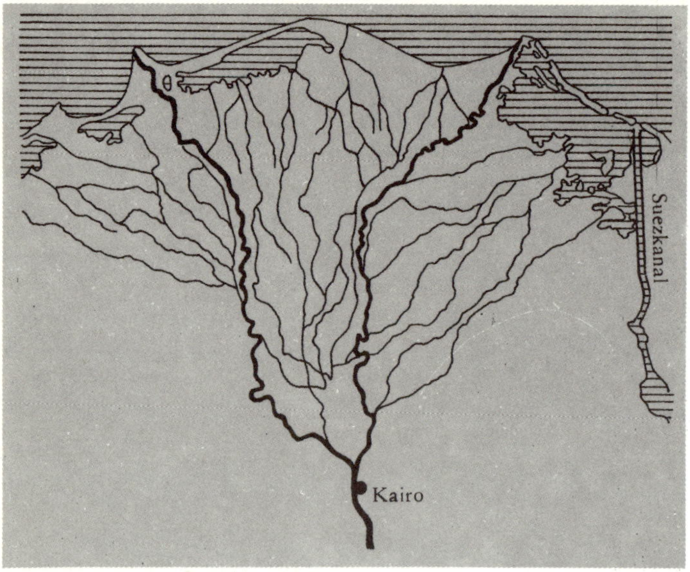

Die Nilmündung – Prototyp eines Deltas

Fast alle der Deltabildung günstigen Eigenschaften fehlen hier. Die Sinkstofführung ist gering, da die Großen Seen wie Klärbecken wirken. Der Tidenhub ist beträchtlich und die Küste durch glaziale Ausräumung ungewöhnlich steil. Die Felsen erheben sich in unmittelbarer Flußnähe mehrere hundert Meter hoch und fallen ebenso schroff unterseeisch ab.

Umgekehrt begünstigen reichlicher Feststofftransport, flache Neigungswinkel der Küste und ein ruhiges Meer die Schwemmstoffablagerung im Mündungsbereich.

Besonders eindrucksvoll sind diese Ablagerungen, wenn sie – unter den genannten, für die Ablagerung günstigen Umständen – für das menschliche Auge wahrnehmbar neues Land an den Küsten aufbauen, wenn also der Fluß imstande ist, die Akkumulationsebene in das Meer hinaus zu verlängern. Die typische Ausprägung findet eine solche Mündung im Delta. Als Prototyp gilt die Nilmündung, welche die Griechen der Antike wegen der Ähnlichkeit der Umrisse nach dem dreieckförmigen griechischen Buchstaben Δ benannten. Ein Blick auf den Atlas lehrt jedoch, daß viele bedeutende Ströme in ihrem Mündungslauf Deltas bilden: in Europa besonders ausgeprägt Wolga, Donau, Po und Rhône; in Asien Euphrat und Tigris, Indus, Ganges-Brahmaputra, Irrawaddy, Mekong und Hwangho, in Amerika Mississippi und Orinoco.

Andere bedeutende Mündungen bilden schon eher eine Mischform von Delta und Ästuar. An erster Stelle ist der mächtigste aller Flüsse, der Amazonas, zu nennen. Obwohl der Strom gewaltige Schwebstoffmengen heranführt – ihre Menge wird auf 1 000 Millionen Tonnen geschätzt – vermochte er sein zweifelsohne schon sehr altes Delta nicht über die ursprünglichen Küsten des Kontinents hinaus vorzuschieben. Eine Senkung im Delta ist ebenso wahrscheinlich wie die Abtragung der Anschwemmungen durch Meeresströmungen, die von den Passatwinden beider Halbkugeln ausgelöst sind, und eine Ausarbeitung der Trichtermündung durch die hohe, weit stromauf vordringende Gezeitenflutwelle der Pororoca.

Einige Flüsse haben Deltas mit riesigen Dimensionen aufgeschüttet. Die Flächengrößen werden wie folgt angegeben (nach R. Neef und A. Wechmann):

Amazonas	100 000 km^2
Ganges-Brahmaputra	80 000 km^2
Lena	45 000 km^2
Mississippi	30 000 km^2
Hwangho	25 000 km^2
Nil	20 000 km^2
Wolga	18 000 km^2
Donau	4 000 km^2

Fast das ganze Bangladesh und Westbengalen haben Deltacharakter, auch wenn das eigentlich aktive Delta begrenzter ist. Schon etwa 480 km vom Meer entfernt beginnt sich der Ganges zu verzweigen.

Kennzeichnend für die im Delta vonstatten gehende Ablagerung ist die Schichtung der fluvialen Sedimente. Das gröbere Material setzt sich bereits an der landwärtigen Wurzel des Deltas ab, das feinste aber erst an der Peripherie. Der Böschungswinkel beträgt an der Wurzel je nach Art der Schwemmstoffe 20 bis 40°, in Seen im allgemeinen knapp unter 30°; zur Peripherie hin tritt eine Verflachung ein.

Aber auch im Delta vollzieht sich die Ablagerung verstärkt entlang den Flußadern, für die darum die Aufschüttung von Uferdämmen typisch ist. Indem der Mündungsfluß zugleich auch an der Sohle ablagert, verbaut er aber häufig seinen eigenen Weg. Dann kommt es zu einer Hemmung des Abflusses und zu Stauerscheinungen, denen die Uferdämme nicht gewachsen sind. Der Fluß überflutet die Dämme, durchbricht sie und schafft sich einen neuen Lauf in der tiefer liegenden Umgebung. In keinem anderen Abschnitt sind Stromverlagerungen und -gabelungen derart häufig wie gerade im Delta.

Da zum Teil auch ältere Läufe beibehalten werden, erfolgt der Abfluß über mehrere Mündungsarme, die fingerförmig auseinanderstreben, sich teilweise selbst wieder verästeln und nicht selten durch Bifurkationen miteinander verbunden sind. Manch ein Delta verfügt über mehrere hundert Einzelarme, große und kleine – im Wolgadelta z. B. zählt man über 500. Innerhalb eines solchen feingliedrigen Geästes heben sich jedoch zumeist wenige Hauptarme heraus,

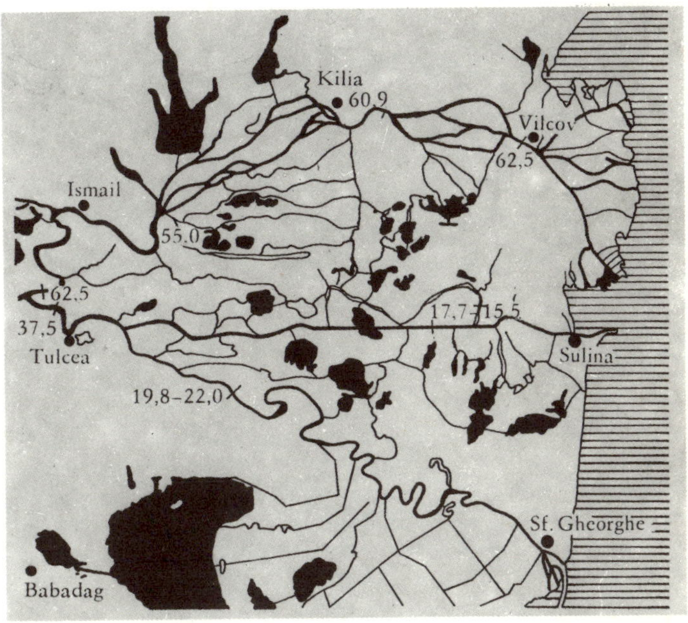

Das Donaudelta. Die Zahlen geben den mittleren Abfluß der einzelnen Nebenarme in Prozent des Gesamtabflusses an. (Nach W. Lászlóffy)

auf welche die Masse der Wasserführung entfällt. Die Aufteilung der Wasserführung unter den einzelnen Mündungsarmen ist jedoch keine konstante. Im Donaudelta war z. B. der Sf.-Gheorghe-Arm, der ungefähr im 8. Jahrhundert seinen heutigen Lauf abzuzeichnen begann, lange Zeit der bedeutendste, gefolgt vom Sulina-Arm. Der Chilia-Arm verlangsamte hingegen in diesem Zeitraum seine Tätigkeit, so daß seine Aufschüttung gegenüber den beiden anderen Armen zurückblieb. Erst um die Mitte des 18. Jahrhunderts erfuhr er eine deutliche Belebung; und inzwischen hat er den meisten Donauabfluß (64 Prozent) an sich gebracht, so daß er nunmehr befähigt ist, mit Riesenkräften ins Meer vorzudringen und sich sein eigenes Delta zu formen.

Im Bereich der stärksten Mündungsarme ist auch die Aufschüttung am stärksten. In ihrer unmittelbaren Umgebung wächst das Delta am schnellsten ins Meer hinaus.

Die Strandverschiebung ist bei einigen Deltas erstaunlich groß. Der jährliche Vorstoß der Hauptmündungsarme beträgt zum Beispiel: Po 136 m, Rhône 20 bis 51 m, Nil 33 m, Hwangho 100 m, Mississippi bis 100 m.

Bestimmte Navigationszeichen, die einst an den Flußeinfahrten errichtet wurden, rückten durch das Hinauswachsen der Mündungen in das Hinterland. So war der Turm St. Louis, der 1737 unmittelbar an der Rhônemündung stand, zu Anfang dieses Jahrhunderts bereits um 7,5 km von der Mündung entfernt. Weiter rhôneaufwärts haben sich Überreste von weiteren fünf ehemaligen Mündungsleuchttürmen erhalten. Die Aufschüttung führt zu einer allgemeinen Küstenverschiebung, die auch Hafenorte ihre maritime Lage einbüßen läßt.

Die zwischen den Mündungen liegenden, weniger aufgeschütteten Flächen behalten zumeist noch längere Zeit offenes Wasser. Anfangs handelt es sich um Meeresbuchten. Diese werden aber allmählich abgeschnürt. Die schmalen Landriegel bestehen beim

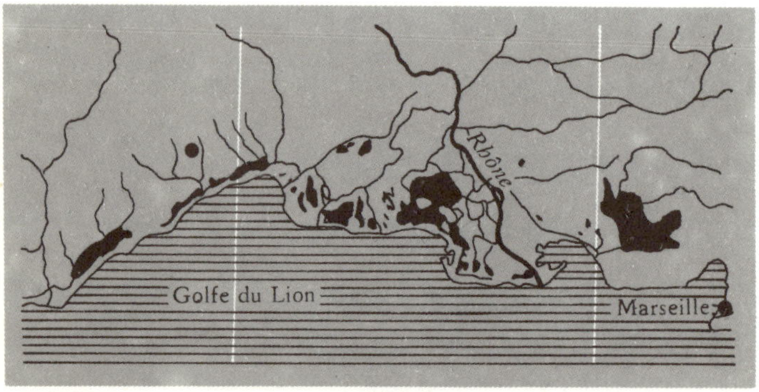

Lagunen im Golf von Lion

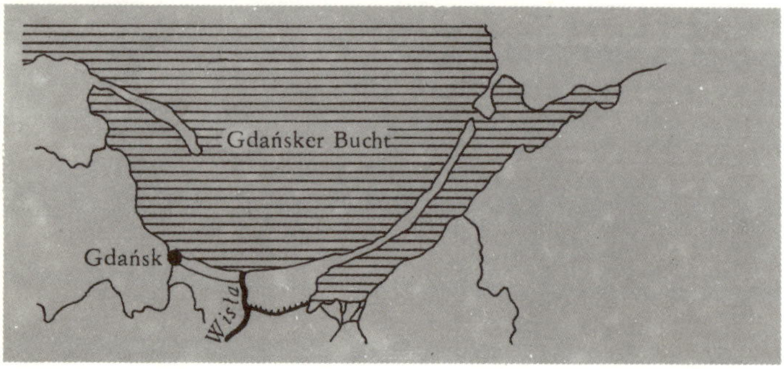

Haffküste an der Ostsee

Haff anfangs aus Küstenhaken, die sich, wenn sie das Gegenufer einer Bucht erreichen, zur Nehrung verlängern – ihr Entstehen verdanken sie der Hauptwindrichtung und damit der Strandversetzung oder einer an der Küste entlangführenden Meeresströmung, die neben zerkleinertem Abbruchmaterial der Küste vor allem Schwemmmaterial des benachbart mündenden Flusses herbeiführt. Die *Lagune* hingegen wird durch einen Lido, einen flachen, von der Strandbrandung aufgebauten Strandwall, zum offenen Meer abgegrenzt. Auf Nehrungen und Lidos häuft der Wind oft hohe Sanddünen auf. Wo die Buchten zugleich noch von Mündungsarmen durchflossen sind, bleiben Nehrungen und Lidos zumeist noch durch die sogenannten Tiefs unterbrochen, durch die das in Haffs und Lagunen angesammelte Flußwasser ins offene Meer gelangt.

Durch die beschriebene Abriegelung werden aus Meeresbuchten Brackwasser und Binnenseen. Ihr Schicksal ist es, durch die Ablagerungen der Flüsse und Gezeitenströme mit fruchtbarem Schlamm zugeschüttet zu werden. Die Verlandung wird durch Ansiedlung und Absterben von Sumpfpflanzen und in den Tropen durch das Mangrovegebüsch mit seinen schlammfangenden Luftwurzeln begünstigt. Das so entstandene Neuland wird als *Marsch* bezeichnet.

In einem sehr jungen Delta sind die verschiedenen Etappen des Landgewinns deutlich nebeneinander zu beobachten. So sind im Donaudelta (rumänischer Teil) 80 Prozent ständig mit Wasser bedeckt. Auf die überschwemmungsfreien Gebiete entfallen nur 13 Prozent. Entsprechend der Rolle, die den einzelnen Faktoren bei der Landwerdung zukommt, werden die einzelnen Bereiche eines Deltas häufig in das Flußdelta, das fluvio-maritime Delta und die Lagunen aufgegliedert.

Ältere Festlandskerne, die als Inseln im Meer den Flußmündungen vorgelagert sind, werden durch den Landgewinn in das Neuland einbezogen. So hat der Hwangho das Bergland von Schantung, das einst eine Insel im Gelben Meer war, an die Große Chinesische Ebene angegliedert. Und im Jangtsedelta sieht man hier und dort vereinzelt Hügel aus der grünen Ebene aufragen; auch sie waren einst Inseln, wie sie sich in ähnlicher Art noch heute weiter draußen aus dem von Flußschlamm gelbgefärbten Meer erheben.

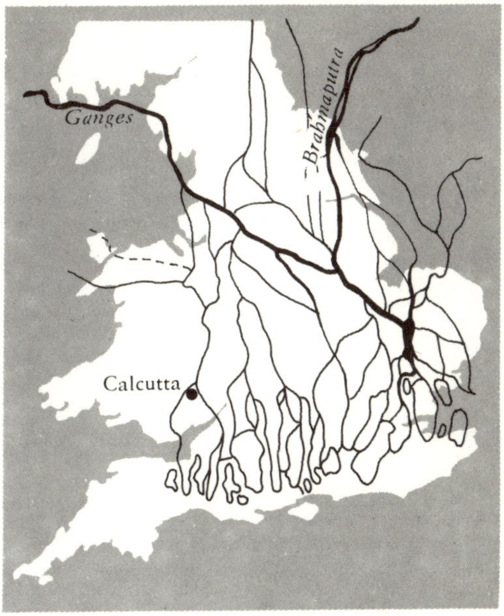

Das Delta von Ganges und Brahmaputra im selben Maßstab wie Großbritannien. (Nach Gresswell)

So wichtig Wellenschlag, Gezeiten und Meeresströmung für die Abschnürung von Haffs und Lagunen und damit die Verlandung sein können – diese Bewegungen müssen sich, wie die Vorgänge im Ästuar veranschaulichen, in Grenzen halten. Je ruhiger im allgemeinen ein Meer ist, desto feiner verästelt kann der Fluß sein Delta aufbauen, und desto eher bleibt das Schwemmmaterial dem Delta erhalten. Nicht zufällig finden wir die besonders gut ausgebildeten Deltas vorzugsweise an Flußmündungen in Flußseen, Meeresbuchten, Randmeeren und Endseen (siehe Mittelmeer, Schwarzes Meer,

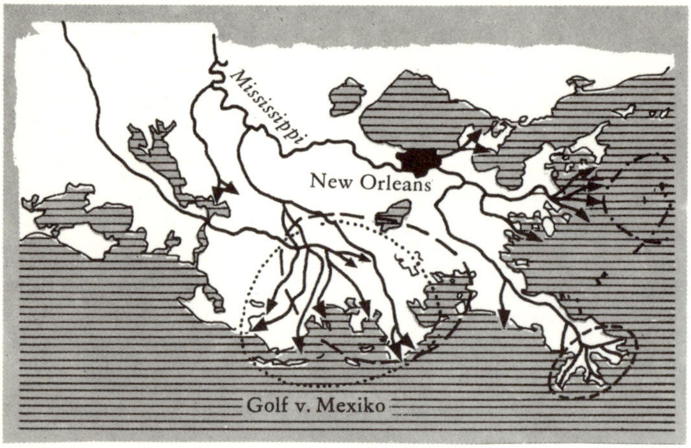

Die verschiedenen Mündungen des Mississippi; nachweisliche Laufverlegungen. (Nach Westermann, „Lexikon der Geographie")
— — Teche-Delta
...... Lafourche-Delta 300–400
–·– Mississippi nach 1100–1200
- - - Mississippi nach 1500–1600

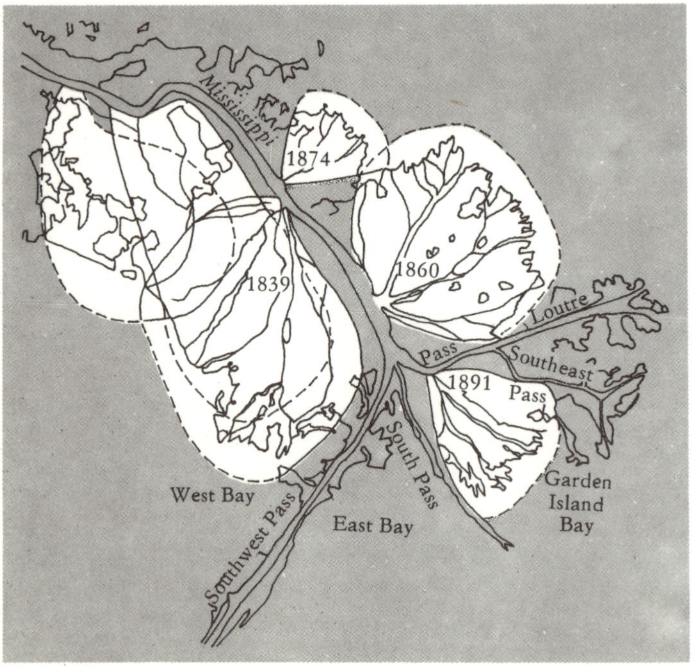

Subdeltas der heutigen Mississippimündung. (Nach Coleman u. Gagliano)

Kaspisee, Golf von Mexiko, Persischer Golf).
Deltas füllen vorzugsweise ehemalige Meeresbuchten aus. Die Aufschüttung führt also zunächst vor allem zu einer Begradigung der Küsten. Je weiter sich ein Delta ins Meer vorschiebt, desto langsamer geht sein Wachstum vonstatten. Allein schon die zunehmende Meerestiefe erschwert eine sichtbare Ablagerung. Darüber hinaus wird dem Delta mehr Material durch Küstenströmungen entzogen.
Während sich das Delta und nachfolgend die Akkumulationsebene weiter ausdehnen, treten häufig verschiedene Flüsse, die der gleichen Hauptabdachung folgen, in Be-

ziehungen, die sehr unterschiedlich sein können. Verschiedene Flüsse verschmelzen zu einem einheitlichen Lauf oder einem innigen Flußgewebe, wie Euphrat und Tigris oder Ganges und Brahmaputra. Im Vorstadium der Verschmelzung bauen noch getrennt mündende Flüsse bereits an einem gemeinsamen Delta, wie Po und Adige (Etsch). Aber es gibt auch Beispiele für rücksichtslose Verdrängung schwächerer Flüsse, wie etwa im Donaudelta, wo insbesondere der Chiliaarm die ehemals vom Norden herabfließenden Flüsse Ialpug, Katalpug und Kitai weitgehend abgesperrt und zu Seen aufgestaut hat. Reste dieser von der Donau rechtwinklig überlagerten älteren Wasserläufe sind im Delta noch verschiedentlich anzutreffen.

Viele große Aufschüttungsebenen sind zwar durch Überschüttung früherer Deltas entstanden. Durch Bodensenkung in geologischen Mulden sind sie jedoch in unerreichbare Tiefe gerückt. Dieser Vorgang der Überschüttung dauert heute an, besonders offenkundig in Bengalen, wo das Flußsystem von Ganges-Brahmaputra-Jamuna bei starkem Hochwasser an der Wurzel des Deltas eine plötzliche Abflußhemmung erfährt. Hier bildet sich das sogenannte Paradelta.

Das eigentliche aktive Delta ist aber untrennbar mit der Bildung von Neuland, den Marschen, verbunden. Hier befinden sich die geologisch jüngsten Festlandbereiche, gewissermaßen das Produkt der letzten Sekunden der Erdgeschichte. Ihre Existenz ist allein in Verbindung mit dem heutigen Meeresspiegelniveau denkbar.

Jede Küstenveränderung zieht auch Veränderungen der Deltabildung und des Deltastandortes nach sich. Dieser Wechsel wird am Beispiel des Rheindeltas sehr deutlich. Im späten Tertiär befand sich das Rheindelta etwa zwischen Kleve und Molenbeersel,

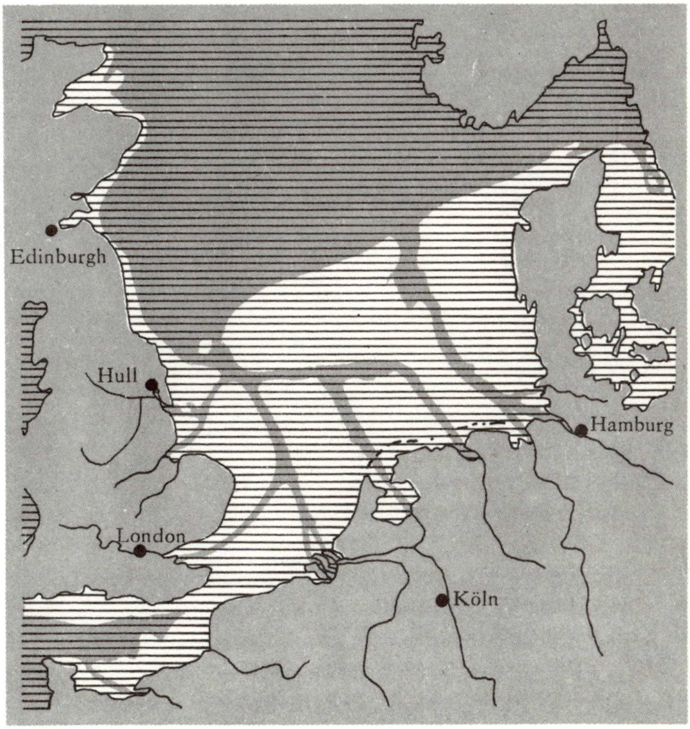

Die ungefähre Ausdehnung des Festlandes im Nordseegebiet ca. 7 000–8 000 v. u. Z. im Postglazial. Der eustatische Anstieg des Meeres hat die 50-m-Linie der Doggerbank erreicht. Elbe und Weser münden östlich, der Rhein, zusammen mit Ems, Maas, Themse und Humber, westlich davon. Erst nach weiterem Anstieg des Meeres um rund 25 m erfolgte der Durchbruch des Kanals vor etwa 6 000 Jahren. (Nach Schwabedissen u. Woldstedt)

etwa 125 km Luftlinie von der heutigen Küste landeinwärts. Im Eiszeitalter wurde der Rhein durch das vorrückende Inlandeis während der Saale-Kaltzeit nach Südwesten abgedrängt (siehe III. Kapitel). Nach dem Rückgang der jüngsten Inlandvergletscherung wiederum streckten sich die Mündungen von Rhein und Elbe weit nach Norden, da die Nordsee um etwa 7000 bis 8000 v. u. Z. im südlichen Drittel Festland war. Die Elbe mit der Weser sowie der Rhein mit Maas, Themse und Humber bildeten je ein gemeinsames Flußsystem; ihre Mündungen lagen im Bereich der heutigen Doggerbank. Entsprechend breiteten sich in der Gegend der heutigen Mündungsarme damals weite Festlandsebenen aus.

Da sich das Inlandeis bereits nach Norden zurückgezogen hatte, kann die nachfolgende Hebung des Meeresspiegels nur mit der Vermehrung des Meereswassers durch weiteres Abschmelzen von Gletschern erklärt werden. Die Überflutung des Ur-Rheins und der Ur-Elbe sind also vor allem auf eustatische Hebungen des Meeresspiegels zurückzuführen. Indem die Küste landeinwärts versetzt wurde, erhielten Weser, Maas, Themse und Humber getrennte Mündungen. Diese einstigen Nebenflüsse von Elbe und Rhein wurden eigenständig, d. h. zu Hauptflüssen.

Da sich diese Meeresspiegelveränderungen weitgehend global auswirkten, haben zahlreiche Deltas etwa in dieser Zeit ihren Ursprung. Ihre Anfänge fallen ungefähr mit dem Beginn der geschichtlichen Zeit vor 5 000 bis 6 000 Jahren zusammen. Das gilt für den Rhein ebenso wie für die Deltas von Rhône, Donau und anderen Strömen, An der Donau finden sich für diese Datierungen sehr gute Beweise. Bei Sulina im Donaudelta hat man in 6 m Tiefe unter dem Meeresspiegel Löß erbohrt, der unter Festlandsbedingungen nach der Eiszeit herangeschwemmt worden war. Das Delta muß also jüngeren Datums sein.

Aber nicht nur das allgemeine Ansteigen des Meeresspiegels nach dem Abschmelzen der pleistozänen Inlandeismassen – auch die noch jüngeren Veränderungen im Küstenverlauf infolge von säkularen Klimaschwankungen und Bewegungen der Erdkruste beeinflußten die Deltabildung. Im Podelta markierte der heute etwa 30 km landeinwärts gelegene einstige Strandwall zur Etruskerzeit einen vorübergehend relativ stabilen Küstenverlauf. Nach der Römerzeit muß das Küstengebiet zumindest stellenweise isostatisch und eustatisch um einige Meter abgesunken sein, so daß der Fluß zu stärkerer Akkumulation veranlaßt wurde. Das heutige Podelta baute sich erst etwa seit dem Mittelalter jenseits des erwähnten Strandwalls auf.

Deltas oder Delta-Mischformen entstehen jedoch nicht nur von neuem – sie sind auch in höchstem Maße bedroht. Bei einer Anhebung des Meeresspiegels können sie ersticken; bei einer Senkung des Meeresspiegels, d. h. einer Verlängerung des Flußlaufes, werden sie durch Belebung der Erosion zerschnitten, und vielleicht bleiben nur Reste als fossiles Delta erhalten.

Wie verhängnisvoll auch Verlagerungen von Meeresströmungen werden können, erweist

Schwere Sturmfluten hatten im Mittelalter die Küstenlinie der Niederlande durchbrochen. Das Meer war weit ins Binnenland vorgedrungen. (Nach R. Gilsenbach)

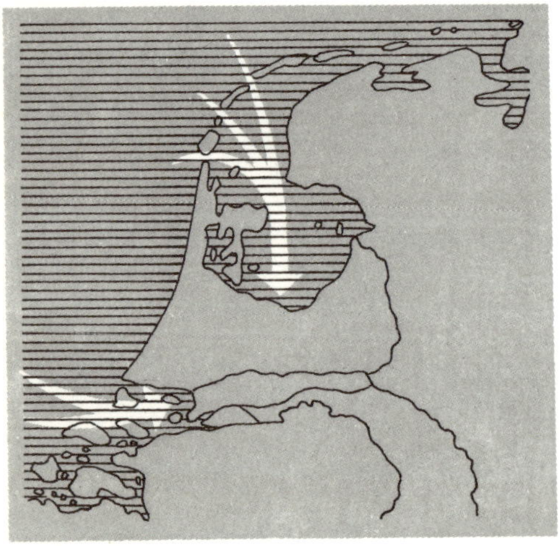

Die Entwicklung des Rheindeltas und das heutige Flußnetz im Delta mit Angabe der Uferdeiche. (Nach O. Jessen u. G. Wagner)

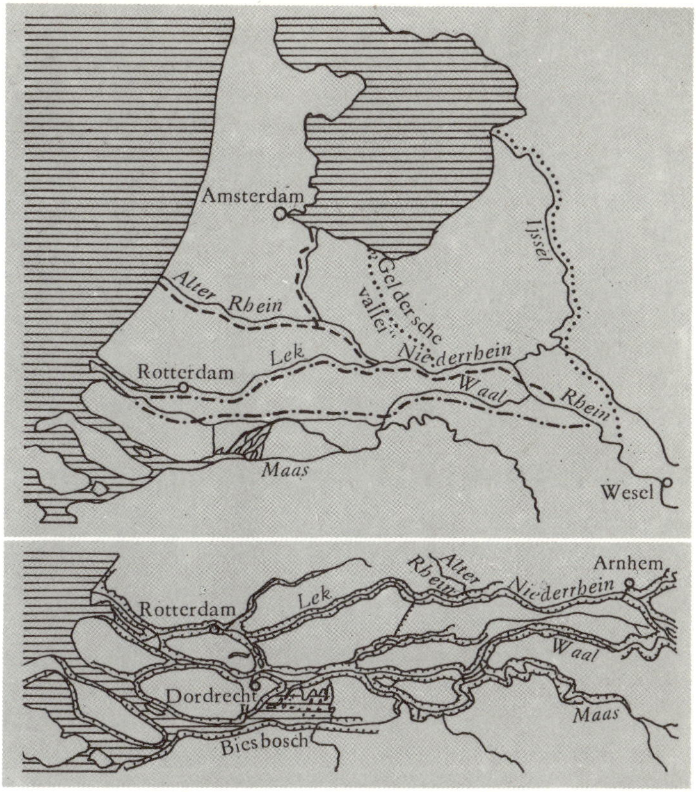

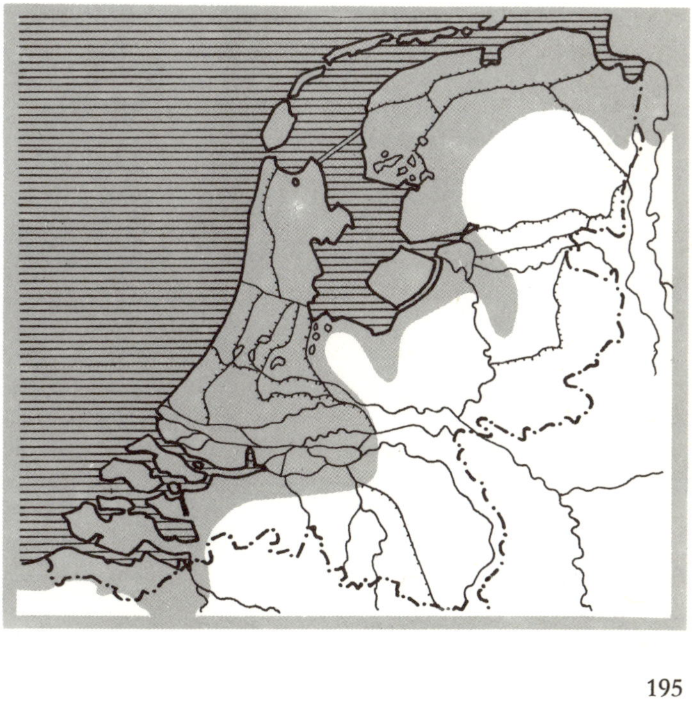

So würden die Niederlande aussehen, wenn der Mensch sich nicht eingeschaltet hätte. (Nach E. Fels)

sich überaus deutlich an der Nordseeküste Belgiens, der Niederlande und der BRD. Das entscheidende Ereignis, das hier zu einer weitgehenden Umgestaltung der Mündungsverhältnisse führte, war die Überflutung und Erweiterung des Ärmelkanals, die zu Beginn der geschichtlichen Zeit, aber noch vor den Römerzügen erfolgten. Es hatte zur Folge, daß die bislang im Süden allseitig geschlossene große Meeresbucht der Nordsee stärkeren Strömungs- und Gezeitenwirkungen und wild gesteigerten Sturmfluten ausgesetzt wurde. Alle Mündungen der großen Flüsse wurden in Richtung auf die neue Meerespforte, die durch die neuen Strömungen rasch ausgetieft wurde, abgedrängt. Das langsame, aber stetige Linksverlegen der Flußmündungen ist bis Jütland festzustellen. Noch zur Römerzeit mündete der Rhein über die heutige Ijssel, die einen größeren Binnensee, den Flevosee, durchfloß, ehe sie in Höhe der Friesischen Inseln die Nordsee erreichte. Von der Ijssel zweigten vor der Mündung andere Arme ab, wie der heute bei Katwijk mündende sogenannte Alte Rhein. Durch die Störung im Rhythmus der Gezeitenströme drang das Meer weit in die Unterläufe von Maas und Schelde ein. Der Rhein entsendet zwar immer noch einen Bruchteil Wasser (12 Prozent) in die Ijssel; zur Hauptmündung des Rheins wurde jedoch der Waal (66 Prozent der Wasserführung), der nichts anderes ist als der alte Auslaß der Maas. Die Maas selbst fand infolge der Entstehung des Biesbosch schon beim heutigen Dordrecht die Verbindung mit dem Meer. Und die Schelde, einst der Maasmündung bei Strijen tributär, erhielt in der ausgeweiteten Bucht der Honte beim heutigen Antwerpen eine eigene Mündung.

Sturmfluten führten in dem niedrigen, wahrscheinlich absolut oder zum Meer relativ absinkenden Land und besonders in den schon zuvor amphibischen Flußmarschen zu großen Landverlusten. Der Flevosee weitete sich 1170 zur offenen Zuidersee.

Veränderungen des Podeltas. (Nach Reyer u. Wagner)
Links: 15. Jahrhundert (punktiert: spätere Anlandungen); Mitte: 17. Jahrhundert (ebenso); rechts: 20. Jahrhundert (punktiert: Anlandungen in geschichtlicher Zeit). Die Brenta mündete bis 1310 gegenüber von Venedig in die Lagune (Brenta morta); dann wanderte ihre Mündung südwärts, lag seit 1610 bei Chioggia und seit 1858 südlich der Lagune neben der Adige (Etsch).

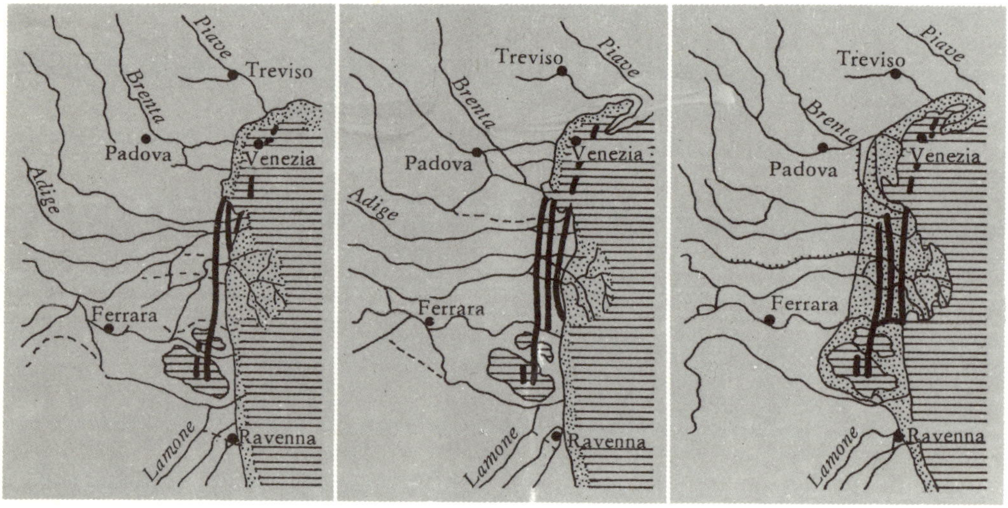

VIII. Gebändigte Ströme

In den bisherigen Kapiteln stand der Fluß als Naturphänomen im Vordergrund. Was aber wäre der Mensch ohne Fluß – was wären die Flüsse ohne den Menschen! Kein Buch über Flüsse kann dieses innige Wechselverhältnis unberücksichtigt lassen.
Eine zum Bisherigen gleichgewichtige Behandlung würde jedoch den zur Verfügung stehenden Rahmen sprengen – hieße, ein weiteres Buch zu schreiben. Im folgenden sollen daher nur einige der hauptsächlichen Beziehungen zwischen Mensch und Fluß skizziert werden.
Wasserläufe zogen schon unsere Ur-Vorfahren an, weil sie Trinkwasser und Nahrung (Fische) lieferten und als Orientierungslinien für wanderndeVölkerschaften geeignet waren. Da aber der Mensch der Vorzeit Strömungen und Überschwemmungen, Laufverlagerungen und allein schon den Dimensionen der Weite, Tiefe und Wasserfülle hilflos ausgeliefert war, bedeuteten Flüsse für ihn öfter noch Hindernis und Gefahr. Je größer der Fluß, desto unheimlicher, unberechenbarer wirkte er.
Die Entwicklung des Menschen vom der Natur ausgelieferten Objekt zu dem Schritt für Schritt die Natur meisternden Subjekt war ein Weg von Jahrmillionen. Über das elementare Durststillen, Sammeln und Fischen hinaus gewann der Mensch dem fließenden Wasser im Laufe der Zeiten vielfältige neue nützliche Seiten ab. Die Herausbildung der orientalischen Hochkulturen vollzog sich in inniger Anlehnung an die Flüsse, war untrennbar mit der Verwendung des fließenden Wassers für Bewässerungszwecke und Dammbauten gegen Hochwasser verbunden. Bei der Entfaltung als Hauptstraßen des Gütertransports, beim Bau meisterhafter Aquädukte durch römische Ingenieure, bei der Entwicklung vom Holzsteg zur elegant geschwungenen Spannbetonbrücke und vom hölzernen Mühlrad zur Hochleistungsturbine, bei der Nutzung als Brauchwasser für die chemische Großindustrie und als Kühlmittel für Kernreaktoren – immer und überall wurden Flüsse Mittel oder Spiegelbild der allgemeinen Produktivkraftentwicklung. Ihre Unterwerfung, Zähmung und zunehmende Dienstbarmachung zählt damit zu den bedeutendsten Kapiteln der Menschheitsgeschichte.

Wasser auf dürstendes Land

In den subtropischen Trockengebieten und in den Monsungebieten Südasiens lernten es die Völker zuerst, durch künstliche Bewässerung ihre Ernährungsgrundlage zu verbessern. Wo ringsherum in Wüste und Steppe staubige Dürre herrscht, heben sich die bewässerten Flächen als Oasen heraus. Ohne künstliche Wasserzufuhr würde vielerorts in diesen Regionen ein Feldbau unmöglich sein.
Anders führt in den Monsungebieten das zeitliche Zusammentreffen starker Niederschläge und höchster Sonnenstände auch ohne künstliche Bewässerung zu üppigem Pflanzenwuchs, sofern die Monsunregen rechtzeitig eintreten und ausgiebig fallen. Der Winter ist jedoch trocken. Aber er ist ver-

breitet warm genug, um bei künstlicher Bewässerung das Bestellen der Felder lohnend zu machen. Bewässerung vermindert darüber hinaus auch im Sommer die Abhängigkeit von der Gunst der Niederschläge.

Ist also künstliche Wasserzufuhr in den Trockengebieten der Schlüssel zum Feldbau überhaupt, so verspricht sie in den Monsungebieten zusätzliche Ernten und höhere Erträge. In Südchina erzielten die Bauern allein schon mit traditionellen Formen künstlicher Bewässerung bis zu vier Ernten im Jahr!

Die Hochlandbewässerung, bei der das aus dem Gebirge stammende Wasser mit eigener Kraft, nur dem natürlichen Gefälle folgend, den tieferliegenden Acker oder Garten erreicht, ist sicher die älteste, bestimmt aber die am einfachsten zu bewerkstelligende Form künstlicher Bewässerung. Schon seit sehr alten Zeiten werden auf diese Weise Bäche und häufig bereits Schmelzwasser und Quellen aufgefangen und über kleine Kanäle, Rohrleitungen und Aquädukte den Anbauflächen zugeleitet. Auch die Erfindung von kleineren Staudämmen und Speicherbecken, mit denen Wasser in Zeiten höheren Angebots für Zeiten höheren Verbrauchs gesammelt wurde, datiert Jahrtausende zurück. Das Wasser wird entweder über Kanäle, Gräben und Rillen verrieselt, oder die Felder werden mit niedrigen Erdwällen umgeben und völlig unter Wasser gesetzt. Die zuletzt genannte Methode läßt sich auf terrassenförmig übereinandergelagerten Feldern besonders intensiv betreiben.

Anders sind die Probleme in Nachbarschaft der großen Tieflandströme. Die Grundweisheit bestand darin, sich den normalen Wasserstandsschwankungen anzupassen. Die anrainenden Völker lernten es, wie in Indien, bei Niedrigwasser trockenfallende Flußbetten zum Anbau zu nutzen, oder sie ließen, wie im Uferbereich des Nils oder in den weiten Ebenen Mesopotamiens, die Felder bei normalem Hochwasser durch den vom Fluß mitgeführten Schlamm auf natürliche Weise düngen.

Ein solcher extensiver, den Launen der Natur überlassener Anbau war jedoch wenig befriedigend. Seit alters waren daher die Flußanlieger darum bemüht, Wasser auch auf solche Flächen zu leiten, die normalerweise nicht von der Hochflut erreicht wurden. Die sicher auch im Tiefland am meisten verbreitete Form der Wasserzuleitung bestand im Bau ganzer Systeme von Kanälen, Wehren und Schleusen, durch die das Wasser, besonders die Flut, bereits in oberen Flußabschnitten aufgefangen wurde. Derartige Kanäle, oft schon mehrtausendjährig alt, ziehen sich parallel zum Hauptstrom durch das Niltal hin und durchfurchen in engmaschigen Netzen die Alluvialebenen Mesopotamiens, der indischen Halbinsel und Chinas. In Mesopotamien betrieben schon die Sumerer Kanalbau.

In allen diesen Kulturen war die Landwirtschaft vom jahreszeitlichen Wechsel der Wasserführung bestimmt. Die Priester des alten Ägypten hatten sich bereits erstaunliche astronomische Kenntnisse angeeignet, die es ihnen gestatteten, den Rhythmus vom Steigen und Fallen des Nils kalendarisch festzulegen. Über diese zeitliche Prognose hinaus verhalfen in langen Zeiträumen angestellte Beobachtungen von Pegelhöhe und Fortpflanzung der Flutwelle zu der Fähigkeit, Voraussagen über die zu erwartende Flutwelle zu treffen. Letztlich ging es aber darum, von der Flut unabhängig zu sein und Wasser an beliebigen Stellen zu beliebigen Zeiten aus den Flüssen anzuheben. Die Völker des alten Orients meisterten dieses Problem, schon lange bevor die Pumpe erfunden war.

Zu den ältesten und genialsten mechanischen Konstruktionen zählt ohne Zweifel das Schöpfrad, das, durch die Strömung des Flusses in Drehung versetzt, das Wasser bis zu 30 m Höhe anhebt. Ungeklärt ist, wann und wo es zuerst in Gebrauch kam. Es war ebenso typisch für die Tieflandbewässerung am Nil und in Mesopotamien wie – aus Bambus gefertigt – in China.

Ägypter bei der Feldbestellung (Wandmalerei in Theben, 15. Jh. v. u. Z.). (Nach H.-W. Gaebert)

Die meisten römischen Aquädukte hatten zwei und drei Wasserkanäle übereinander. Die Zeichnung ist ein Durchschnitt durch die im Jahre 145 gebaute, 91,6 km lange und mit Aquädukten ausgestattete Versorgungsleitung Roms. (Nach H.-W. Gaebert)

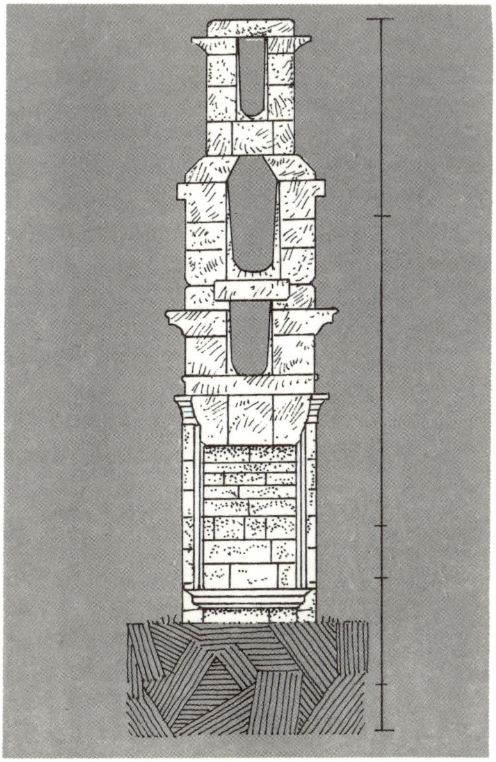

Um sich der Wassersteuer zu entziehen, beschafften sich die Nilbauern auch auf unkontrollierte Weise Wasser: Bei der einfachen Ausführung des Schâduf wurde der Schöpfkorb von je zwei Mann an Seilen gehalten, in den Fluß eingetaucht und auf das höher gelegene Uferland geschwenkt. Daraus entwickelten die Grundherren ganze Systeme stufenförmiger Schöpfsysteme, die im Gegensatz zu den Schöpfrädern durch ein größeres Aufgebot an Menschen, also durch Muskelkraft bedient wurden.

Viel später erst kam die bequemer zu handhabende, im übrigen auch leicht zu transportierende und leichter zu verbergende Wasserschnecke in Gebrauch, deren Erfindung dem griechischen Mathematiker Archimedes (285–212 v. u. Z.) zugeschrieben wird.

Wasser wurde auch aus tiefen Zisternen geschöpft, die sich in Flußnähe mit Sickerwasser füllten. Reiche Grundherren benutzten hierfür Wasserräder mit zahlreichen Eimerketten. Schwere Anlagen waren mit Göpelwerken versehen, die durch Ochsen angetrieben wurden. Als Erfinder dieser Mechanik gelten die Assyrer; sie war aber auch in Ägypten weit verbreitet.

Das Bewässerungswasser machte die Landwirtschaft derart ertragreich, daß erstmals ein bedeutendes Mehrprodukt an Nahrung entstand. Infolgedessen bildeten sich gerade

Tretrad zum Bewässern der Reisfelder in Japan

Chinesisches Schöpfrad aus Bambus. Solche Räder werden bis zu 15 m hoch gebaut.

in den Hochland- und Tieflandoasen die ältesten Menschenagglomerationen. Jahrtausende vor unserer Zeitrechnung waren Memphis und Theben am Nil, Babylon und Ninive am Euphrat und Tigris, Mohenjodaro und Harappa am Indus die größten und bedeutendsten Städte der Welt.

Da den Flüssen nur mit höheren Formen der Organisation beizukommen war, bestand ein enger Zusammenhang zwischen dem Übergang zu hochentwickelter Bewässerungskultur (und Hochwasserschutz), der Differenzierung der Bevölkerung in Klassen und Staatenbildung. Anlage und Unterhalt der Bewässerungsanlagen und die Wasserverteilung gehörten zu den fundamentalen organisatorischen Aufgaben der antiken Staatengründungen. In Babylonien war der Bau des Kanalsystems Sache der Könige, die hierfür riesige Scharen von Arbeitskräften, gewöhnlich Sklaven, einsetzten. Die Haupt- und Nebenkanäle oblagen der Verantwortung der

Der aus Bast gefertigte Schleuderkorb ist ein altes Bewässerungsgerät.

Wasserwippe zur Bewässerung von Reisfeldern in Bengalen

Provinzgouverneure, während für die Betreuung der eigentlichen Bewässerungsanlagen die Anrainer haftbar gemacht wurden.
Die Bewässerungsanlagen der Trockengebiete haben sich im Laufe der Geschichte als höchst empfindliche Gebilde erwiesen. Wo sie infolge von Kriegen oder inneren Wirren vernachlässigt oder zerstört wurden, kam es zu einem Verfall, der allzu häufig nicht wieder umkehrbar war. So ist es vor allem verheerenden Kriegen zuzuschreiben, daß sich heute über weite Strecken Mesopotamiens die ehemaligen Bewässerungskanäle nur noch als lineare Unebenheiten aus dem verödeten Land herausheben. In anderen Fällen waren Naturereignisse, denen der Mensch ohnmächtig gegenüberstand, wie Verlagerung von Flußläufen, Dünenwanderungen und Klimaschwankungen, für den Niedergang der Bewässerungskultur ausschlaggebend. So führten die hydrographischen Veränderungen im Tarimbecken nicht

Bewässerung mit dem Schaduf. Reliefdarstellung aus dem Palast Sanheribs zu Ninive (um 700 v. u. Z.). (Nach R. Gilsenbach) Durch treppenförmige Anordnung mehrerer solcher Hebevorrichtungen konnte man beachtliche Höhenunterschiede überbrücken.

Wasserschnecke oder Archimedische Schraube. Angeblich von Archimedes erfundene Schraubenwelle zur Wasserhebung. In einem wasserdichten Rohr von 4 bis 6 m Länge liefen auf einem drehbaren inneren Hohlzylinder drei parallele Schraubenwindungen, die man durch Aufnageln biegsamer, gut geteerter Holzleisten herstellte. Das Steigungsverhältnis war 1:8.

Stadtplan einer assyrischen Stadt am Ufer des Euphrat vor 5 000 Jahren. (Nach A. Hochheimer)

nur zur Aufgabe des südlichen Strangs der Seidenstraße, sondern auch zur Entvölkerung der dort einst blühenden Oasenstädte.

In vielen Teilen der Welt wird der Bewässerungsanbau auch heute noch so wie vor Jahrhunderten und Jahrtausenden betrieben. Obwohl Länder wie Ägypten und Indien einen Großteil ihrer Ernährung der künstlichen Bewässerung nach traditioneller Art verdanken, ist die Nahrungsdecke zu dünn. Dort, wie in zahlreichen anderen Entwicklungsländern, kann die Schlacht für ein höheres Eigenaufkommen an Nahrungsmitteln nur durch eine Ausdehnung und Intensivierung der Bewässerungswirtschaft gewonnen werden.

Gerade auf uraltem Bewässerungsland demonstrieren die neuzeitlichen Stauwerke ihre Überlegenheit. Die Nilbauern sind nach dem Bau des Assuan-Hochdammes von der Hochflut unabhängig geworden, und es wurde möglich, die Anbaufläche erheblich zu erweitern. Der durch den Tarbela-Damm aufgestaute Indus soll 3,2 Millionen Hektar Land Fruchtbarkeit bringen und Pakistan zu einem Exporteur von Weizen und Fleisch machen . . . Es gibt heute kaum ein Entwicklungsland außerhalb der immerfeuchten Tropen, das seine Zukunftsprojektionen nicht auf einen großzügigen Ausbau der künstlichen Bewässerung gründen würde.

Es wäre jedoch falsch, die Notwendigkeit künstlicher Bewässerung auf die Entwicklungsländer zu beschränken. Die stärkste Ausdehnung erfuhren die künstlich bewässerten Flächen gerade in den beiden führenden Industriestaaten. Das Geheimnis für die in den Bewässerungsgebieten der Vereinigten Staaten und der Sowjetunion erzielten Produktivitätssteigerungen besteht in der innigen Verbindung von künstlicher Wasserzufuhr mit anderen Verfahren der modernen Agrikultur. Hauptlieferanten des Wassers sind die Flüsse.

Das klassische Beispiel für den modernen Bewässerungsbau der USA liefert der Ausbau des Colorado River, der, in den Schneefeldern der Rocky Mountains entspringend, über eine Strecke von 2 250 km seinen Weg durch sieben amerikanische Bundesstaaten nimmt, die überwiegend unter einem hohen Defizit an Wasser leiden, ehe er im Golf von Kalifornien mündet. Das Kernstück des Projektes sind der Hoover-Damm, der mit 222 m Höhe nach seiner Fertigstellung die höchste Dammkrone der Welt aufwies, und der Boulder-Damm, der den unteren Colorado River vor Hochwasser zu schützen hat. Colorado-Wasser bewässert sowohl den Yuma-Distrikt in Arizona als auch das trockene Südkalifornien. Allein das Kanalnetz des dortigen Imperial Valley verfügt über 2 735 km Hauptzuleitungen, die eine trockene glutheiße Hölle zum Hauptzentrum der kalifornischen Orangen-, Zitronen- und Pampelmusen-Plantagen werden ließen. Darüber hinaus ist der Colorado River der wichtigste Trinkwasserlieferant Kaliforniens. Der 225 km lange Metropolitan-Aquädukt führt in Kanälen und Rohrleitungen über Gebirge, Tunnel und Sandwüsten vom Parker-Stausee bis nach Los Angeles. Die davon ausgehenden Verteilerleitungen erstrecken sich über mehr als zehntausend Kilometer.

Ähnlich dem Colorado werden zahlreiche andere Flüsse „zur Ader gelassen". Gemeinsam mit Mexiko nutzen die USA den Rio Grande derart intensiv als Wasserspender, daß seine Mündung in den Golf von Mexiko heute fast trocken liegt. Im Nordwesten der USA liefert der durch die Dämme Grand Coulee und Bonneville aufgestaute Columbia River Wasser für 400 000 Hektar Kulturland. Durch die bereits weit fortgeschrittene Flußregulierung im Oberlauf des Missouri soll die Bewässerung von 1,2 Mill. Hektar Land ermöglicht werden . . .

Unerhörte Anstrengungen werden auch in der Sowjetunion unternommen, um der Landwirtschaft, besonders in den Steppen- und Wüstenregionen, mehr Wasser zuzuführen. Allein der Stausee von Kuibyschew (1958 fertiggestellt) macht es möglich, eine Million Hektar Land östlich der Wolga zu bewässern. Der Zimljansker Stausee am Don liefert Wasser für das Land zwischen Rostow und dem Manytschkanal. Der 600 km lange Manytschkanal selbst versorgt über ein weitverzweigtes Netz von Bewässerungs- und Verteilerkanälen 5,5 Mill. Hektar Weizen- und Baumwolland. Die fünf Staudämme am Dnepr geben Wasser für 1,5 Mill. Hektar. Der noch im Bau befindliche Nordkrim-Kanal, der oberhalb des Wasserkraftwerkes Kachowka am Dnepr beginnt, soll schließlich 600 000 Hektar Land auf der nördlichen Krim bewässern. Die südlichen Wolga-Steppen werden durch den Wolga-Ural-Kanal erschlossen.

In den mittelasiatischen Sowjetrepubliken gibt es zwei Schwerpunkte des Bewässerungsfeldbaus. Das älteste beruht auf dem Kanalnetz im fruchtbaren Ferganabecken im Osten der Usbekischen SSR, einem schon alten Zentrum der Besiedlung. Hingegen dient der Turkmenische Hauptkanal oder Karakumkanal, mit dessen Aushub 1954 begonnen wurde, in stärkerem Maße der Erschließung von Neuland. Bis 1972 waren 850 km fertiggestellt; 1980 soll er das Kaspische Meer erreichen. Er wird dann eine Gesamtlänge von 1 400 km haben und etwa 1,3 Mill. Hektar bewässern. Als nie versiegende Quelle dienen die Schmelzwasser der Gletscher des Pamir-Alai.

Kampf gegen Überfluß an Wasser

Uralt wie das Bemühen um Vermehrung der lebensspendenden Wirkung des Wassers ist das verzweifelte Aufbegehren gegen seine zerstörende Gewalt. Um Überschwemmungen zu wehren, faßten die Chinesen schon vor Jahrtausenden ihre Flüsse mit Dämmen ein. Derartige alte Schutzbauten trifft man in verschiedenen Landesteilen, am bedeutendsten aber sind sie in der Großen Ebene, wo sie auch in die früheste Zeit zurückreichen. War im alten Ägypten das Wasser in seiner Nutzung die wichtigste materielle Triebkraft für hohe staatliche Organisation, so rangierte im alten China die Abwehr an erster Stelle.

Wie anfällig sich die Uferschutzbauten auch immer wieder erwiesen – gewiß haben sie Schlimmeres verhütet. Nicht zufällig häuften sich die Katastrophen in Zeiten von Kriegen und innerer Schwäche der Dynastien, in denen die Pflege der Deichwehr vernachlässigt wurde. Doch welche Leistung allein bedeutete schon die immer wieder zäh bestätigte Fähigkeit, mit den Folgen von Katastrophen fertig zu werden und aus Katastrophen für die Zukunft Schlußfolgerungen zu ziehen! Als im Jahre 1852 der Hwangho sein heutiges Bett etwas unterhalb von Kaifeng in nordöstlicher Richtung durchbrach, wurde er auf einer Strecke von 640 km durch Erdwälle von 22 m Höhe und 22 m Breite eingedeicht, womit 60 000 Menschen 25 Jahre beschäftigt waren. Und nachdem er 1887 seinen Lauf weithin verlegt hatte, gelang es, ihn in sein altes Bett zurückzuzwingen. Deichbrüchen wurde mit einem bewährten Verfahren entgegengetreten. Tausende Arbeiter hatten von beiden Seiten her den geborstenen Damm durch Aufschüttung möglichst weit wieder anzunähern. In die letzte Öffnung wurde ein aus Stricken und Faschinenwerk gefügter Keilverschluß, von Seilen gehalten, hinabgelassen. Das Verstopfen der bleibenden Fugen wurde dem Lößschlamm überlassen.

Nach der vorangegangenen furchtbaren Katastrophe am Hwangho hatte die chinesische Regierung 1889 holländische Wasserbauingenieure, die inzwischen für ihre Leistungen in Europa Weltruhm erlangt hatten, als Berater ins Land geholt. Sie mußten bekennen, daß auch sie für solche Notlagen keine besseren Rezepte als die in China seit langem angewendeten zu bieten hätten.

An zahlreichen Dammuferflüssen anderer Regionen wurde lange Zeit nichts anderes getan, was die Chinesen schon Jahrtausende vorher erprobt hatten: Die Deiche wurden ständig erhöht, womit jedoch gleichzeitig unerwünschte Anhebungen der Flußbettsohle verbunden waren, wie etwa am Po und anfangs am Mississippi.

Ein Kampffeld besonderer Art bilden die Flußmarschen, die flachen, von Natur aus sumpfigen, amphibischen Alluvionen. Gerade im Mündungsbereich von Flüssen waren sie immer wieder durch Meereseinbrüche bedroht, besonders in Senkungsgebieten der Küste. Da sich häufig Springfluten des Meeres, in den Flüssen aufstauende Flutwellen, Stauhochwasser der Flüsse und Orkane verheerend vereinen, müssen sich die Bewohner dieser Gebiete ebenso vor dem Zugriff des Meeres wie der Flüsse schützen.

In China wurde schon im 8. Jahrhundert das Delta des Jangtsekiang von dessen Mündung bis Hangtschou (Hangzhou) auf etwa 200 km Länge durch einen doppelten, stabilen, noch heute intakten Damm vom Meer abgeschirmt. In Europa wurde vor allem das Ringen mit der vordringenden Nordsee zur hohen Schule des Deichbaus und der Flußregulierung. Zunächst galt es, Inseln und den Festlandstrand vor Überflutung und weiterem Abbruch zu bewahren. Sehr bald begegnete man auch der Gefahr des Eindringens von Sturmfluten in die dadurch gefährdeten Mündungstrichter der Flüsse. Von dort wanderte der Deichbau die Flüsse hinauf.

In Holland ließ Drusus, der Stiefsohn des römischen Kaisers Augustus, im Jahre 10 u. Z. Deiche anlegen, und sicher hatten vorher die Germanen mit gleichen Mitteln den Kampf gegen das Meer aufgenommen. Im weiteren ging das Aufschütten von Deichen mit dem Anlegen von Poldern und der Urbarmachung von Heiden und Mooren einher. Man wird das 11. bis 13. Jahrhundert als Beginn der zielstrebig betriebenen „inneren Kolonisation“ in den Niederlanden anzusetzen haben.

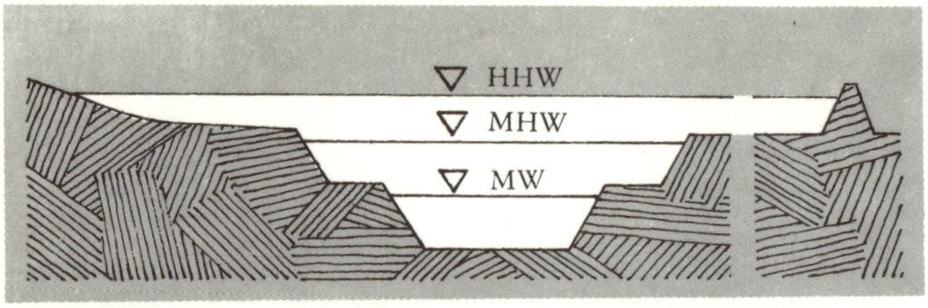

Einseitige Eindeichung eines Wasserlaufs.
(Nach A. Wechmann)
MW = Mittelwasser,
MHW = mittleres Hochwasser,
HHW = höchstes Hochwasser

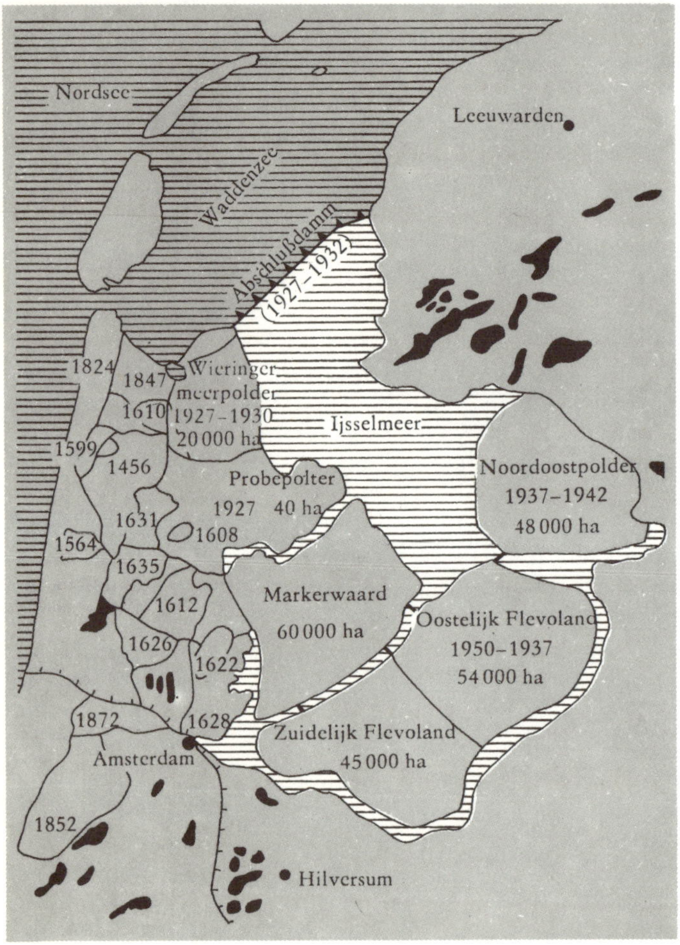

Die Zuidersee ist durch einen Deich von der Nordsee abgesperrt worden. In der ehemaligen Meeresbucht sind vier große Polder entstanden.
(Nach R. Gilsenbach)

Aber noch nagte das Meer weiter am Festland. Verheerende Sturmfluten erweiterten den ehemaligen Flevosee der Rheinmündung zur Zuidersee und spülten auch von anderen einstigen Flußmarschen große Stücke ab. Ihren Höhepunkt fanden diese Katastrophen vom 11. bis zum ausgehenden 15. Jh.

Der Bau von Dämmen und Deichen an den Küsten und an den Ufern der von Sturmfluten und Rückstauwässern der Flüsse besonders gefährdeten Mündungsbuchten bis oft weit die Flüsse hinauf allein reichte also nicht aus, um das Marschland zu schützen. Erst seine Verbindung mit einer bislang in

Europa unbekannten technischen Errungenschaft – der Windmühle – ermöglichte es, die Vorstöße des Meeres abzufangen und zum gewaltigen Gegenstoß anzusetzen. Von drei Richtungen her, aber in komplexer Verbindung, nahm Holland den Kampf mit dem Meer auf: In vorderster Linie galt es, dem Meer an den Küsten und Inseln zu wehren; die Flüsse mußten gleichsam in Ketten gelegt werden; und es war nötig, Stauräume zu schaffen, die bei Sturmfluten das dann anfallende überschüssige Wasser, vor allem auch das Wasser der dann am Abfluß behinderten Flüsse, aufnehmen können. Die Windmühlen sorgten als „droogmakerijen“ für die Trockenlegung und die dauernde Trockenhaltung des von Überschwemmung bedrohten Landes.

Im Laufe der Jahrhunderte schufen die Holländer ein wahres Wunderwerk künstlicher und künstlich geregelter Entwässerung. Unzählige Windmühlen pumpten ohne Unterlaß das Wasser allmählich auch aus Gebieten, die, durch Deiche geschützt, erheblich unter Meeresspiegelhöhe lagen. Die Rückeroberung des in Inseln und Halbinseln zergliederten Nordholland findet in unseren Tagen in der Wiedertrockenlegung der Zuidersee ihre Krönung.

Im niederländischen Marschland sind die einstigen Flüsse durch Schleusen, Deiche und Pumpwerke so stark künstlich reguliert, daß sie sich kaum noch von Kanälen unterscheiden. Ein charakteristisches Merkmal dieser sogenannten Boezem-Flüsse ist ihr Verlauf unter dem Niveau des Meeresspiegels. Das Wasser des Marsch- und Polderlandes muß erst auf eine solche Höhe gebracht werden, die den Abfluß ins Meer überhaupt ermöglicht.

Die Abzugs- und Entwässerungsgräben sind vielfach stockwerkartig übereinander angeordnet. Nur die am höchsten gelegenen dienen dem Abfluß. Zugleich sind sie die Wege der Binnenschiffahrt. Den Fremden überrascht es immer wieder, vom tiefer liegenden Land aus zu sehen, wie hinter Dämmen auf höherem Niveau die Kähne vorbeiziehen,

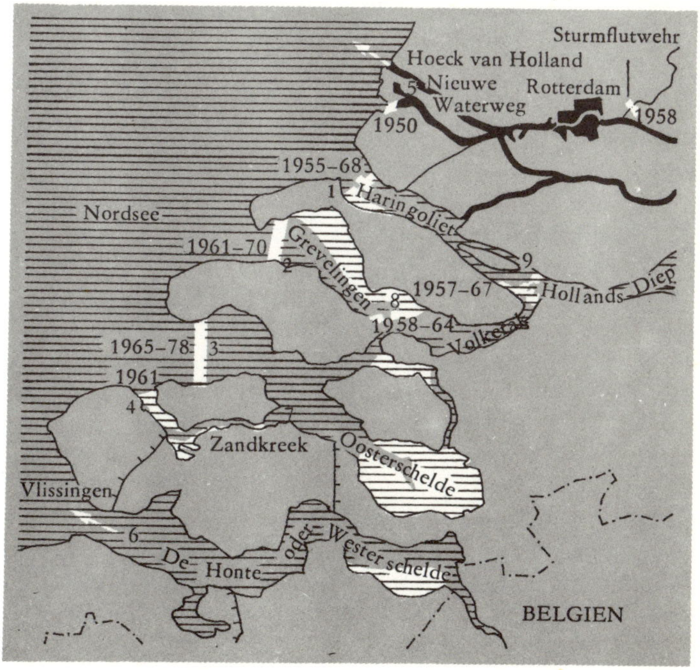

Der Deltaplan verkürzt die Küstenlinie der Niederlande um 700 km. Schwere Dämme schließen vier Meeresarme ab (1 bis 4). Hilfsdämme sind in der Zandkreek, den Grevelingen und im Volkerak errichtet worden (7 bis 9). Zwei Meeresarme, der Nieuwe Waterweg (5, Rhein- und Maasmündung) im Norden und die Westerschelde (6) im Süden, bleiben als Zugänge zu den Häfen Rotterdam und Antwerpen offen. Ein bewegliches Sturmflutwehr bei Capelle an der Ijssel schützt große Gebiete in der Tiefebene vor Überschwemmungen. (Nach R. Gilsenbach)

ohne daß der Wasserspiegel erkennbar ist. Alle diese Boezem-Flüsse sind untereinander eng verbunden. So ist es in dem ganz flachen Land möglich, nur mit Hilfe der Schleusen die Richtung der Entwässerung beliebig zu verändern. Ausschlaggebend sind die Abflußmöglichkeiten, die sich nach der Höhe des Wasserstandes an der Küste richten; dieser ist wiederum weitgehend von der herrschenden Windrichtung abhängig. Es wird dorthin entwässert, wo der Wasserstand relativ niedrig ist. Nur bei Ebbe werden die Schleusentore geöffnet.

Der Wasserbau der Niederlande fand weite internationale Ausstrahlungskraft. Wer immer sich in europäischen Flußniederungen schützen und solche Gebiete dauerhaft trokkenlegen wollte, orientierte sich am niederländischen Vorbild. So war es im 13. und 14. Jahrhundert bei den ersten Eindeichungen in den Mündungsniederungen von Oder und Weichsel, im 17. Jahrhundert bei der Trockenlegung großer Gebiete der damals noch ausgedehnten Moore Englands und seit dem ausgehenden 17. Jahrhundert bei den Meliorationen in Preußen. Dort bestand das größte Vorhaben dieser Zeit zweifelsohne in der Urbarmachung des Oderbruchs. Die Oder erhielt zwischen Güstebiese und Hohensaaten ein neues Bett, wodurch dieser Abschnitt von 45 km auf 18 km verkürzt wurde. Bis 1762 waren im Oderbruch 640 km^2 Ackerland gewonnen worden und 99 Dörfer neu entstanden.

Die Laufverkürzung der Oder leitete in eine neue Epoche der Flußregulierung hinüber: die Ergänzung der Eindämmungen durch bewußte Laufkorrekturen. Solche Eingriffe erweiterten nicht nur die Möglichkeit des Hochwasserschutzes; sie wurden auch durch die sich ausbreitende Dampfschiffahrt zu einem immer dringlicheren Erfordernis.

Den im 18. Jahrhundert an zahlreichen Flüssen vorgenommenen Regulierungen lag eine einfache Regel zugrunde: Wird ein Flußbett begradigt und eingeengt, so hat dies eine Beschleunigung der Fließgeschwindigkeit zur Folge. Der Vorteil ist ein mehrfacher: Bei Hochwasser kann der Fluß die Wassermassen schneller abgeben; zugleich wird die Tiefenerosion belebt. Der Fluß reinigt sich von Sand- und Geröllbänken; er gräbt sich schneller in den Untergrund ein, was die Gefahr des Ausuferns bei Hochwasser verringert und der Schiffahrt sehr zustatten kommt.

Die gewünschte Austiefung wird überall erleichtert, wo Staustufen mit festen Wehren

Laufverkürzung der Oder zur Entwässerung des Oderbruchs
× Hohensaaten-Friedrichsthaler Wasserstraße

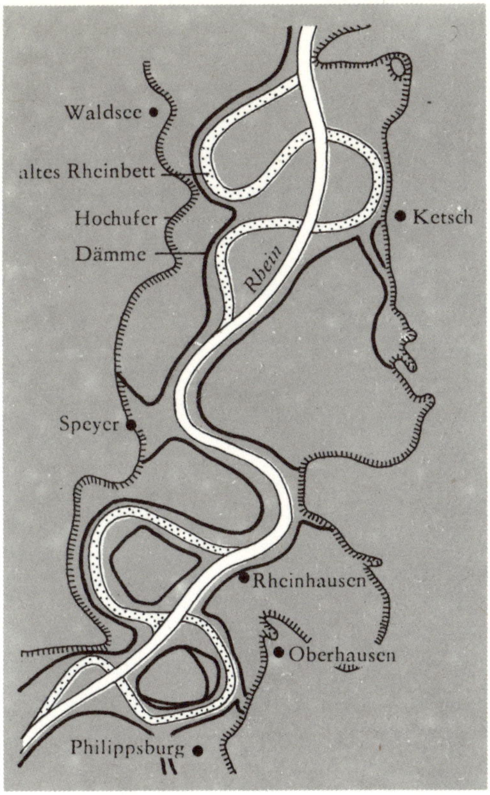

Begradigung des Rheins bei Speyer. Die zwischen den Hochufern gelegene Aue war vor der Regulierung hochwassergefährdet. (Nach H. W. Flemming)

angelegt werden. Da die Wehre und Stauseen die Sand- und Geröllführung des Flusses aufhalten, kann die Flußbettsohle unterhalb der Staustufe unbeeinträchtigt durch Zufuhr von neuem Flußgeschiebe abgesenkt werden. Zumeist erfolgt die Vertiefung stoßweise bei Hochwasser.

Derartige, das Flußbett durchziehende Querwerke wurden jedoch anfangs im wesentlichen nur an kleineren und mittleren Flüssen gebaut. An den größeren wurden vor allem Quer- und Längsbuhnen angelegt. Durch eine solche Einschnürung des Flußbettes soll ebenfalls die Erosivkraft verstärkt werden. In ihrem toten Bereich wird die Versandung des Niedrigwasserbettes begünstigt. Zugleich muß dem Hochwasserbett ein optimaler Spielraum gegeben werden. Seine äußerste Begrenzung wird, wo natürliche Ufer als Schutz unzureichend sind, durch künstliche Deiche festgelegt. Für extreme Hochwasser sind an zahlreichen Flüssen besondere begrenzte Auffanggebiete vorgesehen, die frei oder arm an Siedlungen sind und landwirtschaftlich minderen Wert haben. Keinesfalls darf zugelassen werden, daß der Fluß das ihm zugewiesene Bett verläßt. Diesem Zweck dienen diverse Formen der Flußbett-, Ufer- und Deichbefestigung.

Die erste großzügige Flußregulierung erfolgte am Oberrhein, der immer wieder verheerende Überschwemmungen verursacht hatte. Auf den Plänen des badischen Ingenieurs Johann Gottfried Tulla (1770–1828) fußend, wurde in den Jahren 1817 bis 1866 am Rhein eine Vielzahl von Flußschlingen durchstochen. Die 18 Durchstiche zwischen der Lautermündung und Mannheim erbrachten eine Laufverkürzung von 135,1 auf 85 km (— 37,1 Prozent), die 21 Durchstiche zwischen Basel und der Lautermündung von 218,5 auf 187,8 km (— 14 Prozent). Die Erosion wurde tatsächlich stark belebt. Bis Mitte der 20er Jahre hatte sich der Oberrhein durch die Kanalisierung wie folgt vertieft: in Basel um 2,3 m, an der Idsteiner Schwelle um 3,0 m, von Rheinweiler bis Neuenburg um etwa 5,5 m usw.

Eine einzigartige Landerschließung vollbrachte Ungarn seit 1851 im Alföld, wo häufig 19 400 km² überflutet und monatelang unter Wasser gehalten wurden, weil die Ebene und das undurchlässige Erdreich die Hochwasser der Theiß nicht abfließen ließen. Am Ende hatte Ungarn die Gesamtlänge der Theiß von 1420 auf 997 km verkürzt, innerhalb des heutigen ungarischen Staatsgebietes von 955 auf 579 km (— 37 Prozent). Dort wurden etwa 4 000 km Hochwasserdämme aufgeschüttet und hinter ihnen Tausende Kilometer Entwässerungskanäle angelegt. Dadurch schrumpften die breiten

Streifen von Sumpfwäldern, und die Pußta verschwand bis auf kleine Reservate. Die vorher inselartigen Äcker wuchsen zu einem einheitlichen Gebiet zusammen. Der Gewinn an landwirtschaftlicher Nutzfläche beträgt 2,53 Mill. Hektar.
Die Po-Eindeichungen zwischen der Einmündung des Ticino und Panaro betragen hingegen „nur" 700 000 Hektar bei einer Gesamtdeichlänge von 525 km, und das mittels Schutzbauten gesicherte und entwässerte Gebiet der Niederlande bleibt auch nach Trockenlegung der Zuidersee unter 2 Mill. Hektar, wobei allerdings die an den Küsten bestehenden viel größeren Schwierigkeiten nicht außer Betracht bleiben dürfen.

Flüsse als traditionelle Leitlinien des Verkehrs

Flüsse standen von jeher in enger Wechselbeziehung mit den Verkehrsbedürfnissen.
Flüsse stellen sich den sie kreuzenden Verkehrsstraßen als Hindernis in den Weg. Eine lange Entwicklungslinie führt von der Ausnutzung von Furten über primitiv angelegte Holzstege und Hängebrücken aus Lianen und Seilen zu phantastisch weitgespannten modernen Konstruktionen. Hochleistungsstahlseile lassen heute bereits Hängebrücken mit Stützweiten von über 1 000 m zu. Seit 1964 führt eine solche gigantische Hängebrücke über die Narrows, die schmale Ausfahrt des Hudson River, welche die beiden New Yorker Stadtteile Staten Island und Brooklyn einander näherbringt; die Höhe der beiden Brückentürme beträgt 211 m, die freie Spannweite 1 305 m. Wo es der Verkehr erfordert, überwinden Brücken auch Flüsse an sehr schwierigen Geländeabschnitten. Einen Rekord hielt lange Zeit die Birchenough Bridge über den Sambesi direkt unterhalb der Victoriafälle, die in einem einzigen Bogen 3,9 km Uferdistanz über einer tief abfallenden Schlucht verbindet.
Einige Hauptverkehrsadern des Landverkehrs wären ohne bedeutende Brückenschläge undenkbar. Man denke an die Transsibirische Eisenbahn, deren sechs ganz große Brücken gleichsam die wichtigsten Kettenglieder darstellen: die Brücken bei Kurgan und Jalutorowsk über den Tobol, bei Omsk über den Irtysch, bei Nowosibirsk über den Ob, bei Krasnojarsk über den Jenissej und bei Chabarowsk über den Amur.
Im Längsverkehr boten Flußtäler von jeher wandernden Völkerschaften und dem Austausch zwischen verschiedenen Siedlungen und Siedlungsgebieten häufig günstige Möglichkeiten der Orientierung und Verbindung. Durch Flußtäler bahnten sich Routen des Landverkehrs, und schiffbare Flüsse wurden zu Binnenschiffahrtswegen. Neben dem Reit- und Tragtier ist das Binnenschiff das älteste Verkehrsmittel, gewiß ist es älter als der Wagen. Da in vielen Regionen der Erde lange Zeiten wirklich brauchbare Straßen fehlten und Tragtiere und Fuhrwerke nur über geringe Ladekapazitäten verfügten, war es in der Regel vorteilhafter, sich der Flüsse unmittelbar als Verkehrswege zu bedienen, wo immer von Natur aus eine solche Möglichkeit bestand.
So manche in der Geschichte einmal wichtig gewesene Straße der Völkerwanderung und des Handels folgte oft über weite Entfernungen dem Lauf von Flüssen, wie die schon Tausende Jahre vor unserer Zeitrechnung benutzten Bernsteinstraßen, die von den Küsten der Nord- und Ostsee bis zum Mittelmeer und zum Schwarzen Meer führten.
Auch die alten, für die Trockengebiete typischen Karawanenstraßen sind eng an Flußtäler gebunden. Diese Linienführung hat den oft entscheidenden Vorteil, daß der Reisende Trinkwasser vorfindet. Bedeutende Karawanenstraßen folgen nicht nur tatsächlich durchflossenen Flußbetten (Fremdlingsflüssen). In manchen Wüsten, wie im Oued Saoura, im Herzen der Sahara, tasten sie sich durch eine Vielzahl von Trockentälern,

entlang von Ketten ständig wasserführender Oasen.
Als europäische Forscher und Eroberer in für sie unbekannte Kontinente vorstießen, erwiesen sich Flußtäler in allgemein schwierigem Gelände über die Orientierungshilfe hinaus als jene Bereiche der Landschaft, die für den Verkehr noch am ehesten passierbar waren. Die Entdeckungsreisenden hätten im tropischen Amerika und Afrika, in Sibirien und Kanada kaum derart vorteilhaft die dichten Wälder durchquert, wenn ihnen die Flüsse nicht verkehrsdurchlässige Schneisen geboten hätten – für Flußboote und auf den im Winter zugefrorenen Flüssen des Nordens sogar für Schlitten.
Vielfach folgen auch die modernen Durchgangsstraßen und Bahnlinien den Flüssen „hautnah". Besonders in Durchbruchstälern, die trotz aller Geländeschwierigkeiten immer noch die beste Verkehrsdurchlässigkeit aufweisen, kann es zu einer engen Bündelung von Linien verschiedenartiger Verkehrsträger kommen wie am Mittelrhein ab Oppenheim. Baumeister scheuen sich nicht, Straßen und Eisenbahnen in steil abfallende, oft sogar von Tunneln durchbohrte Uferfelsen hineinzuverlegen.
Die wichtigste Bezugsgröße zwischen Schiff und Fluß war und ist die „Schiffbarkeit". Von der naturgegebenen Beschaffenheit des jeweiligen Flusses abhängig, ist sie bis zu einem gewissen Grade eine objektive Größe. Zugleich ist sie einer historisch stark veränderlichen Bewertung unterworfen. Der Wandel vollzieht sich vor allem durch Anpassung der konstruktiven Merkmale der Schiffstypen und der Methoden des Navigierens an die Gegebenheiten der Wasserstraßen sowie durch Anpassung der Wasserstraßen an neue Schiffstypen und Anforderungen des Wassertransports.
Manche ursprüngliche Schiffstypen waren in ihrer Konstruktion bereits erstaunlich auf die natürlichen Bedingungen der Wasserwege zugeschnitten. Da die anfallenden Frachtmengen gering waren, wurden im allgemeinen Schiffseinheiten geringer Größe benötigt und eingesetzt. Überdies hatten nicht alle flußfahrenden Völker ein technisches Niveau erreicht, das den Bau größerer Schiffstypen gestattet hätte. Und da es darum ging, auch kleinere und komplizierte Flüsse als Wasserstraßen zu nutzen, beschied man sich – besonders in den schwierig zu navigierenden Bereichen – bewußt in den Kapazitätsansprüchen. Es wurden nur solche Schiffsgrößen eingesetzt, die entsprechend den jeweiligen natürlichen Gegebenheiten nach menschlichem Ermessen manövrierbar waren. Dadurch boten die Flüsse in gewisser Hinsicht einst sogar eine bessere Schiffbarkeit als bei den heutigen hochgesteckten Forderungen.
Im Bedarfsfalle mußten die Flußboote geeignet sein, zu Lande getragen, geschleift oder über Rollen gezogen zu werden. Auf diese Weise ließen sich Gefahrenstellen der

Weinschiff der römischen Rheinflotte. Nachbildung, die auf der Spitze eines römischen Grabmals gestanden hat. Heute im Deutschen Weinmuseum in Trier. (Nach A. Hochheimer)

Kelek, das jahrtausendalte Verkehrsmittel im Zweistromland. Es besteht aus aufgeblasenen Ziegenhäuten und quer darübergelegten Stangen. (Nach A. Hochheimer)

Flüsse, wie Untiefen, Wasserfälle und Stromschnellen, umgehen und auch andere Flußgebiete erreichen. Woloks (Woloki) lautet die russische Bezeichnung für die Bootsschleppstellen, die über die flachen Wasserscheiden besonders im Gebiet der Oberläufe von Wolga, Dnepr und Westliche Dwina hinwegführten, als noch die nordrussischen Wälder allein über die Flüsse passierbar waren. Ihnen entsprechen in Südamerika die Varaderos.

Vor allem aber mußten die Boote den Eigenarten der Wasserläufe angepaßt sein. Um Sandbänken, Felsenklippen, Stromschnellen und anderen Fährnissen des Flußgrundes nicht aufzusitzen, kam es darauf an, den Tiefgang so gering wie möglich zu halten und eine leichte Manövrierbarkeit zu gewährleisten. Auf manchen Flüssen genügte den Flößern nicht einmal die bereits flache Lage der Stämme. Um die Stromschnellen und Untiefen des Tigris zu bewältigen, befestigten die dort operierenden Flößer unter ihren rostartig aufgeschichteten Pappelstämmen 50 bis 200 aufgeblasene Hammelhäute, die das Fahrzeug besonders hoch aus dem Wasser hoben. Leicht lenkbar, war es jedem Hindernis gewachsen; es bewährte sich ebenso in Strudeln, wie es Strandungen ohne bedeutenden Schaden überstand.

Das Kunststück, den noch unregulierten, von Sandbänken durchsetzten Mississippi sogar mit großen Dampfschiffen zu befahren, konnte nur vollbracht werden, weil man auch hier ängstlich darauf bedacht war, so gering wie möglich unter die Wasserlinie einzutauchen. Dabei halfen der flache Schiffsboden ebenso wie der Antrieb durch Schaufelräder an den Seiten oder am Heck und die leichte Holzbauweise, welche diese Schiffe bei den häufigen Kesselexplosionen allerdings besonders schnell zum Raub der Flammen werden ließ.

Bei der Fahrt über Stromschnellen mußte ein besonders hoher Grad an Bruchfestigkeit gewährleistet sein. Flößer hatten immer einen Vorteil gegenüber ihren Kollegen in Booten, weil die schwimmenden Elemente des Floßes elastisch miteinander verbunden sind. Aber auch bei starren Schiffskörpern beflügelten die der Mannschaft bevorstehenden Gefahren den Erfindungsgeist. Schon Alfred Brehm, der spätere „Tier-Brehm", äußerte sich achtungsvoll über das für die Fahrt über die Nilkatarakte bestimmte Segelboot des Nubiers, das sich durch seine Bau-

weise, Takelung und Gestalt wesentlich von den übrigen Nilfahrzeugen unterschied.
Mit der Konstruktion allein war es jedoch nicht getan. Die Navigation auf den Flüssen erforderte oft größere Geschicklichkeit als auf dem offenen Meer.
Das Übel begann mit der einseitig gerichteten Wasserbewegung. Bei der Talfahrt bietet sich zwar der Vorteil, daß sich der Schiffer die Strömungsenergie zunutze machen kann. Um voll in ihren Genuß zu gelangen, lautete von jeher die Regel, talab in der Mitte des Flusses, genauer: im Stromstrich zu bleiben, weil hier die Fließgeschwindigkeit am größten ist.
Aber ungleich schwieriger war für das motorlose Flußschiff die Bergfahrt. In vielen Flußgebieten wurde völlig auf sie verzichtet. Man beschränkte sich auf die Talfahrt. Auf dem Tigris fuhren die Flößer, die Kelekdjis, mit Passagieren und Fracht von Diyarbakir bis Mosul und Bagdad, verkauften in den dortigen baumlosen Gegenden die zu Flößen rostartig aufgeschichteten Pappelstämme und kehrten in wochenlangen Märschen in ihre Berge zurück.
Eine solche einseitig gerichtete Schiffahrt wurde natürlich immer als Notlösung empfunden. Es wurden Techniken gesucht, die auch ein Fahren gegen den Strom gestatteten. Wo die Flüsse breit und tief genug waren, um auch ein Navigieren jenseits des Stromstriches zu gestatten, galt nun die Grundregel, sich soweit wie gefahrlos möglich an Land zu halten, weil hier infolge der Reibung des fließenden Wassers an seinem Bett die Fließgeschwindigkeit geringer ist.
Die großen motorlosen Lastkähne, die beispielsweise den allerersten Verkehr auf dem Mississippi besorgten, trieben und segelten

Flußschiffahrt stromauf erforderte bis in die Neuzeit hinein das Treideln mit der Zugkraft von Menschen oder Zugtieren. Geschickte Gegensteuerung hielt das Schiff im Fahrwasser. (Nach einem Rundgemälde der Stadt Gent vom Jahre 1534)

Eine Fahrt durch die Stromschnellen des Nil

von den oberen Flüssen nach New Orleans hinunter, wechselten dort die Ladung und wurden in langwieriger Stakerei und durch Aufwinden der Warpleinen mit der Hand wieder zurückbugsiert. So eine Fahrt dauerte hin und zurück mitunter neun Monate.

Auf anderen Flüssen und in den bereits in der motorlosen Zeit entstandenen Kanälen war das Treideln vom Ufer aus verbreitet. In einigen Flußgebieten erfolgte es vor allem durch menschliche Muskelkraft. An langen Zugseilen wurden die Schiffe stromauf geschleppt. In China standen hierfür Scharen billiger Kulis zur Verfügung, an der Wolga wurden vor allem Leibeigene eingesetzt. Das Treideln durch menschliche Zugkraft ersparte in schwierigem Gelände dem Landesherrn den Ausbau von breiteren Wegen, die für das Vorspannen von Zugtieren erforderlich gewesen wären. Für den Menschen genügten in steilen Schluchten schmale Saumpfade, unter denen der in senkrechten Fels gehauene „Kaiserpfad" durch die Schluchten des Jangtsekiang wahrscheinlich der längste und gewagteste aller war.

In den Ländern, in denen die Gesellschaft dem Individuum schon größere Freiheiten ließ, wurden zum Treideln auch Zugtiere verwendet. Am besten eigneten sich hierfür gepflasterte Uferstraßen. Die mit dem Güteraustausch an Größe zunehmenden Frachtschiffe auf Rhein und Donau wurden zu Anfang des vorigen Jahrhunderts zumeist mit Pferden geschleppt.

Die mit dem Tode spielenden Artisten der Flußschiffahrt waren jene Schiffer, welche die Fahrt über gefährliche Katarakte wagten. Ihre Kunst bestand vor allem in zweierlei: den mächtigen Strudeln zu widerstehen, die sich innerhalb und vor allem unterhalb der Schnellen bilden; und den Kurs in der besonders engen, beidseits von gefährlichen Klippen begrenzten Rinne zu halten, die der Stromstrich in den felsigen Grund gefurcht hat.

So mühselig und gefährlich die Bergfahrt war – das höhere Risiko lag bei der Talfahrt, die geradezu ein tollkühnes Unternehmen war. In den Schluchten des Jangtse ließ die Strömungsgeschwindigkeit keine Zeit zu Tiefenmessungen. Die Sicherheit hing vom blitzschnellen Reagieren des Schiffsführers und des Lotsen ab. Dabei mußten die Schiffer in der reißenden Strömung der Fahrrinne bleiben. Der Versuch, seitlich in langsam strömendes Wasser auszuweichen, hätte die Gefahr des Zerschellens erhöht. Es wurden sogar alle verfügbaren Antriebsmittel eingesetzt, nur um möglichst schnell voranzukommen. Auf wuchtigen Dschunken arbeiteten bis zu hundert Kulis an den Rudern.

Die Talfahrt war auch stets mit den höheren Opfern verbunden. Auf den Nilkatarakten zerschellten etwa zehn von hundert Booten; daß nicht verhältnismäßig ebensoviel Matrosen verunglückten als Schiffe, *„erklärt sich einzig und allein durch die unübertreffliche Schwimmfertigkeit der nubischen Schiffer"* (Brehm). Manches Opfer konnte auch durch die gegenseitige Hilfe im Konvoi vermieden werden. Für die Schluchten des Jangtse wurde berechnet, daß im Durchschnitt (Berg- und Talfahrt) jedes fünfte Boot auf der Reise leicht und jedes zehnte schwer beschädigt wurde. Jedes zwanzigste geriet völlig in Verlust. Von der durch Hochwasser plus Talfahrt potenzierten Gefahr kündeten die gestrandeten Fahrzeuge, die im Winter, bei Niedrigwasser, 20 bis 30 m hoch in den Felsen hingen. Zu Tode kamen nicht nur die eigentlichen Schiffbrüchigen. Am Ufer des Jangtse fand und findet man allenthalben Steinhaufen als symbolisches Zeichen für abgestürzte Treidler.

Kanäle und ausgebaute Flüsse weiten das Netz der Schiffahrtsrouten

Bemühungen, natürliche Wasserläufe zu korrigieren, um dem Binnenschiff größere Sicherheit und einen weiteren Aktionsradius zu verleihen, reichen weit in die Geschichte zurück. Wenn die Geschichtsschreibung dennoch lange Zeit wenig Spektakuläres darüber berichtete, so sicher wegen der zunächst geringen Leistungen auf diesem Gebiet. Da die Ansprüche an die Schiffbarkeit bescheiden waren, zählten auch die um der Schiffahrt willen vorgenommenen Flußkorrekturen nicht zu den Großleistungen früherer Epochen.

Völlig anders ist das Ergebnis im Bau von Schiffahrtskanälen zu werten. Hierbei leisteten bereits die orientalischen Hochkulturen in Ägypten, Mesopotamien und China Bewundernswürdiges. Nicht nur, daß die Bewässerungskanäle auch der Schiffahrt dienten – bei zahlreichen Kanalbauten gaben gerade Bedürfnisse der Schiffahrt den Ausschlag.

In Ägypten soll unter den Herrschern der 12. Dynastie ein Parallelkanal zum Nil, der Kanal von Sohâq, mit einem Schleusensystem bestanden haben.

Eine Meisterleistung vollbrachte Ägypten mit dem „Ta Tenat" (Durchstich), der vom Nil über den Timsah-See (Bittersee) zum Roten Meer führte und damit auch eine schiffbare Verbindung zwischen dem Mittelmeer, dem Roten Meer und dem Indischen Ozean herstellte. Den Bau des „Ta Tenat" hatte bereits Pharao Sesotris I. (1971 bis 1928 v. u. Z.) angeordnet, als das Mittlere Reich in voller Blüte stand. Aber erst unter seinem Nachfolger, Pharao Amenehet II. (1929–1895 v. u. Z.), wurde das Werk vollendet. Sooft er zerstört wurde oder verfiel, immer wieder wurde er erneuert und verbessert bis zum Suezkanal unserer Tage.

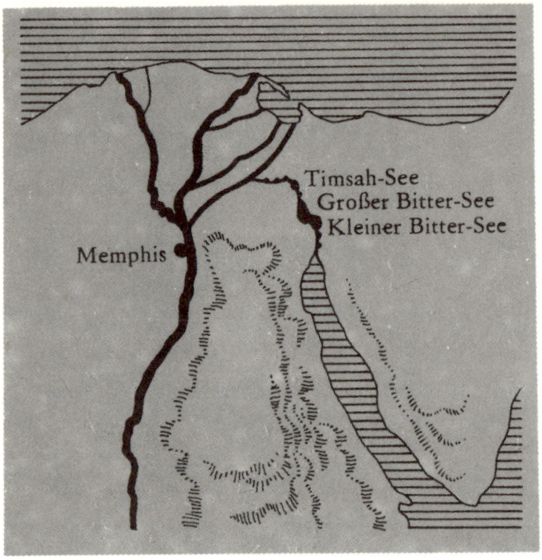

Antike Kanalverbindung zwischen Nil und Rotem Meer

Der Kaiserkanal oder Große Kanal zwischen Hangtschou und Peking

Berg- und Hügelland — Ebene

Kaiserkanal

— — — ält. hist. Lauf bis 602 v. u. Z. —·— bis 1194

····· Lauf bis ins 13. Jahrhundert —x— bis 1852

xxxx Ausbruch des Stromes von 1868 und 1887

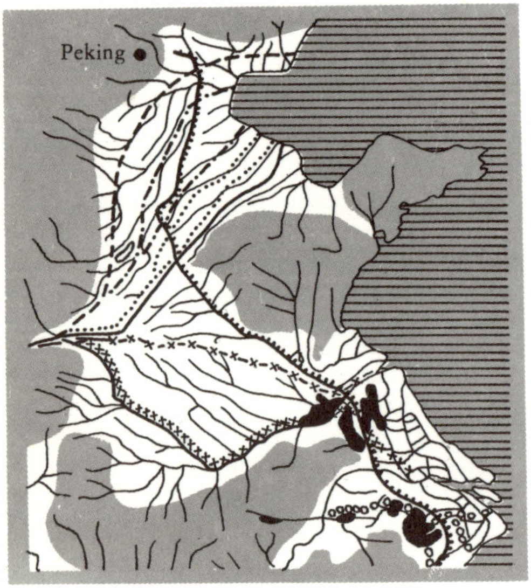

In Mesopotamien sollen schon die Sumerer Kanäle zum Transport von Waren ausgehoben haben. Nachgewiesen ist, daß die Babylonier bereits um etwa 2000 v. u. Z. künstliche Wasserstraßen anlegten. Besondere Förderung erfuhr der Kanalbau durch Nebukadnezar II. (605–562 v. u. Z.). Er ließ nicht nur mehrere Verbindungen zwischen Euphrat und Tigris herstellen, sondern auch einen 600 km langen Kanal direkt von Babylon als neuen Mündungsarm des Euphrat ausheben, da sich die anderen Abflüsse im Delta ständig verlagerten und wegen Versandung wenig brauchbar waren.

Zur gleichen Zeit war in China mit dem Bau von Kanälen begonnen worden. Zählt man die kleineren hinzu, so entstanden viele tausend. Der bedeutendste war und ist der Große Kanal (Kaiserkanal), dessen Anfänge wahrscheinlich auf eine Kanalverbindung zurückgehen, die schon zur Zeit des Fürstentums Wu im Jahre 485 v. u. Z. zwischen den

Strömen Jangtsekiang und Hwaiho hergestellt worden sein soll. In seiner ganzen Länge wurde er aber erst 1290 unter dem mongolischen Eroberer ganz Chinas, Kublaikhan, fertiggestellt. Der Herrscher ließ den Kanal den Hwangho queren, das Bergland vor Schantung im Westen umgehen und ihn in der Gegend von Tientsin in den Paiho münden. Von dort bestand ein direkter Wasserweg nach Peking (Bejing), der neuen Hauptstadt des Reiches. Seine letzte bauliche Vollendung erfuhr er unter der Ming-Dynastie (1368–1644).

Insgesamt ist der Kanal 1 400 km lang. Seine Baumeister nutzten natürliche Gewässer – Seen und Flußläufe – auf das geschickteste aus. Stellenweise wurde er aber auch tief in Berghänge eingegraben. Sein Gefälle beträgt im Durchschnitt 3 m auf 10 km. Niveauunterschiede zwischen einzelnen Kanalabschnitten werden nicht durch Schleusen, sondern durch kurze Schleppstrecken in Form von schiefen Ebenen mit Seilzug (Rollbrücken) überwunden, die man als eine Art Vorläufer der heutigen Schiffshebewerke ansehen kann.

In Europa wurden die ersten Kanäle zur Römerzeit gebaut. Drusus, der Stiefsohn des römischen Kaisers Augustus, ließ eine schiffbare Kanalverbindung vom Rhein oberhalb Arnhem zur Ijssel und damit zur Zuidersee herstellen; ein zweiter Kanal, der wahrscheinlich im Jahre 51 eröffnet und später Lek genannt wurde, entwickelte sich zur Hauptmündung des Rheins.

Die bedeutenden Wasserscheidenkanäle Europas sind aber viel jüngeren Datums. Es fehlte zwar nicht an Plänen, namentlich die schon zur Römerzeit als Wasserstraßen ausgiebig genutzten Ströme Rhein und Donau durch einen Kanal zu verknüpfen. Karl der Große hatte sogar im Jahre 793 bereits damit begonnen, von zwei Seiten aus die Wasserscheide zwischen Schwäbischer Rezat (zu Main und Rhein entwässernd) und Altmühl (der Donau zugewandt) zu durchstoßen, um die Schiffbarkeit innerhalb seines ganzen Reiches zu ermöglichen. Der Bau war jedoch noch im selben Jahr wegen politischer Wirren und ungünstiger Boden- und Witterungsverhältnisse eingestellt worden.

Am ehesten kamen die Kanalbauten im Flachland voran, die in Norddeutschland im 14. Jahrhundert begannen. Unter den damals bedeutenden Kanälen verdient vor allem der Stecknitzkanal erwähnt zu werden, den Lübecker Kaufleute zwischen 1391 und 1398 erbauen ließen, nachdem sich die Hamburger Konkurrenz anschickte, Lüneburger Salz durch den Sund in den Ostseeraum zu verschiffen. Der Stecknitzkanal verlief in Höhe des heutigen Elbe-Lübeck-Kanals.

Im weiteren gaben der Aufschwung des Warenverkehrs und die Erfindung der Kammerschleuse im 15. Jahrhundert dem Kanalbau in Mitteleuropa starken Auftrieb. Im 15. Jahrhundert entstanden in Belgien und den Niederlanden bedeutende Kanäle. In Frankreich ermöglichte es die verbesserte Kunst des Schleusenbaus, alsbald auch schwieriges Gelände für die Binnenschiffahrt zu meistern. Sehr früh wurden die in verschiedene Richtungen auseinanderstrebenden französischen Flüsse durch Kanäle miteinander verflochten. An der Seite der älteren Römer- und Königsstraße wurde 1666 bis 1681 als östliche Verlängerung der Garonne der Canal du Midi ausgehoben, der, am Ansatz der Iberischen Halbinsel, eine direkte Wasserverbindung zwischen dem Golf von Biscaya (Atlantik) und dem Golf von Lion (Mittelmeer) herstellte, der die Verbindung zwischen den beiden französischen Hafenmetropolen Bordeaux und Marseille erleichterte. Der 241 km lange Kanal wurde mit 65 Schleusen versehen.

Die zweite Hauptachse verläuft nord-südlich durch das französische Mittelgebirge. Während ihre natürlichen Fortsetzungen nordwärts mit den Flüssen Loire, Seine, Schelde, Maas und Rhein weit auseinanderfächern, bündeln sich nach Süden alle Fäden des Wasserverkehrs in Saône und Rhône.

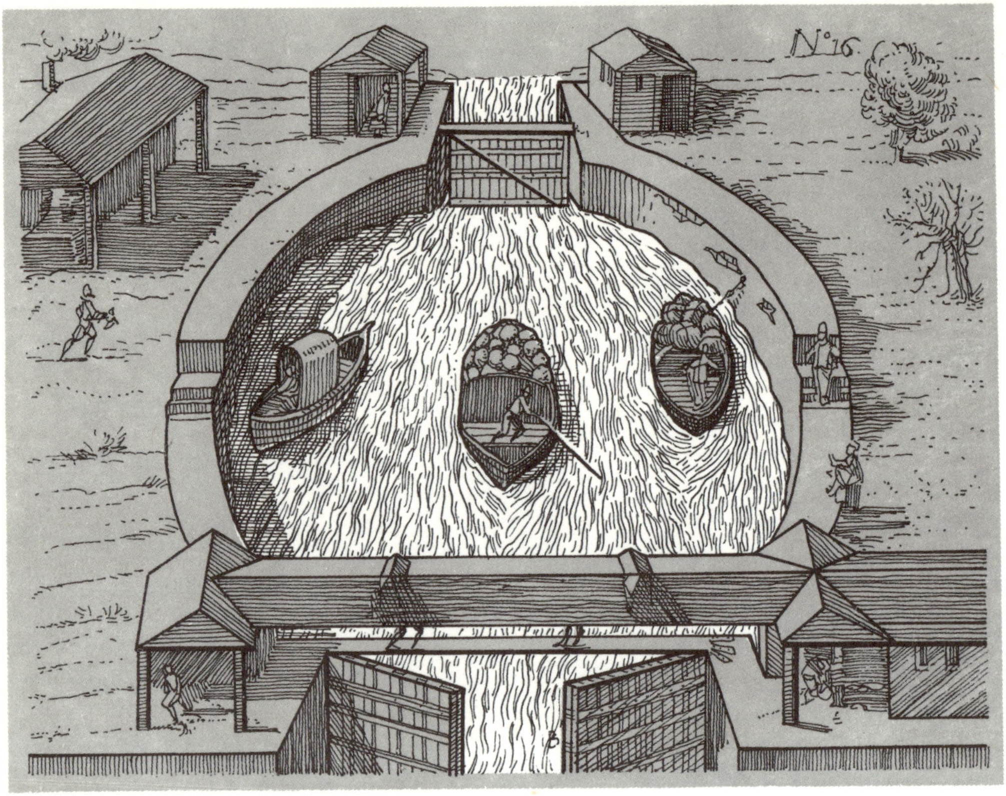

Italienische Schiffsschleuse. (Nach G. A. Böckler, Theatrum machinarum, 1673)

Das wichtigste Bindeglied dieser Flüsse bildet der Canal du Centre, der die bedeutendsten Wirtschaftsgebiete des Landes, das Pariser Becken und die Saône-Rhône-Furche, zusammenführt. Der 1784 bis 1790 erbaute Kanal verbindet die Loire mit der Saône. Auf 114 km Länge sind 63 Schleusen zu passieren. Die Schiffahrt der Loire wurde durch Anlage eines Seitenkanals verbessert.

Das damals rückständige Preußen konnte sich bei seinen Kanalisierungen auf die Erfahrungen Westeuropas stützen. Es holte niederländische und hugenottische Ingenieure ins Land. Die zahlreichen im 17. und 18. Jahrhundert ausgehobenen Kanäle schufen die Grundlagen für das heutige Kanalsystem zwischen Elbe und Weichsel.

Bedeutende Anstrengungen zur Verbesserung der Binnenschiffahrt wurden auch in Rußland unternommen. Als den neuralgischsten Punkt des Fernverkehrs innerhalb seines Reiches empfand schon Zar Peter I. die fehlende Kanalverbindung zwischen Wolga und Don. 1698 ließ er einige Zehntausende Leibeigene aufbieten, um einen ersten Wolga-Don-Kanal ausheben zu lassen. Die damaligen Bemühungen schlugen jedoch fehl. Einbrechendes Wasser zerstörte die Schleusen und 4 km Kanal.

Wesentlich erfolgreicher war Peter I. in dem leichter zu meisternden Wasserscheidengelände des Nordens. Nachdem er 1703 den Bau von Petersburg, seit 1712 offiziell Hauptstadt des Landes, begonnen hatte, wurde 1722 mit dem Wyschni-Wolotschok-Kanal der erste Wasserweg zwischen Wolga und Ostsee hergestellt. Die Route führte von der Twerza, einem Nebenfluß der Wolga, zum Oberlauf der in den Ilmensee fließenden Msta. Sie benutzte den Ladogasee, dessen Wellengang sich aber bald als erstrangige Gefahrenquelle erwies, so daß 1725 mit dem Bau eines südlich des Ladogasees verlaufenden Umgehungskanals begonnen wurde.

Die Wasserstraße erfüllte über ein Jahrhundert lang ihren Zweck. Aber letztlich war sie zu flach, so daß man zu Anfang des 19. Jahrhunderts zwei neue Kanäle baute, darunter den Marienkanal (1810), der noch zu Mitte dieses Jahrhunderts viel befahren wurde.

Der durch Flüsse reich gegliederte europäische Kontinent ist bis in unsere Tage der wichtigste Platz des Kanalbaus geblieben. Immer neue künstliche Wasserstraßen wurden über von Natur aus bestehende Wasserscheiden vorangetrieben. Dabei bildeten sich zunächst zwei Netzwerke der Binnenschifffahrt heraus. Die Hauptschlagader des westlichen bildete der Rhein, des östlichen die Wolga.

Frankreich, das klassische Land der europäischen Binnenschiffahrt, erweiterte sein Wasserstraßennetz durch solche Kanäle wie den Rhein-Rhône-Kanal (1834), den Rhein-Marne-Kanal (1853), den Marne-Saône-Kanal (1907) und den Ostkanal (1892). In Bayern entstand in diesen Jahren der Ludwigskanal zwischen Donau und Main (1836–1845).

Alle bis dahin in Europa gebauten Kanäle basierten noch auf der „kleinen Lösung". Die Passage der Wasserscheiden war immer noch ein umständliches Unternehmen, die Durchlaßfähigkeit war gering. Zum Beispiel gab es auf der Wolga-Ostsee-Route 40 hölzerne Schleusen, 27 Wehre und 19 Überlaufbecken. Obwohl sie nur von 70-Tonnen-Schiffen benutzt werden konnte, mußte wiederholt umgeladen werden. Frankreich orientierte sich noch an der traditionellen Flußschiffahrt, als es seine Kanäle für 300-Tonnen-Schiffe anlegte. Den Naturrhein beispielsweise befuhren Schiffe mit einer größtmöglichen Wasserverdrängung von 400 Tonnen. Auch die 164 Schleusen des 320 km langen Rhein-Rhône-Kanals erwiesen sich bald als völlig unzeitgemäß.

Der schrittweise Ausbau des Rheins bis Basel setzte jedoch auch dem Kanalbau neue Maßstäbe. Die großen seit der Jahrhundert-

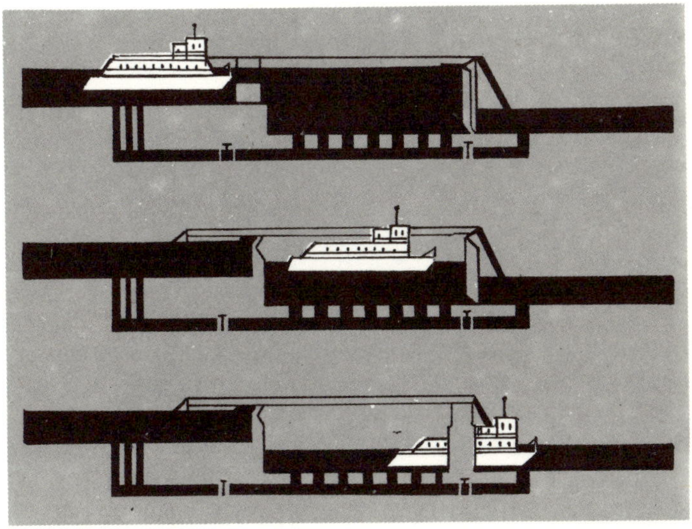

Moderne Schiffsschleuse in Betrieb. (Nach The American Waterways Operators, Inc.)

wende in Deutschland gebauten Wasserscheiden-Kanäle, der Ems-Kanal (1899), der Oder-Havel-Kanal (1914) und seine Fortsetzung im Mittellandkanal (1938), waren von Anbeginn für 1 000-Tonnen-Schiffe projektiert. Wo es nötig war, wurden auch für den Schiffshub großzügige Lösungen eingeführt (Schiffshebewerk).

In Osteuropa verschaffte die Sowjetunion der Wolgaroute durch neue Kanäle ein wesentlich erweitertes Einzugsgebiet. Im Norden wurde der Onegasee zur wichtigen Drehscheibe des Verkehrs.

Über ihn führen der 1933 eröffnete Weißmeer-Kanal, der die Ostsee mit dem Weißen Meer verbindet, wie auch der neue, leistungsstarke Wolga-Ostsee-Kanal, der zu Ausgang der 50er Jahre an die Stelle des total veralteten Marienkanals trat. Im Unterlauf der Wolga erhielt die Wolgaschiffahrt 1952 über den Wolga-Don-Kanal einen Auslaß zum Asowschen und zum Schwarzen Meer.

Durch diese Kanalbauten schuf die UdSSR in den Jahren 1932 bis 1970 einen transkontinentalen Wasserweg, der die Bedeutung der Wolga als traditionell wichtigste Verkehrsader Rußlands beträchtlich erhöht hat. Aus einer typischen Binnenwasserstraße (Endung in einem Binnensee!) wurde eine Verbindungsmagistrale zwischen Tausende Kilometer entfernten Meeren. Die Wolga verfügt heute über Auslässe zu fünf Meeren (Weißes Meer, Ostsee, Kaspisee, Asowsches Meer und Schwarzes Meer). Moskau kann seit dem Ausbau der Moskwa in den Jahren 1933 bis 1937 über die Wolga von allen diesen Meeren aus mit dem Schiff erreicht werden.

Die Verzahnung der Hauptachsen der europäischen Binnenschiffahrt schreitet weiter schnell voran. Französische Wirtschaftskreise drängen auf einen Seine und Mosel verbindenden Großkanal, Vorrang aber dürfte der bereits grundsätzlich beschlossene Bau der Großwasserstraße Rhein-Rhône haben, ein Projekt, das wahrscheinlich erst in den 90er Jahren fertiggestellt wird. Optimisten hoffen, daß der neue Rhein-Rhône-Kanal mit nur noch 24 Schleusen bis etwa 1985 schiffbar sein wird.

Der Bau des Rhein-Main-Donau-Großschiffahrtsweges nähert sich seiner Vollendung. Er tritt an die Stelle des völlig unzulänglichen Ludwigskanals, der 1945 aufgelassen wurde. Als neue Verbindungen stehen Kanäle von Elbe und Oder zur Donau auf dem Programm, die zu einer Integration der Donau mit dem Wasserstraßensystem der nordöstlichen BRD (Hamburg), der DDR, Polens und Nordböhmens führen werden. Schließlich wird die Donauschiffahrt ihre meerseitige Verbindung nicht mehr weitgehend über das Schwarze Meer suchen müssen. 1974 wurde mit dem Bau eines 650 km langen Kanals begonnen, der die Donau mit der Vardar verbinden wird. Auf diesem Wege sollen künftig (voraussichtlich ab 1989) Schiffe vom westeuropäischen Kanalnetz bis nach Saloniki, also dem östlichen Mittelmeer, fahren können.

Zum zweitwichtigsten Schauplatz des Baus von Kanälen wurde Nordamerika. Die schwächere hydrographische Aufgliederung des Subkontinents führte jedoch zu einer Konzentration der Kanalbauten auf eine geringere Anzahl verkehrsstrategischer Routen.

Die ersten Schiffahrtskanäle der USA und Kanadas von überregionaler Bedeutung wurden zu Beginn des 19. Jahrhunderts gebaut. New York nutzte den Vorteil, in seinem Hinterland über die Mohawksenke zwischen den Catskill und den Adirondack Mountains zu verfügen. Dieses die Appalachen unterbrechende Senkungsgebiet weist nach Nordwesten zu den Großen Seen, die sich wiederum als ideale natürliche Wasserstraßen und Mittler zu den weiten Prärien des Mittleren Westens und den Wäldern Kanadas anboten. Beginnend in Troy, dem Endpunkt der Schiffbarkeit des Hudson, wurde ab 1817 der künftige Erie Canal angelegt, der nach achtjähriger Bauzeit eine 584 km lange

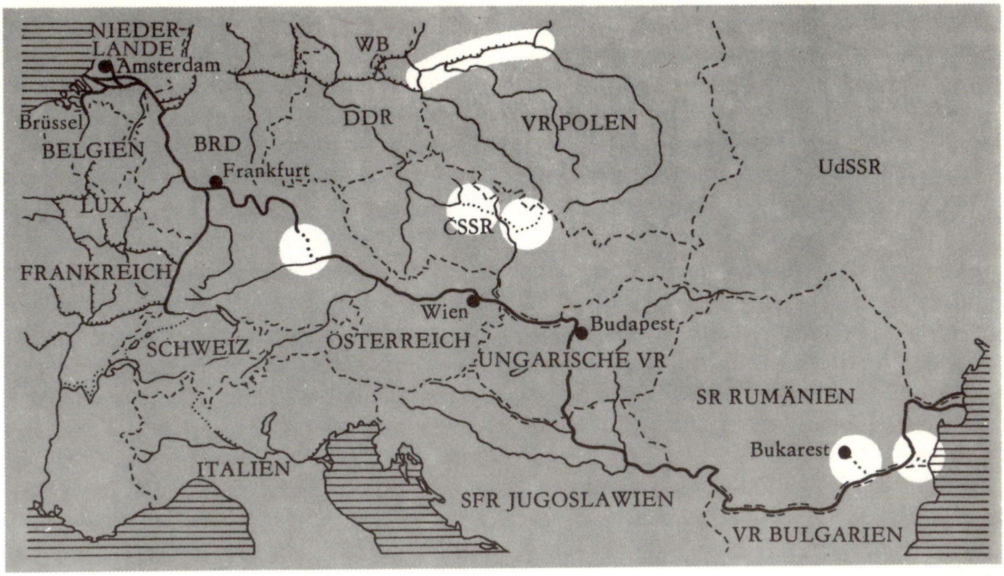

Binnenwasserstraßen in Europa mit den wichtigsten geplanten Kanalverbindungen zwischen Rhein und Donau (im Bau), zwischen Elbe, Oder, Weichsel und Donau sowie zwischen Weichsel und Dnepr. (Nach Döring u. a.)

Kanäle · Kanalprojekte

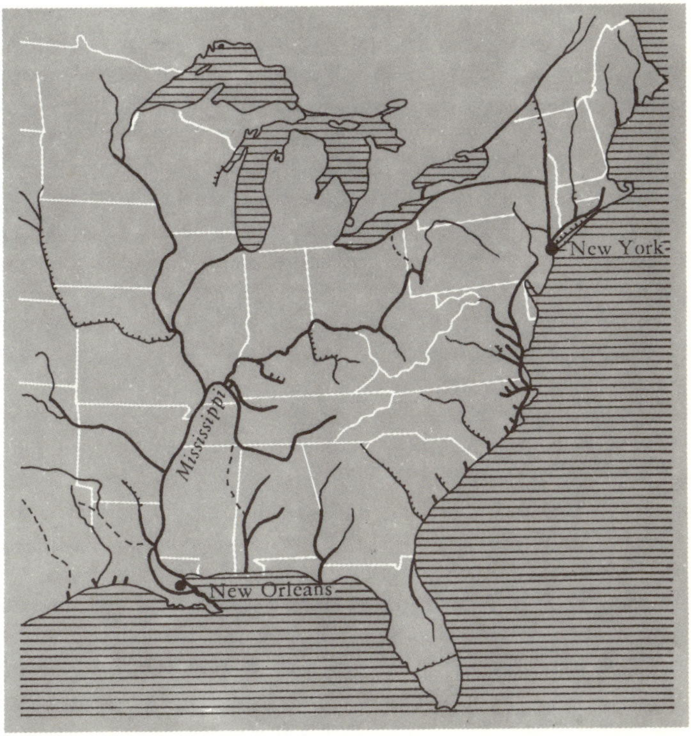

Die Binnenwasserstraßen der USA (mittlerer und östlicher Teil)

Zulässiger Tiefgang
9 Fuß und tiefer
weniger als 9 Fuß

schiffbare Verbindung zum Eriesee herstellte und alsbald eine Abzweigung zum Ontariosee erhielt.

Jahrzehnte später tastete sich eine Kanalverbindung vom Eriesee zum Ohio River vor. Eine wirklich leistungsfähige Kanalverbindung zwischen dem St.-Lorenz-Strom, den Großen Seen und dem Stromsystem des Mississippi kam aber erst 1933 in Form des 523 km langen Illinois Waterway zustande, der vom Michigansee bei Chicago über La Salle nach Rock Island am Mississippi führt. Gegenwärtig steht der Bau eines neuen Kanals zwischen dem Ohio und dem Eriesee zur Diskussion.

Der Bau von künstlichen Wasserscheidenkanälen zur Verbindung verschiedener Flußsysteme reichte jedoch nicht aus, um dem Binnenschiff den gewünschten Aktionsbereich zu geben. In vielen Gegenden war es nötig, zuerst oder gleichzeitig die vorhandenen natürlichen Wasserläufe schiffbar zu machen. Dies wurde besonders am St.-Lorenz-Strom zu einem vorrangigen Gebot. Dort ließ sich zwar der Verkehr zwischen den drei mittleren Großen Seen (Michigan-, Huron- und Eriesee) einfach bewerkstelligen, da sie ihrer Höhenlage nach nahezu eine Einheit bilden. Zwischen dem Eriesee (174,4 m ü. NN) und dem Ontariosee (75,0 m ü. NN) standen ihm aber die allergrößten Schwierigkeiten entgegen. Das starke Gefälle (99 m!), vor allem der starke Absturz der Niagarafälle, schlossen die Benutzung des Niagaraflusses, d. h. der natürlichen Stromstrecke, als Binnenwasserstraße völlig aus.

Mit ähnlichen Problemen sahen sich jene Fahrensleute und Kolonisten konfrontiert, die vom Atlantik her den St.-Lorenz-Strom aufwärts zu den Großen Seen vorstoßen wollten. Schon oberhalb von Montreal war der Fluß infolge der Riffe und Stromschnellen nicht befahrbar, unter denen die Lachine Rapids das stärkste Hindernis bildeten. Der 1828 gebaute Lachine Canal hob diese Gefahren auf. Dennoch kam die Verbesserung der Schiffbarkeit nur ungenügend zur Geltung, da zunächst noch zwei getrennte Schiffahrtsgebiete innerhalb ein und desselben Stromsystems fortbestanden. Den einen zusammenhängenden Komplex bildete die Wasserstraße Huron-, Michigan- und Eriesee, die seit 1825 über den Erie Canal und den Hudson einen Anschluß bis nach New York besaß; den anderen Komplex der St.-Lorenz-Strom von der Mündung aufwärts bis einschließlich Ontariosee. Dazwischen lagen die Niagarafälle als unerbittliche Scheide. Hier schaffte der Welland Canal zur Umgehung der Niagarafälle Abhilfe. Seine erste Ausführung entstand 1829.

Andere Flußgebiete verfügten zwar über eine gewisse Schiffbarkeit, diese mußte aber erst durch künstliche Eingriffe erheblich verbessert werden.

Eine schon seit alters an den Flößergräben angewendete Methode wurde erstmals an der Wolga im Großen praktiziert: Dort wurde 1843 am Oberlauf ein großes Holzwehr, der „Werchnewolshski beischlot“, errichtet, der einen für damalige Verhältnisse beachtlichen Stausee mit 375 Mill. m^3 Wasser entstehen ließ. Er sollte die Wolga auf 533 km Länge „regulieren“. Wenn die fünf Schleusentore geöffnet wurden, verbesserten sich immerhin die Wasserverhältnisse zwischen Rshew und Rybinsk. In Rshew stieg das Wasser um 60 cm an, was meist ausreichte, um bei Niedrigwasser festsitzende Schiffe wieder in Fahrt zu bringen.

Die erstmals großzügig bei der Tulla-Korrektion des Rheins erprobte Methode der Laufverkürzung und Flußbettverengung wurde zum Exempel für die Kanalisierung vieler anderer Flüsse. Von ihr profitierte besonders die Schiffahrt auf dem Mississippi. In anderen Flußabschnitten wiederum, wie am Rhein (Binger Loch, Kaub und Bacharach) oder an der Donau (Eisernes Tor), wurden der Schiffahrt gefährliche felsige Untiefen des Flußbettes durch Sprengungen beseitigt. Wo der Untergrund sandig war, wurde durch einfaches Baggern die Fahrrinne vertieft.

Wieder in anderen Bereichen wurde der Wasserstand zwecks besserer Schiffbarkeit durch Wehre und andere Stauwerke künstlich angehoben. Auf diese Weise wurde als erster großer Fluß der Ohio River reguliert. Nachdem sich dort ein 1885 errichteter Experimentaldamm bewährt hatte, beschloß 1910 der Kongreß die Kanalisierung des Ohio durch 50 Schleusen. Bis auf einen sind alle Dämme von beweglichem Typ; denn in Anbetracht der auf dem Ohio bestehenden Hochwassergefahr glaubte man seinerzeit die beste Lösung darin zu sehen, bei der Annäherung von Flutwellen, wie sie nach blitzschnellen Wetterstürzen vorkommen, die Dämme niederreißen zu können.

Aber keine andere Technik des Flußbaus hat die Schiffahrt der natürlichen Wasserläufe durchgreifender beeinflußt als die modernen Stauwerke, die sich an immer mehr Flüssen der Welt zu Kaskaden reihen und das Binnenschiff seinen Weg von einem künstlichen See zum anderen nehmen lassen. In den Ebenen laden diese Seen weit aus, wie am Wiesenufer der Wolga; schmaler sind sie, wo die Flüsse in Täler eingesenkt oder in künstliche Dämme eingefaßt sind (Mississippi, Projekte für die untere Donau).

In einigen Binnenschiffahrtsgebieten verschmilzt die Binnenschiffahrt bereits mit der Hochseeschiffahrt. Die engste Annäherung besteht auf den Großen Seen dank der dort bestehenden günstigen hydrographischen Gegebenheiten. Zwischen dem Oberen See und dem Eriesee verkehren bereits Frachtschiffe, die bis 150 000 Tonnen Minnesota-Erz befördern. Diese Riesen-„Lakers“ sind allerdings auf den Großen Seen (ab Eriesee aufwärts) „gefangen“. Immerhin können seit dem Ausbau des St.-Lorenz-Stromes zu einem Seeweg Schiffe bis 8,23 m Mindesttiefe – also Ozeanschiffe mittlerer Größe, bis etwa 32 000 Tonnen – die wiederholt umgebauten Schleusen und Kanäle des St.-Lorenz-Stroms und des Wellandkanals passieren. Die solchen Schiffen zugängliche maximale Binnenwasserstrecke reicht von der Mündung des St.-Lorenz-Stroms bis zum Westende des Oberen Sees – über eine Entfernung von 3 768 km, bis zu den wirtschaftlichen Zentren im Inneren des Kontinents hinein.

Dem steht die Schiffbarkeit der europäischen Flüsse nach. Aber immerhin ist auch das riesige Wasserstraßensystem der Wolga bei einer Mindestwassertiefe von 4 bis 4,5 m durchgängig für seetüchtige Schiffe bis etwa 5 000 Tonnen Wasserverdrängung passierbar. Entsprechend ist ein großer Teil des dortigen Verkehrs kombinierte Binnen- und Seeschiffahrt.

Auf dem Rhein verkehren nach seinem Ausbau zur Großwasserstraße 3 000-Tonnen- und weiter bis Rheinfelden 2 000-Tonnen-Schiffe. Andere zu Großschiffahrtswegen

Der St.-Lorenz-Seeweg

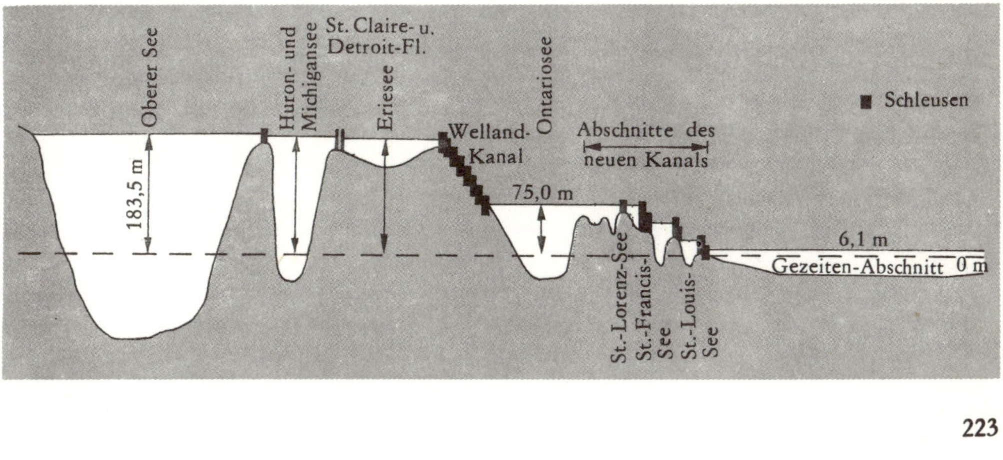

ausgebaute Flüsse, die nunmehr ebenfalls 3 000-Tonnen-Schiffe aufnehmen können, ziehen sich die Seine bis über Paris und die Rhône-Saône über Lyon bis Port-sur-Saône hinauf. Im Ergebnis der Großkraftwerke an der Donau werden auch dort künftig 3 000-Tonnen-Schiffe etwa bis Bratislava verkehren können. Für die neueren Kanalbauten Westeuropas, wie den Rhein-Main-Donau-Großschiffahrtsweg, der den veralteten Ludwigskanal ersetzt, gilt im allgemeinen als Maß das sogenannte Europaschiff von 1 350 Tonnen Tragfähigkeit. Einige Wasserstraßen, wie die Mosel, deren Kanalisierung 1964 abgeschlossen wurde, können 1 500-Tonnen-Schiffe aufnehmen.

Mehrzweckprojekte vervielfachen den Nutzen

Schon im Altertum war mit dem Ausbau von Flüssen und der Schaffung künstlicher Wasserbänder häufig mehr als nur ein einziger Zweck verfolgt worden. In den Trockengebieten diente so manches Bewässerungssystem zumeist auch der Schiffahrt. Und die besonders im Mittelalter reichlich vorgenommene Anlage von Flußwehren entsprang nicht nur den Bedürfnissen der damals stark in Gebrauch gekommenen Wassermühlen und Hammerwerke, sondern ebenso der Flößerei. Unter den bedeutenden flußbautechnischen Werken unserer Tage gibt es zwar auch solche, die mehr oder minder auf eine bestimmte Nutzungsart spezialisiert sind. In entlegenen Regionen werden Staudämme zuweilen einzig deshalb errichtet, um die Wasserkraftressourcen zu erschließen. Typisch für den modernen Flußbau sind aber die sogenannten Mehrzweckprojekte: Diverse Flußpotentiale werden im Komplex erschlossen. Als Kombination bieten sich insbesondere der Stau des Flußwassers zwecks Verbesserung der Schiffbarkeit, Gewinnung von Hydroenergie sowie in den Trockengebieten zusätzlich stärkere Nutzung des Flußwassers für Bewässerungs-

Schiffsmühle mit zwei Wasserrädern (Kupferstich aus dem 16. Jahrhundert)

»Eine Wasser-Mühl« mit unterschlächtigem Rad. (Nach G. A. Böckler, Theatrum machinarum, 1673)

zwecke an. In der Wechselwirkung von Fluß und weitflächiger Landschaft wird der Flußbau Bestandteil umfassender Landeskultur.

Der Übergang zu voll entwickelten Mehrzweckprojekten setzte etwa in den 20er Jahren dieses Jahrhunderts ein. In Europa und in Nordamerika war vor allem das Bedürfnis nach Großschiffahrtswegen ebenso wie der Drang nach billigen Energiequellen Ausgangspunkt für die neue höhere Stufe des Flußbaus. In den damals aufgestellten Projekten für eine weitere Regulierung des Rheins, der oberen Donau und die Herstellung einer Großschiffahrtsstraße zwischen beiden Strömen reduzierte sich der Nutzen im wesentlichen auf diese beiden Arten. Allein die Schiffbarmachung der oberen Donau für das Europaschiff durch eine Vielzahl von Staustufen ermöglichte die Anlage von 47 Kraftwerken, die jährlich 2,34 Mrd. kWh Strom erzeugen (1971).

Ähnlich ist die Nutzungskombination am St.-Lorenz-Seeweg beschaffen. Aber schon das Projekt der Großen Wolga war erheblich weitergesteckt. Die Ausgestaltung der Wolga zur Großschiffahrtsstraße ging hier nicht nur mit dem Bau von Wasserkraftanlagen einher, die insgesamt die beachtliche Leistung von etwa 10 Mill. kW aufweisen und jährlich etwa 50 Mrd. kWh Elektroenergie liefern. Hinzu kommt in den Steppengebieten ein Gewinn an riesigen Bewässerungsländereien. Immer größere Bedeutung erlangen schließlich die Flüsse als Lieferanten von Brauch- und Kühlwasser und als Auffangadern kommunaler und industrieller Abwässer. Schon vor dem Ausbau der Flüsse siedelten sich wasser- und abwasserintensive Betriebe bevorzugt an Flüssen an (Papier- und Lederfabriken, Färbereien; später chemische Fabriken und Wärmekraftwerke). Diese Seite der Nutzung von Flüssen erfolgt zwar immer noch weitgehend unabhängig von größeren Flußumgestaltungen; sie wird jedoch heute immer stärker in Mehrzweckprojekte einbezogen.

Die Ströme werden Schauplatz der wissenschaftlich-technischen Revolution. Die einzigartigen Standortballungen traditioneller Metallhütten und chemischer Industrien, wie im Ruhrgebiet und am Oberrhein, werden ergänzt durch die Ansiedlung hochmoderner petrolchemischer Komplexe und Kernkraftwerke. Im Ruhrgebiet vollzog sich eine industrielle Expansion, welche die Umsätze der Industrie in den vergangenen zwei Jahrzehnten um mehr als das Fünffache steigen ließ. Ähnliche Entwicklungen sind an alten und neuen Industriestandorten an Wolga und Mississippi, an den Großen Seen und vielen anderen Flüssen zu beobachten.

Zu einem in der Welt einzigartigen Modell für komplexe Flußgestaltung wurde das Tennessee-Tal in den USA. Zwar war der wissenschaftliche und technische Einsatz etwa beim Projekt Große Wolga gewiß nicht geringer; an der Wolga wurden sogar hydrotechnische Anlagen von viel größeren Dimensionen geschaffen. Die Wolga war jedoch schon seit

Wassermühlen. 1 u. 4 = oberschlächtig; 2 = unterschlächtig; 3 = mittelschlächtig

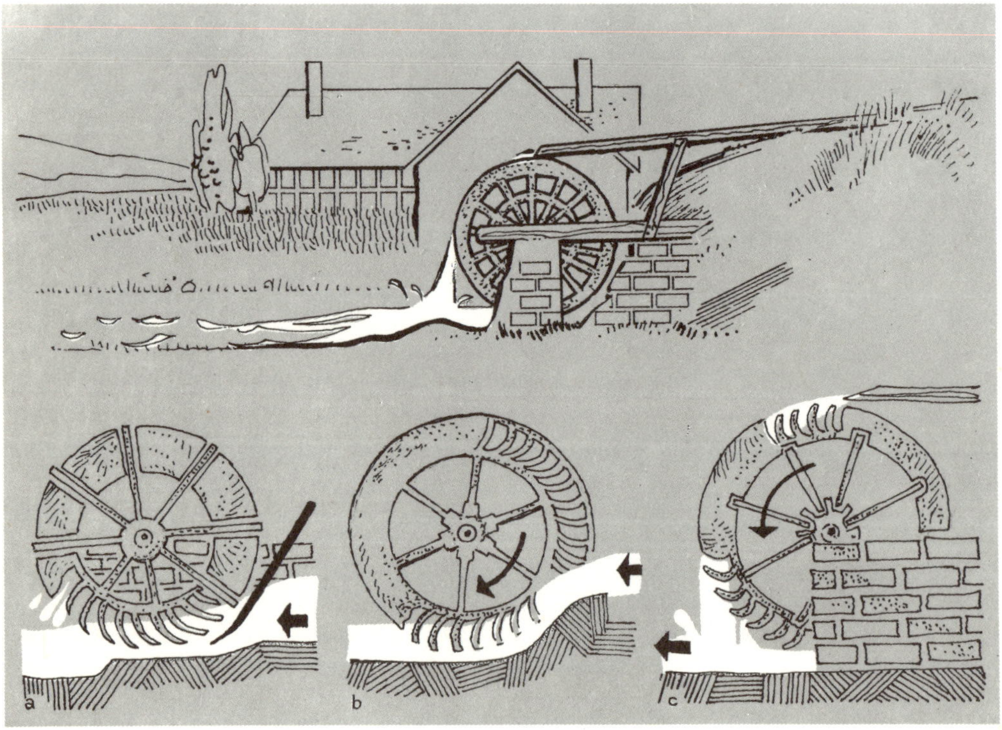

Gallo-römische Mühle des 2./3. Jh. u. Z. zu Barbegal bei Arles in Frankreich. (Nach H.-W. Gaebert)

Turbinen. 1 u. 4 = Kaplanturbine; 2 = Peltonturbine; 3 = Francisturbine

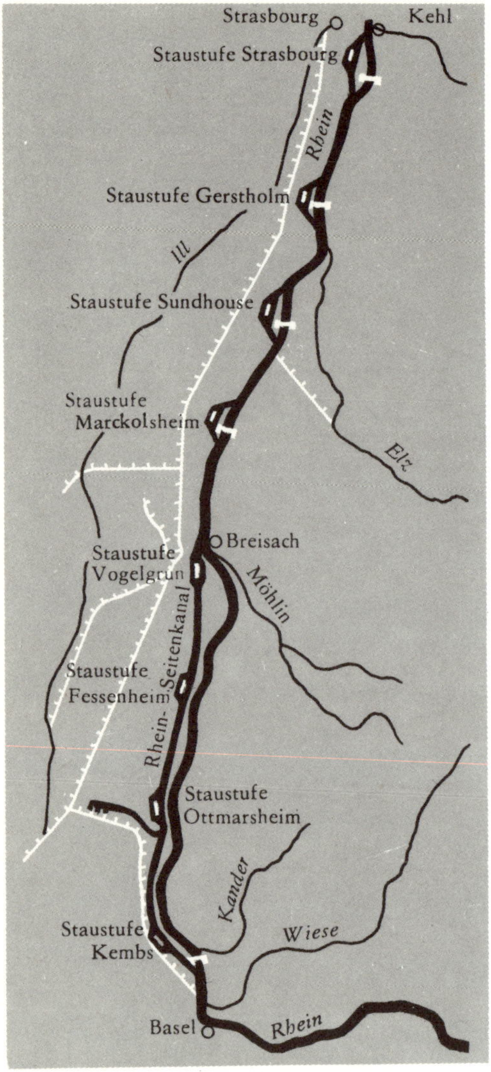

Der französische Rhein-Seitenkanal hat den Rhein von Basel bis Breisach nahezu trockengelegt. Für den weiteren Ausbau ist eine „Schlingenlösung“ gewählt worden, bei der das Wasser, nachdem es die Kraftwerke durchflossen hat, wieder in den Rhein zurückkehrt. (Nach R. Gilsenbach)

Generationen eine stark frequentierte Wasserstraße; und an ihren Ufern hatten sich bereits solche bedeutenden Industrie- und Handelsstädte wie Gorki, Kasan, Kuibyschew, Wolgograd und Astrachan entwickelt. An Wolga und Rhein, an der oberen Donau und anderen Flüssen entwickelter Regionen führte der Flußbau zu höheren Stufen der Nutzung des Flusses als Verkehrsstraße, als Energiequelle, als Spender von Brauchwasser und Abwasserauffang.

Demgegenüber war der Tennessee vor seiner Regulierung als Wasserstraße praktisch unbrauchbar; das Tennessee-Tal war eine der rückständigsten Regionen der USA, fast ohne irgendwelche Industrie; Bodenerosion und Sandstürme entwerteten den falsch genutzten Boden; die Bevölkerung wanderte in die Städte des Nordens ab.

Das Tennessee Valley Project veranschaulichte, wie Flußregulierung zum Hebel jeglicher Entwicklung werden kann: Der ungewöhnliche Erfolg beruhte auf einer bis dahin unbekannten komplexen Erfassung der Aufgaben und Möglichkeiten der Umgestaltung eines Flußtales durch Wissenschaftler unterschiedlicher Disziplinen. Das mit den Stauwerken wachsende Angebot billiger Elektroenergie zog bedeutende energieintensive Industriewerke an (z. B. Stickstoff- und Aluminiumwerke). Als sich nach Fertigstellung der Stauwerkskaskade eine hochleistungsfähige Wasserstraße zum Mississippi öffnete, wurde ein wahrer Boom von Betriebsniederlassungen ausgelöst.

Die Verfügung über Wasser, Wasserstraßen und Häfen ist heute mehr denn je ein Faktor, der die wirtschaftliche Prosperität begünstigt. In den 384 direkt an den kommerziell schiffbaren Binnenwasserstraßen der USA gelegenen Kreisen betragen der Wertzuwachs der Industrie, die Beschäftigtenzahl der Industrie und die industriellen Investitionen im Durchschnitt das Doppelte bis Zweieinhalbfache je Kreis, verglichen mit den 1 501 Kreisen, die nicht den Vorteil haben, direkt an Flüssen oder Kanälen anzurainen. Aus diesen Angaben sind bewußt Kreise mit Tiefwasserhäfen und die Anrainerkreise der Großen Seen ausgeklammert, die im Wirtschafts-

leben der USA im allgemeinen eine besonders bevorzugte Stellung einnehmen.
Sicher sind diese Erfahrungen der USA extrem und nicht in jeder Hinsicht international zu verallgemeinern; sie finden sich jedoch in dieser oder jener Form auch in anderen Ländern bestätigt.
Die immer intensivere Nutzung der Flüsse schafft aber auch neue Probleme. Nicht nur, daß zahlreiche Flüsse der wirtschaftlich entwickelten Regionen Grenzen ihrer Nutzung erkennen lassen, indem z. B. ihr Wasserkräftepotential voll ausgeschöpft ist. Viele Flüsse sind durch die Eingriffe des Menschen in ihrem natürlichen Gleichgewicht beeinträchtigt.
Die Kanalisierung von Flußbetten hat zur Verarmung von Flora und Fauna geführt. Die Tieferlegung der Flußbettsohlen läßt die Grundwasseroberfläche absinken und schädigt damit die Landwirtschaft. Stauwerke halten Flußschlamm zurück, der bei traditionellen Bewässerungsmethoden die Felder auf natürliche Weise düngte.
Die schlimmsten Folgen aber bringt die Verschmutzung der Gewässer mit sich. Das Problem ist nicht völlig neu. Fäkalien verseuchten schon früher potentielle Trinkwasserquellen mit Krankheitserregern; und Färbereien, Gerbereien, Papierfabriken, Salzwerke u. ä. verschmutzten spätestens seit Beginn der industriellen Revolution die von ihnen als Standort benutzten Flüsse mit Giftstoffen.

Die Donaustaustufe am „Eisernen Tor". (Nach R. Gilsenbach)

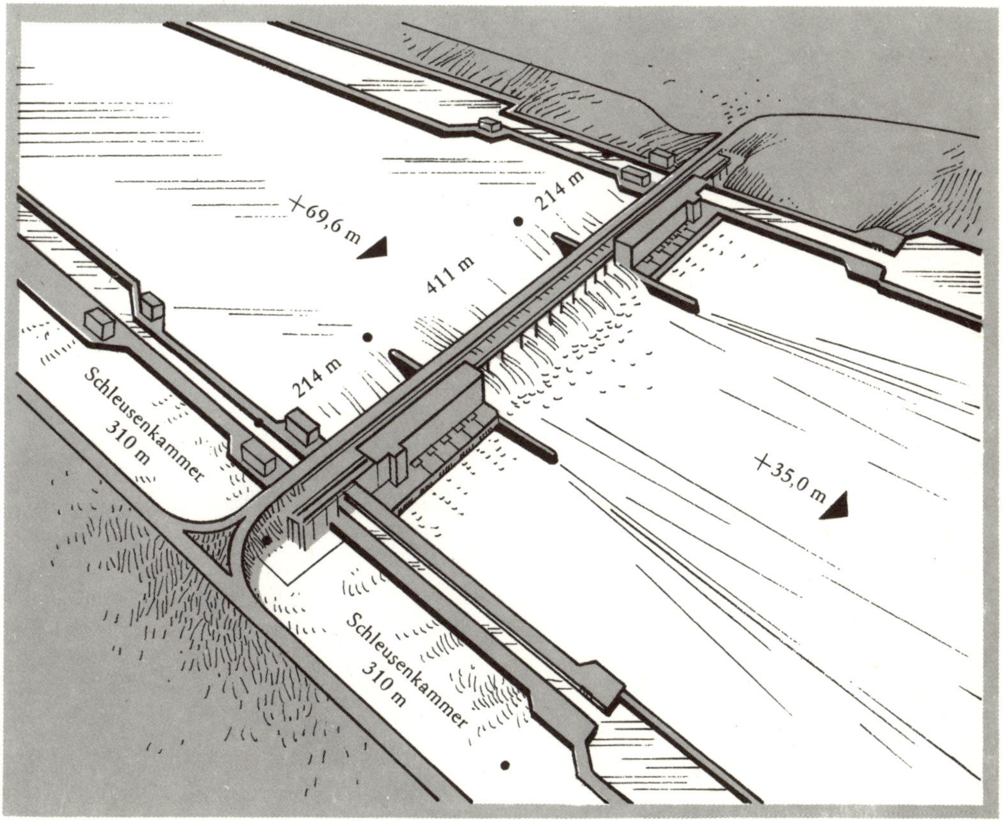

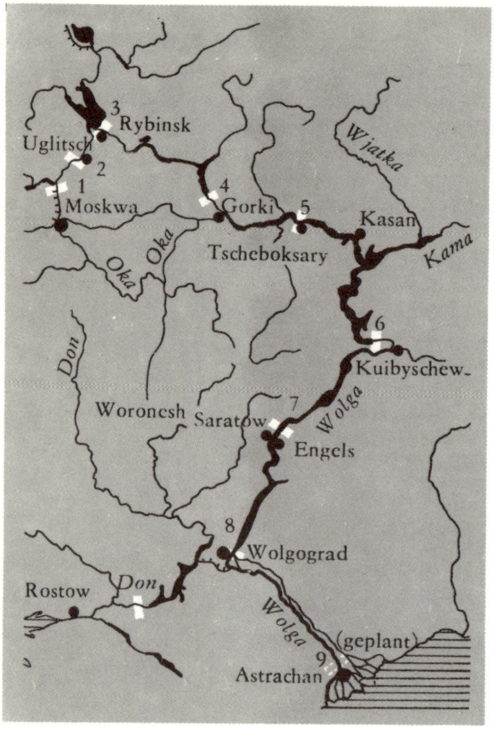

Die Staustufen an Wolga und Don

Der Aufschwung der modernen Großchemie hat diesem Übel neue Dimensionen gegeben. Die Herkunft der Verschmutzung hat sich über die direkten Anlieger der Flüsse – Städte, Gemeinden, Fabriken – hinaus erweitert. Zum Beispiel entstammen die als gefährliche Schadstoffe in die Flüsse gelangenden Pestizide nicht nur dem jeweiligen hydrographischen Einzugsbereich. Teilweise werden sie durch atmosphärische Zirkulation aus oft weit entfernten Gebieten herangeführt.

Die Verschmutzung ist erstens ein quantitatives Problem: Die in die Flüsse abgelassenen Abfallprodukte haben in manchen Gebieten einen Umfang erreicht, der nicht mehr von der biologischen Selbstreinigungskraft der Gewässer bewältigt werden kann. Zweitens ist sie ein qualitatives Problem: In die Flüsse gelangen zunehmend Stoffe, die biologisch überhaupt nicht oder nur sehr langsam abbaubar sind, insbesondere bestimmte Salze und Öle.

Nicht genug damit, daß viele Giftstoffe unmittelbar die Lebewelt der Flüsse töten oder beeinträchtigen und das Trinkwasser entwerten. Besonders gefährlich sind solche, die sich in der Nahrungskette anreichern und schließlich konzentriert in den menschlichen Organismus gelangen, wie das Pestizid DDT oder die polychlorierten Biphenyle (PCB).

Manche Flüsse gleichen heute bereits riesigen Kloaken, wie der Hudson bei New York, der Ohio, der Mississippi ... Am schlimmsten aber ist es um den Rhein bestellt. Sein Wasser war einst so klar, daß sich der Lachs darin wie in den Strömen Alaskas zu Hause fühlte. Inzwischen gelangen jährlich 20 Mill. Tonnen Abfallstoffe in den Rhein, darunter allein 15 Mill. Tonnen Salze, Rückstände der Zellstoffindustrie, Chlorverbindungen und Schwermetalle.

Ein neues Problem entsteht mit der Aufheizung der Flüsse, besonders durch Kühlwasser von Kernkraftwerken.

Der Mensch zerstört jedoch die Umwelt nicht nur durch Vernichtung von Leben; auch durch übermäßige Vermehrung bestimmter Tier- und Pflanzenarten kann das bisherige natürliche Gleichgewicht gestört werden. Ein Beispiel liefert die Wasserhyazinthe *(Eichhornia crassipes)*, die durch ihr sehr schönes Aussehen auffällt und daher von Liebhabern importiert und ausgesetzt wurde, ohne daß die verheerenden Folgen abzusehen waren. Aus Mittel- und Südamerika stammend, ist sie heute in den tropischen und subtropischen Gebieten der Alten Welt weit verbreitet. Der von ihr angerichtete Schaden ist enorm. Sie verstopft Kanäle und Saugleitungen in landwirtschaftlichen Bewässerungsanlagen, blockiert das Wasser, das für die Turbinen der Kraftwerke bestimmt ist, versperrt Transport- und Schiffahrtswege, stört die Wasserversorgung der Siedler durch Bildung von Schmutz und Faulstoffen, nimmt Fischen den Sauerstoff weg, behindert die Netzfischer;

am schlimmsten aber erscheint, daß sie nicht nur für Reptilien, Schlangen und Insekten, sondern auch für die Schnecke *Bulinus* ein besonders günstiges Biotop bildet. Diese Schnecke ist der Zwischenwirt des Egel-Parasiten *Schistosomun haemotobium*, des Erregers der Bilharziose ... Der übermäßige Abwurf von Herbaziden zur Bekämpfung der Wasserhyazinthe führt wiederum zur Gefahr der chronischen Verschmutzung.

Derartige negative Auswirkungen werden jedoch die fortschreitende Ausnutzung der Flüsse nicht aufhalten. Die Potenzen der Flüsse sind längst nicht erschöpft, ja, in einst entlegenen rückständigen Regionen – in Sibirien und Nordkanada ebenso wie am Kongo und Paraná – hat ihre wirtschaftliche Erschließung gerade erst begonnen.

Der technische Fortschritt wird Umgestaltungen ermöglichen, von denen frühere Generationen nicht einmal zu träumen wagten. Zum Beispiel werden künftig Wasserscheiden in stärkerem Maße überwunden werden, um Wasser dorthin zu leiten, wo es den größeren Nutzen bringt, sei es als Trink- oder Brauchwasser oder – unter Ausnutzung eines stärkeren Gefälles – als Energiequelle. Mit diesem Ziel stellt die Direktive „Hauptrichtung der Entwicklung der Volkswirtschaft der UdSSR 1976–1980" die Aufgabe, jene wissenschaftlichen Forschungen und Ausarbeitungen „zu vollenden, die mit dem Problem der Umleitung eines Teils des Abflusses der nordrussischen und sibirischen Flüsse nach Mittelasien, Kasachstan und in das Wolgabecken verbunden sind". Diese knappe Formulierung umreißt das wahrscheinlich auf längere Zeit größte hydrotechnische Projekt der Erde: den Jenissej-Kaspi-Kanal. Nach Meinung des zuständigen Chefingenieurs Igor Gerardi ist folgende Variante die aussichtsreichste: „Am Zusammenfluß von Irtysch und Tobol wird ein Staudamm errichtet; ein Kanal führt einen Teil Wasser nach Süden. Stauseen entstehen in den Niederungen, Nebenarme versorgen ferngelegene Gebiete wie die Emba-Ural-Senke. Der riesige Kanal endet gegabelt im Syrdarja und

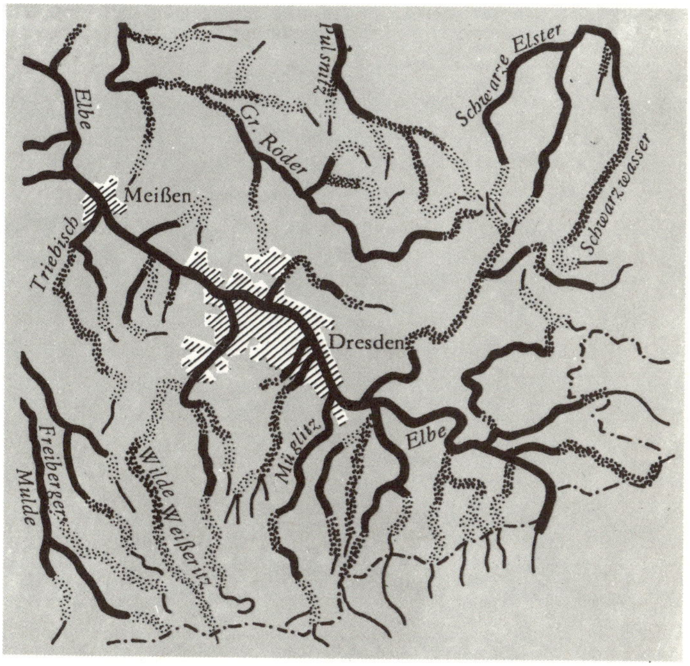

Flußverunreinigungen in der Umgebung von Dresden. Der weitaus größte Teil der wasserreichen Flußstrecken war vor einigen Jahren unzulässig verunreinigt. Inzwischen wurden Maßnahmen zur Sanierung durch bessere Abwasserreinigung getroffen. (Nach R. Gilsenbach)

unzulässig verunreinigt
verunreinigt
mäßig verunreinigt

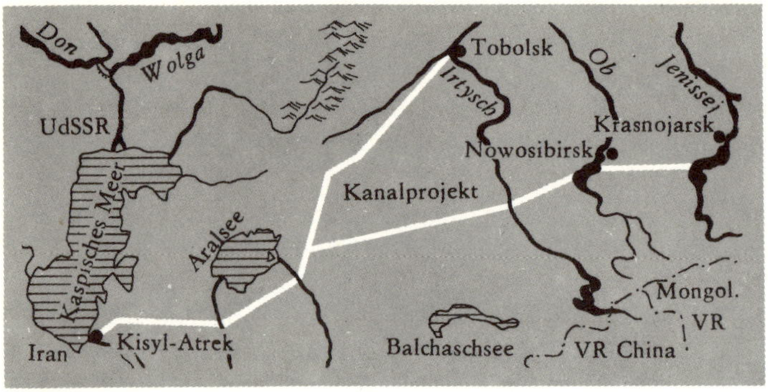

Projektierte Kanäle, durch die Wasser der sibirischen Stromriesen nach Mittelasien umgeleitet werden soll

Amudarja, regelt deren Wasserstand und stabilisiert den Aralsee, dessen Spiegel in den letzten acht Jahren um zwei Meter gesunken ist". Im weiteren „soll Jenissej-Wasser aus dem Krasnojarsker Stausee durch einen Kanal in den Ob geleitet werden und über den Nowosibirsker Stausee schließlich den Irtysch bei Pawlodar erreichen. Quer durch Kasachstan, vorbei an Temirtau, erreicht dieser mächtige Kanal den ersten, der vom Norden kommt. Und nun wird der Kanal zum Kaspisee weiter gebaut: Eine erstklassige Wasserstraße von 300 bis 500 Meter Breite und 12 bis 15 Meter Tiefe. Ein Strom vom Ausmaß der Wolga mit 3 000 m Länge, der von Ost nach West fließt!" (nach D. Wende). In der Direktive sind keine Zeiträume genannt. Igor Gerardi aber meint: „Das Projekt ist so grandios, daß es eine einzige Generation nicht auszuführen vermag. Wir werden den Bau beginnen, künftige Generationen werden ihn beenden".

Ein sehr ähnliches Projekt formulierten Wissenschaftler der USA 1964 mit dem Plan für eine North American Water and Power Alliance. Der Grundgedanke dieses NAWAPA-Planes besteht darin, große Wassermengen aus den Überschußgebieten im Nordwesten des Kontinents, weitgehend also aus Kanada, in die unter immer stärkerem Wasserdefizit leidenden südwestlichen Bundesstaaten der USA zu leiten. Zu diesem Zweck sollen die Ströme Yukon und Mackenzie, die in das Beringmeer bzw. in den Arktischen Ozean münden, nach Süden umgelenkt und gemeinsam mit Wasser aus dem Peace River und dem Fraser River zunächst im sogenannten Rocky Mountains Trench gestaut werden – einer weitläufigen Senke innerhalb des Hochgebirges, die sich hervorragend als Naturstaubecken eignet. Im weiteren würde das Wasser durch ein System miteinander verbundener Ströme, zu denen der Columbia, Snake, Missouri und Colorado River gehören, in die Trockengebiete der USA geleitet werden.

Ein solches Vorhaben wirft jedoch nicht nur vielfältige technische Probleme auf. Kanada sieht dadurch auch nationale Interessen beeinträchtigt. Insofern sind die Bedingungen für eine Umleitung sibirischer Ströme in die Trockengebiete der mittelasiatischen Sowjetrepubliken wesentlich günstiger.

Doch so gewaltig das noch ungenutzte ökonomische Potential der Flüsse ist – die Zahl derer, die bereits voll ausgenutzt werden, steigt ebenso wie die im Ergebnis ihrer intensiven Nutzung durch Umweltschäden bedrohten. Jeder unverantwortliche Eingriff in die Flußlandschaft kehrt sich schließlich gegen den Menschen, der seine Existenz mit dem Fluß verknüpft hat.

Die Aufgabe besteht in der Schaffung von Kläranlagen größten Stils und der Einhaltung strengster Umweltbestimmungen. Dies erfordert ebenso guten Willen wie unerhörte Investitionen. Kein Verschmutzer darf sich länger um die Kosten für den Umweltschutz herumdrücken, wie es lange geschah. Die erforderlichen Aufwendungen sind enorm, aber unumgänglich.

Der Wasserverbrauch der Industrie, aber auch der Haushalte steigt weiter unerhört schnell und ebenso der Abwasseranfall.

Letztendlich aber bleibt die Wassermenge der Flüsse gleich. Sauberes Wasser wird dadurch immer knapper, zumindest immer teurer. In der Konsequenz wird es nötig sein, die Methoden zu verfeinern, die auch extrem verschmutztes Wasser wieder „aufhellen". In weiten Gebieten ist Wasser bereits derart kostbarer Rohstoff, daß es – wie Schrott und Altpapier – nach Verbrauch zur erneuten Wiederverwendung aufgearbeitet werden muß.

Das Sündenregister ist schon viel zu lang, und noch werden täglich neue Sünden begangen. Aber gerade die alarmierenden Tatsachen haben zu einem neuen Umweltbewußtsein geführt, das bei aller fortschreitenden Nutzung und Umgestaltung auf eine gewisse Sanierung und Gesunderhaltung der Gewässer hoffen läßt.

Literatur

Bauer, A.: Über die in der heutigen Vergletscherung der Erde als Eis gebundene Wassermasse. In: Jb. d. Quartärverein. VI, 1955

Bauer, H.: Gezähmte Fluten. Leipzig 1959

Bogomolow, G. W.: Grundlagen der Hydrogeologie. Berlin 1958

Brückner, E.: Die Bilanz des Kreislaufs des Wassers auf der Erde. In: Geogr. Zeitschrift., 11. Jg., Leipzig 1905

Budyko, M. I.: Teplovoj balans poverchnosti zemli. Leningrad 1956 (vgl. Ref. v. H. Flohn, in: Erdkunde, Bd. 12, 1958)

Budyko, M. I.: Atlas teplovogo balansa. Leningrad 1963

Büdel, J.: Das System der klima-genetischen Geomorphologie. In: Erdkunde, Bd. 23, 1969

Burdon, D. J., und N. Papakis: Handbook of Karst Hydrogeology. Athen 1963

Busch, K.-F., und L. Luckner: Geohydraulik. Leipzig 1972

Carlé, W.: Die Genese des Mineralwasserschatzes zwischen Alpen und Nordsee. In: Heilbad und Kurort, Zeitschr. f. d. ges. Bäderwesen, Gütersloh, Nr. 2, 1963

Carlé, W.: Die Mineral- und Thermalwässer von Mitteleuropa. Stuttgart 1975

Collet, L. W.: Les lacs. 1925

Corbel, J.: Neiges et glaciers. 1962

Cvijić, J.: Circulation des eaux souterraines et l'érosion karstique. In: Gorjanovic-Kramber-Festschrift, 1925

Davis, St. N., und R. J. M. De Wiest: Hydrogeology. New York, London, Sydney 1966

Dyck, S.: Das Schema der Wasserbilanz für das Gebiet der DDR. In: Wasserwirtschaft–Wassertechnik, Jg. 14, 1964

Erb, L.: Über den Mechanismus der Donauversickerung und der Aachquelle. In: Gas- und Wasserfach 1953

Fels, E.: Die großen Stauseen der Erde. In: Zeitschr. f. Wirtschaftsgeogr. 1970

Flemming, H. W.: Wüsten, Deiche, Turbinen. Göttingen 1957

Flint, R. F.: Glacial Geology and the Pleistocen Epoch. 1947

Forchheimer, Ph.: Hydraulik. 3. Aufl. 1930

Fourmarier, P.: Hydrogeologie. Paris 1958

Forel, F. A.: Le Léman. 3 Bde., Lausanne 1892

Forel, F. A.: Handbuch der Seenkunde. Allgemeine Limnologie. Stuttgart 1901

Freiburger Geogr. Hefte, H. 6, S. 87–180: Hwang Ho und Yangtze Kiang. Freiburg i. Br. 1968

Fricke, K.: Zur Geologie und Bewirtschaftung der Mineral- und Heilquellen. In: Schriftenreihe d. Dtsch. Bäderverbandes, Gütersloh 1952

Fricke, K., und G. Michel: Mineral- und Thermalwässer der Bundesrepublik Deutschland. In: Der Mineralbrunnen, Bad Godesberg, H. 3, 1974, S. 70 bis 89

Friedrich, W.: Über den Abfluß bei Hochwasser. In: Göttinger Geogr. Abh. H. 1, Göttingen 1958 (80. Geburtstag v. W. Meinardus)

Gaebert, H.-W.: Der Kampf um das Wasser. Die Geschichte unseres kostbarsten Rohstoffes. München 1973

Gâştescu, P.: Lacurile pe glob. Bukarest 1969

Geogr. Ber., 3., 1958, H. 7, S. 1–15: Jungglaziale Seentypen, dargestellt am Beispiel Norddeutschlands

Giessler, A.: Mineralquellen und Geotektonik in Mitteleuropa. In: Zeitschr. f. angew. Geol. 1954

Giessler, A.: Das unterirdische Wasser. Berlin 1957

Gilsenbach, R.: Wasser-Probleme, Projekte, Perspektiven. Leipzig 1971

Grahmann, R.: Hydrogeologische Grundlagen der Wasserversorgung in Deutschland. In: Zeitschr. Dtsch. Geol. Ges., 1954

Gravelius, N.: Flußkunde. 1914

Gresswell, R. K.: The Physical Geography of Rivers and Valleys. London 1958

Gresswell, R. K., und A. Huxley: Rivers and Lakes – Standard Encyclopedia of the World. London 1965

Grimm, F.: Das Abflußverhalten in Europa – Typen und regionale Gliederung. In: Wiss. Veröff. d. Dtsch. Inst. f. Länderkunde, N. F. 25/26, Leipzig 1968
Grund, A.: Die Karsthydrographie. In: Pencks Geogr. Abhdlg., 1903

Haefke, F.: Physische Geographie Deutschlands. Berlin 1959
Halbfaß, W.: Die Seen der Erde. In: Peterm. Geogr. Mitt., Erg.-Heft 185, Gotha 1922
Halbfaß, W.: Das Süßwasser der Erde. Bücher der Naturwissenschaft 24, 1914
Heim, A.: Handbuch der Gletscherkunde. 1885
Hendl, M.: Einführung in die physikalische Klimatologie. Bd. 2, Berlin 1963
Hess, A.: Die Gletscher. 1904
Hochheimer, A.: Die Geschichte der großen Ströme. Einsiedeln, Zürich, Köln 1954
Höfer, H.: Grundwasser und Quellen. Braunschweig 1912
Horton, R. E.: Drainage basin characteristics. In: Trans. Am. Geophys. Union, 13, 1932
Horton, R. E.: Erosional development of streams and their drainage basins: Hydrophysical approach to quantitative morphology. In: Bull. Geol. Soc. Am. 1945
Hutchinson, G. E.: A Treatise on Limnology. Vol. I, Geography, Physics and Chemistry. New York 1957

Jaeger, F.: Die Trockenseen der Erde. In: Peterm. Geogr. Mitt., Erg.-Heft 236, Gotha 1939
Jordan, H. (Hrsg.): Bäderbuch der Deutschen Demokratischen Republik. Leipzig 1967

Keilhack, K.: Lehrbuch der Grundwasser- und Quellenkunde. 3. Aufl., Berlin 1935
Keller, R.: Gewässer und Wasserhaushalt des Festlandes. Leipzig 1962
Kessler, A.: Globalbilanzen von Klimaelementen. In: Ber. d. Inst. f. Meteorol. u. Klimatologie d. Techn. Univ. Hannover, Nr. 3, 1968
Kessler, H.: Water Balance Investigations in the Karstic Regions of Hungary. UNESCO/AVS/NR/IHD/95, Paris 1965
Kettner, R.: Allgemeine Geologie. Berlin 1958
Kittner, H., W. Starke und D. Wissel: Wasserversorgung. 2. Aufl., Berlin 1967
Klebelsberg, R. v.: Handbuch der Gletscherkunde und Glazialgeologie.
2 Bde., Wien 1948/1949
Koegel, L.: Stromriesen. Stuttgart 1947
Koehne, W.: Grundwasserkunde. Stuttgart 1928 und 1948

Leder, A.: Statistische Flußgebietsuntersuchungen nach geomorphologischen Gesichtspunkten für hydrologische Zwecke im Gebiet der DDR. Diss. Humboldt-Univ., Berlin 1970
Lehmann, O.: Über Grundwasser und Quellen. In: Geogr. Jahresber. aus Österr., VIII, 1925
Lehmann, O.: Die Hydrographie des Karstes. Wien 1932
Lockermann, F. W.: Zur Flußhydrologie der Tropen und Monsunasiens. Diss. Bonn 1958
Lvovitch, M. I.: The waterbalance of the continents of the world and the method of studying it. Acad. of Science of the USSR, Inst. of Geogr.- Soviet Geophysical Committee. IASH/IGGU, Moscow 1971

Machatschek, F.: Das Wasser des Festlandes. In: Supan-Obst, Grundzüge der physischen Erdkunde. Bd. I. 1927
Machatschek, F.: Geomorphologie. Leipzig 1952
Marcinek, J.: Das Tiefland der DDR. Gotha, Leipzig 1973
Marcinek, J.: Das Wasser des Festlandes. 2. Aufl., Gotha 1978
Mauz, S.: Wasserzirkulation in Karstlandschaften. In: Brunnenbau – Bohrtechnik – Rohrleitungsbau. 1950
Meinzer, O. E.: Hydrology, Physics of the Earth. Bd. IX, New York 1928
Mortensen, H.: Zur Theorie der Flußerosion. In: Göttinger Geogr. Einzelstudien, H. 3, 1942
Mortensen, H.: Erwiderung zur Theorie der Flußerosion. In: Erdkunde, 1947
Murray, J.: On the total annual Rainfall on the Land of the Globe, and the Relation of Rainfall to the annual Discharge of Rivers. In: Scottish Geogr. Magazine, Vol. 3, 1887

Nussbaum, F.: Das Wasser des Festlandes. In: Handbuch d. Geogr. Wissenschaft, Potsdam 1933

Pardé, M.: Fleuves et Riviéres. 4. Aufl., Paris 1964
Pardé, M.: Katastrophale Abflüsse als Funktion der Einzugsgebiete. In: Mitt. d. Österr. Geogr. Ges., 1957
Patzelt, G.: Zu Fragen der Karstmorphologie und Hydrogeologie. In: Zeitschr. f. angew. Geol., 1964
Penck, A.: Morphologie der Erdoberfläche. Stuttgart 1894
Penck, A., und E. Brückner: Die Alpen im Eiszeitalter. 3 Bde., 1901 bis 1909
Pfaff, F.: Das Wasser. 2. Aufl., München 1878
Pfalz, R.: Grundgewässerkunde. Halle/Saale 1951
Pfeiffer, D.: Zur Definition von Begriffen der Karsthydrologie. In: Z. Dtsch. Geol. Ges., 1961

Philippson, A.: Ein Beitrag zur Erosionstheorie. In: Peterm. Geogr. Mitt. XXXII, 1886
Philippson, A.: Grundzüge der allgemeinen Geographie. 2 Bde., 2. Aufl. 1931
Prantl, L.: Abriß der Strömungslehre. 1931
Press, H.: Taschenbuch der Wasserwirtschaft. Hamburg 1960
Prinz, E., und R. Kampe: Handbuch der Hydrogeologie. Berlin 1934

Rehbock, Th.: Bettbildung, Abfluß und Geschiebeführung bei Wasserläufen. In: Zeitschr. Dtsch. Geol. Ges., 1929

Schaffernak, F.: Hydrogeographie. 1935
Schmidt-Thomé, P.: Der Einfluß der Alpengletscher auf den Wasserhaushalt der süddeutschen Flüsse. In: Gas- und Wasserfach 1950
Schiffers, H.: Dürren in Afrika. Faktoren-Analyse aus dem Sudan-Sahel. München 1974
Schiffers, H., u. a.: Die Sahara und ihre Randgebiete. 3 Bde., Bd. 1, München 1971
Schocklitsch, A.: Der Wasserbau. 2 Bde., 1930
Stiny, J.: Die Quellen. Wien 1933
Stratil-Sauer, G.: Die Transporterleichterung. In: Sölch-Festschrift, Geogr. Ges. Wien, 1951
Suess, E.: Das Antlitz der Erde. Bd. I–III, Wien, Leipzig 1885–1909

Thienemann, A.: Limnologie. In: Handwörterbuch d. Naturwiss., 2. Aufl., Bd. 6
Thurner, A.: Hydrogeologie der Säuerlinge in Österreich. In: Naturwiss. 1965
Thurner, A.: Hydrogeologie. Wien, New York 1967
Todd, D. K.: Ground Water Hydrology. 2. Aufl., New York, London 1960

Ule, W.: Physiogeographie des Süßwassers. 1925

Wagner, G.: Einführung in die Erd- und Landschaftsgeschichte. 2. Aufl., Öhringen 1950
Weber, H.: Die Oberflächenformen des festen Landes. Leipzig 1958
Wechmann, A. (Hrsg.): Hydrologie. Überird. Wasser, unterird. Wasser, Hydrometeorologie, Wasserhaushalt. 1964
Wendt, H.: Quellen, Ströme, Meere. Rüschlikon 1965
White, G. H.: Wasser für die Wüsten. Düsseldorf 1964
Wilhelm, Fr.: Hydrologie – Glaziologie. (Reihe „Das Geographische Seminar"), Braunschweig u. a. O. 1966
Wilhelm, Fr.: Allgemeine Hydrogeographie. 1. Teil: Geographie der festländischen Gewässer. In: Lehrbuch der Allg. Geographie, Bd. III
Wille, H. H.: Wunderwelt des Wassers. Berlin 1955
Woldstedt, P.: Norddeutschland und die angrenzenden Gebiete im Eiszeitalter. Stuttgart 1950
Wundt, W.: Gewässerkunde. Berlin (West), Göttingen, Heidelberg 1953

Sachwörterverzeichnis

Bildnachweis

Werner Arnold, Freiberg S. 115 oben
Bakermat van de Bijbel, Negenman uitgave Elsevier Nederland B. V., Amsterdam S. 119
laenderpress, Düsseldorf S. 117
Sieghard Liebe, Leipzig S. 118 unten
Presseagentur Nowosti, Berlin S. 113 unten
Georg Renner, Weimar S. 118 oben
Verlagsarchiv S. 113 oben, 114, 120
Erich Wustmann, Bad Schandau S. 116 oben
Zentrale Farbbild Agentur GmbH, Düsseldorf S. 115 unten, 116 unten, Einbandmotive